여행기의 인문학

# 여행기의 인문학

**초판 1쇄 발행** 2018년 11월 10일
**초판 3쇄 발행** 2023년 4월 17일

**지은이** 한국문화역사지리학회

**펴낸이** 김선기
**펴낸곳** (주)푸른길
**출판등록** 1996년 4월 12일 제16-1292호
**주소** (08377) 서울특별시 구로구 디지털로 33길 48 대륭포스트타워 7차 1008호
**전화** 02-523-2907, 6942-9570~2
**팩스** 02-523-2951
**이메일** purungilbook@naver.com
**홈페이지** www.purungil.co.kr

**ISBN** 978-89-6291-472-6  93980

• 이 도서의 국립중앙도서관 출판예정도서목록(CIP)은 서지정보유통지원시스템 홈페이지(http://seoji.nl.go.kr)와 국가자료공동목록시스템(http://www.nl.go.kr/kolisnet)에서 이용하실 수 있습니다.(CIP제어번호: CIP2018034874)

여행이란 인간에게 운명과도 같다

# 여행기의 인문학

푸른길

# | 차례 |

여행이란 인간에게 운명과도 같이 주어졌다. 사르트르가 말했던 것처럼 우리는 우리가 태어날 곳을 선택해서 태어난 것이 아니라, 그냥 '내던져진 존재'이기 때문이다. 척박하고 가난한 곳에서 태어난 것이 나의 잘못된 선택의 결과가 아니듯, 보다 풍요롭고 자유로운 곳에서 태어난 것은 대가 없이 받은 선물이거나 다행스러운 우연일 따름이지 내가 주장할 수 있는 기득권은 아니다. 인간은 어떤 곳에 태어났든 이런 우연성의 결과로 자신과 주변 사람들이 살아가는 세계에 호기심을 갖게 되었고 여행을 하게 되었다. 다른 동물(動物)도 일종의 여행을 한다. 그렇지만 그것은 특정한 서식 환경에서 자신의 삶과 세대 재생산을 위한 이동이지, 인간처럼 지리적 호기심 때문에 여행을 하는 것은 아니다.

우리 대부분은 어렸을 때 친구들이나 동생과 지도책을 펴 놓고 또는 지구본을 이리저리 돌려 보며 나중에 어디로 여행할지를 도란도란 이야기 나누었던 적이 있었을 것이다. 그리고 부모님 몰래 친구들과 과감하게 여행을 떠났던 사람도 있을 것이다. 그것은 작은 반란이었으므로 부모님은 그런 무모함을 나무라면서도 왜 그런 작은 반란을 꿈꾸었는지에 대해서는 묻지 않았을 것이다. 왜냐하면 그것은 사람이라면 누구나 갖고 있는 지리적 호기심 때문이라는 것을 부모님은 알고 있었기 때문이다.

세상은 많이 변했다. 바야흐로 여행기의 범람과 여행 대중화의 시대가 되었다. 서점가와 인터넷의 블로그에는 생동감 넘치는 여행기들과 여행 사진들이 넘쳐나고 있다. 누구든지 충분한 돈과 시간만 있다면 세계 이곳저곳을 마음대로 오갈 수 있는 시대가 되었다. 또한, 세계의 모든 지역들이 자신의 세계로 관광객을 끌어들이기 위해 열렬한 마케팅을 하고 있다. 그 결과 오늘날 세계는 우리가 여행을 하기로 마음먹으면 그 아무리 낯선 곳이라도 쉽게 여행할 수 있는 시스템을 갖추었다.

이런 여행 대중화의 시대에 지리학자로서 여행기를 읽는다는 것이 어떤 의미가 있을까? 우리는 오늘날의 여행과 여행기의 전성시대가 서양이 주도하고 있는 글로벌화를 배경으로 하고 있다는 점에 주목한다. 어떤 곳에서 태어난 사람들은 지리적 호기심을 갖고 여행의 즐거움을 누릴 수 있지만, 다른 사람들은 생업의 어려움으로, 사회적인 편견으로, 또는 정치적인 폐쇄성으로 그럴 수 없다. 생존을 위해 먼 곳의 일자리를 찾아 떠나는 이주노동자의 여행 또한 앞서 말한 지리적 호기심으로서의 여행은 아니며, 선진국의 주변부로 이주하는 개발도상국 출신의 결혼이주여성 또한 마찬가지일 것이다. 그런 점에서 여행을 떠나고 여행기를 쓴다는 것은 모든 사람에게 열린 기회가 아니라 특정한 시대, 특정한 지역, 특정한 집단에게 제한되어 왔다. 오늘날이 여행과 여행기 범람의 시대라고 할지라도 여전히 그 여행하기와 여행기 쓰기의 주체가 제한되어 있기 때문에, 현시대는 여전히 오랜 여행과 여행기의 역사의 연장선상에 있다고 할 수 있다.

이런 점에서 우리 한국문화역사지리학회에서는 2016년부터 여덟 번째 학술총서의 핵심 주제로 '여행기의 지리학'을 선정하게 되었다. 이 주제를 선택하게 된 것은 지리학의 역사와 여행의 역사가 상당한 부분을 공유할 정도로 지리학과 여행의 관계가 매우 길고 깊다는 이유 때문이었다. 이와 더불어 보다 실제적으로 최근 고등학교에서 '여행지리'라는 진로선택과목이 신설될 정도로 여행에 대한 사회적 관심과 요구가 커져 이를 지리학계가 적극 수용하려 하고 있다는 점도 고려하였다. 중등교육에서 여행지리라는 과목이 새로 생겼음에도 불구하고 국내 지리학에서는 여행지리에 대한 본격적인 연구서가 없기 때문에, 여행지리에 대한 지리학적 목마름을 이 책의 발간을 통해 다소나마 해소하겠다는 의지를 갖게 되었다.

이러한 자각에서 지리학에서 여행에 대한 본격적인 연구를 시작한다면, 그 시작이 '지리학자의 여행기 읽기'가 적절하다고 판단하였다. 각 시대를 대표하는 여행기를 선정하여 그 여행서가 어떻게 당대의 지리적 지평을 넓히고, 사람들의 지리적 세계에 대한 인식 형성에 영향을 미쳤는지를 탐구하는 것이 곧 여행의 역사와 지리학의 역사, 그리고 그 관계를 이해하는 데 도움이 될 것이라고 보았기 때문이다.

총서 주제가 정해지고 나서는 총서 발간 업무를 담당하는 연구부 심승희 이사를 포함하여 권정화, 진종헌, 박경환, 한지은 이사로 구성된 총서 기획위원회를 꾸렸다. 이 기획위원회는 여행기 선정 단계에 공을 들였다. 가장 먼저 여행기 선정 기준을 설정하였는데 크게 3가지이다. 첫째, 독자도 쉽게 읽을 수 있는 여행기여야 한다는 점에서 국내에 번역된 여행기로 한정했다. 이 기준이 타당하다고 생각하지만 근대 지리학의 역사와 아메리카의 탐험에 큰 영향을 끼친 훔볼트의 여행기가 국내에 번역되지 못해 이번 총서에서 빠지게 된 것은 여전히 아쉽다. 둘째, 당대의 지리적 세계에 많은 영향을 준 여행기를 우선적으로 선정하기로 했다. 셋째, 되도록 시대별, 지역별로 고르게 여행기를 선정하기로 했다. 여기서 지역별로 고른 여행기란, 여행자가 여행한 지역을 의미한다. 이 3가지 기준으로 처음에 선정한 여행기에는 서양인이 쓴 여행기, 동양인이 쓴 여행기가 모두 포함되었다.

하지만 점차 총서 기획안이 세밀해지면서, 각 여행기를 분석하는 장(章)들로 구성된 글 앞에 '지리학자의 여행기 읽기'를 관통하거나 개관하는 주제 중심의 글이 먼저 제시될 필요가 있음을 깨닫게 되었다. 그래서 다시 총서의 구성을 주제 중심의 제1부와 개별 여행기 분석 중심의 제2부로 나누기로 결정했다. 그런데 제1부를 구성할 주제들을 선정하는 과정에서, 서양인의 여행기, 동양인의 여행기를 하나로 관통하는 주제를 선정하는 것이 무리라는 데 의견이 모아졌다. 세계사의 전개와 그로 인한 지리적 세계의 형성 과정에서 서양과 동양의 상황과 입장이 매우 달랐고 이는 여행기의 성격이나 내용에도 반영되어 있기 때문이다. 예를 들어 서양인의 여행기는 대략 중세 이후부터는 서양인이 다른 세계를 발견하거나 정복하는 관점에서 바라보는 시각이 우세한 데 비해, 동양인의 여행기는 반대로 서양을 동경하거나 추수하는 시각이 강할 수밖에 없기 때문이다. 최종적으로 기획위원회에서는 여행기를 서양인의 여행기와 동양인의 여행기로 분리하여 집필하기로 했고, 그 첫 권을 서양인의 여행기로 정했다. 이에 따라 되도록 시대별, 지역별로 고르게 여행기를 선정한다는 여행기 선정의 세 번째 기준이, 서구 여행기의 역사를 기준으로 한 시대별 구분, 그리고 서구인이 여행한 비(非)서구지역으로 더 구체화될 수 있었다.

이러한 과정을 거쳐 최종 선정된 여행기는 총 9권인데 시대순으로 나열하면, 헤로도토스의 『역사』(BC 5세기), 마르코 폴로의 『동방견문록』(13세기), 맨더빌의 『맨더빌 여행기』(14세기), 콜럼버스의 『항해록』(15세기), 괴테의 『이탈리아 여행』(18세기), 다윈의 『비글호 여행기』(19세기 중반), 비숍의 『황금반도』(19세기 후반), 헤딘의 『티베트 원정기』(20세기 초), 써루의 『유라시아 횡단기행』(20세기 후반)이다. 이 중 비숍의 『황금반도』는 이 총서를 처음 기획하던 당시에는 번역서가 없었는데, 2017년 2월에 번역본이 출간되면서 여성이 쓴 여행기도 포함시킬 수 있게 되었다. 기획위원회의 여행기 선정이 끝난 이후에는 각 여행기의 성격에 따라 적임자로 추천된 학회원을 중심으로 각 장별 집필진을 구성하고 전체 집필진 모임을 통해 총서 기획 의도를 공유하여 책의 성격, 원고의 체제, 편집 서식안을 마련했다.

또한 제1부는 당초 4개의 장으로 기획했으나 제2부에 선정된 여행기들과의 연관성, 중복성 등의 문제를 고려하여 최종적으로 2개의 장으로 구성되었다. 1장 '지리적 세계의 안내서로서의 여행기: 『로도스 섬 해변의 흔적』을 중심으로'는 여행기가 지리적 세계의 안내서로서 중요한 역할을 했던 고대부터 18세기까지의 서구의 여행기를 개관하고자 한 장이다. 반면 2장 '포스트식민 여행기 읽기: 권력, 욕망 그리고 재현의 공간'은 주로 대항해 시대 이후 서구의 식민주의적 관점이 지배적이었던 시대에 생산된 여행기들을 현대의 포스트식민적 관점에서 비판적으로 읽고자 한 장이다.

이 총서는 애초 최원석 제15대 학회장님의 전폭적인 지원하에 2017년 말 출판을 완료할 수 있도록 기획되었으나 실제 원고 집필이 늦어지고 있었다. 하지만 2018년 1월에 새로 취임한 학회장님이자 이 총서의 집필진이기도 한 홍금수 교수님이 2018년 학회창립 30주년 특별심포지엄에서 학회의 여덟 번째 총서를 선보이자고 독려하셨다. 덕분에 이 책은 학회 창립 30주년을 기념하는 총서라는 영광스러운 타이틀을 하나 더 달게 되었다.

이 책의 기획 및 집필 단계에서 집필진의 가장 큰 고민은 우리의 연구가 치밀한 문헌고증이나 체계적인 문학연구 방법을 무기로 전문적이고 심도 깊게 연구해 온 기존 역사학계나 문학계의 여행기 연구 성과에 조금이라도 보탬이 될 수 있을까 하는 질문이었다. 여전히 이 질문에 대해서는 "그렇다"라고 자신있게 답하지 못하지만, 그럼에도 불구하고 이 연구를 추진하게 한 동력은, 지리적 세계 확대의 결과이자 원인이기도 한 여행기, 그리고 사람들의 지리적 세계의 인식 형성에 상당한 영향력을 행사해 온 여행기를 지리학자의 눈으로 읽고 해석하고자 한 도전적 시도라는 데 있다.

이러한 배경에서 이 책의 최종 제목을 '여행기의 인문학'으로 붙였다. 역사학이나 문학 등 여러 인문학 분야에서 축적되어 온 여행기 연구 성과라는 어깨 위에서 지리학자의 눈으로 여행기 읽기를 시도했기 때문이다. 이 책이 애초 '여행기의 지리학'이란 주제에서 접근했으나 지리학이라는 학문을 독자적으로 내세우기보다는 인문학이라는 커다란 틀 안에 우리의 연구 성과가 포섭되고자 하는 바람을 제목에 담았다.

이 책은 제1부 2개의 장과 제2부 9개의 장으로 구성되었는데, 간략하게 장별 내용을 소개하면 다음과 같다.

제1장 "지리적 세계의 안내로서의 여행기: 『로도스 섬 해변의 흔적』을 중심으로"에서 저자 심승희는 과거 여행이 자유롭지 못했던 시대에는 여행기가 지리적 세계의 안내서로서 막강한 영향력을 발휘할 수밖에 없었다는 점에서, 여행기는 지리적 세계 확대의 원인이자 결과로서 존재해 왔다고 본다. 그에 따라 여행기가 지리적 세계의 안내서로서 중요한 역할을 했던 시대, 즉 고대부터 18세기 말까지를 연구 범위로 설정하고 이 시기의 지리사상사를 통사적으로 다룬 고전인 클래런스 글래컨의 『로도스 섬 해변의 흔적: 고대에서 18세기 말까지 서구사상에 나타난 자연과 문화』에 나타난 여행과 여행기를 분석하였다. 구체적인 분석 내용은 두 가지인데, 첫째는 인간-환경 관계의 사고에 많은 영향을 준 지역들이 여행 지역의 확대에 따라 어떻게 변화했으며, 이에 영향을 끼친 주요 여행 관련 문헌은 어떤 것들이었는가이다. 둘째는 여행 지역의 확대 또는 변화가 인간-환경 관계에 대한 지리적 사고에 어떤 영향을 주었는가이다. 심승희는 글래컨이 구분한 네 시기(그리스-로마 시대를 중심으로 하는 고대, 중세 기독교 시대, 르네상스 시대와 발견 시대 초기를 포함한 근대 초기, 18세기)별로 당대의 여행과 여행기의 특징 및 그 영향을 분석했다. 이 네 시기에 생산된 여행기는 모두 개인의 주관적 경험과 개성이 강조되는 현대적 의미의 여행기가 아니라, 당대 사회의 집단적 지식의 토대이자 교역 및 생산력 확장의 수단이었던 여행과 여행기였다는 점에서 그 학술적 의의를 찾을 수 있을 것이다.

제2장 "포스트식민 여행기 읽기: 권력, 욕망 그리고 재현의 공간"에서 저자 박경환은 18~19세기 식민주의 시대 유럽에 초점을 두고 여행 서사에 재현된 권력과 욕망의 정치학을 읽을 수 있는 주요 접근을 크게 세 가지 측면에서 제시

한다. 우선, 주체의 식민적 여행 서사의 주요 모티브를 크게 문명적 우월성과 지배의 수사, 여행 지역과 주민을 낭만화하는 이상주의적 수사, 그리고 주체의 담론적 비약과 모순에 기인하는 양가적, 혼성적 수사를 제시하고 있다. 저자는 이런 식민주의적 여행 수사는 인식론적 지배와 정복의 과정이라고 보면서, 선형적 역사관과 진화론, 과학주의 담론, 남성중심주의와 오리엔탈리즘이 내재되어 있다고 비판한다. 둘째, 저자는 여행기에 재현된 '공간'을 읽어내는 포스트식민 개념으로서 프랫이 제시한 접촉지대와 문화횡단 등의 개념을 검토하면서, 이른바 관계적 지리의 입장에서 볼 때 여행 공간은 상이한 역사, 문화, 지식의 궤적들이 교차하는 지점으로 해석될 필요가 있음을 지적한다. 마지막으로 저자는 여행 주체의 위치성이 어떻게 여행지에 대한 상상의 지리와 여행기의 재현에 영향을 미치는지를 살펴보고 있다. 저자에 따르면, 여행 주체의 젠더 차이는 여행 경로, 여행지에서의 정보 획득, 원주민과의 상호작용 등에 영향을 줄 뿐만 아니라 여행기의 서사 구조에도 영향을 미친다. 또한, 상이한 여행지를 이동하는 주체의 다중적 위치성은 식민 지배와 저항의 권력관계에 있어서 제3의 정치적 공간으로 혼성성을 야기할 수 있다는 점도 지적하였다.

제3장 "여행기와 지리서로서의 헤로도토스의 『역사』"에서 저자 정인철은 헤로도토스의 『역사』를 여행기와 지리서의 입장에서 고찰하고 있다. 저자는 여행기로서의 『역사』의 내용적 특성을 사실성, 저술 목적, 문학적 여행기와의 차별성의 관점에서 살펴보고 있다. 또한 타자 인식의 측면에서 헤로도토스가 언급한 괴물인간은 르네상스 시기까지 아시아와 아메리카 지도에 표현되었다는 점에서 먼 곳에 위치한 타자의 타자성이 높음을 확인했다. 『역사』의 지리학적 내용은 조사방법, 지도제작, 그리고 인간과 자연과의 관계를 통해 살펴보았다. 그의 조사방법은 수집한 모든 정보를 자신이 믿지 않더라도 기술하는 것이었고, 기하학적 추론에 의한 지도를 거부하고 탐사결과를 근거로 한 지도제작을 제안했다. 저자에 따르면 헤로도토스는 역사가였을 뿐만 아니라 여행가이자 민속학자였고 지리학자였으며, 당시 그리스인들이 인식하고 있던 세계 속에서

살아가던 사람들에 관한 이야기의 거대한 그림을 그렸다. 또한 정인철은 '미지의 땅은 여행을 통해 알아가는 것이지 인간의 추상적 사고에 의해 도식적으로 추론하는 것이 아니라는 것'을 알려주었다고 평가하면서, 그를 이론적 지리학이 아닌 경험적 지리학의 시초였다고 본다. 또한『역사』의 집필 목적이 오늘날 세계시민교육의 핵심 가치와 완전하게 부합한다는 점에서 헤로도토스가 다른 민족과 세계에 대해 개방적인 자세를 견지했다고 평가한다.

제4장 "마르코 폴로가 동쪽으로 간 까닭은?: 마르코 폴로의『동방견문록』"에서 저자 김희순은 유럽 사회에서『성경』다음으로 많이 읽힌 책으로 꼽히는『동방견문록』을 여행기의 관점에서 살펴보았다. 먼저 저자는 당시 유럽 이외의 모든 지역이었던 중동에서 중앙아시아, 원나라, 인도양 연안, 아르메니아와 터키에 이르는 지역을 방문한 유럽인의 최초의 실재적 기록으로서『동방견문록』에 접근하고 있다. 저자는『동방견문록』이 '상인들의 지침서'라 부를 수 있을 만큼 다양한 정보를 수록하고 있음을 지적하는데, 특히 지역 간의 거리와 지역의 통치자에 대한 관심은 외국의 상인이었던 마르코 폴로의 여행에서 가장 중요한 것이었다고 분석하고 있다. 또한 마르코 폴로의 여행기가 유럽인의 세계관 확장, 나아가 콜럼버스의 항해와 같은 세계사적 변화의 배경이 되었음을 지적한다.『동방견문록』은 유럽인에게 '저 너머'의 세상과 그곳의 풍요로움을 일깨웠으며, 이러한 유럽인의 세계관 확장은 지도 제작 과정에 반영되었고 수많은 탐험과 여행의 동기를 자극했다. 특히『동방견문록』은 다음 장에서 다루고 있는『맨더빌 여행기』의 내용에 영향을 주었을 뿐 아니라, 콜럼버스의 항해가 가능했던 당시의 배경을 이해하게 해 주며,『동방견문록』의 열렬한 독자였던 포르투갈의 엔히크 왕자로 하여금 지리상 발견의 시대의 서막을 열게 하였다. 이러한 점으로 볼 때,『동방견문록』은 유럽 사회에 남긴 위대한 유산이라 할 수 있다.

제5장 "『맨더빌 여행기』와 동서양의 재발견"에서 저자 홍금수는 14세기 중엽 집필된 원저자 불명의『맨더빌 여행기』독해를 시도한다. 저자는 중세 및 르

네상스의 대중에게 널리 읽힌 이 책이 유럽중심주의를 탈피해 역(逆)오리엔탈
리즘의 관점에서 타자를 조명해 그들을 통해 유럽 사회를 비판적으로 성찰
한 점을 강조한다. 화자 맨더빌은 기독교도의 정체성을 분명히 하면서도 동방
에 대해 비교적 중립적이거나 관대한 태도를 취했을 뿐만 아니라, 오히려 동방
을 거울 삼아 유럽의 도덕적, 종교적 타락을 비판했다. 서술 과정에서 '신이 조
화롭게 창조한 세계의 반쪽'인 동방을 순수하고, 고결하며, 탐욕이 없고 경건한
유토피아로 그리기도 했다. 『맨더빌 여행기』의 중요한 지점은 유럽 밖 평화롭
고 풍요로운 왕국을 다스리고 있다는 이른바 '사제 왕 요한'이다. 이슬람 세력
의 팽창으로 유럽이 정치·군사적으로 고립된 상황에서 역사적 사실과 전설이
빚은 가공의 인물이지만, 사제 요한은 서구 사회의 구원자로서 유럽인의 심상
에 깊게 각인된 까닭에 포르투갈의 항해 왕 엔히크 왕자를 비롯한 여러 탐험가
로 하여금 동방을 찾아 나서도록 동기를 부여했기 때문이다. 유럽인은 사제 왕
요한의 기독교 왕국이 중앙아시아 초원이나 인도에 있다고 믿었고 대항해 시
대 즈음에는 에티오피아에 존재할 것으로 확신하며 조우를 갈구했다. 저자는
『맨더빌 여행기』를 역사적 진실, 지리적 상상, 허구가 뒤섞인 집단저술로 성격
을 규정하면서 인도 및 동남아시아 항로 개척을 추동하고 동서 문명의 경제적,
문화적 교류를 촉진한 문학적 매개였다고 강조한다.

　제6장 "『콜럼버스 항해록』: 성공한 '항해'와 실패한 '발견'의 기록"에서 저자
림수진은 필사본으로 전래되어 온 『콜럼버스 항해록』에 대한 지리적 독해를
통해 그의 항해와 여행기가 지니는 의미의 외연을 확장시킬 뿐만 아니라 당대
에 대한 보다 심층적인 이해 속에서 이를 재배치하고 있다. 저자는 콜럼버스가
항해의 과정에서 선원과의 갈등, 원주민과의 마찰, 본국에서의 정치적 상황 등
여러 차례의 난관과 위기를 극복한 과정을 설명하면서 '항해에는 성공했지만,
탐험에는 실패했다'고 평가했다. 당시 미지의 공간 혹은 두려움의 공간으로 알
려져 있던 대서양을 횡단하고 그곳의 끝에서 새로운 대륙을 발견하면서 신대
륙을 당시의 세계체제 안으로 끌어들였다는 점에서 분명 그의 항해는 성공했

다. 그러나 콜럼버스 스스로가 4차 항해를 마치고 죽을 때까지도 신대륙의 존재를 인지하지 못했고 그곳을 아시아로 인식했다는 사실과 더불어 끝까지 탐험을 통해 찾고자 했던 금을 찾지 못하였고, 항해의 궁극적 목적이었던 지팡구에도 닿지 못했다는 점에서 탐험은 실패했다. 그의 사후에 스페인을 비롯한 유럽 전역이 새롭게 개척된 항로를 이용해 경제적 부를 축적하게 된 역사를 상기해 본다면, 그가 성공시킨 항해와 그 스스로 실패한 탐험 사이의 분명한 간극을 볼 수 있다. 또한 저자는 콜럼버스에 대한 비판과 평가가 시대에 따라, 그리고 국가와 지역에 따라 달라져 왔다는 점을 언급하면서, 앞으로도 콜럼버스와 그의 여행기록에 대한 해석은 충분하고도 지속적인 변화의 여지가 있음을 암시하면서 글을 맺고 있다.

제7장 "괴테의 『이탈리아 여행』에 나타난 지리적 텍스트 분석"에서 저자 정은혜는 『이탈리아 여행』에 관한 기존의 분석이 주로 그랜드 투어로서의 성격에 초점을 둔 관광학적 접근, 회화·조각품·건축 등에 초점을 둔 예술적 접근, 그리고 고전주의 문학작품으로서의 가치에 초점을 둔 문학적 접근에서 이루어져, 이들 상이한 접근을 포괄적으로 다룬 연구가 부족하였음을 지적하였다. 이에 저자는 지리학이라는 통합적 렌즈를 통해 『이탈리아 여행』을 다음과 같이 크게 2가지 내용으로 분석하였다. 먼저, 괴테의 여행기는 풍부한 지리적 내용을 담고 있는데, 특히 자연보다는 인문에 관한 내용이 상대적으로 많음을 확인하였다. 이는 괴테가 자연지리학적 관심이 적었다기보다는 자연적 현상과 인문적 경관을 서로 유기적으로 연관시켜 이해하려는 환경결정론적 시각에서 서술했기 때문으로 해석하였다. 그다음으로, 저자는 『이탈리아 여행』에 나타난 도시 및 지역의 지명분포를 분석하여, 나폴리와 로마가 전체 지명 가운데에 가장 빈번하게 등장하였음을 고찰하였다. 이는 18세기 당시 많은 그랜드 투어의 최종목적지가 로마였기 때문이기도 하지만, 괴테가 각별히 이 두 도시에 관심을 가지고 있음을 반영하는 결과로 보았다. 한편 괴테는 이 여행기에서 문학적·예술적으로 풍부한 상상력과 표현력을 보여 주고 있을 뿐만 아니라 이탈리

아 여러 지역에 대한 경관과 상세한 설명을 통해 심도 있는 지리적 사고와 사실을 재현하고 있음을 밝혔다. 마지막으로 저자는 『이탈리아 여행』이 정치적으로 식민주의적·제국주의적 활동과 직접적인 관련은 없지만, 괴테의 서술방식에서 나타나는 감정적 태도와 표현은 이러한 이데올로기와 무관하지 않다는 점에 대해서도 주의할 것을 요구하였다.

제8장 "『비글호 항해기』: '지질학자' 찰스 다윈"의 저자 진종헌은 훔볼트의 뒤를 이어 19세기 과학적 답사의 시대를 이끈 찰스 다윈의 『비글호 항해기』를 통해 여행과 과학적 답사의 관계를 탐색했다. 즉 탐험과 과학적 답사의 계보 속에서 비글호 항해가 가지는 의미를 살피고 그와 더불어 진보적 지식인으로서 다윈이 원주민과 그들의 문명화에 대해 어떤 입장을 가졌는지를 통해 당대 지식인이 가진 진보성과 그 한계를 보여 주었다. 무엇보다 저자 진종헌은 그동안 다윈의 과학적 답사여행에 대한 연구에서 잘 다뤄지지 않았던 다윈의 지질학자로서의 전문성에 관심을 갖고 탐구했다. 다윈의 비글호 항해는 후에 『종의 기원』의 출간에 지대한 역할을 한 아이디어가 처음 형성되는 계기가 되었는데, 저자 진종헌은 바로 이 비글호 항해의 과정에서 다윈의 지질학적 사고가 어떤 역할을 했는가라는 질문을 설정하고 이를 중심으로 『비글호 항해기』를 분석했다.

제9장 "이사벨라 버드 비숍의 열대 여행기에 나타난 제국주의적 시선과 여성 여행자로서의 정체성"에서 저자 정희선은 1870년대 말 이사벨라 버드 비숍의 말레이반도 일대 열대지역 여행기인 『이사벨라 버드 비숍의 황금반도』에 대한 독해에서 저자의 여행 과정과 여행기 내용에 대한 세밀한 분석을 시도하고 있다. 『황금반도』는 19세기 말 영국의 제국주의 팽창기에 이 지역의 자연지리와 인문지리 정보를 기술한 조사보고서이자 문화기술지의 성격을 띠는데, 비숍은 자신의 지리학적, 역사학적, 박물학적 지식을 기반으로 다양한 토착 정보나 공식 문서를 수집, 활용함으로써 가능한 한 과학적인 서사를 추구하고자 했다. 비숍은 또한 여행 대상지역으로부터 일정한 거리를 둔 관찰자로서의 입장을 추

구했지만 식민통치국의 입장에서 자유롭지 못했기 때문에 남성 중심의 지배적 관점을 여행기의 서사에 그대로 투영하기도 했다. 그러나 저자는 이러한 비숍의 글쓰기 방식과 서술의 관점이 그녀 자신의 의지적 선택이었다기보다는 빅토리아 시기 유럽에 성행했던 유럽중심주의, 가부장주의, 제국주의 등의 이데올로기적 영향을 받았기 때문이었을 것으로 추론한다. 이와 같이 저자는 『황금반도』에 대한 지리적 독해를 통해 여행자로서 자신의 위치와 여행 경험 사이에 발생하는 여러 모순, 갈등, 협상 등의 역동적인 사유를 추적하고, 이는 『황금반도』를 읽는 독자들로 하여금 다른 문학 장르와 달리 여행기만이 지니고 있는 서사의 역동성을 흠뻑 즐길 수 있게 한다.

제10장 "『티베트 원정기』의 지리들: '유명'과 '무명'의 지리들 사이에서"의 저자 김순배는 스웨덴의 지리학자이자 탐험가인 스벤 헤딘이 1934년 발간한 『티베트 원정기』를 동서양의 철학을 근거로 하여 '유명(有名)'과 '무명(無名)'의 지리라는 개념으로 독해하고 있다. 저자는 『티베트 원정기』를 '유명'과 '무명', '지식'과 '모름', '삶'과 '죽음'의 대립, 이러한 이항 대립 속에 나타나는 권력관계와 통치성의 관점에서 분석한다. 그러나 저자는 라마 린포체의 수행에 대한 헤딘의 공감과 이해를 통해 『티베트 원정기』가 궁극적으로 무명과 유명 사이의 공존을 드러내고 있다고 평가하고 있다. 즉 티베트의 거대하고 거친 자연환경은 그곳의 사람들로 하여금 '삶'과 '죽음', '유명'과 '무명'의 이항 대립을 허물어 양자 사이의 공존과 화해를 이끌었으며, 마침내 유명의 세계에서 온 헤딘의 공감으로까지 이어진 것이다.

제11장 "기차 밖 풍경, 기차 안 세상 그리고 제국의 시선을 넘어: 폴 써루의 『유라시아 횡단 기행』 읽기"에서 저자 노혜정은 가장 최근인 1973년에 발간된 『폴 써루의 유라시아 횡단기행』을 통해 20세기 말의 여행기 속에도 계속되고 있는 '제국의 시선'과 이를 넘어서는 다양한 시선들을 폴 써루의 여정에 따라 흥미롭게 분석하고 있다. 현존하는 여행문학의 거장 중 한 사람인 폴 써루는 오리엔트 특급열차에서 시베리아 횡단철도에 이르기까지 『폴 써루의 유라시아

횡단기행』에서 기차가 단순한 교통수단을 넘어서 "그 지방의 일부이며 일종의 장소"로서 지리적 의미를 지니고 있음에 주목하고 있다. 또한 폴 써루가 기차 밖 풍경과 기차 안에서 현지인들과 나누는 대화는 이종문화가 서로 영향을 주고받는 '접촉지대'의 산물로, 다양한 관점과 층위에서 해석의 여지를 제공한다고 분석했다.

오늘날 글로벌화된 환경 속에서 여행을 할 수 있는 물리적인 여건과 시스템은 그 어느 때보다도 대중화되었고 발달했지만, 여전히 여행을 떠날 수 있고 여행기를 출간할 수 있는 사람들은 특정한 곳이나 특정한 집단에 속한 사람들로 제한된다. 그렇기 때문에 여행 주체의 우월적 시선이 여행 대상 지역과 그곳의 주민들을 이국적으로, 이상적으로, 토착적으로 본질주의화하며 이를 식민화하는 방식은 여전히 지속되고 있다. 그런 점에서 여행기에 대한 지리학자들의 비판적 독해는 여행이 지니는 지리적 즐거움을 고양시킬 뿐만 아니라 이런 즐거움이 어떻게 가능하며 어떠한 현실을 은폐하는지를 간과하지 않도록 도와준다. 또한, 여행 주체와 여행 대상은 언제나 유동적이고 가변적이기 때문에, 여행하는 자와 여행되는 자 사이의 경계와 그 경계를 가로지르는 문화횡단에 대한 해석과 비판은 세계 여러 지역에 대한 이해를 보다 풍요롭게 하는 데에 기여할 수 있을 것이다. 이런 작업에 본서가 하나의 디딤돌이 될 수 있을 것이라 생각한다.

이 기획이 책으로 나오기까지 많은 분들의 적극적인 지원과 참여가 있었다. 먼저 이 책을 학회 연구부 사업으로 기획하도록 추동하신 최원석 전임 학회장님과 학회 창립 30주년 기념학술대회에 맞춰 출판될 수 있도록 독려하신 홍금수 현 학회장님의 아낌없는 지원에 감사드린다.

또한 전국 각지에 흩어져 있음에도 불구하고 이 책의 기획에서 출판까지의 과정에서 발생하는 온갖 사안들을 함께 고민하고 결정해 주신 권정화, 진종헌, 심승희, 박경환, 한지은 기획위원의 노고에도 감사드린다. 특히 여행기의 선정에 많은 기여를 하신 권정화 교수님과 원고의 편집 및 교정 책임을 맡아 끝까지

고생하신 한지은 현 연구이사님의 노고가 컸다.

　학술총서 발간이라는 공동의 가치에 흔쾌히 각자의 귀한 학문적 능력과 열정, 시간을 기부해 주신 총 열한 분의 저자들께는 뭐라 감사의 말씀을 드려야 할지 모르겠다. 저자들은 원고의 집필뿐만 아니라 기획위원회가 미처 계획하지 못한 부분도 세심하게 챙겨 책의 완성도를 높여 주었다. 마지막으로 학회창립 30주년 기념 학술대회에 맞추느라 촉박한 출판일정에도 불구하고 꼼꼼하고 가독성 있게 편집, 출판을 해 주신 푸른길 출판사의 김선기 사장님을 비롯한 편집팀께도 깊은 감사를 드린다.

2018년 11월

한국문화역사지리학회 여덟 번째 총서기획위원회

# 제1부

# 제1장

# 지리적 세계의 안내서로서의 여행기
## :『로도스 섬 해변의 흔적』을 중심으로

## 1. 들어가며: 왜 여행기에 주목해야 하는가?

어릴 적부터 헤딘이나 스탠리 같은 탐험가의 여행기를 닥치는 대로 읽으며 자랐을 정도로 여행기 읽기를 좋아하고 자기 자신의 여행도 즐긴 작가 무라카미 하루키의 말처럼, 이제는 누구나 어디든지 마음대로 갈 수 있어서 변경이라는 것이 없어졌고 모험의 질도 완전히 달라졌다. 그런 의미에서 지금은 여행기를 쓰기에 그다지 행복한 시대가 아닐지도 모른다(Haruki 저, 김진욱 역 1999).

이와 달리 일반인의 여행이 자유롭지 못했던 과거에는 탐험가, 여행가가 발휘할 수 있는 영향력이 막강했으며, 특히 지리학에 미치는 영향력은 더욱 막강할 수밖에 없었다. 이를 잘 보여 주는 사례가 생텍쥐페리의 『어린 왕자』(1943)에서 어린 왕자가 방문한 '여섯 번째 별에 살고 있는 지리학자'다. 이 지리학자와 어린 왕자의 대화를 통해 작가 생텍쥐페리가 생각하는 지리학자와 탐험가의 관계를 짐작할 수 있다. 지리학자가 살고 있는 별의 산과 강에 대해 묻는 어린 왕자에게 지리학자는 모른다고 답하고, 그 이유를 다음과 같이 말한다.

나는 탐험가가 아니거든. 내겐 탐험가의 소질이 부족하단다. 지리학자는 도시, 강과 산, 바다와 사막을 다 찾아다닐 수 없단다. 지리학자는 아주 중요한 일을 해야 해서 서재를 비울 수 없거든. 그 대신 탐험가들이 보고 들은 것을 기록하는 거야. 탐험가가 아주 흥미로운 경험을 이야기하면 지리학자는 탐험가가 믿을 만한 사람인지 확인한단다. … 탐험가가 거짓을 말하면 지리책은 엉망이 되고 마니까 … 그래서 지리학자는 탐험가의 이야기를 듣고 먼저 연필로 적은 다음 탐험가가 증거물을 가지고 오면 그때 비로소 잉크로 다시 기록한단다.(Saint Exupery 저, 베스트트랜스 역 2016, 82)

작가 생텍쥐페리는 맹목적이면서 무기력한 당대의 지리학뿐만 아니라 지리학에 대한 대중의 무분별한 신뢰를 비판하려는 의도로 여섯 번째 별에 사는 안락의자 지리학자(armchair geographer)의 우화를 창조했을 것이다.

하지만 한편으로 이 안락의자 지리학자의 우화를 통해 과거 여행이 자유롭지 못했던 시대에는 여행가나 탐험가에 의해 직·간접적으로 쓰인 여행기가 지리적 세계의 안내서로서 얼마나 막강한 영향력을 발휘할 수밖에 없었을지 생생히 실감할 수 있다. 탐험가의 말을 전적으로 신뢰할 수 없다는 사실을 너무나 잘 알면서도 여전히 탐험가의 말에 의지할 수밖에 없는 현실,[1] 그래서 나름대로 탐험가의 말과 글에서 진실을 추려 내려는 지리학자로서의 안간힘이 안쓰럽기까지 하다. 이처럼 여행은 본질적으로 시선과 경관 사이에 허구적 관계를 구축한다(Augé 저, 이상길·이윤영 역 2017, 106)는 사실을 인류학자 레비스트로스(Lévi-Strauss) 역시 진작에 간파했기 때문에, "나는 여행이란 것을 싫어하며, 또 탐험가들도 싫어한다"(Lévi-Strauss 저, 박옥줄 역 1998, 105)[2]라는 문장으로 『슬픈

---

1. 예를 들면, 유럽인으로서는 남아메리카의 파타고니아를 맨 처음 방문한 마젤란과 그 일행이 보았다는 유럽인 키의 두 배나 되는 거인족의 실재 여부를 둘러싼 논쟁이 1520년대에서 1760년대까지 200년 넘게 이어졌다(Whitfield 2011, 132). '파타고니아'란 지명도 이 거인들의 '큰 발바닥'이란 의미의 스페인에서 유래했으나, 후에 이 거인족의 실재는 증명되지 못했다.
2. 레비스트로스는 이어지는 페이지에서 "이런 종류의 책이 나로서는 이해할 수 없는 엄청난 인기를

열대』를 시작했다. 그럼에도 불구하고 그의 다음 문장은 "그러면서도 지금 나는 나의 여행기를 쓸 준비를 하고 있다"(Lévi-Strauss 저, 박옥줄 역 1998, 105)로 이어지며, 그의 명저 『슬픈 열대』는 제1부 '여행의 마감', 제2부 '여로'에서, 제3부 '신세계' 등등 여행기의 형태로 구성되어 있다.

역사적으로 여행기는 지리적 세계 확대의 원인이자 결과로서 존재해 왔다. 그런데 지리학의 하위 연구 분야에 관광지리는 존재하지만 여행지리는 존재하지 않는다. 왜일까? 관광지리는 응용지리학의 한 분야로서 19세기 관광(tourism)이란 사회적 · 경제적 · 문화적 현상이 출현하고(Scott Lash and John Urry 편, 박형준 · 권기돈 역 1998) 산업의 일종으로 자리 잡게 되면서, 넓게는 경제지리 또는 산업지리의 한 분야로 발전하게 되었다.

반면 여행지리는 여행이라는 지리적 실천과 관련된 모든 지리적 연구를 포괄한다고 볼 수 있으며, 따라서 여행이라는 지리적 실천과 관련된 지리학의 학문분야는, 지리학사이자 문화지리이고 경제지리이자 도시지리이고 촌락지리가 될 수 있다. 즉 여행지리는 곧 지리학이다. 서구 지리학의 아버지로 불리는 고대 그리스의 헤로도토스가 서구 최초의 여행가로도 불리는 것[3]은 지리학과 여행의 오랜 역사적 관계를 보여 주는 증표다. 이처럼 여행지리가 별도의 지리학의 하위영역으로 분리될 수 없을 만큼 지리학의 기초를 구성하는 넓은 범위에 걸쳐 있다는 점을 인정한다 해도, 여행기에 대한 지리학계의 연구 부족에 대

---

끈다. 여행기, 탐험 보고서, 또는 사진첩의 형태로 된 아마존, 티베트, 아프리카 이야기들이 서점을 뒤덮고 있는데, 이 책들이 주로 인기만을 염두에 두고 쓰이고 또 편집되었기 때문에 독자는 그 속에 담긴 증언의 가치를 판단할 길이 없다. 독자의 비판력을 깨우쳐 주기는커녕 오히려 같은 종류의 흥미 본위의 책만 계속 찾게 만들어, 그 많은 분량을 씹지도 않고 통째로 삼키게 해 버리는 것이다"(Lévi-Strauss 저, 박옥줄 역 1998, 106)라고 여행과 탐험을 싫어하는 이유를 부연설명하고 있다.

3. 『여행의 역사 *Tourism in History*』(1986)를 쓴 페이퍼(Feifer)는 헤로도토스가 서구 최초의 여행가라고 했는데, 그 기준은 군인이나 상인처럼 뚜렷한 목적이나 필요에 의해서가 아니라 '여행 자체가 즐거움'인 여행을 했기 때문이다(설혜심 2013, 23에서 재인용). 그가 그리스-페르시아 전쟁사를 기록으로 남기기 위해 여행에서 보고 들은 이야기를 바탕으로 쓴 결과물이 당시 '탐구'란 뜻을 가진 제목의 책 『역사 *Historia*』다(김봉철 2016, 23).

한 충분한 변명이 되지는 못한다.

본 연구의 목적은 여행기가 지리적 세계의 안내서로서 중요한 역할을 했던 시대를 범위로 각 시기별로 여행기가 구체적으로 어떤 역할을 했으며 그것이 미친 영향은 무엇이었는가를 탐색해 보는 것이다.

필자가 여행기에 대한 지리학적 접근을 위한 연구 중에서도 이 연구목적을 설정하게 된 직접적 계기는 문화지리학자이자 지리사상사 학자인 클래런스 글래컨의 『로도스 섬 해변의 흔적』(Clarence Glacken 저, 심승희 외 역 2016)[4]을 번역하면서부터다. 글래컨은 이 책에서 고대부터 18세기 말까지 서구인들이 문화와 자연(인간과 환경)의 관계에 대해 어떻게 생각해 왔는지를 사상사적으로 정리했는데, 이 생각은 크게 '지구는 왜, 어떻게 형성되었는가?', '자연환경은 인간문화에 어떤 영향을 주었는가?', '인간은 자연을 어떻게 이용하고 변형시켜 왔는가?'라는 3가지 질문에 대한 답변으로 정리될 수 있다.

글래컨은 이 3가지 질문에 대한 사고가 시대별로 변화하는 데 자극을 준 중요 요소로 여행과 탐험의 역할에도 주목했다. 글래컨은 자신의 책이 고대부터 18세기까지의 인간-환경에 관한 사고의 역사를 다뤘기 때문에 독자의 눈에는 전적으로 도서관의 산물로 보일까봐 우려했다. 그래서 자신이 이 연구를 시작한 직접적인 계기가 개인적인 경험과 관찰에서 비롯되었으며 이 중 중국, 캄보디아, 이집트, 키프로스, 그리스, 스웨덴 등 세계 곳곳을 여행한 경험이 큰 영향을 주었다고 서문에서 명확히 밝히고 있다. 특히 "북극 지방의 백야에 관해 아는 것과 그곳에서 여름밤을 보내는 것은 엄연히 다르다"(1권, 21)는 말로 여행이란 경험의 가치를 분명히 하고 있다.

대부분의 사람들이 태어난 곳에서 크게 벗어나지 않은 채 살았던 시대에는 타 지역에 대한 지식을 직접 그곳을 여행해 본 사람에게 의지할 수밖에 없었고, 여행과 탐험만큼 타 지역에 대한 정보와 지식을 직접적으로 제공해 줄 수 있는

---

4. 이 책의 원서는 1권이었으나 번역서는 4권으로 분권·출판되었다. 이후부터는 반복적으로 나오는 글래컨의 번역서 출처를 간략하게 표시하기 위해, 번역서 기준으로 (권, 페이지)만 밝히기로 한다.

통로는 없었다. 여행이 가지고 있는 이러한 특성은 지금과 같은 시대에도 여전히 지속되고 있다. 『지리 답사란 무엇인가』의 저자 리처드 필립스와 제니퍼 존스는 어떤 지역의 답사를 준비할 때, *Rough Guide*나 *Lonely Planet* 같은 익숙한 여행 가이드 책자를 이용하는 것도 좋은 방법이라고 소개하고 있을 정도로 (Philips and Johns 저, 박경환 외 역 2015, 115), 지금도 여행 가이드 책자는 지역 이해를 추구하는 지리학에서 중요한 역할을 하고 있다.

하지만 여행과 그 결과로 산출된 여행기가 단순히 지역에 대한 정보나 지식을 제공하는 데 그치지는 않는다. 잘 알려져 있다시피 중세의 베니스 상인 마르코 폴로의 여행을 기록한 『동방견문록』의 선풍적 인기는 대항해 시대를 자극했다. 또한 17세기 대항해 시대의 주도권을 잡은 영국에서는 리처드 해클루트(Richard Hakluyt)와 사무엘 퍼처스(Samuel Purchas)가 『항해기 *Voyages*』(1598~1600), 『순례기 *Pilgrimage*』(1613~1625) 등 그동안 유럽인에 의해 주도된 여행과 탐험의 기록을 시리즈물로 출판하면서 탐험사에 대한 주요 정보들이 대중적으로 보급될 수 있었고, 이는 후에 영국의 낭만주의 시인 콜리지에 영감을 주어 「쿠빌라이 칸 *Kubla Khan*」(1816)이라는 시를 탄생하게 만들었다. 쿠빌라이 칸은 마르코 폴로의 『동방견문록』 탄생을 가능하게 만들었던 몽골 제국의 황제이며 이 여행기에서 마르코 폴로가 직접 만났다고 언급된 인물이기도 하다.

이는 다시 쿠빌라이 칸을 동양을 대표하는 인물로, 마르코 폴로는 서양을 대표하는 인물로 설정하고 함께 대화를 나누는 내용을 담은 이탈리아 작가 이탈로 칼비노의 우화적 환상소설 『보이지 않는 도시들 *Le citta invisibili*』(1972)의 탄생으로 이어졌다. 이 소설에서 "칸은 지상에서 가장 광대한 영토를 다스리는 황제이고 마르코 폴로는 가장 많은 곳을 다녀본 여행가다. 칸은 자신을 정점으로 하는 세상의 네트워크를 구성하고 폴로는 자신을 일점으로 삼아 세상을 누빈다. 세상의 주인이지만 자기 궁궐에 갇혀 있고 후자는 방랑자이지만 제가 다닌 길로 세상을 누비이불처럼 잇대어 낸다. 둘은 서로가 서로의 거울이자 분신"(권혁웅 2011)이라는 문학비평가의 평처럼, 여행기는 타 지역에 대한 정보와 지식을 넘어 세계를 바라보고 이해하고 성찰하는 틀을 만들어 내는 씨앗이기도 했다.

따라서 본 연구는 여행기가 역사적으로 지역에 대한 정보와 지식의 제공뿐만 아니라 지리적 세계에 대한 이해의 틀을 제공하는 역할, 다시 말해서 지리적 세계의 안내서로서 역할을 어떻게 수행해 왔는가를 살펴보고자 한다. 하지만 이 연구목적을 실천하기에는 연구대상으로 삼을 여행기의 범위가 너무 방대하기 때문에, 처음 연구자에게 이 연구주제에 주목하게 한 글래컨의 『로도스 섬 해변의 흔적: 고대에서 18세기 말까지 서구사상에 나타난 자연과 문화』에서 다루는 시간적, 공간적, 주제적 범위에 한정하기로 한다. 분석대상을 이 하나의 문헌에 한정하는 것은 상당한 한계가 있지만, 이 문헌 자체가 고대부터 18세기 말까지라는 긴 시간적 범위를 담고 있고 방대한 문헌을 연구대상으로 삼았기 때문에, 여행기에 대한 지리학적 접근의 첫 시도로는 적절하다고 본다.


## 2. 연구 방법

### 1) 여행기의 정의 및 연구대상 여행기

여행이란 귀환을 전제로 사업이나 유람 등의 어떤 목적을 위해 자신의 일상적인 생활공간을 떠나 다른 공간으로 이동하는 행위이고, 여행기는 그러한 과정에서 견문하고 체험한 다양한 사상(事象)을 문자로 기록, 정리한 것을 말한다 (권덕영 2010. 2). 하지만 영어로 travel writing 또는 travel text로 표현되는 여행기라는 글쓰기 장르가 확고한 이론적 틀을 공통적으로 가지는 것은 아니다. 그럼에도 불구하고 어떤 텍스트를 여행기로 분류하기 위해서는 최소한의 기준을 제시해야 하는데, 필자는 여행기가 갖추어야 할 기준을 제시한 문헌을 찾기 어려웠다. 겨우 찾은 문헌이, 역사, 시, 문학비평 분야에서 많은 저작을 발표해 온 피터 윗필드(Peter Whitfield)의 것인데, 그 스스로 서구 여행기의 전체 역사를 개관한 최초의 연구서라고 명명한 『여행: 문학사 Travel: A Literary History』(2011)에서 다음과 같이 여행기가 갖는 공통된 특징을 제시했다. "여행기는 여행이라는 행위가 벌어진 이후에 기록되는 일종의 회고록으로서 특정 지리적 위치와 관련되며, 글을 쓰는 목적이 그곳과 그곳 사람들의 특징을 반추하거나 포착하려는 것"(Whitfield 2011, viii)이다.

윗필드의 여행기 정의를 정리해 보면, 먼저 여행이라는 행위가 일어나야 하고, 두 번째로 특정 지리적 장소에 관한 내용이 들어가야 하며, 세 번째로는 글을 쓰는 목적이 그 장소와 그곳에 사는 사람들의 특징을 포착하려는 것이어야 한다. 하지만 여행기의 역사에서 상당 기간은 세 번째 조건을 만족시키기 어려웠다. 과거의 여행기는 여행에서의 경험을 기록하기 위한 목적으로 쓰였다기보다, 특정 목적의 글쓰기에 여행에서의 경험과 관찰의 기록이 포함되는 경우가 대부분이었다. 이 때문에 윗필드는 『여행: 문학사』를 여행기의 역사에 따라 5개의 장으로 구성했는데, 첫 장의 제목이자 시기 구분은 '여행기 이전의 역사(The Prehistory of Travel Writing)'이고, 두 번째 장의 제목이자 시기 구분은 '발견의 시대(The Age of Discovery)'이다. 즉 발견의 시대 이전까지는 여행기라는 독립된 글쓰기 형식이 출현하지 않았다는 의미다. 윗필드가 첫 장에서 첫 번째로 다룬 여행기는 『성서』이며, 그중에서도 여행의 한 형태인 엑소더스를 다룬 「출애굽기」이다. 두 번째로 다룬 여행기는 그리스 신화인 『오디세이』와 메소포타미아 신화인 『길가메시』이다. 세 번째로 다룬 여행기는 헤로도토스의 『역사』이다. 이처럼 여행기라기보다는 경전, 신화, 역사서, 박물지 등으로 분류되는 글에 포함된 여행 관련 내용을 다루고 있다.

윗필드가 발견의 시대, 즉 대항해 시대 이전까지를 '여행기 이전의 역사'로 분류한 것은 학계의 공통된 견해인 것으로 보인다. 메리 루이스 프랫(Mary Louise Pratt)의 『제국의 시선: 여행기와 문화횡단 Imperial Eyes』을 번역한 김남혁(2015, 140)에 따르면, 유럽의 여행기를 연구하는 역사 및 문학 연구자들도 유럽에서 글쓰기가 여행의 중요한 요소로 간주된 시기를 16세기부터로 본다. 이 무렵 사람들에게 기록은 여행의 필수적인 활동으로 여겨졌다. 정치적이거나 상업적인 목적을 지닌 후원자들은 여행가들로부터 정확한 지도와 기록을 얻길 원했고 대중은 먼 지역에서 이루어지는 흥미로운 사건들에 대해 듣고 싶어 했기 때문이다.

따라서 대항해 시대부터 본격적으로 여행 기록을 목적으로 한 여행기가 쓰이기 시작했다고 볼 수 있다. 하지만 그 이전에도 여행에서의 경험과 관찰 내용이 다양한 형태의 문헌에 섞여 들어가 있었다. 따라서 본 연구에서는 글쓰기의 내용과 형식이 오늘날의 여행기 분류 기준을 충족시키지는 못하지만, 여행이라는 행위의 결과로 쓰였으며 특정 지리적 위치와 관련된 내용이 포함되어 있어 당대의 지리적 세계 인식에 영향을 준 문헌들을 여행기로 분류해 연구대상으로 삼고자 한다.

또한 본 연구의 분석대상인 글래컨의 『로도스 섬 해변의 흔적』은 여행기가 아니더라도 각 시대별 문헌 속에 나타난 자연과 문화의 관계에 대한 사고의 변화를 탐구하고자 한 책이기 때문에, 『브렌단의 항해기 *Voyage of Saint Brenden*』[5]나 『맨더빌 여행기 *The Travels of Sir John Mandeville*』[6] 같이 여행이라는 실천적 행위가 실제로 존재했었는지에 상당히 논쟁적이며, 허구적인 내용이 많은 문헌들은 제외되었다는 점을 주목해야 한다. 다시 말해 글래컨의 책은 여행기의 역사에서 매우 중요한 문헌이지만, 객관적인 지리적 지식의 축적이나, 인간-자연의 관계에 대한 사고의 발전에 큰 영향을 미치지 못한 문헌은 연구대상에 포함시키지 않았음을 전제하고 분석할 필요가 있다.

---

5. 6세기 아일랜드의 수사 브렌단(Brendan)이 꿈에 영감을 받아 60명의 선원들과 함께 '성자들의 약속된 땅'을 찾아 5년간 항해하는 내용으로, 중세의 전설과 사실이 여러모로 뒤얽힌 채 수백 년 동안 전해져 온 이야기이다(Davis 저, 이희재 역 2003, 55-56).
6. 중세 서구사회의 동양에 대한 심상을 형성한 대표적인 여행기로 당대에는 마르코 폴로의 「동방견문록」보다 더 큰 영향력을 가졌지만, 저자의 신원이 불분명하고 허구와 다양한 참고자료에서 발췌한 내용들이 섞여 있어 여행의 진위여부에 관한 논란이 많은 여행기이다.

따라서 글래컨이 자신의 책에서 연구대상으로 삼은 여행 관련 문헌은 현대의 기준에서는 여행기의 형식을 갖추지 않았지만 여행을 통해 보고 관찰하고 사고한 결과를 기반으로 자연-문화의 관계를 사고하는 데 영향을 준 다양한 형태의 문헌도 포함된다는 점을 미리 밝혀 둔다. 또한 본 연구의 주제상 서구 여행기의 역사라는 측면도 염두에 두지 않을 수 없기 때문에, 필자는 문학의 측면에서 서구의 여행기 역사를 다룬 윗필드의 『여행: 문학사』를 보완 및 비교를 위한 부차적 문헌으로 활용하고자 한다.

### 2) 주요 분석 내용 및 시기 구분

글래컨의 『로도스 섬 해변의 흔적』에서 다루고 있는 여행 관련 문헌을 통해 분석하고자 하는 것은 크게 2가지이다. 하나는 인간과 환경 관계의 사고에 많은 영향을 준 지역들이 시기별로 어떻게 변화 또는 확대되고 있으며, 이에 영향을 끼친 주요 여행 관련 문헌들은 어떤 것이었는지를 살펴보는 것이다. 또 하나는 이 여행 지역의 확대 또는 변화가 인간-환경 관계에 대한 지리적 사고에 어떤 영향을 주었는가이다. 특히 글래컨이 관심 가진 3가지 지리적 사고 중에서도 여행과 밀접한 관련이 있는 '자연환경은 인간문화에 어떤 영향을 주는가?'와 '인간은 자연환경을 어떻게 이용하고 변화시켰는가?'라는 2가지 사고를 중심으로 분석하고자 한다.

이 2가지 내용을 중심으로 분석하기 위해서는 먼저 시기 구분이 필요한데, 글래컨은 고대부터 18세기까지 서구의 인간-환경 관계의 사고 변화를 크게 네 시기로 구분했다. 본 연구에서도 이 시기 구분을 중심으로 분석하기로 한다. 글래컨이 구분한 네 시기는 크게 ① 그리스-로마 시대를 중심으로 하는 고대, ② 중세 기독교 시대, ③ 르네상스 시대와 발견 시대 초기를 포함한 근대 초기, 마지막으로 ④ 18세기인데 엄밀히 말하면 훔볼트 등이 활동한 19세기 초까지 포함한다. 또한 이 네 시기에서 다루고 있는 여행기란, 개인의 주관적 경험과 개성이 강조되는 현대적 의미의 여행기가 아니라, 당대 사회의 집단적 지식의 토대이자 교역 및 생산력의 확장 수단이었던 여행과 관련된 여행기로 보는 것이 타당할 것이다.

## 3. 인간-환경 관계의 사고에 영향을 준 시기별 여행과 여행기

### 1) 고대 시대

글래컨이 첫번째 시기로 설정한 범위는 고대 그리스-로마 시대이며, 이 시기의 인간-환경 관계에 대한 사고를 논할 때 주로 언급되는 지역은 그리스와 로마를 포함한 지중해 지역을 제외하면, 수메르, 스키타이, 페르시아, 칼데아(바빌로니아 남부 지역, 또는 바빌로니아와 같은 의미로 혼용), 발루치스탄(현 파키스탄 서부 지역), 인더스 등이다. 그렇지만 알프레드 헤트너(Alfred Hettner)에 따르면 고대 시기의 명확한 지리적 지평은 지중해 지역과 이에 가장 근접한 서유럽과 서아시아에 한정되어 있었고, 인도와 중국, 수단은 아득히 먼 곳에서 흐릿한 윤곽만을 보여 주고 있었을 뿐이었다고 본다(Hettner 저, 안영진 역 2013, 1권, 92).

고대 시기 이들 지역에 대한 정보는 주로 전쟁과 정복, 무역, 순례 등을 통해 습득된 것인데, 서론에서도 살펴보았지만 이 시기는 여행기라는 글쓰기 형식이 출현하기 전이고 전쟁과 정복, 무역, 순례 등과 같은 여행 과정에서 얻게 된 지식의 대부분은 구술이나 다양한 형태의 편지, 보고서 등을 통해 전해졌을 것이다.

고대 그리스-로마 시대를 서구 사상의 기초가 만들어진 시대로 보는데, 통신수단이나 인쇄술이 발달하지 못했던 이 시기에는 직접 그곳을 여행하지 못하면 새로운 지식을 얻기가 쉽지 않았을 것이다. 그래서인지 이 시기에 언급되는 상당수의 고대 학자들은 여행 경험이 풍부한 사람들로도 알려져 있다. 이 중 대표적인 인물이 헬레니즘 시대 이전에는 히포크라테스와 헤로도토스이고, 헬레니즘 시대 이후에는 스트라본이다.

글래컨은 고대 인간-환경 관계에 대한 사고에 큰 영향을 준 의학과 민족에 대한 고대 그리스의 이론이 가장 최초로 광범위하게 드러난 문헌은 히포크라테스(BC 460경~BC 377경) 학파의 저작(대표작 「공기, 물, 장소」)과 헤로도토스(BC 484경~BC 430경)의 『역사』이며, 이는 그 자체로 여행과 탐험의 산물이라고 했다. 이 문헌들에서 환경이 인간의 질병과 성격에 미치는 영향에 대해, 더 나아가 민족 수준에서 환경이 민족의 관습과 기질에 미치는 영향에 대해 추상적 일반화를 도출할 수 있었던 지식과 관찰의 근원을 여행과 탐험으로 보았던 것이다(1권, 60). 학계의 전통적인 견해 중에는 헤로도토스와 히포크라테스 모두 헤카타이오스의 저술을 참조했을 것으로 보는 견해도 있는데(1권, 191, 각주 21), 그리스의 역사가인 밀레투스 출신 헤카타이오스(BC 550경~475경)는 이집트, 리비아, 서남아시아 등을 여행하고 『세계안내기』 및 세계지도를 저술, 제작한 것으로 알려졌으며, 헤로도토스는 자신의 책 『역사』에서 직접 그의 저작을 언급하기도 했다.

지중해에 위치한 코스섬 출신이자 이곳에 유명한 의학교를 세운 히포크라테스는 일생 동안 그리스와 소아시아를 여행하며 의술을 행했다고 알려져 있다. 히포크라테스는 「공기, 물, 장소」에서 환경이 개인의 육체적, 정신적 특질에 영향을 미치고, 이러한 특징을 같은 환경 속에서 무리 지어 거주하는 민족 전체에 확장해 적용할 수 있다고 보았다. 그 예로 서로 다른 3가지 자연환경과 그곳에 사는 민족들을 비교했는데, 추운 북부지역으로는 스키타이인이 사는 현재의 우크라이나 남쪽지역을, 남쪽의 더운 지역으로는 이집트와 리비아를, 그리고 온화한 환경으로는 이오니아를 선택했다(1권, 184).

아리스토텔레스는 『정치학』에서 히포크라테스의 환경과 민족적 특성의 관계에 대한 이론을 더욱 단순화시켜 정치적 해석을 덧붙였다. 즉 유럽에 사는 민족을 비롯하여 추운 지역에 사는 민족은 힘찬 기상을 지녔지만 기술과 지성이 부족하다. 자유를 유지하지만 정치적 조직화가 부족하고 타인을 통치할 능력이 없다. 아시아의 민족은 정반대로, 지성 있고 독창적이지만 힘찬 기상이 결여되어 있어 종속된 노예 상태다. 매우 덥고 추운 지역 사이의 중간 지역에 사는 그리스인은 양자의 이득을 함께 누려, 드높은 힘찬 기상과 지성 모두를 지녔으며, 그리스인 간의 반목만 아니었다면 기후의 덕으로 통일 제국을 이루었을 것이라고 했다. 자화자찬 격인 아리스토텔레스의 이 주장은 매우 강력한 영향력을 가졌는데, 이는 독창성 때문이 아니라 아리스토텔레스와 그의 저술이 지닌 권위 때문이었다(1권, 197-198). 근대에 이르기까지 유럽인이 동양에 대해 가졌던 강력한 대비, 즉 유동적이고 변화무쌍한 그리스(곧 서구)와 불변성과 지속성을 가진 근동(곧 동양)의 대비는 이 같은 고대 그리스의 기후와 민족성의 관계에 대한 사고로까지 거슬러 올라가는 긴 역사를 가졌음을 알 수 있다.

앞에서 언급했듯이 서양 최초의 여행가로도 꼽히는 헤로도토스는 지중해 일대의 그리스인의 국가뿐 아니라, 이집트, 페니키아, 바빌론, 아라비아, 흑해 연안의 스키타이 지역을 여행한 것으로도 알려져 있다(김봉철 2016, 19). 그래서인지 고대세계의 여행을 본격적으로 다룬 최초의 시도라고 평가되는 『고대의 여행 이야기』(Casson 저, 김향 역 2001)에서도 헤로도토스가 빈번하게 인용되고 있다.

헤로도토스는 여행에서 만난 민족의 행동, 식습관, 문화적 선호에 관한 구비전승을 수집하는 활동에 집중했다. 나일강으로 비옥해진 사막에 사는 이집트인과 러시아 남부 평원에 사는 스키타이인, 여름에는 건기이고 겨울에는 우기인 지중해 연안 온대기후에서 살아가는 그리스 본토인과 이오니아인 간의 고전적 비교는 기후가 인종적·문화적 차이를 야기한다는 믿음에 신뢰성을 주었다(1권, 60-61).

그 외에도 글래컨은 우리에게는 『소크라테스 회상』의 저자로 더 잘 알려져 있는 크세노폰(BC 431경~BC 350경)이 『오이코노미코스』에서 페르시아 농업을 직접 목격하고 찬양한 내용을 언급하였다. 크세노폰이 페르시아 농업을 직접 목격할 수 있었던 것은 페르시아 왕의 그리스인 용병으로 페르시아 내륙까지 다녀왔던 경험 덕분이었다. 올라가기(going up)라는 뜻을 지닌 그리스어 *Anabasis*[7]란 제목의 여행기는 바로 이 경험을 바탕으로 쓰여진 전기(戰記)로, 후에 알렉산드로스의 원정에 길잡이 역할을 한 여행기이기도 했다.

그럼에도 불구하고 글래컨은 헤로도토스 시대나 심지어 플라톤과 아리스토텔레스 시대보다 더 결정적인 고대 시기를 헬레니즘 시기[8]로 본다. 이 시기는 새롭고 상이한 환경과 그 속에서 살아가는 사람들을 알게 된, 서구 문명사에서 특별한 문화접촉의 시대 중 하나로 르네상스 시대나 발견의 시대에 필적할 만한 시기이기 때문이다(1권, 77).

알렉산드로스의 원정에 참여한 그리스인들은 그전부터 오랫동안 교류해 온 지중해 남안의 이집트를 넘어 접하게 된 메소포타미아 지역, 발루치스탄의 황량한 모래바다, 그 너머 풍요롭고 숲이 우거진 히말라야의 신선한 산비탈, 페르시아만에서 인더스강 삼각주까지 뻗은 아라비아해 북서 해안의 맹그로브 숲 등 굉장히 넓은 범위에 걸친 환경과 사람들을 목격하게 되었다. 이 낯설고 새로운 환경과의 조우 때문에 그들은 과거의 것이나 익숙한 것조차도 새로운 눈으로 보게 되었다. 식물학과 식물지리학의 시조로 불리는 테오프라스토스(BC 372경~BC 288경)의『식물 탐구 *Historia Plantarum*』[9]는 바로 당대의 전 세계 식물에 대한 지식의 산물로 나온 것이었다. 그가 이 책을 쓸 수 있었던 것은 알렉산드로스 원정을 따라갔던 과학자 겸 여행가들이 새로운 민족지, 지리학, 지질학, 식물학의 사실을 관찰해 보고한 것을 접할 수 있었기 때문이다(1권, 78). 덕분에

---

7. 우리나라에서는「페르시아 원정기: 아나바시스」(Xenophön 저, 천병희 역 2011)라는 제목으로 번역·출판되었다.

8. 헬레니즘 시대란 용어는 독일의 역사가인 드로이젠(Droysen)이 만든 용어로 보통 알렉산드로스 대왕이 사망한 BC 323년에서 로마제국에 의해 알렉산드로스의 제국이 멸망한 BC 30년까지를 말한다.

9. 그는 이 책에서 500여 종의 식물에 이름을 붙이고 분류했으며 지역에 따라 수목 이용이 어떻게 달라지는가에 대해서도 기술했는데, 중세시대까지 서구세계에서 식물학 사전 역할을 했다.

이 시대에는 자연을 신화적으로 보려던 호메로스 시대와는 달리 자연의 실질적 측면을 보려는 경향이 있었는데, 교역, 여행을 통해 증가한 지리적 지식 덕분에 경관에 대한 비교가 이루어질 수 있었기 때문이다(1권, 100). 근대 식물지리학의 아버지로 꼽히는 훔볼트가 자신의 책『코스모스 Cosmos』에서 알렉산드로스의 원정을 과학적 원정으로 간주(4권, 215)한 것도 이러한 맥락에서 이해할 수 있다. 헬레니즘 시대에 이어 로마의 전성기에도 스페인, 북아프리카, 발칸반도, 갈리아 지역의 정복과 식민화 등을 통해 민족과 환경에 대한 인식은 측정 불가능할 정도로 확대되었다(1권, 79).

지구가 생명에 적합한 환경으로 설계된 창조물이라는 그리스인의 사고(즉 설계론)는 이미 BC 4세기에 정식화되었지만 지리적 지식이 확장된 헬레니즘 시대에 스토아학파에 의해 더 진전되고 풍부해졌다. BC 185년경 로도스에서 태어난 스토아 철학자 파나이티오스(BC 180경~BC 109경)는 이집트와 시리아를 포함한 지중해 세계 전역을 여행하면서 계절의 변화에 따라 나일강과 유프라테스강이 들판을 비옥하게 만드는 모습을 보며 자연의 합목적 활동을 확신했다. 그는 이 같은 설계론의 틀 속에서 환경의 영향이라는 사고의 활용을 처음으로 시도한 사람 중 하나였다. 그의 제자인 포시도니오스(BC 135~BC 51경) 역시 고대의 가장 위대한 과학 탐험가로 일컬어졌는데, 갈리아, 이탈리아, 스페인 전역을 여행하며 민족과 생활환경의 다양성을 관찰한 경험을 토대로 지상의 조화 속에 존재하는 지리의 중요성과 생물학적 상호관계의 중요성을 강조했다. 이러한 사고의 바탕에는 이들이 방대한 민족지학, 지리학, 생물학적 자료를 활용한 사실이 있었다. 이러한 설계론적 사고는 포시도니오스의 제자 키케로(BC 106~BC 43)의『신들의 본성에 대하여』라는 책으로 이어져 르네상스 시대, 17, 18세기의 자연신학에까지 계승되었다(1권, 135).

하지만 글래컨은 헬레니즘 시대를 대표하는 지리학자는 단연코 스트라본(BC 64경~BC 24경)이라고 보았다. 스트라본이 남긴 글의 상당 부분의 출처가 포시도니오스이긴 하지만, 스트라본 역시 광범위한 여행을 통해 직접 관찰한 아시

아, 북아프리카, 유럽 대부분 지역을 기술하였으며 당시 지중해 세계가 갖고 있
던 지식의 총체를 담은 『지리학』(전 17권)을 썼다(Davis 저, 이희재 역 2003, 36). 그
는 이 책을 로마제국의 무역을 장려했던 아우구스투스 시대의 정부와 행정에
기여할 목적으로 썼지만, 이 책에 나오는 민족 묘사는 과거 400여 년 동안 이어
진 사실 수집의 정점이자 고전적 문화지리학의 정점을 이룬다. 스트라본은 이
책을 집필하는 과정에서 당시 알려진 세계의 민족과 그 다양성에 관한 지식의
축적으로, 과거에는 만족스러웠던 단순한 인과적 설명이 여러 도전에 직면하
고 있음을 절감했다. 이 때문에 그는 어떤 사고는 전통에, 어떤 사고는 당대의
관찰에 기초하는 등 어찌 보면 일관성이 결여된, 또는 절충적인 태도를 취해야
만 했다(1권, 216). 이를 통해 여행 지역의 확대로 지리적 지식이 축적되면서 과
거에 부족하고 편협한 정보를 바탕으로 쉽게 일반화되었던 사고들이 변용되는
과정을 살펴볼 수 있다.

이상의 논의를 정리하면, 고대 그리스-로마 시대에는 글래컨이 주목한 3가
지 사상 중 첫 번째인 '지구는 왜, 어떻게 형성되었는가?'라는 질문에 대해 인
간이나 다른 생물이 적응해서 살기에 적합하도록 합목적적으로 지구의 환경
이 설계되었다고 인식하는 경향이 강했음을 알 수 있다. 하지만 계절 변화의 이
점을 포함하여 이 사고에서 묘사되는 자연의 질서와 아름다움은 온대기후 지
역에서 더욱 설득력을 지닐 수 있었음을 주목해야 한다고 글래컨은 지적한다(1
권, 117). 또한 환경의 영향력이라는 측면에서는 두 번째 사고인 '자연환경은 인
간문화에 어떤 영향을 주는가?'라는 질문에 대해 추운 지역, 온화한 지역, 더운
지역으로 나누어 비교하는 전통이 아주 오래전부터 형성되었으며 이 중 가장
높은 수준의 문화를 이룰 수 있는 지역은 자신들이 살고 있는 온대 지역이라고
보았음을 알 수 있다. 결국 이 2가지 사고의 밑바탕에는 온대 지역에 거주하는
고대 그리스-로마인의 자기중심적 사고가 깔려 있음을 알 수 있는데, 비록 헬
레니즘 시대에 자기들이 거주하는 지역 너머 아주 넓은 지역에 대한 지리적 지
식 등을 얻을 수 있었지만 전통적인 사고의 틀을 깨 버릴 정도는 아니었음을 알

수 있다.

또한 이 고대 시기부터 시작된 '적도 지역에 인간 거주가 가능한가?'[10], '적도 반대편에 대척지가 존재하는가?' 등을 둘러싼 지리적 논쟁이 경험적으로 증명 가능한 사실의 문제였음에도 불구하고 오랫동안 환경관의 문제로 남아 있었다는 점에서, 이 고대 시기는 정확한 지리적 지식으로 체계화될 정도의 넓은 여행 범위와 충분한 여행 빈도가 턱없이 부족한 시기였음을 쉽게 알아차릴 수 있다.

### 2) 중세 기독교 시대

글래컨이 중세 기독교 시대로 설정한 시기적 범위를 명시적으로 제시하지는 않았지만 대략 교부 시대(patristic period)[11] 초기부터 르네상스 전까지로 설정한 것으로 보인다. 이 긴 중세를 글래컨은 단일한 시기로 보지 않고, 명시적이지는 않지만 초기 교부들이 활동하던 시대와 이후 지중해 남동쪽에서 불어온 이슬람과의 접촉이나 십자군 전쟁 등으로 외부 세계와의 전면적 접촉이 있었던 시기로 구분하고 있다.

첫 번째 시기의 주요 특징은 교부 철학의 시기로, 이 시기에는 고대 그리스-로마 시대의 철학을 기독교적 원리를 중심으로 재조직하는 데 중점을 두었다. 그런데 당대 기독교 교부 철학에서는 자연에 대한 관점이 크게 2가지로 양립되었다. 하나는 기독교의 내세 지향성, 자연물에 대한 관심이 우상숭배화될 우려, 인간의 원죄로 지구환경이 악화되었다는 신념 등 때문에 인간의 거주지로서의 지구환경에 관심을 두어서는 안 된다는 관점이었고, 또 다른 하나는 지구환경

---

10. 예를 들어 적도 지역은 너무 뜨거워 사람이 살 수 없다고 추론한 아리스토텔레스와는 달리, 포시도니오스는 적도 지역에서도 사람이 살 수 있으며 가장 온도가 높은 곳은 이른바 온대 지역 내의 사막이라고 주장했다. 하지만 이후 스트라본은 적도에는 사람이 살 수 없다고 주장했다(Davis 저, 이희재 역 2003, 34-36).
11. 교부(教父)란 사도(使徒)들에 이어 기독교를 전파하며 신학의 기본 틀을 형성한 교회 지도자들을 일컫는다. 이들이 활동했던 시대를 교부 시대라고 하는데 보통 2세기에서 8세기까지의 시대를 가리킨다.

의 적합성과 질서 속에서 신의 존재를 증명하고자 하는 물리신학적 관점이었다. 글래컨은 기독교 내의 이 물리신학적 사고가 성 바실리우스(330경~379)에서 성 암브로시우스, 성 아우구스티누스(354~430) 같은 교부들에게 이어졌다고 보았는데, 이들은 고대 그리스-로마 시대의 과학과 박물학의 유산을 더 이상의 추가 없이 그대로 이어받아 기독교적으로 종합하여 재구성했다. 예를 들어 7세기에 세비야의 이시도루스가 편찬한 백과사전인 『어원학 *Etymologiarum*』[12]은 고전 시대의 지식을 주로 참고한 것인데, 특히 환경적 영향에 따른 로마인, 그리스인, 아프리카인, 갈리아인의 민족성에 대한 설명은 고대 로마의 저술가인 세르비우스의 글을 전재한 것이다(2권, 78).

그렇다고 해서 이 시기에 과거에 형성되었던 환경·지리적 지식의 복제와 변주만 있었다고 볼 수는 없다. 이 교부들이 기독교 교리의 올바른 전달을 위해 부지런히 이 지역, 저 지역으로 여행을 다녔기 때문이다. 카에사리아(현 터키의 카이세리)에서 태어난 성 바실리우스는 콘스탄티노플, 아테네, 이집트 등을 여행했고, (그보다 훨씬 뒤의 인물이긴 하지만) 성 알베르투스(1206경~1280)는 음식을 탁발하면서 수도원에서 수도원으로 직접 걸어 다녔는데 독일, 이탈리아, 프랑스 지역을 광범위하게 여행했다(2권, 49와 110). 이탈리아 철학자들이 쓴 『여행, 길 위의 철학』(Bettetini and Pogi 편, 천지은 역 2017)에서도 성 아우구스티누스(354~430)와 성 아퀴나스(1224경~1274)의 여행 여정을 각 꼭지로 다루고 있을 정도로 교부들의 종교 목적의 여행은 철학사에 뚜렷한 족적을 남긴 것으로 보인다.

이러한 여행을 통해 습득된 구체적인 지역 및 환경에 대한 지식이 고전적 지식의 바탕 위에 새롭게 추가될 수밖에 없었다. 과거에는 물리신학적 관점에서 신이 설계한 지구환경의 적합성을 증명하는 사례로 전통적인 이집트의 나일

---

12. 이시도루스는 사물명의 어원에서 그 본질적 본성의 열쇠를 발견할 수 있다고 생각했다. 그 예 중 하나가 우리에게는 매우 친숙한 '에티오피아는 그곳에 사는 민족의 피부색 때문에 그런 이름을 갖게 되었는데, 즉 '태우다'와 '얼굴'을 의미하는 그리스 단어로부터 에티오피아라는 지명이 파생되었다'는 설명이다(2권,162).

강, 메소포타미아 지역의 유프라테스강, 인도의 인더스강 등을 들었다. 그러나 2세기경 활동한 교부 펠릭스(Felix)가, "영국은 햇빛이 부족하지만 영국을 감싸고 도는 따뜻한 바닷물이 새로운 기운을 공급한다"(2권, 25)라고 진술한 것처럼 영국이 구체적인 사례로 추가되었다. 북서유럽 지역에 대한 지리적 지식이 확대된 것이다. 헤트너 역시, 중세의 지리적 지식의 공간적 확대가 로마 기독교의 확산과 거의 일치하는데, 즉 기독교가 지중해 지역을 넘어서서 북유럽 지역으로 전파되고 이를 통해 서유럽 전체를 포괄하게 되었음을 의미한다고 했다 (Hettner 저, 안영진 역 2013, 1권, 96).

그럼에도 불구하고 중세에 큰 변화를 가져온 것은 두 번째 시기로서 북부의 노르만족이 지중해로 남하해 나폴리 왕국과 시칠리아 왕국을 세우면서 기독교-이슬람 문화가 만개한 시기이다. 이 시기에는 위대한 아랍 지리학자 알 이드리시가 시칠리아 로제르 2세의 궁정에서 일하고, 로제르 2세의 외손자인 프리드리히 2세 치하에서는 그리스어를 사용하는 그리스 분파와 아랍어를 사용하는 이슬람 분파, 라틴어를 아는 학자가 공존해서, 고대 그리스-로마 시대의 고전과 이에 주해를 단 이슬람의 문화, 기독교 문화가 융합된 개방적 성격을 띠었다(2권, 96). 이를 통해 고대 시대의 설계론이나 환경의 영향력에 관한 사고의 자료원들이 더 풍부해졌다.

하지만 환경 및 지역에 대한 논의가 더 풍부해진 계기는 여행을 할 기회가 많아진 중세 후반기, 더 구체적으로는 십자군 전쟁이었다. 『중세시대의 지리 Geography in the Middle Ages』의 저자 킴블(Kimble)은 초기 교부 시대의 수도원 생활이 문화경관을 숙고할 기회를 거의 제공하지 못했는데, 십자군 전쟁 참여로 많은 사람들이 여행을 하게 되면서 인간은 경관과 생활 사이에 존재하는 다양한 관계를 이해하기 시작했다(2권, 162, 각주 8에서 재인용)고 보았다. 헤트너 역시 중세 초기의 공간적 지식이 유럽과 서아시아의 주변 지역에 제한되어 있다가, 이 시기에는 아시아 전역으로 확대되었는데 특히 서아시아에 대한 지식은 십자군 전쟁을 통해 풍성해졌으며 나머지 아시아에 관한 지식은 카르피니

(Giovanni de Piano Carpini)나 루브룩(Rubrouk), 마르코 폴로 등에 의한 몽골 제국에 대한 것이었다고 말했다(Hettner 저, 안영진 역 2013, 1권, 110-114).

이처럼 글래컨은 직접 관찰할 수 있는 지리적 세계가 점차 확대되면서 중세 후반에 이르게 되면 뚜렷한 변화가 나타난다고 했다. 첫 번째, 세비야의 이시도루스의 『어원학』 같은 백과사전류를 통해 지명일람표식 지리학이 이후에도 계속 저술되었지만 후반에 오면 저술 내용에서 변화가 생겼다. 특히 1240년 수도사인 잉글랜드의 바로톨로메우스가 쓴 백과사전 『사물의 속성에 대하여』가 주목할 만하다. 그는 프랑스에서 살았지만 로우랜즈, 프랑스, 독일에 이르는 넓은 지역을 여행했거나 여행에 대한 보고를 직접 들었던 사람이었을 것으로 추정되며, 그의 책은 이탈리아어, 프랑스어, 영어로 번역되었는데 16세기 초까지 널리 읽히며 영향력을 행사했다(2권, 182-183). 이 책에 나오는 지명일람표식 장소 서술 대부분은 여전히 과거와 같이 "헤로도토스가 이렇게 말했다" 혹은 "세비야의 이시도루스가 15권에서 이렇게 말했다"로 끝나고 있지만, 자신이나 당대인들이 개인적으로 여행하고 관찰한 것을 토대로 한 새로운 내용도 포함되었다(2권, 168-169).

이렇게 직접 관찰한 지리적 지식이 늘어나면서 중요한 변화로 이어지게 되었다. '그리스인은 온화한 기후 때문에 이성적이다', '북부 지역 사람들은 추운 기후 때문에 기질이 거칠고 우둔하다'와 같이 고전 시대부터 이어져 온 환경-인간에 대한 단순한 인과론적 설명이 흔들리기 시작한 것이다. 즉, 환경적 영향에 대한 사고는 관찰자에게 잘 알려진 시대나 장소보다 멀리 떨어진 시대나 장소에 적용될 때 더 설득력 있게 수용되기 마련인데, 일상생활에서는 관찰되는 명백한 사실들이 너무 많아서 기후라는 한 가지 원인으로 설명하기 어렵기 때문이다. 따라서 잉글랜드의 바르톨로메우스가 직접 여행하며 관찰한 플랑드르나 홀란트에 대한 내용에서는 플리니우스와 세비야의 이시도루스의 진부한 설명이 힘을 발휘하지 못하게 되었다(2권, 184-185).

두 번째 변화는 1277년 파리의 주교였던 탕피에(Étienne)가 이슬람 철학자인 아베로에스, 페르시아 철학자인 아비센나, 그리고 아퀴나스 등의 글에서 찾은 219개의 명제가 오류라면서 단죄를 요청한 사건과 관련된 변화이다. 탕피에 주교는 아베로에스와 아비센나의 아리스토텔레스 주해를 적극 받아들여 기독교 교리를 정립한 아퀴나스의 명제가 기독교의 창조론에 위배된다고 주장했다. 하지만 교황은 탕피에의 단죄를 추인하지 않음으로써, 이성의 관점에서는 그 릇된 명제가 신앙의 관점에서는 진리일 수 있다는 이중진리 교의가 승인되었다. 이 사건은 자연과학의 세계와 신학의 세계를 분리한 근대 과학의 시작으로도 볼 수 있다(2권, 148-149).

이러한 중세 후기의 변화 속에서 자연과학자 로저 베이컨(1219경~1292)이 지리적 지식과 여행에 대해 언급한 것은 주목할 만하다. 그는 백과사전 격인 그의 대표작 『대저작 Opus Majus』에서 "민족과 장소에 대한 지식은 교역, 개종, 비(非)신자를 이해하기 위해 필요하며 비신자나 반기독교인과 맞설 경우에도 필요하다. 여행자는 반드시 기후와 자신이 방문하는 외국 땅의 특성을 알아야만 한다. 여행자들은 여행할 적절한 경로를 선택할 수 있어야 한다. 더운 계절에 너무 더운 곳을, 추운 계절에 너무 추운 곳을 지나다녀서 자신의, 그리고 기독교인의 상업적 이익을 파괴하는 경우들이 발견되는데, 선교활동을 하고자 하는 사람은 기후, 장소, 관례, 관습, 민족의 조건에 대한 지식이 필요하다"(2권, 205-206에서 재인용)고 썼다. 이를 통해 효과적인 여행을 위해서는 지리적 지식을 필수적으로 갖춰야 한다는 사고가 확산되고 있음을 알 수 있다.

이러한 지리적 지식의 확대를 바탕으로 중세에도 여러 지역을 소개하는 지역지리적 성격의 문헌들이 나왔다. 그중에는 십자군 전쟁의 현장인 레반트 지역의 도시에 대해 쓴 티레의 대주교 윌리엄의 문헌처럼 유럽 외 지역에 대한 문헌도 있었다. 또한 유럽 내에서도 프라이징의 오토나 파이리스의 군터, 브레멘의 아담 등에 의해 유럽 북부지역, 유틀란트, 핀, 질란트, 노르웨이, 빈란트, 아이슬란드 등에 대한 문헌이 나왔다. 하지만 이 시대에도 멀리 떨어진 곳의 괴상함, 즉 개의 머리를 한 사람, 머리가 가슴에 달린 사람, 외눈박이 인간 등의 터무니없는 내용을 다룬 문헌들이 여전히 많았고 많은 이들의 주목을 받았다(2권, 208). 글래컨이 이 터무니없는 내용을 다룬 문헌명을 명시하고 있지는 않지만, 중세에 마르코 폴로의 『동방견문록』보다 더 인기를 끌었던 『맨더빌 여행기』 (1357)를 염두에 둔 것으로 보인다.

사실 앞에서도 언급했듯이 십자군 전쟁 즈음에는 여행기의 역사 측면에서 뚜렷한 족적을 남긴 몽골 여행기들이 많이 출간되었다. 몽골의 테무친이 몽골 평원을 평정하고 칭기즈칸으로 추대된 1206년부터 원 제국이 멸망한 1368년 까지 지속된 '몽골의 평화기'에는 동서 문명이 서로 대면하고 소통한 매우 역동적인 시기였다. 이 시기 몽골을 다녀온 유럽의 대표적인 인물은 1245년 교황 이노켄티우스 4세의 외교 사절로 파견된 성 프란체스코 소속의 카르피니, 1253년 프랑스의 성왕 루이의 외교 사절로 파견된 성 프란체스코 소속의 루브룩, 1271년 상업적 교역을 목적으로 떠난 베니스의 마르코 폴로, 1316년 동방 선교를 위해 파견된 성 프란체스코 소속의 오도릭(Odorico) 등이다(성백용 2011). 유명한 『동방견문록』의 마르코 폴로 말고도 나머지 사람들도 몽골 여행 기록 을 남겼는데, 카르피니는 『몽골의 역사』, 루브룩은 『몽골 기행』, 오도릭은 『오도릭의 동방기행』을 남겼다.[13]

그런데 글래컨은 유럽인들의 발견의 시대를 여는 시대적 지표로 마르코 폴로를 몇 번 언급한 것을 제외하면 중세 시대 몽골의 여행기들을 전혀 언급하지 않는다. 존 맨더빌의 『맨더빌 이야기』야 허구적인 측면이 많아 제외한다 하더라도 이 여행기들까지 배제한 이유는 무엇일까? 이는 마르코 폴로를 제외한 이들이 모두 수도사로서 종교적, 외교적 목적으로 간 여행이었고 당대 서구인들의 인간−환경 사고의 변화에까지는 주목할 만한 영향을 미치지 못했기 때문으로 보인다. 또한 이 여행기들에서 언급된 카타이(Cathay)가 중국(China)과 동일 지역임을 유럽인들이 확인하게 된 시점이 한참 뒤인 1600년대 초임을 감안한

---

13. 카르피니와 루브룩의 여행기는 『몽골 제국 기행: 마르코 폴로의 선구자들』(김호동 역 2015)로, 오도릭의 여행기는 『오도릭의 동방기행』(정수일 역 2012)으로 국내에 번역되어 있다.

다면 글래컨의 선택이 어느 정도 이해가 된다.[14]

## 3) 근대 초기

글래컨은 르네상스 시대와 발견의 시대[15]를 근대 초기로 한데 묶었는데, 그 이유는 르네상스 시대는 과거에서 새로운 소식과 비평을 가져왔으며 발견의 시대는 외부에서 새로운 소식을 가져왔는데, 양 시대 모두 근본적 개혁, 즉 사고의 범위를 넓혀 주었기 때문이다. 르네상스 시대는 고대 사상에 관한 지식을 넓혀 주었고, 발견의 시대는 인간과 인간이 사는 환경 양자 모두가 그동안 알아왔던 것보다 훨씬 다양하다는 점을 드러냈다. 비록 이러한 깨달음이 18세기 전까지 완전해지지는 못했지만 서구의 사상사에서 자연과 문화에 관련된 중요한 통찰 중 하나였다(4권, 346). 이를 통해 글래컨이 보는 근대 초기란 르네상스 시대부터 18세기 이전까지(실제 그의 저작에서는 18세기 초반까지 포함)를 의미함을 알 수 있다.

글래컨은 르네상스 시대와 발견의 시대가 도래하면서 지리적 지식을 포함한

---

14. 1600년경 중국(China)이 지도상에 그려져 있고 많은 유럽인이 방문했음에도 불구하고 마르코 폴로나 다른 중세의 여행작가들이 말한 경이로 가득찬 전설의 땅 카타이가 어디에 있는지는 여전히 해결되지 않은 골치 아픈 문제였다. 중국은 당시 바다로 가는 나라인데 페르시아나 인도를 통과해 육로로 가는 카타이가 차이나인 것이 확실한가와 같은 문제였다. 이같이 서로 다른 곳으로 취급된 지리적 제국을 연결시키고 중세와 근대라는 서로 분리된 역사 시대를 연결시키는 이 역사적 임무는 예수회 선교사인 베네딕트 고스(Benedict Geoes)의 업적이었다. 그는 1602년 페르시아를 떠나 카불에서 카라반에 합류하여 힌두쿠시와 파미르를 통과하는 위험한 횡단을 했으며, 이후 중국의 쑤저우까지 왔을 무렵 중국이 카타이임을 확신했다. 마테오 리치도 그가 남긴 여행 기록들을 모아 종합했으며 중국과 카타이가 하나임을 인정했다(Whitfield 2011, 100).

15. 르네상스 시대는 14세기부터 16세기 사이에 일어난 유럽의 문예 부흥 시기를 말하는데, 중세와 근대를 이어 주는 가교의 시기이기도 하다. 발견의 시대(Age of Discovery)는 15세기 후반부터 18세기 중반까지 유럽인이 배를 타고 세계의 항로를 개척하고 탐험, 무역하던 시기를 말한다. 따라서 르네상스 후반기와 발견의 시대 초반은 시기가 겹친다. 현재는 발견의 시대라는 용어 자체가 유럽 중심적이라는 비판하에 대항해 시대라는 용어를 더 많이 사용하고 있다. 본 연구에서는 글래컨이 발견의 시대란 표현을 사용하고 있기 때문에 맥락에 따라 '발견의 시대'와 '대항해 시대' 2가지 표현을 혼용하기로 한다.

인류의 지적 지평이 곧바로 확장되거나 큰 변화를 겪은 것이 아니라, 상당히 많은 시간이 걸렸으며 새로 발견한 땅에서의 관찰 결과들이 축적되면서 이러한 변화에 기여했다고 강조하고자 했다.

지구가 신에 의해 창조되고 설계된 지구라는 사고는 중세에 이어 르네상스 시대에도 상식이었다. 따라서 신대륙에서 발견한 것들은 더 확실하게 신의 지혜와 권능, 창조력을 증명하는 증거로 활용되었다. 이 시기 콜럼버스에 이어 아메리카를 탐험한 베스푸치의 항해록 『신세계 *Mundus Movus*』(1503년경)에 실린 글은 피조물에서 신의 존재에 대한 증거를 찾고자 했던 신학자나 철학자들의 어떤 현란한 기술보다도 뛰어났다.

> 언젠가 시간이 허락된다면 나는 이 희귀하고 놀라운 것을 모아서 지리서나 세계지를 쓸 것이다. … 고대인에게는 잘 알려지지 않았으나 우리에게는 알려진 전능하신 주의 엄청난 창조물을 이해할 수 있을 것이다.(3권, 15-16에서 재인용)

세계가 커질수록 경이로움은 배가되었고 거주 가능한 땅 역시 생각했던 것보다 훨씬 넓었다. 고대와 중세를 거치면서 존재 여부에 대한 논쟁을 이어 온 대척점(antipode)이 발견되면서, 적도 남쪽에는 육지가 없으며 설령 있다 하더라도 거주할 수 없는 땅이라는 낡은 사고는 거짓으로 입증되었다. 이로 인해 대척점의 존재를 부인한 성 아우구스티누스의 권위가 타격을 입었을지는 몰라도, 넓게 보면 오히려 신이 부여한 자연의 완전성, 풍요로운 다양성에 대한 사고는 강화되었다.

글래컨은 신대륙 발견의 최전선에 선 항해가들의 저작이 아닌, 이러한 발견의 결과가 축적, 전파, 소화될 만큼 충분한 시간이 지난 후, 즉 이론과 관찰이 성숙해지고 그것이 다시 옛것과 융합될 만큼의 충분한 시간이 지난 후에 출판된 저작이야말로 당대의 지배적인 사고와 각 사고들 간의 관계를 파악하는 데

더 도움이 된다고 보았다. 윗필드(Whitfield 2011, 47) 역시 크리스토퍼 콜럼버스 같은 항해가들의 저작은 당연히 역사적 가치가 크지만 그 저작들이 갖는 주제가 가치 있는 상상력이나 통찰에 도달할 정도는 아니었으며, 그들의 저작물은 군인, 모험가, 행동하는 이들의 것이지 철학자나 시인의 것이 아니고, 따라서 그들은 자신들이 본 것을 해석할 수는 없었다고 보았다.

글래컨은 발견의 결과가 사고의 변화로까지 이어진 저작 중 하나로 호세 드 아코스타(José de Acosta, 1539~1600)의 저작을 선택했다. 아코스타는 예수회 소속 선교사로 1571년 아메리카에 파견되었는데, 글래컨이 굳이 아코스타를 선택한 이유를 짐작할 만한 그의 남다른 면모는 아메리카로 가는 여정에서도 발견된다. 아코스타는 아리스토텔레스나 플리니우스 같은 고대 학자들의 주장대로 적도를 지날 때는 견디기 어려운 열기를 경험하리라 기대했으나 실제로는 "태양이 멀어질 때는 날씨가 고요하고 메마르지만 태양이 가까워지면 비가 많이 오고 습기가 많다"면서 옛사람들의 말이 거짓이라고 썼다. 즉 지식과 경험이 충돌할 때 아코스타는 예로부터 전해 오는 이론보다는 자신의 경험에 기초하여 인과관계를 규명하고, 신대륙에서 처음 접하는 갖가지 사상(事狀)을 정확하게 기술하려는 태도를 보였다. 또한 그는 아메리카의 지진, 화산, 조수, 해류, 자장, 기상현상을 기록하고 분석했기 때문에 후에 훔볼트로부터 '지구물리학의 창시자'라고 불리는 영예를 안기도 했다(박병규 2013, 237).

무엇보다 인간-환경론에 있어서 아코스타가 남긴 중요한 업적은 『인디아스의 풍속사와 자연사 Historia natural y moral de las Indias』(1590)에서 그동안 단편적으로만 다뤄져 온 신대륙 원주민의 기원에 대한 논제를 정립한 것이다. 아메리카 원주민이 구대륙에서 이주해 왔으며 바다를 통해서가 아니라, 아메리카 대륙이 유럽이나 아시아 둘 중 하나, 또는 둘 모두와 연결되어 있어 이어진 대륙을 통해 육지로 이주했을 것이라는 연대륙설을 주장했다. 그렇다고 해서 이 주장이 순전히 과학적인 관점에서 이루어진 것은 아니다. 이 주장은 원칙적으로 반박불가능한 종교적 요소와 변화하는 일상의 경험적 요소들이 교직된 스콜라 철학적 세계관의 산물로 평가된다(박병규 2013, 241). 글래컨 역시 아코스타의 이러한 특성이 근대 초기의 인간-자연관을 가장 잘 보여 주는 사례라고 판단했다.

아코스타가 직접 그 땅에서 보고 관찰한 것을 쓴 인물이라면, 글래컨이 선택한 또 다른 인물 제바스티안 뮌스터(Sebastian Münster)는 말 그대로 안락의자 지리학자다. 그래서 그에 대한 해설서의 제목이 『집안에 앉아서 세계를 발견한 남자: 제바스티안 뮌스터의 〈코스모그라피아〉』(Wessel 저, 배진아 역 2006)일 정도다.

독일의 개신교 사제이자 교수였던 뮌스터는 문필가이자 고전작품의 편집자이기도 했지만 무엇보다 세계지(cosmography) 학자로 유명했다. 그에게 명성을 준 책은 『세계지 Cosmographey』인데 발견의 시대 이후 출판된 초기의 지리학 개론서 중에서도 가장 인상적인 책으로, 이 책 때문에 자칭 타칭 독일의 스트라본으로 불린다. 세계적으로 유명한 이 책은 1544년에 초판이 출간되었는데 학자와 예술가, 고위층 등 120여 명의 도움을 받아 18년 동안의 작업이 축적된 결과다. 이 책은 1세기 이상 독일뿐 아니라 유럽의 많은 지역에서 매우 큰 영향력을 가졌다(3권, 23-24). 이 책은 새로 확장된 세계에 대한 기술적 백과사전으로, 새로운 지리적 인식의 거대한 랜드마크가 된 책으로 평가받고 있으며(Whitfield 2011, 63), 이 책의 영향력은 당시 독일에서 성경과 더불어 가장 많이 읽힌 책이었다(Wessel 저, 배진아 역 2006)는 사실에서도 확인할 수 있다.

그런데 글래컨이 주목한 것은 이 책이 콜럼버스의 첫 항해 후 50년이 넘은 뒤에 출판되었음에도 불구하고, 아시아와 신대륙을 다룬 제5권이 부실하다는 점이다. 이 책에는 개의 머리를 가진 사람, 거대한 외발을 가진 사람 등의 그림이 나오는데 똑같은 그림이 제6권 아프리카 편에도 나온다. 콜럼버스와 베스푸치의 항해를 다룬 문헌이 당시 독일에 있었고, 친구 그리내우스가 콜럼버스의 3년간의 첫 항해, 콜럼버스의 동료였던 핀존의 항해, 베스푸치의 항해, 마르코 폴로와 그 계승자들의 여행에 대해 다룬 『새로운 세계 Novus Orbis』를 출판하는 일을 뮌스터가 돕기까지 했는데도 말이다. 뮌스터의 사후 나온 개정판(1552)에서도 드 브리(de Bry)의 『아메리카』, 『동인도와 서인도에 관한 무한한 지식의 근원』 같은 신대륙에 관한 많은 문헌에서 다룬 내용들이 반영되지 못하고, 콜럼버스와 베스푸치의 항해와 아메리카 원주민의 신체조건과 생활양식에 대한 간단한 기술만 담았다(3권, 25-26). 이를 통해서도 전문분야의 최첨단에서 출판되는 문헌과 이를 종합한 교양 수준의 문헌 간에는 상당한 격차가 있었음을 알 수 있다.

또한 새로운 지역에 대한 정보와 지식이 많이 담겼다 하더라도 인간-환경의 관계를 바라보는 관점의 변화까지는 기대하기 어렵다는 사실 역시 다음의 사례를 통해 확인할 수 있다. 영국의 퍼처스는 본인 자신이 『순례기』 시리즈를 출판했을 뿐만 아니라 당시 『항해기』 등 여행과 항해에 대한 방대한 문헌을 출판해 후에 그의 업적을 계승하기 위해 1846년 해클루트 협회(Hakluyt Society)[16]까지 설립하게 만든 해클루트의 동료이다. 그는 해클루트의 사후 그의 유고집과 자신의 글을 묶어 『해클루트 유작 또는 퍼처스의 순례기 Hakluytus Posthumus or Purchas his Pilgrimes』(1625)를 내기도 했을 정도로 당대 항해와 여행에 관한 정보와 지식을 집대성한 인물이다.

이처럼 발견 시대의 넓고 깊어진 지식과 이해를 누구보다도 많이 가질 수밖에 없는 이력을 지녔던 퍼처스조차 자신의 책 『순례기』에서 "신의 위업 없이는 존재가 불가능할 정도로 세상이 오래되고 노쇠해졌다"(3권, 53-54에서 재인용)는 자연의 쇠락론을 고수했다. 이 자연의 쇠락론은 지구의 자연질서가 창조주의 은혜로운 설계의 결과라는 낙관주의적 설계론 또는 전체로서의 자연은 유기체와는 달리 항상성을 띤다는 자연의 항상성 사고와는 달리, 인간의 타락(아담과

---

16. 해클루트 협회는 1846년에 영국 런던에서 창립된 출판협회인데, 역사적인 항해, 여행, 지리적 자료의 원기록들을 학술적으로 정리한 책을 출판하는 일을 주로 하고 그 외에도 지리적 탐험과 문화적 조우의 역사와 관련된 심포지엄 등을 조직하거나 참여하는 일을 한다. 해클루트의 이름을 따서 협회 이름이 지어졌다. 이 협회의 엠블럼은 마젤란의 세계일주 항해를 성공시킨 빅토리아호이다.

이브의 원죄)에 상응하는 벌로 자연 역시 창세기에 비해 악화되었다는 기독교적 자연타락설이나 고대 그리스의 루크레티우스(Lucretius Carus)의 교의에 따라 유기체가 노화하듯이 자연 역시 시간이 흐름에 따라 노쇠하게 된다는 아주 오래된 사고에서 비롯된 것이다.

이 자연의 항상성과 쇠락론은 17세기의 고대인과 근대인 논쟁의 형태로 드러났는데, 고대인과 근대인 중 누가 더 뛰어난가의 문제이다. 자연의 쇠락론을 주장하는 사람들은 당연히 고대인이 더 뛰어났다고 보고, 자연의 항상성을 주장하는 사람들은 '근대인이 거인의 어깨 위에 서 있으므로 고대인보다 많이 안다'는 논리로 근대인이 더 뛰어나다고 보았다. 현대인의 관점에서 보면 논쟁의 필요도 없는 엉뚱한 논쟁으로 보이기도 하지만, 『걸리버 여행기』의 작가 조너선 스위프트(Jonathan Swift)는 당시 고대인을 지지했던 윌리엄 템플 경의 비서로 있으면서 근대인 옹호론자들을 공격하기 위해 『책들의 전쟁』(1704) 이란 풍자소설을 썼을 정도로 뜨거운 논쟁거리였다(Swift 저, 류경희 역 2003).

이 자연의 항상성과 쇠락론에 대한 논쟁은 발견의 시대에 이르러 유럽인들이 새롭게 알게 된 사실들을 해석하는 데도 적용되었다. 적도는 너무 뜨거워 거주할 수 없다고 고대부터 이어져 왔던 믿음이 아코스타 등에 의해 발견된 적도지역에 인간이 거주하는 모습으로 흔들렸지만, 곧이어 자연의 쇠락론을 주장하는 사람들은 천체가 노쇠했기 때문에 열기가 약화되어 인간 거주가 가능해졌다고 주장했다. 반면 헤이크윌(Hakewill 1635)같이 자연의 항상성을 주장하는 사람들은, 적도 지역의 인간 거주가 천체의 노쇠 때문이라면 추운 지역은 더 추워져서 인간이 거주할 수 없어야 한다고 반박했다(3권, 63에서 재인용).

레이는 『피조물에 나타난 신의 지혜』(1691)라는 그의 저작 제목답게 이 시대의 대표적인 물리신학자로서 자연의 질서, 다양성, 유용성 속에서 신의 설계를 찾아내고자 했다. 그래서 발견의 시대 이후에 더욱 놀랍고 예상치 못하게 드러난 식물 생명체의 풍요로움과 다양성에 더욱 크게 감동했다. 또한 신의 지혜로 설계된 지구환경의 유용성 덕분에 17세기 후반 영국은 높은 문화적, 기술적 수준에 이르게 되었다고 주장하면서, 이러한 신의 설계가 없었다면 "우리의 삶은 매우 미개했을 것이고, 그 증거가 아메리카 북부 지역의 미개한 인디언들"이라고 당당하게 말했다(3권, 112-113에서 재인용). 왜 아메리카 인디언의 삶에는 신의 지혜가 적용되지 못했는지에 대한 당연한 의문을 떠올리지도 못할 정도로, 당대의 사고는 과거의 사고와 새로운 발견이 만나 충돌하고 모순되면서 또 절충하는 모습을 보였다.

그런데 환경의 영향력에 대한 사고는 고전 시대나 중세 시대보다 근대 초기, 특히 발견의 시대에 더욱 강력해졌다. 르네상스 시대를 거치면서 고전 시대의 환경의 영향력에 관한 사고가 유럽인에게 확대 보급된 데다가, 신대륙의 발견, 더 나아가 당시 유럽의 민족과 땅에 대한 지식이 증가면서 환경의 영향력에 대한 이론을 적용할 기회가 훨씬 많아졌기 때문이다. 또한 환경의 영향력 중에서도 기후 및 지리적 위치와 법률과의 관계가 매우 중요한 주제였는데, 이 시기는 종교 개혁 이후 일어난 종교적 분열과 잇따른 전쟁으로 교회와 군주의 관계 등 정치 및 사회 이론에 대한 요구가 강해졌기 때문이었다(3권, 134).

그 대표적인 인물이 종교전쟁의 시대[17]를 살면서 『공화국』(1576), 『방법』(1566)을 쓴 사상가 장 보댕(Jean Bodin)이다. 그는 주로 지리적 환경과 인간 삶과의 관계에 대해 논했는데, 두 저작 모두 고전 시대와 중세 시대의 사고, 당시 유럽인들의 유럽 대륙 내에서의 여행과 여론, 신대륙의 민족지에 대한 얄팍한 사고에 의존한 것이었다. 그는 직접 읽은 여행기와 자신이 만난 유럽 내 여행가들로부터 당대의 증거들을 많이 얻었는데, 특히 아프리카 지역에 대한 지식은 프란시스코 알바레스(Francisco Alvarez)와 레오 더 아프리칸(Leo the African)의 영향을 많이 받았다(3권, 138). 알바레스는 포르투갈의 선교사이자 탐험가로서 아비시니아(현재의 에티오피아)로 파견된 포르투갈 대사의 비서로 아프리카에 체류한 경험을 바탕으로 『1520~1527년 동안 아비시니아에 주재한 포르투

---

17. 종교개혁(1517)으로 촉발되어 16세기에서 17세기에 걸쳐 유럽을 휩쓴 일련의 종교전쟁을 말한다.

갈 대사관 이야기』[18]를 펴냈다. 레오 더 아프리칸은 이슬람 지배 아래 스페인의 그라나다에서 태어난 이슬람인데 서부 아프리카, 이집트, 콘스탄티노플, 아랍 등을 여행했다가 나중에 기독교로 개종했다. 그가 쓴 아프리카에 대한 책 『아프리카에 대하여 *Description of Africa*』(1550)는 유럽 지식인층에게 널리 읽혔으며 근대 아프리카 탐험 이전까지 유럽에서 가장 권위 있는 아프리카 관련 문헌이었다.

반면 보댕이 기술하고 있는 신대륙에 대한 내용은 거의 없거나 엉뚱한 내용들인데, 아메리카 발견 후 75년 뒤에 쓴 이 저작들에서 보댕은 여전히 고전 시대와 당대의 유럽에서 발견한 증거를 토대로 자신의 논리를 펼친 것이다. 신대륙 관련 서적이 극소수에 불과하고 보급에 어려움이 있었다는 점이 이 상황을 일부 설명한다. 이를 통해서도 17~18세기 전까지는 몇몇 특수한 개인을 제외하고는 발견 시대의 풍성한 결실이 제대로 수확되지 못했다는 사실을 알 수 있다. 그럼에도 불구하고 『방법』에서 보댕이, 당시의 빈번한 탐험과 알바레스의 글을 통해 증명되었듯이, "인간이 열대와 극지방 사이에서만 살 수 있다고 믿었던 고대인들(포시도니오스와 아비센나는 예외)의 오류를 뿌리째 뽑아야만 한다"(3권, 142에서 재인용)고 주장한 것을 보면, 열대 지방에서의 거주 가능성같이 단순 관찰로 증명 가능한 사실들은 빠르게 수정되었음을 알 수 있다.

보댕보다 더 진전된 사례는 아코스타가 직접 관찰하여 밝힌 사실에서 찾아볼 수 있다. 아코스타는 『인디아스의 풍속사와 자연사』에서 고대 시대부터 근

---

18. 사실 이 책은 십자군 전쟁 이후 유럽 세계를 매혹시켜 온 '프레스터 존 왕국'의 이야기를 믿고 1487년 포르투갈 왕 주앙 2세(Joao II)가 밀사로 보냈다가 소식이 끊긴 페로 데 쿠빌량(Pêro de Covilhã)을 알바레스가 아비시니아에 파견 갔다가 직접 발견하고 돌아와 아비시니아 기독교 왕국에 대해 교황에게 제출한 보고서 「A True Relation of the Lands of Prester John of the Indies」를 바탕으로 후에 *The Prester John of the Indies-A True Relation of the Lands of the Prester John, being the narrative of the Portuguese Embassy to Ethiopia in 1520~1527* 등의 제목으로 출판한 책이다. 이 책이 처음 출판되었을 당시는 이미 대항해 시대 이후 지리와 세계 정치가 완전히 바뀌었기 때문에 그의 책은 프레스터 존 전설의 묘비명이라는 상징적 의미를 가진다(Whitfield 2011, 33; en.wikipedia.org).

대에 이르기까지 이어져 온 위도 구분인 뜨거운 땅, 중간 지대의 땅, 추운 땅이라는 틀을, 아메리카에 적용할 때는 고도에 따라 저지대, 고지대, 그 사이에 있는 중간 지대로 나누었고 그곳의 기후 특성에 따라 달라지는 인간생활의 모습을 구분했다(3권, 163). 훔볼트가 왜 아코스타를 칭송했는지 다시 한 번 공감할 만한 대목이다.

민족별 문화적 특성에 대한 관심은 어느 시대에나 있었으나 17세기 영국은 이 주제에 상당한 관심을 가졌는데, 다른 유럽인, 페르시아인, 인도인, 중국인처럼 멀리 떨어진 민족에 대한 관심도 포함되었다. 특히 유럽인에 대한 글 중에서 눈에 띄는 특성은 네덜란드에 주목한 글이 많다는 것이다. 토머스 오버버리 경(Sir Thomas Overbury)이나 윌리엄 템플 경(Sir William Temple) 모두 독립한 지 얼마 안됐지만 자연적, 인문적으로 독특한 지리적 특성을 가진 네덜란드에 주목했는데, 특히 환경과 민족성의 관계에 관심을 가졌다. 네덜란드에 대한 관심은 환경과 민족성의 관계에서 더 나아가 인간에 의한 환경의 변화를 네덜란드의 수리공학적 성취와 이를 기반으로 한 엄청난 발전에서 목격했기 때문이기도 했다. 글래컨은 인간이 땅을 변형시키는 일을 낙관적으로 해석하기 시작한 것에 네덜란드의 수리공학이 미친 영향을 무시할 수 없다고 보았다.

하지만 로버트 버턴(Robert Burton)은 『우울증의 해부 The Anatomy of Melancholy』(1621)에서 네덜란드(홀란트)에 대한 극찬 끝에 다음과 같은 시대적 특성을 엿볼 수 있는 문구를 덧붙였다. "모든 방식의 상업과 상품을 끌어들여 현재와 같이 풍요로운 토지 상태를 유지하는 가장 중요한 자석은 토양의 비옥도가 아니라 인간의 노력이다. 이것은 페루 혹은 누에바 에스파냐의 금광에 비할 바가 아니다"(3권 211에서 재인용). 당시 유럽의 부흥이 신대륙의 금광에서의 약탈과 착취에 기반하고 있음에도 불구하고 신대륙의 기여에 부채 의식을 갖지는 못할 망정 노력하는 유럽인과 노력하지 않는 원주민이라는 대립 구도 만들기에 몰두하고 있었던 것이다.

이 시기의 또 하나의 중요한 특징 중 하나는 여행에 대한 찬미가 두드러지게 나타난다는 점이다. 영국의 정치가이자 수필가인 템플 경은 중국, 에티오피아, 이집트, 칼데아, 페르시아, 시리아, 유대, 아랍, 인도와 같은 동부 지역의 창조적 문명에 감명을 받았고, 고대 그리스 시대의 학문은 바로 이 동부 지역의 융성한 문명의 영향을 받았기 때문이라고 말했다. 피타고라스가 멤피스, 테베, 헬리오폴리스, 바빌론에 머문 경험과 에티오피아, 아랍, 인도, 크레타섬, 델포이로 여행한 것이 피타고라스 철학의 자양분이 되었으며, 데모크리토스의 철학도 이집트나 칼데아, 인도를 여행한 데서 나왔을 것이라고 말했다(3권, 171). 역사학자 설혜심(2013) 역시 중세까지 매우 의심스럽고 따가운 눈총을 받았던 개념인 호기심이 르네상스 시대와 발견의 시대에 들어서면서 인간정신의 우월한 특성으로 여겨졌고 이 호기심이 여행의 합법적인 동기로 인정받기 시작하면서 여행을 찬미하게 되었다고 설명한다.

최초의 우울증 연구서로 일컬어지는 버턴의 『우울증의 해부』도 히포크라테스, 보댕 등의 환경론의 영향을 받아, '나쁜 공기가 우울의 원인', '방출을 통한 공기 정화' 같은 주제를 별도의 절(section)로 구성했으며, 경치의 아름다움과 자극을 강조했다. 버턴 자신은 평생을 여행하지 않고 공부만 했던 사람이지만,[19] 그의 책을 통해 그 자신이 여행기 읽기를 통한 여행벽에 빠졌음을 확인할 수 있다. 그는 "여행은 형언할 수 없을 정도로 달콤한 다양성으로 우리 감각을 매료시킨다. 그래서 한 번도 여행한 적이 없는 사람들은 불행하며 감옥에 갇힌 죄수이며, 태어나서 죽을 때까지 똑같은 상태로 살아갈 수밖에 없는 불쌍한 사람들"(3권, 174-175에서 재인용)이라고 썼다.

과학혁명의 시조라 불리며 "아는 것이 힘이다"라는 명언을 남긴 프랜시스 베이컨은 항해와 발견을 권위와 고전 지식에의 고루한 집착과 대비시켰을 정도

---

19. 버턴이 서문에서 "나는 어려서부터 우리가 살고 있는 이 지구는 물론 모든 다른 천체, 즉 우주의 형상을 공부하는 데 남다른 흥미와 즐거움을 느끼고 있는 사람이기에 널리 여행을 하고 싶었지만, 그것은 나처럼 가난한 사람에게는 불가능한 일이었다. 대신 나는 도서관 한 구석에 앉아 지도책을 가지고 지도 위에 마음껏 나의 자유분방한 생각을 펼쳤다"(Burton 저, 이창국 역 2004, 22)라고 쓴 것으로 보아, 그는 의욕과는 달리 여건상 여행을 못한 것으로 보인다.

로 여행을 통한 관찰을 강조했다. 그는 『신(新)기관 *Novum Organum*』(1620)에서 "땅, 바다, 별 같은 지구의 물질적 측면이 우리 시대에 엄청나게 개발되고 설명되는데도 지구에 대한 지적인 경계가 여전히 고대인들의 협소한 발견 범위에 갇혀야 한다면 그야말로 인류에게 수치스러운 일일 것"이라면서, 자연에 대한 지배력을 강화할 사고의 교환을 위해서는 발견과 발명이 필요하고 항해와 여행이 이에 중요한 역할을 한다는 점을 분명히 했다. 그래서인지 베이컨의 또 다른 저작이자 소설인 『뉴 아틀란티스』(1627) 속 수장은 배 두 척으로 출발하려는 솔로몬의 집 소속 3인에게 "배가 목적지로 삼은 나라들에서 벌어지는 사건과 상황에 대해 알아 오시오. 특히 전 세계의 과학, 기예, 제조업, 발명에 대해 알아 오시오"라고 명령을 내린다(3권, 200에서 재인용). 이 소설은 근대 초기 유토피아 문학류에 속하는데, 르네상스와 발견 시대의 탐험 여행이 제공하는 발견과 가능성에 대한 감각이 기존의 유토피아 사상과 결합하여 생성된 문학 장르로 평가된다(이혜수 2013).

글래컨은, 대략적으로 15세기 말부터 17세기 말 동안 서구에서 인간을 자연의 지배자로 보는 사고가 보다 근대적인 윤곽으로 구체화되기 시작했으며, 인간을 자연의 지배자로 보는 사고가 강해지면서 인간과 자연의 관계에 대해 동일한 관심을 가졌던 인도나 중국의 위대한 전통과 구분되는 서구사상의 고유한 형식이 바로 이 시기에 시작되었다고 본다(3권, 233-234). 이런 사고가 고전 시대에도 나타났던 '동양=영원한 불변성 vs 서양=변화'로 보는 서구인의 오리엔탈리즘이 근대 초기에 강화되는 데도 기여한 것으로 보인다. 그래서 다음 절에서 보게 될 18세기에는 더욱 늘어난 정보와 지식을 활용하여 중국이나 인도를 서구와 비교하는 사례가 더욱 늘어난다.

## 4) 18세기

글래컨은 18세기를 린네, 뷔퐁, 뱅크스 경 같은 위대한 박물학자의 세기였으며, 18세기 중반에서 19세기 초에 나온 뷔퐁, 몽테스키외, 헤르더, 맬서스 등의 저작에서 당시의 항해와 여행이 어떻게 새롭고 고갈되지 않는 원천이 되었는지를 확인할 수 있다고 보았다. 특히 글래컨은 이후 훔볼트, 다윈, 리빙스턴, 스탠리, 윌리스 등으로도 이어지는 과학적 여행 시대의 전조가 된 여행기를 쿡(Cook)의 두 번째 항해에 동참한 조지 포르스터(Forster) 부자(父子)가 쓴 『세계일주A Voyage Around the World』(1777)[20]로 보았다(4권, 11-12).

이 시기를 과학적 여행의 시기로 보는 데는 이론의 여지가 없는 것으로 보인다. 여행기의 역사를 정리한 윗필드 역시 18세기를 다룬 장의 제목을 '지식을 위한 여행'이라고 붙였다. 17세기의 여행가들을 자극한 '호기심'이 고양되면서 18세기에는 '지식'의 아우라로 변형되었기 때문이다. 여기서 지식이란 '의도적이고 형식을 갖춘 고상한 것'으로 받아들여진다. 이 지식을 위한 여행에서 추구한 궁극적인 질문은 인간성(humanity)의 본질과 관련된 것들인데, 예를 들어 '유럽인의 생활양식이 유일하게 가능한 문명형태인가?', '이것은 천부적인 것인가?', '문명은 자연의 필연적 발달 결과인가?'와 같은 문명과 자연에 관한 질문이었다(Whitfield 2011, 125-126). 『제국의 시선: 여행기와 문화횡단』의 저자 프랫이 유독 18~19세기 유럽인들이 남긴 여행기에 주목한 이유도 여기에 있다. 18세기 중반 유럽에서는 박물학이 출현했고 탐사와 여행의 방향이 바다에서 내륙을 향하게 되면서, 먼 바다를 가로지르며 새로운 길을 열어 가던 남성적이고 영웅적인 여행가의 형상은 자연을 관찰하고 표본을 수집하는 지식인의 형상으로 바뀌게 되었다고 보기 때문이다(김남혁 2015, 141).

이 같은 지식을 위한 18세기의 여행에서 문명과 자연의 관계에 대한 근원적

---

20. 포르스터 부자란 아버지 요한 라인홀트 포르스터(Johann Reinhold Forster)와 아들 게오르크 라인홀트 포르스터(George Reinhold Forster)를 말한다. 공식적으로 「세계일주」의 저자는 아들인 게오르크이다. 하지만 항해 시작 당시 게오르크의 나이가 18살이 안 되었고 이들의 항해를 지원한 영국의 해군성은 아버지 요한이 항해에 대해 별도의 저작을 출판하는 것을 막았기 때문에, 이 책을 전적으로 아들 게오르크의 단독 저작으로 보기는 어려워 학계에서는 두 사람의 공동 저작으로 본다(4권, 184).

질문이 제기될 수 있었던 배경에는 예전에 비해 훨씬 더 많아진 세계 각 지역의 자연환경과 민족에 대한 지식이 있다. 고대 시대에는 스키타이인, 그리스인, 리비아인을 비교했다면, 이 시대에는 라플란드인, 유럽인, 호텐토트인과 비교함으로써 생활방식의 더 큰 차이를 발견할 수 있었다. 스키타이인에서 라플란드인으로, 리비아인에서 호텐토트인으로의 변화는 비교 가능한 거주 지역의 범위가 위도상으로도 엄청나게 변화했음을 실감하게 한다. 이 문명과 자연의 관계에 대한 질문에서 특히 관심을 끌었던 주제는 기후론이었고, 이를 반영한 대표적인 문헌이 계몽주의 철학자 몽테스키외(Montesquieu)의 『법의 정신』(1748)이다. 글래컨도 몽테스키외의 기후론에 대해 무려 3개 절에 걸쳐 논하고 있다.

따라서 여기서는 몽테스키외를 사례로 이 시기 출판된 각 지역의 여행기가 인간과 환경의 관계에 대한 사고에 어떤 영향을 미쳤는지를 살펴보기로 한다. 글래컨에 의하면, 몽테스키외는 샤르댕, 뒤 알드(Du Halde) 신부, 캠퍼(Kaempfer) 같은 지적이고 재능 있는 사람들의 여행기를 읽고 참조했다고 한다. 이 여행기들이 몽테스키외의 주관적인 선택이 아닌 객관적으로도 당대의 영향력 있는 문헌들이었음을 헤트너의 다음 글을 통해 확인할 수 있다.

> 아시아에 관한 지리적 지식의 가장 중요한 진보는 중국에서 활동한 예수회 선교사들의 노력 덕분이었다. … 뒤 알드는 1735년 중국과 그 인접 지역에 관한 상세한 기술을 발표했다. 일본의 상황에 대해서는 1690년부터 1692년까지 일본에 체류한 적이 있었던 캠퍼가 기술했다. 페르시아는 샤르댕의 여행을 통해 보다 양호하게 세상에 알려지게 되었다.(Hettner 저, 안영진 역 2013, 1권, 162-163)

먼저 프랑스의 보석 사업가이자 여행가인 장 바티스트 샤르댕(Jean-Baptiste Chardin)의 『샤르댕 경의 여행일지 *Journal du Voyage du Chevalier Chardin*』는 당대의 유명하고 영향력 있는 여행서였다. 주로 다룬 지역은 페르시아와 근동, 인도였는데 특히 페르시아 지역에 대한 글이 가장 널리 알려졌다. 사업과 교역을 강조하는 사실 위주의 설명이긴 하지만 사람들의 관습을 열정적으로 묘사한 흥미로운 책이기도 하다(4권, 92-93). 뒤 알드 신부의 『중화제국과 중국 타타르의 지리, 역사, 연대기, 정치, 자연에 대한 서술』(1735)은 사실 여행기가 아니라 백과사전류의 책이다. 그는 예수회 선교사들이 세계 곳곳에서 선교활동을 하며 보내온 각종 문서와 서신들을 수집·분류하는 일을 맡았는데 그중에서도 담당 지역이 중국이었기 때문에 중국에 한 번도 방문한 적이 없으면서 중국에 관한 가장 포괄적인 전문지식을 담은 이 책을 출판할 수 있었다. 18세기 유럽에서 중국에 관한 권위 있는 저술 중 하나로 꼽힌 이 책은 그가 몸담았던 가톨릭계보다 18세기 새로운 사상과 사회체제를 제시해야 했던 유럽의 계몽주의자들에게 더 많은 영향을 주었고(심태식 2010), 몽테스키외도 그중 한 명이었다. 캠퍼는 독일의 박물학자이자 탐험가이다. 그가 러시아, 페르시아, 인도, 동남아시아를 거쳐 일본에 체류한 2년 동안 모은 자료를 토대로 그의 사후 출판된 『일본사 The History of Japan』(1727)는 그동안 단편적으로만 알려져 있던 일본을 유럽에 체계적으로 소개한 최초의 책으로 평가된다. 따라서 디드로(Diderot)가 펴낸 『백과전서』의 일본 관련 항목은 거의 이 책을 토대로 기술되었으며 몽테스키외를 포함한 당대의 계몽주의 사상가들에게도 애독되었다(en.wikipedia.org).

그런데 글래컨은, 몽테스키외의 『법의 정신』에 나타난 기후론을 통해 당대의 인간-환경 관계에 대한 사고를 논하면서, 도즈(Dodds)의 『여행의 유산: 몽테스키외의 『법의 정신』의 출처 Les Récits de Voyages: Sources de l'Esprit des Lois de Montesquieu』(1929)가 명확하게 보여 준 '모국을 떠나본 적이 없는 몽테스키외 같은 철학적인 사람들이 항해와 여행(즉 샤르댕의 여행기)으로부터 얻은 것이 무엇인지'에 대해 매우 흥미로워했다(4권, 115).

도즈에 따르면 샤르댕의 여행기는 몽테스키외의 『법의 정신』에 나타난 기후론 형성에 상당한 영향을 미쳤다. 몽테스키외가 『법의 정신』에서 추구한 것은 인간 복리를 증진시키려면 법의 목적과 틀을 구성할 때 중요하게 고려해야 하는 사항이 있는데, 특히 "정신의 기질과 가슴의 열정이 기후에 따라 무척이나 다르다는 것이 사실이라면 법은 그 같은 열정 및 기질의 다양성과 관련되어야만 한다"는 기후론을 강조했다. 그런데 그가 참고한 샤르댕의 여행기에서는 동양의 기후가 사람들을 무기력하게 하고, 그래서 거의 변화가 없다는 식의 고대 그리스-로마 시대부터 이어져 온 불변의 동양론을 강화했다. 이 불변의 동양론은 '중국·페르시아·인도 vs 서구 유럽'을 '문화적 지속성 vs 문화적 변동' 구도로 대비시켰다(4권, 92-93).

몽테스키외는 샤르댕의 영향을 받아 '불변의 동양'을 기후적 원인으로 해석했으며, 불교도 인도 기후의 산물로 설명했다. 예를 들어 "인도의 입법자였던 부처가 인류를 극히 수동적 상태로 놓았던 것은 자신이 느꼈던 감각의 지휘를 받은 것이다. 그러나 더운 기후의 나태함으로부터 만들어진 그의 교의는 역으로 그 기후를 선호했다. 그로부터 무한한 피해가 생겨났다"(4권, 122에서 재인용)는 식이다.

몽테스키외는 아시아 민족과 유럽 민족의 차이 그리고 그들의 역사적 차이를 설명하는 데 기후적 인과론을 대담하게 적용하여 일반화를 시도했다. 하지만 글래컨은 과거로부터 이어받은 자연적, 사회적 인과에 관한 이론을 일관되게 종합하고자 한 몽테스키외의 목적이 명백히 실패했다고 평가했다. 인간과 환경의 관계에 대한 정밀한 철학을 표현하기에는 너무 부정확한 여행기 속에서 황당하고 신뢰할 수 없는 근거를 찾았고, 그러다 보니 종종 지나치게 인상에 치우친 비과학적 주장을 하게 되었기 때문이다. 또한 너무 많은 자료들에서 인용을 하다 보니 개별 문장에서는 몽테스키외가 주장하는 바가 명확하더라도, 전체적으로 보면 일관성과 통일성을 찾아보기도 어렵다는 것이다(4권, 137).

하지만 점차 타 지역에 대한 더 상세한 관찰과 조사 결과가 누적되면서 기후와 문명의 관계를 지나치게 단순화한 기후론은 약화되었다. 글래컨이 당대에 출판된 문헌에서 인용하고 있는 지역만 해도, 러시아, 중국, 바베이도스, 카르타헤나, 수리남, 프렌들리 제도, 소시에테 제도, 티에고 델 푸에고, 뉴질랜드,

그린란드, 북아메리카 북부, 필리핀, 포모사섬(대만), 뉴기니, 몰루카 제도 등 이전 시대에 비해 훨씬 많고 다양하다. 늘어난 지역에 대한 정보와 지식으로 기존의 사고에 균열이 생겼다. 예를 들어 철학자 케임즈 경(Lord Kames)은 『인류사 개요 Sketches of the History of Man』(1774)에서 "말라카인은 더운 기후가 용기의 적이라는 기존의 편견을 깨는 예"(4권, 160에서 재인용)라고 지적했고 그 외에도 많은 기후론의 반례들을 제시했다. 포르스터의 『세계일주 항해 동안의 관찰』(1778)도 그동안의 문명론들이 고도로 문명화된 민족의 품 안에서 만들어졌다는 한계를 인식하면서, 그들 중 누구도 원시적 삶의 스케일을 비천한 동물적 삶부터 프렌들리 제도(현재의 통가 제도)와 소시에테 제도의 보다 정제되고 문명화된 거주자까지 광범위하게 성찰하지는 못했다고 지적했다(4권, 185).

그런데 글래컨이 주목한 이 시대의 인간-환경 관계에 대한 사고 논의에서 유난히 자주 언급하는 지역들이 눈에 띄는데, 바로 중국, 타히티(소시에테 제도의 주도), 아메리카이다.

중국이 별도의 절로 다뤄지지는 않고 특정 주제에 관해 유럽과의 비교 사례로 자주 언급되는데, 중국을 비교 대상으로 많이 선택한 이유는 유럽과 같이 오랜 역사를 가진 문명국이기 때문이다. 중국에 대한 유럽의 지식은 중세 이후 근대로 넘어오면서(구체적으로 카타이와 중국이 동일 지역임을 확인한 이후일 것으로 보인다) 본격적으로 형성되기 시작했는데, 이 지식의 초창기 출처는 명나라 때 마테오 리치(Matteo Ricci)를 필두로 중국에 체류했던 예수회 선교사들이었다. 초기에는 볼테르(Voltaire) 같은 이들이 "동양에는 가장 오랜 문명과 가장 오랜 종교 형식, 그리고 모든 예술의 요람이 존재하므로 서양이 가진 모든 것은 동양에서 기인한다"고 주장할 정도로 중국에 대한 열광이 유럽 지식인 사회에 확산되었다. 하지만 18세기 중반 이후에는 세계 문명을 우열로 단순화하는 유럽의 이분법적 사고에 의해 이성과 과학에 기반한 유럽의 근대 문명에 대비되는 낙후와 정체, 잠자는 문명으로서의 중국에 대한 관점이 우세해졌다(심태식 2010, 266). 이러한 배경 속에서 서구와의 비교 사례로 고대에는 칼데아, 중세에는 이슬람과 비교하던 유형에서 중국과 비교하는 사례가 더욱 늘어나게 된 것으로 보인다.

또한 남태평양의 작은 섬 타히티는 '소시에테 제도: 자연과 기예의 융합'이란 별도의 절 외에도 곳곳에서 자주 언급되고 있는데, 그 이유는 당시 유럽사회에 엄청난 반향을 일으킨 곳이었기 때문이다. 고대부터 중세, 근대 초기에도 여행기에는 직접 보고 들은 것 외에 허구적인 내용, 상상력에 근거한 내용을 포함하기 일쑤였다. 황금이 있는 곳, 노동이 필요 없는 곳, 괴물이 출몰하는 위험한 곳, 기적이 일어나는 곳, 특히 축복의 섬에 관한 묘사와 서술이 정말 많았는데, 이는 그만큼 팍팍한 여기를 벗어나 지복을 누릴 수 있는 저 먼 곳에 대한 사람들의 열망을 반영했기 때문이다. 하지만 유럽의 계몽주의가 상당히 진척된 18세기 후반에 이르면 이런 류의 여행기 문헌에 대한 비판의 목소리가 높아졌고 직접 체험과 관찰에 근거한 지리학적, 자연과학적, 사회분석적 관점의 여행기들이 나오면서 축복의 섬에 대한 이야기는 백일몽이 되어 갔다.

그런데 프랑스의 탐험가 부갱빌[21]이 출판한 『세계여행기』(1771)는 타히티라는 축복의 섬이 실제로 존재한다는 희망을 품게 해 주었다. 부갱빌이 소개한 타히티는 풍광이 몹시 아름답고 기후가 온화하며, 열대과실이 풍부해 힘든 노동 없이도 잘 살 수 있으며 원주민들은 아름답고 온화하며 소유욕이 없을 뿐 아니라 강인하며 지혜롭기도 하다. 이들은 가부장적이지만 지극히 자유로운 삶을 누리며 특히 연애와 성(性)에 있어서는 서구인으로서는 상상할 수 없을 만큼 자유롭다. 이성과 문명에 의해 왜곡되지 않은 삶, 자연 그대로의 복된 삶을 산다는 식의 이러한 타히티 예찬은 유럽사회에서 선풍적인 인기를 누렸다. 특히 루소의 자연의 이상화, 즉 '자연상태의 이상성'을 입증하는 증거로 활용되었고,

---

21. 사실 유럽인으로서 최초로 타히티에 도착한 사람은 부갱빌이 아니라 영국의 사무엘 월리스(Samuel Wallis)이다. 하지만 월리스보다 부갱빌이 먼저 타히티에 대한 프랑스어판 책을 출판했고 바로 영어번역판이 출간되었기 때문에 유럽 세계에 타히티를 제일 먼저 알린 사람은 부갱빌이다 (Whitfield 2011, 134-136).

이는 자연 예찬에 머물지 않고 현실사회 비판으로 이어져 서구 문명에 대한 비판과 성찰, 그 대안의 탐색으로 연결되었다(박민수 2014, 116-118). 이러한 시대적 배경 때문에 타히티는 자연-문명의 관계에 대한 논쟁에서 항상 주요 사례가 될 수밖에 없었고, 글래컨은 타히티를 자연과 기예가 아름답게 융합된 사례로 자주 언급하였다.

그렇지만 가장 많이 언급된 지역은 아메리카로서, 유럽인이 보기에는 훼손되지 않은 원시자연을 가졌으면서도 유럽인의 집단적 이주가 진행되고 있는 곳이어서 아메리카야말로 '땅을 변화시키는 인간의 힘과 자연의 비밀을 풀 수 있는 거대한 야외 실험실'이었다. 이러한 예를 토머스 맬서스(Thomas Malthus)의 『인구론』을 통해 발견할 수 있다. 18세기에는 지구를 하나의 전체로 보고, 지구환경 자체가 인구 성장과 인간 복지를 제한하기 때문에 인간의 포부와 성취의 한계를 설정할 수밖에 없다는 사고가 주목을 끌었는데, 대표적인 사고가 맬서스의 『인구론』(1798)이다. 글래컨은 서구의 사상이 맬서스 이전과 이후로 달라졌으며, 맬서스 이론에 대한 논란이 서구사상에서 그가 차지하는 위상을 보여 주는 충분한 증거라고 말했다. 맬서스는 오래된 자료에서 세계에 관한 새로운 견해를 창출했는데, 즉 다산성에 관한 사고, 신학, 알려졌거나 추측된 통계적 규칙성, 유럽의 사회적 조건, 널리 산재한 지역에 관한 여행자의 설명, 새로운 정착지인 아메리카 지역의 대규모 인구 성장에 관한 보고서 등을 하나로 종합한 것이다(4권, 243).

"만약 아메리카가 발견되지 않았다면, 인류의 증식에 적용될 수 있는 기하급수적 비율은 결코 알려지지 않았을 것이다. 만약 영국 식민지가 이식되지 않았다면 결코 그 책을 저술하지 않았을 것이다"라고 『인구론』에서 밝혔을 정도로, 맬서스는 자료로 사용한 여러 지역 중 미국의 북동부 지역에서 인구 원리를 발견했다(3권, 247).[22] 맬서스 이후에도 볼니(Volney) 백작이 몇 년에 걸쳐 미

---

22. 물론 아메리카의 인구 증가가 오로지 출산에 의한 것이었다는 맬서스의 전제는 고드윈이나 헨리 조지 등에 의해 비판받았다.

국을 여행한 뒤 『미국의 토양과 기후에 관한 견해 *Tableau du climat et du sol des Etats-Unis d'Amérique*』(1803) 같은 삼림, 토양, 기후, 개간의 영향을 포함한 세심한 미국 지리서를 출간해 널리 인용되었으며, 18세기 후반경에는 정착한 지 오래된 유럽과 비교적 미개발지인 북아메리카 식민지 간의 극적인 비교가 가능해지면서 인간과 환경, 문명과 환경의 관계에 대한 보다 유용한 근거들이 축적될 수 있었다(4권, 257-258).

글래컨이 마시(Marsh)의 『인간과 자연』(1864) 출간 전까지 서구 과학 및 철학에서 어느 누구보다 자세하게 인간이 초래한 지구의 물리적 변화라는 문제를 고찰한 인물이라 평가한 뷔퐁(Buffon)은, 인간이 자연환경에 가한 변화, 그중에서도 지구의 거주 가능한 지역에 걸쳐 이루어진 문명의 성장과 확장, 인간과 인간이 길들인 동식물의 이주와 확산에 의한 변화에 관심을 갖고 역작 『박물지』(1749)와 『자연의 시대』(1778)를 저술했다. 그럼에도 불구하고 그는 신대륙의 자연이 구대륙의 자연보다 허약하다는 심대한 오류가 있는 주장을 했기 때문에 아메리카에서의 그의 명성에 오점을 남기기도 했다. 제퍼슨(Jefferson)은 "뷔퐁에게 네발짐승에 관한 정보를 제공했던 여행자는 누구였는가? 이들은 박물학자들이었는가? 그들은 자신들이 말한 동물을 실제로 측정한 적이 있으며 자기 나라의 동물은 잘 아는 자들인가?"라면서 아메리카에 관한 유럽식 사고의 오류를 비난했다(4권, 296). 당연히 뷔퐁의 명성에 어긋나는 그의 주장은 여행기 등 문헌을 통해 신대륙을 접하는 과정에서 발생한 에피소드 중 하나이며, 이후 이 오류는 제퍼슨 등에 의해 바로 교정되었다.

한편 글래컨은 루소를 통해 당대의 여행과 여행기의 관계에 대한 사고도 언급하고 있다. 장 자크 루소(Jean Jacques Rousseau)는 『에밀』(1762)에서 어릴 때부터 지리교육을 실행할 필요성과 함께 민족성, 여행, 여행 서적에 대한 견해를 피력했다. 특히 『에밀』의 제5부 주제인 '결혼'을 구성하는 맨 마지막 절 '여행에 관하여'는 일종의 '여행의 기술'을 알려 주는 짧은 글이다. "유럽의 모든 나라 중에서 프랑스만큼 많은 역사책과 여행기가 발행되는 나라는 없으며, 또 프랑스

국민만큼 다른 민족들의 정신과 풍습을 알지 못하는 국민도 없다"(Rousseau 저, 민희식 역 2006, 820)면서 인생에 유용한 것들을 배우는 가장 좋은 방법으로, 여행기 같은 책읽기를 통한 문화 체험보다 여행 같은 직접 경험, 즉 생생한 문화 체험의 가치를 옹호했다. 그렇지만 "프랑스인은 다른 어떤 민족들보다 여행을 많이 다니지만 자신들의 관습에 너무나 강하게 사로잡힌 나머지 다른 나라의 관습을 혼동한다. … 세계 어떤 나라 사람보다도 프랑스인은 많은 여행을 했다. 그러나 유럽의 모든 민족 가운데 프랑스인은 가장 많이 보고 가장 적게 아는 민족이다"(Rousseau 저, 민희식 역 2006, 823)라면서 스스로의 힘으로 보는 방법에 대해 생각하지도 않고 알지도 못하는 이들에게는 여행조차 아무런 성과가 없을 수 있어서 여행에서의 의식적인 관찰의 중요성을 강조했다(4권, 156–157). 다시 말해 일반적으로 '여행하는 법을 안다'는 것의 본질적인 법칙은 나의 잣대로 다른 사람을 판단하고 다른 사람과의 비교로 인해 생기는 편견에서 벗어나는 능력을 말한다.

루소는 인류학적 관찰과 이해를 위해 중립적이고 제3자적인 관점에서 연구하면서 계몽주의적 문화의 중요한 가치들 중 하나를 발전시켰다. 이는 특히 몽테스키외의 『페르시아인의 편지』(1721)에서 영감을 받았다.[23] 이 『페르시아인의 편지』는 서간체 풍자소설로 프랑스를 여행하는 페르시아인의 편지를 통해 프랑스의 사회와 정치, 제도 등을 비판하고 있는데, 당대의 인간과 환경의 관계에 대한 사고도 포함하고 있어서 글래컨이 많이 인용한 책이기도 하다. 인류학자 레비스트로스가 루소를 근대 민족학의 창시자라고 불렀던 것도 여행을 통한 비판적 시선을 보여 준 이 몽테스키외의 저작 덕분이었다(Bettetini and Poggi 편, 천지은 역 2017, 233)고 한다.

---

23. 『여행, 길 위의 철학』(Bettetini and Poggi 편, 천지은 역 2017, 233)에는 "몽테스키외의 『페르시아인의 편지』에 영감을 주었다"라고 번역되었는데, 이는 오역이다. 『페르시아인의 편지』가 『에밀』보다 40년 먼저 출판되었기 때문이다. 역자가 착각에 의해 "받았다"를 "주었다"로 오역한 것으로 보인다.

## 4. 나가며: 지리학과 여행기의 관계

이상의 논의를 보면 지리적 세계의 안내서로서의 여행기는 여행과 상보적이면서도 갈등적인 관계를 형성해 왔던 것으로 보인다. 여행의 결과로 나온 것이 여행기이지만, 사실과 저자의 주관성이 섞인 여행기를 통해 지리적 세계를 접하는 독자의 입장에서는 있는 그대로의 지리적 세계가 아닌 왜곡된 이해를 갖게 될 수도 있기 때문이다.

글래컨이 다룬 시기 이후인 19세기에도 유럽인은 학술적 답사와 정치적 지배라는 광대한 프로그램의 일부로 여행을 가야만 했다(Whitfield 2011, 180). 19세기는 또한 대중 관광의 출현 시기로서 누구나 여행에 참여할 수 있고 그에 따라 누구나 여행기를 쓸 수 있게 되었다. 그에 따라 19세기 말 모험소설『보물섬』등을 쓴 소설가이자 여행작가이기도 한 스티븐슨(Robert Louis Stevenson)이 "외국은 없다. 여행자만이 외국인일 뿐이다"라고 단언했다. 그 결과 20세기에는 탐험, 과학, 종교, 무역, 정치적 답사, 식민주의, 인류학, 지식 수집 같은 공식적인 여행 이유들이 이제는 각기 전문 영역으로 분리되었고, 오늘날의 여행기는 개인의 주관적 발견의 영역에서 자유롭게 떠도는 보다 순수한 형태의 여행문학으로 남게 되었다(Whitfield 2011, 243-244). 다시 말해 현대의 여행기는 지리적 세계에 대한 객관적이고 집단적인 지식을 제공하는 안내서가 아니라 개인의 주관적 경험과 성찰을 보여 주는 순수한 문학의 형태로 변화했다.

이처럼 윗필드(Whitfield 2011)는 20세기에는 여행과 학술적 답사의 영역이 분리되었다고 보았지만, 칼로 무 자르듯 20세기가 시작되는 순간 명확히 분리된 것 같지는 않다. 탐험가들의 직접 관찰로 축적된 자료를 토대로 텍스트 중심의 지리학 연구를 하는 기존의 안락의자 지리학이 19세기에 이미 현장(field) 관찰 중심의 지리학으로 변화했다(Cox 2016)고 보는 것도 타당하기 때문이다. 또한 지리학과를 나와서 지리학과 교수가 된 최초의 인물이라는 자부심이 대단했고 그 자부심과 책임감 때문에 지리학의 본질에 천착해 써 낸(권정화 2005, 145) 헤트너의 역작 『지리학: 역사, 본질, 방법』(1927)을 보면 여행기와 지리적 지식의 관계가 변화하는 과정을 확인할 수 있다.

지리학적 지식은 지표에 관한 공간적 지식이다. 이 지리학적 지식은 말하자면 3가지로 구분되는 행위를 통해 성립하는 지식이다. 그 첫 번째 행위는 탐험, 즉 어떤 지역을 탐사하는 것으로 개략적인 현지 견문과 연계되어 있으며, 보통의 여행가(조사자)가 생소한 지역에 다다랐을 경우에 반복하는 주관적 의미의 행위이다. 두 번째 행위는 위치와 공간 관계의 확정이며, 세 번째 행위는 어느 한 지역의 내용에 관한 인식이다. 이 세 가지의 행위 중 첫 번째 행위는 다른 두 가지 행위에 필수적인 전제 조건이 되며 다른 두 가지 행위에 선행하거나 밀접히 연관되어 있다. 두 번째와 세 번째의 행위도 각각 그 자체로서 행해질 수 있으나, 이 세 가지 행위가 상호 연계될 때 비로소 완전해질 수 있다. … 그렇지만 우리는 … 정밀한 장소 규정의 의의를 과대평가하고 (조사)여행의 가치를 장소 규정의 정확성보다 과소 평가해서는 안될 것이다. … 지리학적 연구는 직접적 관찰에 부분적으로만 의존한다. 전체적으로 보면, 지리학적 연구는 (연구자가 자신의) 모든 경험을 동원할 수 있는 다소 추상적인 경험과학이다. 그런데 … 그 연구 대상의 대부분인 동물과 식물, 광물 … 등을 운반해올 수 없는 경우는 모조품을 제공할 수 있다. 그러나 … 지리학적 관찰은 결국 각 장소와 지점에서 이루어질 수 있을 뿐이다. 그렇지만 아무리 광범위하게 여행한 사람들일지라도 그들의 직접적 관찰은 언제나 제한될 수밖에 없다. 여행가 자신도 다른 사람의 탐험, 즉 다른 사람의 관찰을 참조하는 것을 통해 자신의 관찰을 보완한다. 이처럼 지식이 진전되고 자세해질수록, 지도나 (조사 또는 탐험) 여행기 그리고 논문에 담겨 있는 많은 사람들의 관찰을 통합하는 일이 우리에게는 그만큼 더 긴요해진다. 따라서 관찰 외에 지도에 관한 연구를 포함하는 문헌연구가 등장한다. 관찰과 문헌 연구는 이론적으로 전혀 별개일 수 있으며, 실제로도 이따금 별개로 진행된다. 그렇지만 가장 효과적인 연구는 관찰과 문헌 연구가 한 사람에게 통합되어 이루어지는 경우이며, 관찰자가 문헌 연구를 통해 자신이 관찰한 바를 보완하고, 문헌 연구자가 적어도 지역에 대한 생각들을 파악하고 그 위에 자신의 연구를 연계시키는 경우이다.(Hettner 저, 안영진 역 2013, 2권, 15-18)

위에서 헤트너는 먼저 여행가가 어떤 지역을 탐험한 결과 축적되는 주관적 의미의 행위를 토대로 지리학자가 위치와 공간 관계를 객관적으로 정확하게 확정한 뒤, 한 지역의 내용에 관한 인식이 체계화[24]되는 3가지 행위의 통합에 의해 지리학적 지식이 형성된다고 보았다. 여기서 첫 번째 행위인 여행가의 탐험은 반드시 지리학자에 의해 이루어지는 것은 아니고, 지리학의 역사를 보면 이 첫 번째 행위는 발견의 역사 과정과 밀접한 관련이 있다(Hettner 저, 안영진 역 2013, 1권, 21). 다시 말해 선구적인 여행가, 탐험가들에 의한 여행과 항해, 그들이 남긴 여행기가 중요한 역할을 해 왔다는 것이다. 하지만 헤트너는 또한 지리학이 과학으로서의 본질과 방법을 갖추고 대학의 독립된 학과로 성립된 근대에 와서는 이 첫 번째 행위와 두 번째, 세 번째 행위가, 다시 말해 관찰과 문헌 연구가 지리학자 한 사람에 의해 통합적으로 이루어질 때 가장 효과적인 지리적 연구가 될 것이라고 보고 있음을 알 수 있다.

헤트너가 이 책을 썼던 1920년대에는 이미 윗필드(Whitfield 2011)의 말처럼 여행의 영역과 학술적 답사의 영역이 명확히 분리되는 것이 바람직한 방향이라고 보는 시각이 형성되었던 것이다. 직접 관찰이 아닌 문헌 연구 위주의 지리학적 연구, 즉 안락의자 지리학자의 문헌에 대한 비난과 비판의 분위기가 매우 만연해졌다는 사실을 통해 이러한 시각이 점점 더 강화되었음을 알 수 있다. 안락의자 지리학자의 우화를 그린 『어린 왕자』가 출판된 해가 1943년이니 이런 분위기는 지리학계뿐만 아니라 사회적으로도 널리 퍼져 있었던 것으로 보

---

24. 헤트너는 한 지역의 내용에 관한 인식을 '지역의 내용에 관한 해석의 역사'라고 보았다(Hettner 저, 안영진 역 2013, 1권, 22).

인다. 하지만 1970년대에 오면 시트웰(Sitwell 1972) 같은 지리학자는 18세기와 19세 초에 나온 소위 '안락의자 지리학자'의 저작들이 현재 지나치게 저평가되고 있다고 보았다. 그래서 그는 19세기에 출판된 대표적 안락의자 지리학 문헌인 존 피케톤(John Pinkerton)의 『근대지리학 *Modern Geography*』(1802)을 사례로 이런 평가가 지나치게 가혹하다는 점을 보여 주려고 했다. 2016년에는 아예 1830년대에서 1870년대 동안 이루어진 영국의 안락의자 지리학의 학문적 기여를 재평가하고자 하는 콕스(Cox 2016)의 박사논문이 나오기도 했다. 콕스가 이 논문을 쓰게 된 계기는 1895년 영국왕립지리학회(Royal Geographical Society) 회장이었던 망캄 경(Sir Markam)의 발언 때문이었다. 즉 망캄 경은 "영국 지리학자 중 가장 위대한 첫 번째 인물은 누구였는가?"라고 묻고 또 답하기를 제임스 레널(James Rennell)이라고 했는데, 그 이유는 그가 완벽한 지리학자의 면모를 갖추었는데, 여행 경험, 지도학적 훈련, 비교 능력뿐 아니라 학술적으로도 고도로 숙련된 과학적 지리학자였기 때문이라고 했다. 결국 당시 지리학계에서 완벽한 지리학자란 현장 조사에서 자료를 수집하고 그 결과를 학술적으로 잘 종합하는 두 영역을 조금의 간극도 없이 잘 이을 수 있는 사람이었던 것이다.

그러나 콕스는 현장에는 한 번도 간 적이 없는 안락의자 지리학자들의 지리적 실천을 재평가해서 복권하고자 했다. 19세기 중반, 영국에서는 탐험 문화가 활발했고 이를 기반으로 1830년 영국왕립지리학회가 설립되었다. 콕스는 이 학회의 탐험 지원 활동을 통해 쏟아져 들어오는 지식 중 신뢰할 만한 지식을 선정하는 협상 과정에서 안락의자 지리학자가 수행한 역할을 탐구했다. 결론적으로 콕스는 안락의자 지리학자들이 직접 현장에 나가 관찰하지는 않았지만 현존하는 지리적 자료들을 대조하고 해석하고 추측하고 종합하여 세계에 대해 말하고 쓰고 이론화하며 지도화하는 데 기여했다고 보았다.

콕스(Cox 2016)의 논문에서와 같이 지금 이 시점에 나타난 안락의자 지리학자의 기여에 대한 복권 움직임은 지리학과 여행기의 관계가 지금 이 시점에도 현재 진행형이며 앞으로도 그러할 것임을 예상하게 한다.

## • 참고문헌 •

권덕영, 2010, "고대 동아시아인들의 국외여행기 찬술," 동국사학 49, 1-35.

권정화, 2005, 지리교육의 이해를 위한 지리사상사 강의노트, 한울아카데미.

권터 베셀 저, 배진아 역, 2006, 집안에 앉아서 세계를 발견한 남자: 제바스티안 뮌스터의 〈코스모그라피아〉, 서해문집(Günther Wessel, 2004, Von Einem, Der Daheim Blieb, Die Welt Zu Entdecken, Campus Verlag GmbH).

김남혁, 2015, "제국주의와 여행서사: 메리 루이스 플랫의 연구를 중심으로," 현대문학이론 연구 60, 131-161.

김봉철, 2005, "고대 그리스인의 이집트 여행," 서양사연구 32, 13-30.

김봉철, 2016, "해제: 헤로도토스의 『역사』를 어떻게 읽을 것인가," 서양사연구 32, 3-34.

남종국, 2016, "1480년 예루살렘 순례여행," 역사학보 232, 31-59.

라이오넬 카슨 저, 김향 역, 2001, 고대의 여행 이야기, 가람기획(Lionel Casson, 1994, Travel in The Ancient World, The Johns Hopkins University).

레비스트로스 저, 박옥줄 역, 1994, 슬픈 열대, 삼성출판사(Claude Levi-Strauss, 1955, Tristes Tropiques, PLON).

로버트 버턴 저, 이창국 역, 2004, 우울증의 해부, 태학사(Robert Burton, The Anatomy of Melancholy, Floyd Dell and Paul Jordan-Smith, eds., 1955, Now York: Tudor Publishing Co.).

리처드 필립스·제니퍼 존스 저, 박경환·윤희주·김나리·서태동 역, 2015, 지리 답사란 무엇인가, 푸른길(Richard Philips, & Jennifer Johns, 2012, Fieldwork for Human Geography, London: SAGE).

마르크 오제 저, 이상길·이윤영 역, 2017, 비장소: 초근대성의 인류학 입문, 아카넷(Marc Augé, 1992, Non-Lieux: Introduction à une Anthropologie de la Surmodernité, Paris: Éiditions de Seuil).

마리아 베테티니·스테파노 포지 편, 천지은 역, 2017, 여행, 길 위의 철학, 책세상(Maria Bettetini and Stefano Poggi, eds., 2010, I Viaggi dei Filosofi, Raffaello Cortina Editore).

메리 루이스 플랫 저, 김남혁 역, 2015, 제국의 시선: 여행기와 문화횡단, 현실문화(Mary Louise Pratt, 2007(2nd), Imperial Eyes: Travel Writings and Transculturation, Routledge).

무라카미 하루키 저, 김진욱 역, 1999, 나는 여행기를 이렇게 쓴다, 문학사상(Haruki Murakmi, 1998, Henkyo, Kinkyo, Shinchosha Pulishing Co.).

박민수, 2014, "근대 유럽의 '섬-유토피아' 문학과 시민적 사회이상: 로빈슨 크루소의 무인도와 유토피아 타히티," 코기토 75, 99-126.

박병규, 2013, "16세기 아메리카 원주민 기원 담론의 형성," 스페인어문학 69, 225-244.

설혜심, 2013, 그랜드 투어: 엘리트 교육의 최종 단계, 웅진지식하우스.

성백용, 2011, "'몽골의 평화' 시대의 여행기들을 통해서 본 『맨드빌 여행기』의 새로움," 서양중세사연구 28, 197-133.

스코트 래쉬·존 어리 편, 박형준·권기돈 역, 1998, "이동, 현대성, 장소," 기호와 공간의 경제, 현대미학사, 371-408(Scott Lash and John Urry, eds., 1993, *Economies of Sign and Space*, Sage).

심태식, 2010, "뒤 알드의 《중화제국과 중국 타타르의 지리, 역사, 연대기, 정치, 자연(물리)에 대한 서술》 소고," 중국학논총 30, 265-283.

앙투안 드 생텍쥐페리 저, 베스트트랜스 역, 2016, 어린 왕자, 더 스토리.

이탈로 칼비노 저, 이현경 역, 2007, 보이지 않는 도시들, 민음사(Ialo Caivino, 2002, *Le Cittá Invisibili*, Ths Estate of Italo Caivino).

이혜민, 2012, "중세 유럽의 문자개념과 문자관: 세비야의 이시도루스의 『어원』을 중심으로," 서양중세사연구 30, 1-32.

이혜수, 2013, "『뉴 아틀란티스』와 『로빈슨 크루소』에 나타난 신대륙에 대한 상상력: 식민주의와 유토피아 사용법," 18세기영문학 10(1), 37-67.

장 자크 루소 저, 민희식 역, 2006, 에밀, 육문사.

조너선 스위프트 저, 류경희 역, 2003, 책들의 전쟁, 미래사(Jonathan Swift, 2007, *The Battle of books*, Lightning Source Inc).

케네스 C. 데이비스 저, 이희재 역, 2003, 지오그래피, 푸른숲(Kenneth C. Davis, 2001 *Don't Know Much About Geography*, Harper Collins).

크세노폰 저, 천병희 역, 2011, 페르시아 원정기: 아나바시스, 숲.

클래런스 글래컨 저, 심승희·진종헌·최병두·추선영·허남혁 역, 2016, 로도스 섬 해변의 흔적: 고대에서 18세기 말까지 서구사상에 나타난 자연과 문화(1~4권), 나남(Clarence J. Glacken, 1976, *Traces on the Rhodian Shore: Nature and Culture in Western Thought from Ancient Times to the End of the Eighteen Century*, The Regents of the University of California).

헤로도토스 저, 김봉철 역, 역사, 도서출판 길, 13-43.

헤트너 저, 안영진 역, 2013, 지리학: 역사, 본질, 방법(1~2권), 아카넷(von Alfred Hettner, 1927, *Die Geographie: Ihre Geschichte, Ihr Wesen und Ihre Methoden*, Shepherd).

히포크라테스 저, 윤임중 역, 1998, 의학이야기, 서해문집.

Cox, Natalie, 2016, *Armchair Geography: Speculation, Synthesis, and the Culture of British*

*Exploration, c.1830-c1870*, University of Warwick(United Kingdom).

Duncan, J. and Gregory, D., eds., 1999, *Writes of Passage: Reading Traverl Writing*, London & New York: Routledge.

Duncan, J. and Gregory, D., 2009, "travel writing," in *The Dictionary of Human Geography* (5th), ed., Gregory et al., Wiley-Blackwell, 774-775.

Edward Lynam, 1946, *Richard Hakluyt and His Successors: A Volumed Issued to Commemorate the Centenary of the Hakluyt Society*, 2d sereis, no.93, The Society.

Kim, Kyung-Hyun, 2010, "Philosophy in Strabo's Geography: Shadows of Posidonian Stoicism," 서양고전학연구 42, 121-136.

Morin, K., 2006, "Travel Writing," in *Encyclopedia of Human Geography*, Warf, B., ed., SAGE Inc., 503-504.

Phillips, R., 2009 "Travel and Travel-Writing," in *International Encyclopedia of Human Geography*, Kitchin, R. and Thrift N., eds., Oxford: Elsevier, 476-483.

Sitwell, O.F.G., 1972, "John Pinkerton: An Armchair Geographer of the Early Nineteenth Century," *The Geographical Journal* 138(4), 470-479.

Whitfield, P., 2011, *Travel: A Literary History*, Oxford: Bodleian Library.

권혁웅, 2011, "세상보다 큰 지도 한 장," 서울대학교 편, 대학신문, 2011. 5. 29일자

위키피디아 홈페이지(https://en.wikipedia.org/)

# 제2장

# 포스트식민 여행기 읽기
## : 권력, 욕망 그리고 재현의 공간[1]

## 1. 들어가며

여행은 시간적 스케일과 공간적 스케일에서 매우 넓은 범위를 포괄하는 지리적 실천으로서 매일매일의 출퇴근이나 쇼핑부터 장거리 여행이나 세계 일주에 이르기까지 다양한 범위와 목적의 이동을 포괄한다. 따라서 특정 장소에 도달하려는 목적, 공간적 이동의 패턴, 특정 장소에 머무르는 지속의 정도에 따라 다양한 유형의 여행이 있다(Duncan and Gregory 1999; 2009). 이런 측면에서 여행이란 '지금 이곳을 떠나 다른 곳을 향하는 공간적 이동'이라고 광범위하게 정의할 수 있다(Phillips 2009). 그러나 이처럼 '지금 여기'를 일시적으로 떠나는 모든 공간적 이동의 행태를 여행이라고 한다면, 여행을 분석 대상으로 특정하거나 방법론적으로 범주화하는 것은 그리 쉬운 작업이 아니다. 왜냐하면 본질적인 의미에서 모든 인간의 활동은 끊임없는 여행의 연속이며, 여행 없는 인

---

1. 이 글은 2018년 「문화역사지리」 제30권 제2호에 게재된 필자의 논문을 수정한 것이다.

간의 삶은 상상할 수 없기 때문이다. 이처럼 '여행이란 무엇인가?'에 대한 본질주의적 접근은 여행을 특정한 사회·공간적 실천으로 규정하는 것을 어렵게 만든다.

그러나 여행을 여행기와의 관계 속에서 접근한다면 여행하는 주체의 특정한 의도와 목적을 동반하는 특정한 유형의 사회·공간적 실천으로 여행을 제한하는 것이 가능하다. 여행기에서 다루는 여행의 특징을 몇 가지로 좁히면 다음과 같다. 첫째, 여행기라는 텍스트는 여행의 주체가 특수한 목적 아래 특정 청중을 대상으로 생산한 의식적 커뮤니케이션의 산물이다. 따라서 여행은 특정 지점으로의 공간적 이동만을 의미하기보다는 이러한 이동에 대한 욕망의 실현과 의도적인 가치 부여를 중요한 요소로 전제한다. 이런 맥락에서 여행은 즐거움과 호기심, 과학적 탐험과 조사, 즐거움과 쾌락, 또는 여가와 휴식 등 '여행이라는 공간적 실천 그 자체를 목적으로 하는 여행'으로 정의될 수 있다.

둘째, 여행기 속의 여행은 일상적, 반복적 여행이라기보다는 '지금 여기'라는 익숙한 곳을 벗어나 낯설고 새로운 '저기 멀리'를 찾아서 다니는 여행이다. 따라서 여행기는 여행 그 자체를 의도하는 여행으로서 일련의 목적지들을 염두에 둔 '프로젝트'이다. 따라서 여행은 여행 프로젝트를 수행하기 위한 목표 설정과 여행 기획, 여행단의 조직, 세부 일정의 수립, 여행에 필요한 자원의 확보와 동원, 또는 현지민의 제휴와 협력 등 다양하고 포괄적인 실천을 동반한다. 따라서 여행기가 탄생하게 된 목적, 배경, 과정에는 여행과 여행자를 둘러싼 담론, 제도, 권력 등 당대의 복잡한 관계적 지리가 개입된다.

셋째, 여행기의 여행은 여행 주체의 입장에서 볼 때 목적지에 도달하고 귀환하는 과정 자체가 목적지만큼이나 각별한 의미를 갖는다. 그렇기 때문에 여행기에서의 여행 '주체'는 여행 과정에서 여행 대상을 인식의 거울로 삼아 고향 및 모국의 사회와 자기 자신에 대해 끊임없는 성찰을 하게 된다. 따라서 여행 주체의 확고하고 고정된 자아감이 지속, 반복되기보다는 여행의 전체 과정에서 끊임없이 변동하는 '성찰적 주체'이다. 따라서 항상적으로 내적 의심, 갈등과 모순, 분열과 타협, 또는 새로운 자아 관념의 형성에 노출되어 있다. 질 들뢰즈와 펠릭스 가타리(Gilles Deleuze and Félix Guattari)가 끊임없이 이동하는 유목민의 주체성이 자아를 탈영토화하고 재영토화하는 과정이라고 지칭했던 것처럼 여행 주체는 근본적인 의미에서 유목민과 같다(Deleuze and Guattari 1986; 1987).[2]

오늘날 지역과 국경을 초월한 대중적 여행기는 가히 여행 '산업'이라 일컬을 정도로 크게 번성하고 있다. 특히, 여행을 위한 경제적·문화적·시간적 자본을 갖춘 선진국의 중상류층을 중심으로 한 글로벌 여행자들은 과거 그 어느 때보다도 빈번히 여행을 다니고, 자신의 여행 경험을 인터넷 블로그나 SNS 등 다양한 미디어를 통해 생동감 넘치는 여행담으로 생산한다. 이런 여행 주체의 이른바 '욕망하는 생산(desiring production)'은 서점을 채우고 있는 세계 도처의 여행안내서와 여행기의 왕성한 소비를 통해 확대·재생산되고 있다(Deleuze and Guattari 1983). 여기에는 교통·통신의 발달에 따른 시공간 압축과 모빌리티의 향상, 개인 소득의 증대와 여가 시간의 확대, 관광 및 여가 산업 기반의 확충과 관련 산업의 성장, 지역의 독특성에 기반을 둔 활발한 장소마케팅 등 글로벌, 로컬 스케일 모두에서의 구조적 변동이 영향을 끼쳤다(Duncan and Gregory 1999; Sheller and Urry 2006; Phillips 2009).

예나 지금이나 여행과 여행기를 향유할 수 있는 능력은 소스타인 베블런(Thorstein Veblen 1934)이 말한 이른바 '여가계급'의 전유물로, 개인의 경제적·사회적·문화적 지위를 보여 주는 위치재로 남아 있으며, 초창기의 여행에서 주를 이루던 과학적 조사와 탐구 자체를 목적으로 하는 여행은 다른 이름으로 불리지만,[3] 대중이 생산, 소비하는 여행기의 핵심부에는 이를 향유할 수 있는

---

2. 또한 인류학자 클리퍼드(Clifford)가 선언한 바와 같이 모든 문화는 '여행하는 문화(travelling cultures)'로 존재하며, 로컬 문화에 대한 이해에 있어서 여행하는 주체의 여행 경로(routes)는 문화의 뿌리(roots)만큼이나 중요하다. 이런 측면에서 모든 여행기는 근본적으로 문화기술지이다(Clifford 1988; 1997).

3. 19세기 이후 근대 지리학에서는 탐사, 탐험, 답사, 연구, 현지조사라는 이름이 여행을 대신해 왔다.

집단의 지리적 호기심과 즐거움이 핵심 모티브로 자리 잡고 있다.

이처럼 여행기의 번성으로 인해 최근 지리학을 포함한 인문·사회과학에서 여행기에 대한 각별한 관심이 부흥하고 있다. 특히, 1990년대 이후 사회과학의 문화적 전환과 포스트모더니즘 사조의 영향으로 인해 여행기를 매개로 한 공간 및 문화에 대한 재현에 대한 관심이 부상하면서, 여행기에 대한 관심도 높아졌다. 여행기는 자크 데리다(Jacques Derrida)의 '차연(差延)' 개념에 비추어 볼 때 단순한 텍스트라기보다는 '여행하기'와 '글쓰기'라는 '공간적 실천'의 산물이자 물질적 결과이기 때문에,[4] 여기에는 계급, 젠더, 인종과 민족집단, 섹슈얼리티 등 여행 주체의 다중적 위치성이 반영되어 있다. 또한, 이는 당대의 광범위한 권력관계와 욕망의 구조로 둘러싸여 있다. 여기에는 1978년 사이드의『오리엔탈리즘』이후 지리적 상상 및 재현 그리고 이에 동반된 권력에 초점을 두는 포스트식민 이론의 부흥과 이에 따른 서양 지식–권력에 대한 비판적 서사의 부상이 큰 영향을 끼쳤다(고부응 편 2003; 박종성 2006). 또한, 여행 주체의 권력과 욕망에 대한 포스트구조주의와 가야트리 스피박(Gayatri Spivak)을 비롯한 제3세계 페미니즘의 비판, 초국가주의와 디아스포라에 대한 관심의 고조와 유목민적·혼성적 주체의 정치적 재발견 등 최근의 비판사회이론의 학술적 진전은 기존의 여행기를 비판적으로 이해할 수 있는 풍부한 인식론적 틀을 제공한다(고부응 편 2003).

특히 1990년대 이후 여행기 연구는 18~19세기에 유럽에서 출간된 여행기에 주목하면서 포스트식민주의와 페미니즘과 같이 주체에 대한 일련의 탈중심적, 탈근대적 관점에서 접근해 왔다. 근대 유럽의 여행하기와 여행기 쓰기라는 공

---

왜냐하면 지리학자들이 다른 지역으로 여행을 떠나기 위해서는 왕실, 정부, 기업 등으로부터 재정적 후원을 받아야 했고, 자신의 여행을 정당화하기 위해서는 과학적이고 학술적인 성격의 여행이어야 했기 때문이다.

4. 데리다는 세계가 텍스트와 같으며 세계의 의미는 고정된 것이 아니라 차연, 곧 차이의 지속적인 연기일 따름이라고 이해한다. 이런 의미에서 데리다는 글쓰기를 "공간두기(spacing)"의 실천으로 이해한다(Derrida 1982; 이와 관련하여 Massey 저, 박경환 외 역 2016, 97-102 참조).

간적 실천이 역사적으로 특정한 집단이 특수한 목적을 성취하고자 하는 과정에서 타자에 배타적이었기 때문이다(Edwards and Graulund 2010; Clarke 2018). 가령, 18세기 이후 영국의 왕립지리학회(RGS)를 비롯한 유럽의 많은 지리학회는 백인 남성 탐험가가 다른 백인 남성 후원가의 지원을 받을 수 있는 구조를 만들어 냈고, 남성주의에 기반을 둔 식민주의적 활동에서 여성을 비롯한 사회의 소수자들은 철저하게 배제하였다. 이뿐만 아니라 근대 여행기는 문명 진화 담론과 선형적 역사관, 식민주의 정복과 지배, 인종 담론과 유색인에 대한 인종차별 등을 복잡하게 내재하고 있는 정치적 산물이다. 이처럼 최근의 여행기 연구는 여행 텍스트 자체에 골몰하기보다는 모더니티의 형성이라는 역사적 맥락에서 여행 서사에 재현된 (그리고 여행 서사와 관련된) 이른바 '여행하는 자(the travelling)'와 '여행되는 자(the travelled)' 사이의 지식–권력관계와 욕망의 정치에 관심을 두고 있다(Pratt 저, 김남혁 역 2015).

본 장에서는 근대 여행기의 공간적 서사 및 재현과 이와 관련된 지식–권력관계 및 욕망의 정치를 읽을 수 있는 주요 이론적 접근과 개념을 제시한다. 주요 내용은 3가지이다. 첫째로 식민 지배의 권력과 여행 수사와의 관계에 대해 고찰한다. 구체적으로 18세기 이후 근대 자연과학이 성립되는 과정에서 여행기의 식민주의적 수사가 비유럽 세계의 지리적 환경과 주민을 어떻게 서양의 과학, 인종, 문명 담론 속으로 포섭하는지에 초점을 둔다. 또한, 현대 여행기에 대한 개괄적 분석을 통해 18~19세기의 여행 서사가 오늘날 대중 여행기에서 어떻게 계승, 유지되고 있는지를 살펴본다. 둘째로 포스트식민 페미니스트인 메리 프랫(Mary Pratt)의 여행기 분석을 중심으로 여행 주체와 여행 대상 간의 상호관계에서 로컬 지리의 중요성에 대해 살펴본다. 이 절에서는 특히 여행지가 여행 주체가 활동하는 수동적 대상이 아니라, 여행 주체와 대상 간의 지식–권력관계에 영향을 주는 역동적, 능동적 환경임을 제시하고자 한다. 마지막 절에서는 여행이라는 실천의 양면성이나 여행 주체의 위치성이 어떻게 지배적 담론에 대한 비판적 공간을 제시할 수 있는지를 설명한다.

## 2. 포스트식민 여행기 읽기

지난 수십 년 동안 포스트식민주의나 페미니즘에 기반을 둔 여행기 연구들은 권력과 욕망이 형성하는 여행의 '관계적 지리'와 여행기의 재현의 정치에 초점을 두고, 포스트식민성(postcoloniality)에 대한 비판적 성찰을 발전시켜 왔다. 여행기에 대한 포스트식민 연구는 대체로 3가지 차원과 관련되어 있다. 첫째는 공간에 대한 재현의 측면에서 여행기가 낯선 장소와 사람과 동식물과 기타 자연경관을 어떻게 재현하고, 이러한 재현에 어떠한 강조와 은폐, 과장과 축소, 사실과 허구 등이 개입되어 있는지를 파악하는 것이다. 이는 특히 서양(유럽)중심주의, 식민주의와 제국주의, 남성중심주의, 진화론과 선형적 역사관, 과학 담론, 인종주의, 오리엔탈리즘 등의 지배적 사고가 타자의 공간과 장소를 어떻게 규정, 해석하는지에 초점을 두어 왔다. 둘째는, 여행기를 미셸 푸코(Michel Foucault)의 관점에서 '지식-권력'의 산물이자 매개물로 파악하는 것이다. 이는 탈정치화된 지식으로서의 근대 과학의 형성과 이를 통한 지배 권력의 재생산에 초점을 두어 왔다. 여행기는 여행기가 출판되어 유통되는 전 과정에 인간, 자본, 지식, 이데올로기, 자료(정보) 등이 개입되어 있는 구조적 산물이다. 이와 동시에 여행기는 독자들의 지리적 상상과 여행에 (그리고 그들의 여행기에) 영향을 미친다는 점에서 권력이 수행되는 매개물의 역할을 한다. 셋째로 여행기는 개인적, 집단적 욕망의 결과라는 점에서 여행 주체의 성적 욕망과 억압, 타자에 대한 섹슈얼리티, 젠더 정체성 등을 반영한다.

여행이라는 실천은 그 자체로서 의도하지 않았거나 예상하지 못했던 만남, 발견, 갈등, 상호부조 등의 상호작용을 동반한다. 이런 불확실성은 여행 주체의 시선과 인식의 한계에 도전하기 때문에, 여행기에는 주체의 위치성이 드러남과 동시에 이를 침해하거나 도전하는 양면적, 양가적 성찰이 배어 있다. 또한, 여행의 경험은 일시적으로 집을 떠나 있는 디아스포라의 경험을 동반하므로, 여행 주체의 위치성은 이동과 머무름 그리고 소속됨과 배제됨의 선분 위에서 언제나 가변적일 수밖에 없다. 결국, 여행 주체에게 여행 장소는 수동적으로 고정된 공간이라기보다는 역동적인 전이적 공간(transitional space)이자, 여행 주체가 지닌 기존 인식의 가장자리를 침투하는 역(閾)공간(liminal space)이며, 익숙함(내부)과 낯섦(외부) 사이에 끼어 있는 간(間)공간(interstitial space)이다(Bhabha 1990; Crang and Thrift 2000). 따라서 여행기는 여행 주체의 지배적 수사와 이분법을 (재)생산하고 강화하면서도, 정체성의 경계를 넘음으로써 비판적인 사이 공간을 제시한다(Bhabha 1994). 포스트식민 이론가인 프란츠 파농(Frantz Fanon)이 『검은 피부, 하얀 가면』에서 "세계 여행을 통해 끊임없이 내 자신이 창조되고 있다"고 말한 것은 이런 맥락에서이다(Fanon 저, 이석호 역 1998, 229). 여행기는 여행 주체의 인식에 '사이 공간(in-between space)'을 마련하며, 식민주의적 이분법의 경계를 횡단하고 이를 해체함으로써 포스트식민주의의 문화정치에 기여할 수 있다(Phillips 2009). 결국, 여행기는 식민화와 탈식민화 두 과정 모두와 관련되어 있다.

여행기가 장소를 낭만적인 관점에서 이해하든 아니면 반대로 여행 장소에서 자신의 본국과 주류 문화를 거꾸로 읽든 간에, 여행 서사에 대한 주요 연구는 근대 여행기의 출발점인 18세기 후반 이후의 시기에 주목한다(McClintock 1995; Islam 1996; Thomas 1994; Loomba 1998; Said 저, 박홍규 역 2007). 지리학 분야에서도 제임스 덩컨(James Duncan)과 데릭 그레고리(Derek Gregory)의 1999년 책인 *Writes of Passage*를 비롯한 많은 연구 성과도 이 시기에 주목하고 있다. 왜냐하면 이 시점은 프랫이 그녀의 책 『제국의 시선: 여행기와 문화횡단 *Imperial Eyes*』에서 언급한 바와 같이 "제국주의의 서사가 막 태동한 지점"으로 비유럽 세계에 대한 광범위한 여행 프로젝트와 여행기의 출간, 유럽 제국주의의 형성과 '타자의 세계'로서 비유럽 세계로의 공간적 팽창, 여행에서 수집된 자료에 힘입은 자연과학을 중심으로 한 과학의 탄생이 발생한 시점이기 때문이다(Pratt 저, 김남혁 역 2015, 45). 이 시기 여행 서적들은 유럽 본국의 독자들에게 "탐험되고 침략되고 투자되고 식민화되고 있는 세계의 저 먼 지역들을 소유하고 명명할 권리와 그것들에 대해 잘 알고 있다는 감각"을 심어 주었을 뿐만 아니라, "호기심, 모험심, 흥분 … 등에 대한 뜨거운 도덕적 품성"을 자극했다(Pratt 저, 김남혁 역 2015, 24). 이와 아울러 여행기 분석에 대한 많은 연구의 이론적 기반이 (식민주의와 남성중심주의를 비판하는) 포스트식민주의 및 페미니즘에 있기 때문에 '유럽'과 '민족'이라는 상상의 공동체가 본격적으로 형성되었던 이 시기가 각별히 주목을 받을 수밖에 없다.

그렇다면 18세기 중반 이후 유럽의 여행기에 주목하는 것이 오늘날 여행의 범람과 여행기 대중화의 시대에 어떠한 함의를 지닐까? 무엇보다도 오늘날 여행기의 전성시대는 서양이 주도하고 있는 신자유주의적 글로벌화를 배경으로 하고 있다는 점, 이런 글로벌화의 본질이 서양 계몽주의와 부르주아지의 고안물인 근대 과학 담론과 자본주의의 공간적 팽창에서 기인한다는 점, 따라서 여전히 21세기의 지구는 경제적·사회적·문화적으로 '서양과 그 나머지'로 구성되어 있다는 점을 상기할 필요가 있다(Hall 1992). 오늘날의 여행기는 여행 주체의 고향이 유럽이든 아시아이든, 여행의 목적지가 미국의 대도시이든 오스트레일리아의 초원이든 간에 여행기의 주체는 계급적으로 대체로 중상류층에 속하며, 이들이 타자의 공간과 장소를 여행기로 재현하는 방식 또한 여전히 근대 여행기의 서사 구조에서 자유롭지 않다. 사이드가 『문화와 제국주의 Culture and imperialism』에서 "20세기 후반에도 여전히 제국주의는 끝나지 않았다"고 단언한 것처럼, 오늘날 정치적 탈식민화의 시대에 제국주의가 "갑자기 '과거'가 되어 버린 것"은 아니다(Said 저, 박홍규 역 2005, 537). 이는 프랫과 같은 페미니스트 포스트식민 이론가의 입장에서도 마찬가지다.

계몽의 시대를 살아가던 여행가들이 진기한 물건들과 표본들을 가득 들고 고향으로 되돌아왔던 것처럼, 오늘날 전 세계에 퍼져 있는 노동자들은 이전의 여행가들과는 다른 방향으로 고향으로 되돌아오며 그들의 여행 가방에는 자동차 부속품, 상자로 포장된 가전제품, 이동 경비를 벌충하기 위해서 내다 팔려고 구입한 대형 벌크 제품 등이 채워진다. … 이러한 종류의 이동을 우리는 '흐름'으로서 생각하도록 종종 유혹받곤 한다. 흐름은 세계화에 대한 호의적인 비유이다. 흐름으로부터 연상되는 수평적 이미지는 시장을 완전히 평등한 것으로 보이도록 만든다. … 그러나 여행 이야기들은 흐름이라는 비유를 (순리적이지 않고) 뒤틀어진 것으로 드러낸다. 트럭 뒤에서 질식한 중국인 노동자들은 흐르지 않았다. 리오그란데강은 흘러갔겠지만, 그곳에서 익사한 젊은 이들은 흐르지 않았다. … '흐름'은 신자유주의적인 자본주의 세계가 윤리적인 차원을 간직한 사람들의 결정에 따라 작동한다는 바로 그 사실을 숨긴다.

(Pratt 저, 김남혁 역 2015, 547-548)

위에서 프랫이 주장하는 것처럼, 우리는 글로벌화를 상상할 때 지표 위에서 지리적 경계를 초월한 자본, 상품, 노동, 지식, 정보의 '흐름'을 생각하지만, 흐름이라는 용어 자체는 글로벌화를 호의적인 것으로 비유함으로써 글로벌화의 현실을 은폐한다. 하지만 여행은 흐름이 아니라 경계를 넘는 마주침으로서의 공간적 실천이다. 도린 매시(Doreen Massey)가 말한 바와 같이 여기와 거기라는 특수한 공간적 상황과 그에 속해 있는 우리(자신)와 그들(타자) 간의 복잡한 사회관계가 교섭되는 '상호교차'의 지점이다(박경환 2009; Massey 저, 박경환 외 역 2016). 또한, 여행기는 개인적 차원에서나 집단적 차원에서나 일종의 공간적 프로젝트로 '언제나 이미 기획된 여행기'이며, 그렇기 때문에 여행기의 주체는 현실의 다중적 권력관계와 욕망의 지리에서 특정한 위치에 뿌리를 두고 있는 '상황적 주체(situated subject)'일 수밖에 없다(Pykett 2016). 여행자는 지표면이라는 '매끈한 공간(smooth space)' 위를 자유롭게 이동하는 흐름의 주체가 아니라(Deleuze and Guattari 1987), 자본주의의 불균등발전이 프랙털 구조를 이루고 있는 현실 내부에 위치한 그 현실의 일부이다.

# 3. 근대 여행기의 주요 수사

아일랜드의 문예비평가 데클런 키버드(Declan Kiberd)는 '번역'을 뜻하는 영어의 'translate'라는 어휘가 'conquer'에 그 어원을 두고 있다는 점에서 지식-권력의 네트워크가 '번역'이라는 언어적, 문화적 교환을 통해 구성된다고 말한 바 있다. 키버드는 자신의 책 *Inventing Ireland*에서 "로마인들은 그리스만을 정복한 것이 아니라 그리스의 과거를 정복했다. 이러한 제국주의 태도에는 약탈된 문화에는 약탈할 만한 가치가 있다는 인식이 이미 코드화되어" 있었다고 적고 있다. 그리스의 문화적 위대함은 그리스의 산물이 아닌 로마의 정복자들과 번역자들의 산물이었다는 것이다. 그는 오스카 와일드의 "원본이란 언제나 원본이 번역이 된 이후에서야 비로소 존재한다"는 어구를 인용하며, 번역이란 늘 정복이었음을 주장한다(Kiberd 1997, 624-625에서 재인용).

이런 점에서 18세기 이후 유럽의 근대 여행은 비유럽 세계의 지리를 '과학'이라는 언어로 번역해 들여오는 중요한 실천이었다. 곧, 인류의 보편성에 대한 철학적 탐구나 자연세계의 질서를 탐구하는 자연과학에 있어서 비유럽 세계로의 여행은 가정이나 이론을 경험적으로 입증하고 이를 과학이라는 객관적, 보편적 언어로 정복하는 과정이었다.

이런 측면에서 데이비드 리빙스턴(David Livingstone)은 근대 과학의 탄생과 장소와의 관계를 추적하면서, 유럽의 '독자적인 과학'이라는 이념은 중국이나 이슬람 등 비유럽 세계의 지식의 번역과 이에 대한 일련의 전략적인 은폐를 대가로 지탱되어 왔다고 지적한다(Livingstone 2003). 가령, 중국의 연금술은 유럽의 의학 발전에 영향을 끼쳤고, 이슬람에서는 율법상 매일 기도를 해야 하므로 신성한 방위를 알기 위한 측지학이 발전했는데 이는 유럽의 천문학 발전에 중요한 역할을 했다. 또한, 바그다드는 고대 그리스의 의학적, 과학적 업적이 번역, 전파되는 데 중요한 역할을 한 문화 확산의 요람으로서, 아르키메데스의 수학 저술이나 프톨레미의 천문학 및 지리학 저술 등이 바그다드를 통해 그리스, 이

탈리아, 스페인 등 서양 전역으로 퍼져 나갔다.[5]

과학 지식의 성장은 지리적 이동과 밀접하게 얽혀 왔다. 사상과 이론은 전 지구적으로 이동해 왔다. 기계와 모형은 한 장소에서 다른 장소로 확산되어 왔다. 원격지 해안에서 취득된 정보는 정신과 지도와 소책자 속에 담겨 대양을 가로질러 왔다. 스케치와 표본은 과학적 시각 이전에는 볼 수 없던 것들을 드러냈다. 과학 지식은 이 외의 수백 가지 다른 방식을 통한 유통 속에서 확대되어 왔다. 그리고 이러한 부(副)의 확보는 지식이 어떻게 획득되는지에 대한 중대한 질문들을 제기했다. 왜냐하면 거리와 의심은 언제나 친밀한 동료였기 때문이다. 원격지의 지식은 그곳에 있었던 목격자들에 대한 신뢰도에 의존한다. ⋯ 발견은 언제나 의심과 협상에 대해 열려 있었다. 과학의 성장에 있어서 공간과 유통이라는 축소 불가능한 현실은, 과학적 앎은 필연적으로 사람과 그 실천이 얼마나 성실한가에 대한 판단과 관련된 사회적 현상이라는 점을 강력하게 일깨워 준다. 지리로 인해 과학적 사업은 불가피하게 도덕적 사업일 수밖에 없다. (Livingstone 2003, 177-178)

위에서 리빙스턴은 과학이 추구하는 정확성, 보편성, 객관성 등이 과학 자체가 선험적으로 추구하는 전제라기보다는 지리적으로 멀리 떨어진 원격지에서의 정보, 사실, 지식을 번역해 들어오는 과정의 산물이라는 점을 강조하고 있다. 이런 점에서 과학은 비유럽 세계의 지식을 유럽의 언어로 번역하고 이를 '계산의 중심'으로 집적시켜 생산한 산물일 뿐만 아니라, 지리적 마찰과 장벽에 따른 여러 사회적, 도덕적, 해석적 문제를 넘어서기 위해 고안된 기술적 장치와 실천이라고 할 수 있다(홍성욱 편 2010; 박경환 2014). 결국, 근대 이후 (지금까지도) 과학은 유럽의 고안물인 것처럼 인식되어 왔지만, 과학의 역사가 지닌 지리적

---

5. 중세 시대에 유럽으로 확산되었던 아랍인의 수학과 물리학 모델도 마찬가지다.

뒤엉킴은 유럽의 '독자적인 과학'이라는 관념이 (그리고 유럽이 독립적인 지리적 실체라는 관념이) 거대한 지리적 상상이자 기획의 결과물이라는 점을 알려 준다.

한편, 여행기에서의 식민 지배 수사는 과학으로서의 인종학 담론을 중심으로 전개되기도 했다. 유럽의 18세기는 비유럽 세계의 인류와 문명에 대한 경험적 발견을 근거로 '인종' 담론을 내포한 과학 지식이 형성되기 시작한 시기다 (Wiley 2000). 특히 인종적 차이가 기후와 같은 환경의 산물인지 아니면 생물학적, 자연적 결과인지가 탐험가나 학자에게 큰 쟁점으로 부각되었다(Livingstone 1993). 이를 확인하는 과정에서 비유럽 세계에 대한 탐험 여행이 활발하게 이루어지고, 이 과정에서 인체측정학으로서 인류학이 발전하게 된다. 이런 관점에 따라 유럽인들은 흑인들을 열대가 아닌 다른 지역에 옮겨 놓아도 그 후세의 '흑인성(blackness)'이 재생산된다는 점을 '발견'하고, 이에 따라 인종은 생물학적 진실, 곧 '과학'으로 굳어지게 되었다(Sharp 저, 이영민·박경환 역 2011). 따라서 검은 피부는 흑인의 작은 두뇌, 야만성, 미개함을 상징하는 양식이 되었다. 또한, '인종'의 과학적 발견은 젠더 차이에 대한 과학적 상상과 결합되기도 했다. 가령, 19세기 중반의 인류학적 연구들은 새로운 과학적 인체측정법으로서 두뇌를 비롯한 신체의 해부학적 특성에 주목하고, 이 결과 백인 여성은 백인 남성에 가깝기보다는 오히려 아프리카 남성과 유사하다는 것을 고안해 낸다.

영문학자이자 문예이론가인 데이비드 스퍼(David Spurr)는 1993년 저작 *The Rhetoric of Empire*에서 19세기 후반부터 20세기 중반에 이르는 시기에 출간된 여행기와 저널에 대한 분석을 통해, 서양의 여행 서사에 어떠한 지배적 담론이 재현되어 있거나 함축되어 있는지를 제시한 바 있다. 그의 분석에 따르면, 식민 담론은 단순하고 단일한 기술의 체계라기보다는 상호텍스트성을 통해 다양한 수사들이 나름대로의 역사적 위치 속에서 정당화되면서도 상호 복잡하게 얽혀 있어 서로를 지지하는 구조이다. 여기에서는 스퍼가 제시한 다양한 여행기 수사의 모티브를 여행 주체의 식민 수사, 여행 대상에 대한 낭만주의적 수사, 그리고 여행 주체와 대상의 양가적 수사의 세 범주로 나누어 살펴본다. 그

리고 마지막 절에서는 현대 여행기 사례를 통해 유럽의 식민 수사가 오늘날에
도 어떻게 이어지고 있는지를 검토한다.

## 1) 여행 주체의 식민 수사

우선, 여행하는 주체의 우월적 권력을 나타내는 식민 수사에는 감시, 전유,
격하, 분류의 수사가 포함된다. 이는 대체로 여행 주체의 시선이 문명적으로
또는 정치적으로 우월하다는 것을 전제로 하며, 이런 시선의 '빛'을 여행 대상
의 경관과 주민에 투영시켜 지배의 정당화를 재생산하는 것을 특징으로 한다
(Duncan 1993; Morphy 1993).

우선, 감시(surveillance)의 수사는 여행하는 주체를 여행되는 대상으로부터
분리함으로써 여행하는 주체의 우월적 시선을 지칭한다. 이때 여행 주체는 대
상을 조망할 수 있는 높은 지점이나 중심부를 차지하여 시각적 우위(우월성)
를 확보하고 조망 대상과 일정한 거리를 유지함으로써 '볼 수 있되 보이지 않
는' 팬옵티콘적(panoptic) 위치를 차지한다. 이를 통해 여행자는 대상물을 일정
한 패턴이나 기준에 따라 분류, 조직하고 자신의 가치를 부여함으로써 대상의
세계에 질서를 부여한다. 여기에서 대상물, 곧 타자의 시선은 부정되며 부인된
다. 스퍼에 따르면 여행자의 시선에 의해 대상화되는 것은 크게 경관, 내밀한
공간, 신체 등이다. 가령, 1871년에 탐험가 리빙스턴을 찾기 위해 아프리카 내
륙을 여행했던 영국의 탐험가 헨리 스탠리(Henry Stanley)가 1878년 쓴 여행기
*Through the Dark Continent*에는 그가 현지의 '경관'을 지평선 끝까지 조망
할 수 있는 '숭고한 조망점(noble coign of vantage)'을 얼마나 중요시했는가가 잘
반영되어 있다. 둘째는 원초적이면서도 이국적이라고 생각되는 이슬람 세계의
하렘이나 알제리의 카스바(kasbah)와 같은 현지의 '내밀한 공간'을 엿보거나 침
투해 들어가는 시선이다. 마지막은 비유럽인의 신체 자체에 대한 감시의 시선
으로 시각적 특성을 중심으로 하여 관찰 대상의 신체를 여행 주체의 인식에 부

합하는 방식으로 가치화하는 것인데, 식민 신체의 경우에는 잠재적 노동력으로서의 이점, 자연미나 순진무구함, 성적 욕망의 대상으로서 에로틱한 미학 등이 강조된다.

둘째, 전유(appropriation)의 수사는, 여행 주체가 발견하고 조사한 여행 대상인 영토와 자원이 여행 주체인 식민 권력의 소유 및 관리로 귀속되어야 한다는 서사이다. 다시 말하면 비유럽 세계에 존재하는 토지와 각종 식량 및 지하자원 등이 그곳에 거주하는 원주민의 소유가 아니라 지구상에 존재하는 온 인류를 위해 마련된 것이므로, 이런 자원은 (열등한 인종집단으로부터 벗어나) 이를 극도로 이용할 수 있는 문명적 능력을 지닌 집단이 전유해야 한다는 사고를 지칭한다. 가령, 앞서 언급했던 스탠리의 주요 모티브는 동아프리카 지역의 장엄한 경관은 이를 세계의 모든 인류에게 알릴 식민 지배자의 도착을 기다리고 있다는 서사로 전개된다.

셋째, 격하(debasement)는 비서양 세계의 비문명성이 불결하거나 더럽다는 식의 발견을 유럽의 문명적 우월성을 정당화하는 정치적 수사이다. 여기에는 신체적 불결함·나태한 습관·거짓말과 기만·미신·자기 규율의 부족·무절제한 성욕·근친상간·난교(亂交) 등의 개인적 격하, 사회적 도덕성의 부재·비위생적인 식생활·더러운 주거환경·질병의 만연 등의 사회문화적 격하, 그리고 무질서한 통치 제도·부족중심주의·지배층의 부패와 타락·외국인혐오증·비합리성 등의 정치적·문명적 격하 등이 포함된다. 또한, 격하는 페미니스트 이론가인 줄리아 크리스테바(Julia Kristeva)가 1982년 『공포의 권력 *Powers of Horror*』에서 언급했던 (주체 형성 과정이 동반하는 필연적 타자의 생산을 지칭하는 정신분석학적 개념인) 일종의 '아브젝시옹(abjection)'으로, 유럽의 집단적 문명 정체성이 확립되는 과정에서 불결하고 더러운 요소들을 비서양 세계로 내쫓아 버리는 주체 형성 과정의 문화적 주변화의 결과라고 할 수 있다(Kristeva 저, 서민원 역 2001).

마지막으로 분류(classification)의 수사는 계몽주의 시대 이후 유럽의 근대적

'과학' 담론의 탄생과 관련된 것으로 여행 주체의 '과학적 시선'을 통해 표면적으로 무질서해 보이는 여행 대상을 담론의 체계 속으로 편입시킨다. 푸코가 『담론의 질서 *The Order of Things*』에서 지적한 바와 같이, 근대 유럽의 여행기들은 비유럽 세계를 독해 가능한 표면으로 상정했다(Foucault 저, 이정우 역 1993). 이에 따라 서양의 여행 주체는 자신들이 고안해 낸 도표, 일람, 목록의 체계와 형식 속으로 분류되어 편입되기를 기다리는 내용으로 비유럽 세계의 모든 것을 치환했다. 이 과정에서 비유럽 세계의 지식 체계가 속한 지리적, 사회적 맥락은 제국주의적 시선에 의해 제거되었고, 대신 이는 서양의 지식 체계 속에 남겨진 빈칸을 채우기 위한 텍스트적 사실로 조사·기록·분류되었다.

## 2) 여행 대상에 대한 낭만주의적 수사

서양 여행기의 지배적 수사는 대상을 조감(鳥瞰)하는 방식을 취하면서도 '여행되는 대상'을 낭만주의적 (또는 이상주의적) 관점에서 재현하고 서술해 왔다. 이런 수사에는 대체로 여행지와 주민을 열등하게 바라보면서도 이를 이상시하는 상반된 관점이 아이러니컬하게 공존한다. 여기에는 심미화, 비실체화, 이상화, 자연화, 에로틱화의 수사가 포함된다. 우선, 심미화(aestheticization)의 수사는 '미개한 아름다움'이라는 수사와 관련된 것으로, 대체로 비유럽 세계 문화의 순수한 이국성(exoticism), 지리적 풍토, 시·공간적 고립성, 신비성 등으로 표현된다. 제임스 클리퍼드(James Clifford)에 따르면 서양의 여행기들이 비서양 세계의 민속이나 수공예품 등의 문화에 가치를 부여하는 방식은 크게 2가지 축을 중심으로 이루어진다. 첫째는 비서양 세계의 문화가 서양의 상품이나 문화의 영향을 받지 않은 '로컬' 특성을 고스란히 가지고 있는지의 여부이고, 둘째는 진짜 예술이 소장되어 있는 유럽의 미술관이나 전람회장보다 민속지(民俗誌)나 자연사 박물관에 더 부합하는지의 여부다(Clifford 1988). 첫째는 문화적 진정성과 가치를 갖고 있는지의 여부이며 둘째는 서양의 문명 담론의 체계에서 서양이 이미 지정해 둔 타자의 위치 그 자체에 얼마나 부합하는지와 관련된 것이다.

둘째, 비실체화(insubstantialization)는 심미화와 유사한 모티브에서 비롯되지만, 여행 지역을 미학적 대상으로서 통일성이나 응집력을 갖춘 실체로 간주하기보다는 여행 주체가 '마치 꿈속의 장면을 보는 것처럼' 시간적 의식을 완전히 초월해서 정신을 잃을 정도로 해방적이고 황홀한 장면이나 분위기를 나타내는 수사이다. 이는 『오리엔탈리즘』에서와 같이 중동의 이슬람권이나 인도의 힌두 문화권에 대한 지리적 상상과 관련되어 있다. 가령, 중동 지역이나 북인도에서 우리에게 대마로 잘 알려진 하시시(hashish)라는 약재를 담배나 식재료로 사용하는 문화, 전통 종교음악 등의 로컬 풍습 등이 오리엔탈리스트의 여행 서사나 그림 등에 신비하고 몽환적으로 재현되어 있다. 이처럼 비실체화는 여행 대상에 대한 낭만주의적 태도와 깊이 관련되어 있다.

셋째, 이상화(idealization)는 '낙원에 살고 있는 이방인'이라는 모티브를 기반으로 비유럽 세계의 여행 대상 지역을 에덴동산으로 대변되는 성경적 낙원과 동일시하는 수사이다. 가령, 16세기 프랑스의 사상가인 미셸 드 몽테뉴(Michel De Montaigne)는 1580년 『식인종에 대하여 *Of Cannibals*』에서, 식인종을 순수하고 단조로운 낙원 속에서 살아가기 때문에 자연법칙에 순응해서 살아가는 미개인으로 묘사한 바 있다. 이상화의 수사는 유럽 여행가들의 낭만주의적 식민주의를 강화하는 역할을 한다. 이 수사는 비유럽 세계의 공간과 주민을 문명화라는 시간적 과정의 '외부'에 고정하고 있기 때문에 식민 지배적 침략이나 정복이라는 인간의 세속적 활동으로부터 보호되어야 할 대상으로 간주한다. 이른바 유럽의 문명에 의해 더럽혀지지 않은 순수한 상태를 뜻하는 '고결한 야만인(noble savage)'[6]과 같은 표현은 비유럽 세계의 원주민에 대한 심미화일 뿐만 아

---

6. '고결한 야만인'은 17세기 후반 영국의 작가 존 드라이든(John Dryden)의 1672년 책 *The Conquest of Granada*에서 처음으로 사용한 용어로 인간이 자연상태로 태어날 때에 생득적으로 선한 천성을 갖는다는 것을 상징적으로 표현한다. 이후 영국의 소설가 찰스 디킨스(Charles Dickens)이 18~19세기 원시성에 대한 낭만주의의 여성적 감수성을 풍자적으로 비꼬는 모순어법으로 이 표현을 차용하면서 널리 퍼지게 되었다.

니라 이상화이다.

넷째, 자연화(naturalization)는 더 문명화되어 있고 우월한 유럽인이 미개한 지역과 그 주민에 대한 식민 지배를 정당화하는 핵심 수사로, 여행 대상 지역의 문화적 특징을 사회 조직이나 구조의 산물이 아닌 지리적 환경의 결과로 간주한다. 이에 따라 여행 대상의 사회와 문화적 특징은 탈정치화된다. 특히, 이는 여행 대상 지역의 주민이나 사회집단으로부터 야생성을 찾아내고 이를 자연 및 자연법칙과의 관계 속에서 기술하는 방식과 관련되어 있다. 클로드 레비스트로스(Claude Lévi-Strauss)에 따르면 토테미즘과 자연화는 동식물이나 자연적 사물이 혈연이나 지연에 기반을 둔 사회집단과 공통의 뿌리나 결합 관계를 갖고 있다는 측면에서는 공통적이지만, 그에 대한 이해의 논리는 양자가 정반대이다. 곧, 토테미즘은 친족관계와 가계(家系)의 관점에서 자연을 해석하는 것이라면, 자연화는 인간이 형성한 사회집단을 동식물 종(種)이나 자연의 물리적 대상물로 재현하는 방식이다. 가령, 장 자크 루소(Jean Jacques Rousseau)의 경우에는 열대 지역이 유럽에 비해 훨씬 뜨겁고 강렬한 풍토를 갖고 있기 때문에, 열대 지역 주민들의 언어는 그들의 욕망을 적나라하고 강렬하게 드러낸다고 보았다.

마지막으로 에로틱화(eroticization)는 식민지를 에로틱한 섹슈얼리티의 현장으로 재현하는 것으로 관능미와 유혹, 또는 공포와 혐오 등의 수사로 드러난다. 푸코에 따르면, 18세기 서양의 모더니티 담론은 자연으로서의 '신체'를 매개로 여성의 섹슈얼리티를 이해함으로써 여성의 도덕적 절제나 가족에 대한 헌신이 문명적 발전에 필요하다는 담론을 창조해 낸다. 이런 측면에서 비유럽 세계의 여성의 신체는 욕망이 절제되지 않은 자연적 상태에 있는 것으로 이해되는 한편, 서양의 남성 여행 주체는 여성에 대한 에로틱화를 통해 자신의 성적 욕망을 투사하는 대상물로 전유한다. 가령, 계몽주의 사상가인 드니 디드로(Denis Diderot)의 1796년 저작 『부갱빌 여행기 보유 Supplement Au Voyage de Bougainiville』에서 프랑스 사제와 동침하기를 애원하는 벌거벗은 타히티섬의 여성 원주민의 모습은 이의 사례에 해당된다(Diderot 저, 정상현 역 2003). 에로틱화의 수사는 식민지인의 자유분방한 성적 욕망과 그 분출을 남성적 시각에서 재현함으로써, 식민 지배를 정당화하는 담론의 (재)생산이 남성중심주의에 근간을 두고 있음을 드러낸다.

### 3) 여행 주체와 대상의 양가적 수사

마지막은 여행하는 주체와 여행되는 대상 간의 상호관계에 초점을 두거나 이러한 상호관계에서 비롯된 여행 주체의 양가적이거나 혼성적인 수사이다. 여기에는 부정과 긍정, 그리고 저항의 수사가 포함될 수 있다. 우선, 부정(negation)과 긍정(affirmation)은 동일한 여행 대상 지역을 인간의 손길이 닿지 않은 무(無) 또는 자연 그 자체로 부정하면서도 여행 주체를 이러한 부정을 긍정으로 변화시킬 수 있는 능동적 주체로 다룬다는 점에서 양가적인 수사라고 할 수 있다. 부정은 비유럽 세계를 문명이 발달하지 않은 미개척의 암흑 지대나 공허한 불모지로 표현하는 수사이다.[7] 스퍼에 따르면 부정의 효과는 크게 두 가지인데, 첫째는 언어나 경험으로는 적절한 해석의 틀을 제시하기 어려운 모호한 대상물을 기각해 버리는 방식이고, 둘째는 특정 공간을 '일시적으로 삭제하는 행위'이다. 부정은 여행 주체의 식민주의적 지리적 상상이 펼쳐지기 위한 그리고 자신의 욕망 추구의 대상물로 만들기 위한 필연적 전제 조건이라고 할 수 있다. 그러나 역설적이게도 여행 대상에 대한 부정은 여행 주체의 부정에 대한 부정으로 전환된다. 왜냐하면 여행 대상의 부정이 존재하는 이유는 유럽 여행 주체의 문명화 프로젝트에 의해 비유럽 세계의 부정이 부정되어야 하기 때문이다. 긍정의 수사는 여행하는 주체가 해석의 주체이자 권력의 담지체인 자기 자신을 이상화하는 시점에 도달할 때까지 끊임없이 자기 긍정과 자기 확신을

---

7. 이런 측면에서 앞 절에서 다루었던 '격하'의 수사는 타자의 가치를 부인하는 '부정'의 수사의 한 형태이기도 하다.

반복하는 수사로서 최종적으로는 나르시시즘으로 귀결된다.

가령, 앵글로색슨의 식민 지배를 정당화하는 대표적 수사인 이른바 '백인의 책무(white man's burden)' 담론은 이러한 본질주의적 나르시시즘의 결과이다 (그림 1). 백인의 책무는 인도 뭄바이 태생의 제국주의 영국 작가인 러디어드 키 플링(Rudyard Kipling)이 지은, 1899년에 벌어진 필리핀-미국 전쟁에 관한 시에 서 비롯된 표현으로, 인류의 문명사적 책임이 특정한 민족집단이나 인종에 귀 속되어 있음을 가정하는 수사이다. 키플링은 '반은 악마이고 반은 어린이'인 필 리핀인이 미국의 식민 지배를 받는 것이 정당하다고 주장하면서, 미개한 세계 의 원주민은 가장 문명화된 주체인 백인이 짊어져야 할 운명적 책무라고 역설 한다. 이는 지배와 권력을 통한 앵글로색슨 문명의 확산과 이식이 정당하다는 당시의 영국과 미국의 식민주의 담론을 대표한다. 또 다른 사례로 찰스 다윈

**그림 1. 백인의 책무**
주: 영국의 화가 빅터 길럼(Victor Gillam)은 이 삽화를 미국의 보수적 시사 잡지인 *Judge Magazine* 에 게재했다. 아시아 및 아프리카 원주민들을 짊어지고 문명의 꼭대기를 향해 힘겹게 (그리고 억압, 미 신, 무지, 악, 잔인성 등의 바위산을 밟으면서) 올라가고 있는 존 불(John Bull)과 엉클 샘(Uncle Sam)의 모습을 담고 있다.
자료: Billy Ireland Cartoon Library & Museum at The Ohio State University

(Charles Dawin)은 1839년 『비글호 항해기 The Voyage the Beagle』에서 사람도, 물도, 식생도, 산도 없는 불모의 황무지이면서도 역설적이게도 자신의 기억에 깊이 자리하고 있는 곳으로 파타고니아를 표현했다. 다윈에게 파타고니아는 일종의 인간에게 '금지된 성역'이자 '공허한 곳'이며, 여행 주체의 해석을 기다리고 있는 미지와 신비의 공간이다. 이런 점에서 다윈의 여행기는 과학 지식에 의한 자연세계의 탐험이 펼쳐져야 할 식민주의적 서사 내부에 속해 있다. 이처럼 '백인의 책무' 수사로 대표되는 문명화된 주체와 미개한 객체 간의 이분법적 대립은 다윈의 진화론에서 핵심 개념인 적자생존 및 자연선택에 의해 과학으로 굳어지게 되었는데, 이러한 지점은 키플링과 다윈의 저술에서 나타난 부정과 긍정의 수사를 통해 살펴볼 수 있다.

둘째는 포스트식민 이론과 관련된 저항(resistance)의 수사로, 여행 서사에서 여행 주체의 지배 담론을 식민지인이 거꾸로 되받아 쓰거나 되돌려 주는 방식에서 나타나는 저항의 효과이다. 이런 저항은 지배 담론 그 자체의 내적 모순에서 비롯된다는 점에서 수동적이고 간접적이지만, 지배 담론을 뒷받침하는 전제 조건이나 가정에 근본적으로 도전한다는 점에서 직접적이다. 푸코는 담론이 권력을 생산하고 전달하지만 이와 동시에 그 권력을 침해하고 폭로한다는 측면에서 '저항'을 내재하고 있다고 말한다(Foucault 1980).[8] 곧, 언어적 이해로 세계를 구조화하는 것은 세계 그 자체를 한정시키는 것이므로, "권력이 있는 곳에는 언제나 저항이 있기 마련이며, 결과적으로 저항이란 권력의 외부에 위치하지 않는다"(Foucault 1980, 95). 이런 측면에서 대화와 다중목소리(polyphony)에 기초한 인류학적 참여관찰과 이를 기록한 민족기술지는 여행 텍스트와 여행기를 쓴 주체 간의 거리두기를 통해 주체의 다중성을 드러냄으로써 기술 주체의 의도와는 달리 담론 스스로 자기 모순을 드러내도록 하는 효과를 갖는다(Clifford 1997).

---

8. 왜냐하면 언어란 언어적 구조와 현실의 간극으로 인해 늘 자신이 지탱하는 권력관계의 구조 그 자체를 파괴할 가능성을 안고 있기 때문이다.

가령, 유럽인은 비유럽 세계의 식민지인의 열등성이나 원시성을 '고안해 냄'으로써 선형적 문명 담론을 생산하지만, 유럽인의 육식 문화와 고약한 체취에 대한 식민지인의 혐오는 유럽인의 문명화 담론 자체에 균열을 일으킨다. 이 경우 유럽인이 고안한 열등성(또는 원시성) 담론은 비유럽 세계 주민들의 목소리를 통해 재생산되는 자기의 내적 논리에 의해 부정된다. 또 다른 사례로, 영국의 탐험가이자 장교였던 쿡의 탐험대는 하와이를 포함한 태평양 일대의 섬을 탐험하면서 원주민의 식인문화(cannibalism)를 발견하고 이를 여행기에 기록으로 남겼다. 그러나 사실 하와이를 포함한 태평양 연안 도서 지역에서는 식인문화가 잘 나타나지 않았다. 오히려 해당 지역에서 식민문화를 발견하고 싶은 쿡 탐험대 일행의 (곧, 유럽의 집단적 호기심과) 욕망이 식민문화에 선행했다고 볼 수 있다. 그 욕망이란 태평양 도시 지역 원주민의 문명적 미개함과 야만성을 입증하려는 욕망이었다. 스리랑카 출신의 인류학자인 가나나트 오베이에세케레(Gananath Obeyesekere)에 따르면 쿡의 탐험대가 하와이에 도착했을 때 원주민들은 전투에 능한 쿡의 탐험대로부터 위협감을 느꼈을 뿐만 아니라 자신들을 잡아먹을 식인종으로 간주했다고 설명한다. 왜냐하면 쿡 일행이 오랜 항해로 인해 악취 풍기는 몸에 누더기 옷을 입고 굶주린 상태에서 하와이에 하선한 후 원주민들에게 식인 풍습에 대해 질의하는 모습을 보고, 하와이 원주민들은 쿡의 탐험대가 자신들을 잡아먹는 식인종이라고 번역했기 때문이었다. 그 후 유럽인의 태평양 도서 지역 원주민 학살은 유럽의 미개함과 잔인함에 대한 역설적인 표징이 되었고, 이로 인해 마오리족의 경우는 유럽인에 맞서기 위해 의도적으로 식인문화를 고안해 냄으로써 유럽인들이 기대하고 있던 잔인함을 재현하고자 했다는 것이다(Obeyesekere 2005).

### 4) 현대 여행기의 수사적 특징

앞에서 살펴본 바와 같이 오늘날 (특히, 선진 자본주의 국가에서 유행하는) 많은 여행기는 100~300년 이전 그들의 선조인 유럽의 제국주의적 여행가들의 여행 서사와 비교할 때, 여행 주체의 관점이나 장소 및 공간에 대한 인식에 있어서 상당한 유사성을 띤다. 달리 말해, 오늘날 글로벌화된 시대의 여행기는 근대가 형성될 무렵인 수 세기 전에 '유럽에 의한 비근대 세계의 현전(現前)인 비유럽 세계에 대한 여행'의 연장선상에 있는 것처럼 보인다. 또한 프랫이 지적한 바와 같이 "오늘날 제국의 시선은 '덜 발전된' 공간들을 향하고" 있고(Pratt 저, 김남혁 역 2015, 13), 대중 여행의 시대가 도래한 후에도 주요 여행 대상 지역은 여전히 아프리카, 아시아, 라틴아메리카의 개발도상국이기 때문에 그곳의 주민과 공간에 대한 여행 서사에서도 이를 적잖이 반복하고 있다(Loomba 1998; Fowler et al. 2013).

지리학에서 여행기에 대한 몇몇 연구 또한 이러한 근대 여행 담론의 연속성을 강조해 왔다. 가령, 지리학자 펠릭스 드라이버(Felix Driver)와 루시나아 마틴(Luciana Martins)이 2005년 편찬한 책 *Tropical Visions in an Age of Empire*에서는 특히 계몽주의 시대 이후 유럽의 열대에 대한 상상의 지리와 이른바 '열대성(tropicality)' 담론의 사회적 생산에 주목하면서, 어떻게 과학·조사·탐험이라는 이름을 동반한 지리적 실천이 열대에 대한 유럽의 지식을 생산·유통시켜 왔는지를 추적한 바 있다. 이들에 따르면 열대에 대한 상상은 (훔볼트가 스스로 열대에 미쳤다고 표현할 만큼) 근대 자연과학의 탄생에 결정적인 영향을 끼쳤으며, 20세기에 들어서도 여전히 자연과학과 사회과학에서 열대는 자연과 인류의 원초적 양식을 탐구할 수 있는 본질이 내재된 곳으로 간주되고 있다. 오늘날에도 여전히 열대(tropics)라는 용어는 질병과 식생, 밀림과 폭풍우, 휴양지와 해안가, 도시와 토지에 이르는, 유럽의 문명과 대치되는 거의 모든 것들을 연상시킨다(Livingstone 1999; Driver and Yeoh 2000).

또한, 리처드 필립스(Richard Phillips)는 포스트식민 관점에 입각해서 영국의 여행 작가인 쟌 모리스(Jan Morris)의 여행기와 같이 오늘날 대중적으로 널리 소비되는 유명한 여행기와 18~19세기에 활동했던 메리 킹슬리(Mary Kingsley),

리처드 버튼(Richard Burton), 이사벨라 비숍(Isabella Bishop) 등의 여행기를 상호 비교하면서, 여행의 목적과 기획, 여행기에서의 재현, 여행 주체로서의 자아 성찰성 측면에서 어떤 점이 계승되어 왔는지 비판적으로 검토한 바 있다. 그의 견해에 따르면, 여행가들은 주로 1인칭 관찰자 또는 주인공 시점에서 여행에 대한 낭만주의적 시각을 견지하고, 자기 자신을 욕망, 충동, 내적 소요를 지닌 주체로서 여행 대상지와 일정한 (공간적이면서도 인식론적인) 거리를 두며, 자신의 '개인적' 상상의 지리를 중시한다는 점에서 공간에 대한 포스트식민주의적 관점을 공유한다. 또한, 이들의 여행기는 인간으로서의 자유의지와 호기심을 드러낸다는 점에서도 일정한 공통점이 있는데, 이들은 여행이라는 실천에 필요한 여러 (금전적, 시간적 자원을 비롯한) 조건에 대해 근심할 필요가 없는 '방랑적(peripatetic) 중산층'이기 때문이다(Phillips 2009).

사이드는 오리엔탈리즘이라는 상상의 지리와 관련하여, 재현의 정치가 단순히 현실에 대한 축소와 과장, 삭제와 첨가 등 왜곡만을 지칭하는 것이 아니라, 의도된 (지적, 정치적, 경제적, 문화적) 목적을 달성하기 위해서 착상되고 고안된 구성물이라는 점에 주목할 필요가 있다고 주장한다. 이러한 측면에서 많은 학자들은 문학으로서의 여행기는 부르주아지 계급을 중심으로 유럽 제국주의의 형성기인 18세기부터 19세기에 본격적으로 등장한 역사적 장르라고 평가한다. 이 시기 동안 여행기는 식민 담론의 생산과 이에 대한 이데올로기적 정당화를 위해 비유럽 세계에 대한 대중적 재현과 이의 유통에 있어서 중요한 역할을 했으며, 이러한 여행 주체의 계급적 위치성은 오늘날 글로벌화의 시대에도 여전히 유효하다(Morin 2006).

한국에도 소개된 바 있는 미국 출신의 전직 신문기자이자 여행 작가인 빌 브라이슨(Bill Bryson)은 여행 정보가 아닌 '여행의 재미'를 선사하는 것으로 유명한데(Bryson 저, 권상미 역 2008), 그의 유럽 및 오스트레일리아 여행기는 (심지어 제3세계에 관한 여행기가 아님에도 불구하고) 개별 여행 지역이나 장소의 고립성, 고유성, 야생성, 자연미를 '발굴'하고 '찬양'하는 모험가의 시선으로 구성되어 있다. 브라이슨의 여행담은 18세기 유럽인의 아프리카 탐험기와 같이 장소에 대한 본질주의 시선에 뿌리를 두고 있는데, 저자는 이를 바탕으로 지역주민의 기질이나 특징을 지역의 자연환경에서 비롯된 것으로 바라보거나 지역의 풍토와 역사성 간의 놀라운 상관관계를 보여 주는 통찰력을 발휘한다. 또한, 브라이슨의 여행 시선은 외부 세계를 높은 곳에서 객관적으로 조망하는 여행 전문가의 통찰력에서 기인하지만, 이와 동시에 (거의 대부분의 18~19세기의 여행기가 그랬던 것과 마찬가지로) 뜻밖의 사건이나 일화를 강조함으로써 여행의 사실성을 극대화함과 동시에 여전히 세계의 여행지에는 (전문가인 자신도 예기치 못한) '놀라움과 경이로움과 모험적인 것이 가득한 곳'이라는 사실을 독자에게 일깨워 준다.

또한, 오스트레일리아 애버리지니(Aborigine)의 노랫길(Songline)에 대한 철학적 여행으로 유명한 브루스 채트윈(Bruce Chatwin)의 여행기는 인간은 정착하도록 태어난 존재가 아니기 때문에 '내가 있는 곳이 아닌 곳에서라면 언제나 행복할 것'이라는 비유럽 세계의 자연과 문화에 대한 19세기 유럽의 낭만주의를 그대로 계승하고 있다(Chatwin 저, 김희진 역 2012). 아울러 앞서 언급했던 모리스는 여행 작가, 신문기자로서 거의 일생을 여행과 여행기 쓰기에 몰두하면서 영국을 빛낸 50인의 작가에도 선정된 바 있는데, 그녀의 대표적 여행기인 『50년간의 세계 여행 The World: Life and Travel 1950~2000』은 19세기의 여성 여행가였던 킹슬리의 여행기와 같이 여행 대상을 통해 자아의 위치가 끊임없이 성찰되고 갈등을 겪으며 변화되는 지점을 역동적으로 보여 준다(Phillips 2001; Morris 저, 박유안 역 2011; Sharp 저, 이영민·박경환 역 2011). 모리스는 일생에 걸친 오랜 세계 여행과 여행기 집필 과정에서 스스로 성전환수술을 받아 여성이 되어 '지배적이고 제국주의적인' 남성 주체의 시각을 극복하고자 한 여성이라는 점에서, 유럽 식민주의 시대에 많은 여행기가 보여 주었던 여행과 주체성의 변화를 극적으로 재연(再演)한 인물이다. 바로 이런 측면에서 필립스는 모리스의 여행기를 포스트식민성이라는 관점에서 투영하면서, 모리스의 여행이 "민족주의, 상류층 영웅주의, 남성의 쾌락, 이국적 환경, 장엄한 경관, 미스터리, 장애와 위험" 등의 수사를 중심으로 한 남성중심적이고 제국주의적인 관점으로부터 이탈하게 하여 오히려 웨일스와 같은 영국 내부의 '식민지'를 탈중심적인 관점에서 바라보도록 만들었다고 평가한 바 있다(Phillips 2001, 10). 또한, 필립스는 성전환 이후의 모리스로부터 이른바 양면성(ambivalence)을 중심으로 하는 포스트식민 정치성을 발견한다.[9] 필립스는 성전환 수술 이후에 저술된 모리스의 여행기들이 탈식민화되었다기보다는 '탈식민화의 과정 중에 있는' 것으로 평가하면서, 여행기 저자의 불안정한 위치성이 근본적으로 타자의 지리에 대한 이해와 사회적·공간적 '경계 넘기'를 추구하는 여행의 비판적 본질에서 비롯된 것이라고 파악한다(Phillips 2001). 이와 관련하여 또 다른 유럽 여행 작가의 수필집에 실린 내용 중 일부를 살펴보자.

> 지리학은 가장 아름다운 학문이다. 지리학은 지식의 교차점에 있어서 다른 학문들을 자신에게로 소환한다. 지리학은 각각의 학문들이 그에게 보여 주는 것들을 자신의 냄비에 모두 몰아넣은 뒤, 그 재료들을 한데 뒤섞어서 정성스럽게 세상에 대한 하나의 독법을 구상한다. … 지리학은 현실 시간의 실타래를 풀 수 있게 해 주는 열쇠다. 길에서 권태와 싸우는 여행자에게 소중한 것은 시나 기도보다 지리학적 인식이다. 지리학적 인식이 있는 여행자는 무엇을 보든 눈에 보이는 것 이상을 알아보려는 시선을 가지게 된다. 그 시선은 유랑자에게 소중한 동료다. (Tesson 저, 문경자 역 2016, 83-84)

위의 인용문은 "느리게 걸을수록 세상은 커진다"는 부제목을 지닌 프랑스의 현대 여행 작가 실뱅 테송(Sylvain Tesson)의 수필집 『여행의 기쁨 *Petit traité sur l'*

---

9. 필립스(Phillips 2001)는 모리스의 여행기에 드러난 '양면성의 정치학'이 크게 3가지 차원에서 드러난다고 분석하는데, 첫째는 식민주의적 관점과 포스트식민 관점 사이, 둘째는 개인의 주체성과 자신이 여행하는 곳의 장소 정체성 사이, 세 번째는 국가 정치에 대한 비판적인 관점과 보수적인 관점 사이라고 언급한다.

*immensité du monde*』 중 '지리학, 여행자의 교양'이라는 장(章)에서 발췌한 구절
이다. 저자는 19세기 후반 알렉산더 훔볼트(Alexander Humboldt)나 괴테로 대
표되는 이른바 독일의 낭만주의 여행자들을 인용하면서 "사라져 가는 것에 대
한 그리움"을 찬양하며, "세상에는 여전히 경탄할 것들이 남아 있다"는 것을 자
신의 도보 여행기로 증명해 낸다(Tesson 저, 문경자 역 2016, 13). 이는 저자가 (그
리고 저자의 도보 여행이) 19세기 모더니티로 사라져 가는 비유럽 세계에 대한 낭
만주의적 자연관을 21세기의 오늘날에도 그대로 계승하고 있음을 보여 준다.
또한, 저자에게 지리학은 여행자에게 '세상을 읽어 내는 도구'이기 때문에 가
장 아름다운 학문이며, 공간적인 것으로부터 시간적인 것을 풀어 낼 수 있게 해
주는 열쇠라고 찬양한다. 결국 그는 모든 여행자가 "시간에 맞서는 여행자"이
며 "시간을 죽이기 위해서는 결국 길을 떠나야 한다"는 신념을 품고, 200여 년
전 유럽 바깥의 세계를 찾아 여행을 떠났던 수많은 낭만주의 여행자들의 '시각
중심적인' 심미적 수사를 21세기인 오늘날에도 그대로 재생산하고 있음을 보
여 준다(Tesson 저, 문경자 역 2016, 15). 또한, 저자는 이와 동시에 느리게 걷는 도
보 여행에 대한 찬양을 통해 현대 자본주의의 공간적 팽창과 시간적 압축이 야
기하는 일상생활의 빠른 리듬 그리고 그에 따라 사라져 가는 로컬 문화와 장소
를 비판적으로 평가하고 있다. 이는 앞서 필립스가 언급했던 여행이라는 '경계
넘기'의 공간적 실천으로 인한 여행 주체의 불가피한 양면적 인식을 보여 준다
(Phillips 2001).


## 4. 접촉지대로서의 여행 대상과 공간성

포스트식민 여행기에 대한 분석 중 가장 영향력 있는 저술을 꼽는다면 단연
1992년 프랫의 『제국의 시선』일 것이다. 『제국의 시선』은 근대 유럽의 비유럽
세계에 대한 여행기와 답사기가 유럽의 독자들로 하여금 어떻게 모험, 호기심,

흥분을 일으킴으로써 제국주의적 팽창을 열망하도록 만들었는지를 날카롭게 비판하였다. 프랫에 따르면, 여행 작품은 독자들로 하여금 여행 주체가 투자하고 탐험하고 식민화하는 세계의 여러 지역에 대한 지식뿐만 아니라 이를 "소유할 수 있고 명명할 수 있는 권리와 그것들에 대해 잘 알고 있다"는 우월감을 심어 주었고, 이는 결과적으로 제국주의적 제도와 담론을 수용하고 의심하지 않는 (스피박이 말한) 이른바 "길들여진 주체(domestic subject)"를 생산하는 주요 장치였다고 지적한다(Pratt 저, 김남혁 역 2015, 24). 이런 측면에서 프랫은 18세기 이후 유럽의 여행기가 유럽 이외의 세계, 곧 '유럽의 타자'를 거울로 삼아 유럽이라는 집단적 정체성을 고안해 내기 위한 강박관념의 결과라고 지적한다.

프랫은 여행기에 내재된 여행 주체와 여행 대상지 간의 공간 정치성을 분석하기 위해 『제국의 시선』에서 '접촉지대(contact zone)'와 '문화횡단(transculturation)'이라는 개념을 제시한다(Pratt 저, 김남혁 역 2015). 프랫은 자신의 접촉지대 개념을 언어학에서 사용하는 접촉언어(contact language)에서 차용했다고 밝힌다. 언어학의 관점에서 보면, 상이한 언어를 사용하는 두 화자(話者)가 교환과 무역, 이주 또는 여행의 과정 중 특정한 구역에서 마주치게 되는데, 이들이 사용하는 두 언어는 문화적 상호작용의 결과로 시간이 지남에 따라 점차 서로의 언어에 영향을 미치게 된다. 이런 언어적 상호영향에는 상대방 어휘나 표현의 채택, 상대방 언어의 특징 차용, 언어의 대체 및 언어 간 위계의 형성, 대체된 언어가 지배적 언어에 미치는 영향, 세대를 걸친 언어의 혼성화(hybridization), 그리고 피진어와 같은 혼성어의 등장과 크리올어와 같은 이른바 '제3의 언어' 형성 등이 포함될 수 있다.

프랫에 따르면 접촉지대는 식민주의 시대에 유럽인의 탐험과 정복의 대상이었던 '식민 프런티어(colonial frontier)'와 유사하지만, 접촉지대 개념은 식민지의 지리적 상황이 훨씬 역동적이고 상호작용적이며 구성적이라는 점을 강조한다는 점에서 차이가 있다. 프랫은 접촉지대 개념을 통해 여행 대상이 되는 식민 공간을 단순한 무대나 배경으로 간주하기보다는 여행의 주체와 대상 간의 다양한 사회적, 정치적 권력관계에 능동적인 영향력을 갖는 일종의 행위 주체로 간주한다. 가령, 행위자-네트워크 이론(ANT)에서와 같이 접촉지대의 로컬 기후, 풍토, 식생, 곤충, 전염병, 음식 등의 비인간 행위자(nonhuman actor)는 수동적 대상이나 배경이라기보다는 오히려 여행 주체의 인식 및 여행 주체와 현지인들 간의 권력관계에 적극적으로 개입하고 이를 변형시키는 행위 주체성을 갖는다고 볼 수 있다(박경환 2014; 2016).

> 접촉지대는 역사적으로 지리적으로 분리되어 있던 사람들이 함께 등장하는 시공간을 생각하게 하고 더불어 그들의 궤도가 교차하는 지점을 환기(喚起)시킨다. '접촉'이라는 표현은 침략자의 시각에서 정복과 지배를 설명하려 할 때 손쉽게 무시되거나 억압되는 상호적이고 즉흥적인 만남의 차원을 강조한다. '접촉'의 관점은 주체들이 상호적인 관계에 의해서, 그리고 상호적인 관계 안에서 구성되는 방식을 강조한다. 그것은 식민자와 피식민자, 여행하는 사람과 '여행되는 사람(travelees)' 사이의 관계를 서로 무관하고 분리된 상태로 다루는 대신, 근본적으로 비대칭적인 권력의 관계 안에서 함께 등장하고 서로 영향을 주고받으며 이해(理解)와 행위가 함께 맞물린 상태로 다룬다.(Pratt 저, 김남혁 역 2015, 35)

위의 인용문에서 프랫은 여행 대상 지역인 접촉지대가 시간과 공간을 동시적으로 생각할 수 있는 교차점이자 비대칭적 권력관계 안에서 쌍방향적 영향을 주고받는 지점임을 강조하면서, 접촉지대의 개념적 특징을 크게 2가지로 요약한다. 첫째는 접촉지대가 상이한 역사적, 지리적 궤도들이 서로 모여 결절을 이루는 교차점이라는 점이다. 곧, 이는 접촉지대를 시·공간적으로 상이한 궤적을 지닌 주체들이 마주치는 곳으로 상정함으로써 공간을 단순한 배경이나 그릇으로 간주하는 모더니즘적 이해 방식에 문제를 제기하며, 나아가 사회와 공간이 상호 영향을 주고받으며 구성된다는 관점을 강조한다. 특히, 이 특징은 매시가 『공간을 위하여 For Space』에서 포스트구조주의적 관점에 입각해서 공간 및 장소를 다루는 방식, 곧 공간과 장소에 대한 기존의 이분법적 구분을 넘어서는 이른바 '관계적 지리'와 밀접하게 관련되어 있다(박경환 2016; Massey 저, 박경환 외 역 2016 참조). 매시는 에르난 코르테스가 이끄는 스페인 군대가 몬테수마(Montesuma)가 통치하던 아즈텍 문명을 정복하는 장면을 기술하며 이 책을 시작한다. 그런데 이 장면은 글로벌 권력인 서양의 '여행하는' 식민주의 정복자가 비서양 세계의 로컬 장소인 '여행되기를 기다리고 있는' 피정복민의 세계에 도착했다는 식으로 묘사되지 않는다. 대신, 매시는 이 장면을 각기 상이한 발전의 궤적을 지닌 두 문명이 테노치티틀란이라는 구체적인 (그리고 맥락적으로 풍부한) 장소에서 '접촉'하는 모습으로 제시함으로써, 이를 상이한 역사와 지리, 인식 및 지식 체계, 그리고 언어와 문화가 영토적 경계를 넘어 조우하는 공간으로 인식해야 한다는 점을 주장한다.

공간을 가로지르고 정복하는 대상으로 인식하는 것은 … 지구를 땅이나 바다와 같이 우리의 주변에 펼쳐져 있는 것으로 인식하게 한다. 공간은 연속적이며 이미 주어져 있는 지표면과 같은 것으로 인식된다. … 이런 공간의 상상은 다른 장소, 사람, 문화를 단순히 지표 '위'의 현상으로 인식하게 만든다. 그 공간은 움직임 없이 코르테스(또는 우리나 글로벌 자본의)의 도착을 그저 기다렸을 뿐이며, 그곳에, 그 공간에, 그 장소에 그들 자신의 궤적은 보유하지 않은 채 그저 덜렁 놓여 있을 뿐이다. 이런 공간 인식은 우리로 하여금 실재하는 아즈텍 역사를 제대로 인식하는 것을 어렵게 한다. 이러한 상상력을 제고하는 것 그리고 공간을 지표면으로 생각하는 습관에 대해 질문을 하는 것이 의미하는 것은 무엇인가? (Massey 저, 박경환 외 역 2016, 28)

매시는 "공간을 가로지르고 정복하는 대상으로 인식하는 것"은 근대 유럽의 '공간 길들이기' 프로젝트의 일환이며, 이는 여행되는 타자의 목소리를 억압하고 주변화함으로써 다양한 역사적 궤적들을 억압하는 방식이라고 비판한다. 이런 점에서 프랫의 접촉지대 개념은 호미 바바(Homi Bhabha), 폴 길로이(Paul Gilroy), 스튜어트 홀(Stuart Hall), 가야트리 스피박, 로버트 영(Robert Young) 등의 포스트식민 이론가들이 유럽의 모더니티의 형성 과정이 비유럽 세계에 대한 유럽 중심의 재현과 직결되어 있다고 비판했던 포스트식민적 관점뿐만 아니라(Gilroy 1993; Young 저, 김택현 역 2005; Young 저, 이경란·성정혜 역 2013), 공간에 대한 관계적 관점을 강조하면서 시공간적으로 멀리 떨어져 있는 주변적인 것들의 궤적을 중심으로 끌어들여야 한다는 매시의 공간 개념과 정확하게 일치한다(박경환 2016).

접촉지대 개념의 두 번째 특징은 식민 주체(여행하는 자)와 식민지인(여행되는 자)의 관계가 일방적인 것으로 고정된 것이라기보다는 상호작용 과정을 통해 구성되는 과정에 있다는 점이다. 이런 측면에서 프랫은 '문화횡단'이란 개념을 제시한다. 원래 문화횡단은 쿠바의 인류학자 페르난도 오르티스(Fernando Ortiz)가 1947년에 처음으로 제시한 개념으로서 상이한 문화가 서로 만나 섞이고 수렴되는 과정을 지칭하는 용어이다. 그는 식민 지배와 예속의 관계에서 나타나는 문화적 갈등과 대립이 상호 의사소통의 결과 시간이 지나면서 자연스럽게 수렴되어 간다고 생각했으며, 이런 측면에서 스페인 식민주의자들이 쿠바 원주민 사회에 끼친 문화적 황폐화를 '실패한 문화횡단'이라고 비판했다.

프랫은 접촉지대에서 벌어지는 식민 지배자와 원주민 간의 권력관계를 이분법적이고 고정적인 관점에서 보는 것을 비판한다. 대신, 그녀의 주장에 따르면, 원주민은 식민 지배자의 문화적 권력의 실행과 그 영향을 피할 수는 없지만 지배적 문화를 선택적으로 수용한다든가 자신의 방식으로 '되받아 씀'으로써 문화적으로 전유하는 권력을 갖고 있으며, 반대로 식민 지배자는 식민 모국에서 기원하는 지배적 문화를 이식하는 가운데 이러한 원주민의 문화적 전유나 (직·간접적인) 저항을 수용해 나간다는 것이다. 이런 점에서 문화횡단 개념은 여행 주체와 현지 주민의 문화를 단순히 다른 문화를 흡수하거나 아니면 다른 문화에 의해 근절되는 고정된 실체로 파악하기보다는 새로운 문화를 창출해 내는 '지속적인 과정'이라는 점을 강조한다. 이뿐만 아니라, 이 개념은 주체의 위치성과 그에 따른 권력관계의 양상이 특정한 공간이나 상황이 제기하는 구체적인 맥락에 따라 가변적일 수 있다는 점을 내포한다. 따라서 문화횡단 개념은 포스트식민 이론가인 파농이 『검은 피부, 하얀 가면』에서 언급하고 있는 '양면성으로서의 저항'에서와 같이 식민 주체와 현지 주민 간의 관계가 지니는 역동성을 강조한다.

결국, 여행기에서 여행의 대상이 되는 공간은 그냥 주어져 있는 배경이나 그릇이 아니라 언제나 특수한 지리적 특성을 띠기 때문에 행위주체성을 갖고 있으며, 이런 점에서 식민 지배자와 식민지인의 상호작용에는 현장의 지리적 환경과 문화가 늘 역동적이고 능동적인 행위주체성을 갖는다. 사이드에게 '상상의 지리'는 우리와 그들이라는 이분법적 시각을 근거로 권력, 지식, 공간성이 형성하고 있는 담론적 구성물이고, 서양이 자신의 환상과 욕망을 투영한 무대이자 재현의 공간이다. 그러나 제임스 듀보(James Dubow)의 주장처럼 공간은 오리엔탈리즘과 같은 결정론적 담론만이 작동하는 그릇이자 식민 지배자의 일방향적 권력에 의해서만 움직이는 대상이 아니다. 그는 오리엔탈리즘이 해외 현지 식민 주체의 '삶으로 경험되고 체화된 욕망(lived and embodied desires)'의 중요성을 간과했다고 비판하며, 푸코의 판옵티콘적인 시선이 식민 주체의 권력을 반영한다는 점을 부인하지는 않지만, 이러한 감시의 시선과 담론은 그 내부에 항상 담론적 간극과 균열을 가지고 있다고 주장한다(Dubow 2000).

프랫은 접촉지대의 개념을 통해 근대 여행 문학의 출발점으로 1735년의 두 역사적 사건을 분석한다. 하나는 스웨덴의 식물학자 칼 린네(Carl Linnaeus)의 『자연의 체계 Systema Naturae』의 출간이고 둘째는 프랑스의 지리학자 샤를 드 라 콩다민(Charles de la Condamine)을 주축으로 했던 국제탐사단의 발족이다. 이 두 사건은 유럽 엘리트들의 자신과 비유럽 세계의 타자에 대한 의식이 '유럽 중심주의와 전 지구적 차원의 의식'으로 급격하게 전환되는 계기였다.

린네는 (마치 성경에서 최초의 인류인 아담이 창조주로부터 명명(命名)의 권리를 부여받아 동식물의 이름을 지었던 것처럼) 지구상에 존재하는 모든 자연을 감독관처럼 걸어 다니면서 라벨을 붙일 수 있는 체계를 수립했으며, 라 콩다민의 탐사 여행은 유럽의 각국이 정치적, 정파적 경쟁이나 경제적 이해관계를 초월해서 지원했던 최초의 '유럽 전체의 과학 프로젝트'였다. 이 두 사건은 18세기 유럽 박물학(natural history)의 시작과 저변의 확대 그리고 이에 따른 여행기 성격의 변화를 알리는 것이었다. 프랫은 린네의 식물 분류 체계로 인해 "이제 여행과 여행기는 이전과 같은 것이 될 수 없었다"(Pratt 저, 김남혁 역 2015, 70)라고 말한다. 왜냐하면 표본을 수집하고, 목록을 완성하고, 새로운 종에 이름을 붙이는 활동이 단지 과학자만이 할 수 있는 활동이 아니라, 린네의 "분류 체계를 배운 사람이라면 누구나 그 식물이 이전에 과학계에 알려져 있던 사실 여부와 상관없이 그것을 정확한 등급과 질서 속에 배치할 수 있게" 되었기 때문이다(Pratt 저, 김남혁 역 2015, 72). 린네가 식물의 학명을 어느 국가의 언어도 아11닌 라틴어로 사용한 이유는, 자신의 분류 체계가 유럽 문명의 통일성과 전체성을 근간으로 할 뿐만 아니라 과학의 보편성과 객관성을 가정하고 있는 "메시아적 전략"을 구현하기 위함이었다(Pratt 저, 김남혁 역 2015, 68). 과학 여행으로서의 이러한 박물학적 여행과 글쓰기 실천은 '접촉지대' 내에서 토착 지식 체계를 붕괴시키고 이를 유럽의 '과학'으로 새롭게 기록하고자 했던 유럽인들의 초국가적인 팽창의 열망을 보여 준다.[10]

또한, 라 콩다민의 과학 탐사[11]는 유럽 엘리트의 여행 문화 전체의 방향을 해

---

10. 린네가 네발짐승에 '호모'라는 범주를 두었고 이를 다시 호모 사피엔스와 호모 몬스트로수스로 구분 지었으며, 이를 근간으로 하여 18세기 중반에는 호모 사피엔스를 다시 (네발짐승과 비슷하고 말을 못하며 털이 많은) 야만인, (고집이 세고 자족적이며 자유로운) 라틴아메리카 원주민, (공정하고, 낙천적이고, 예리하고, 창의성이 풍부하며, 법에 의해 통치되는) 유럽인, (엄격하고, 거만하고, 욕심이 많으며, 의견에 의해 통치되는) 아시아인, (검고, 무기력하며, 교활하고, 빈둥거리고, 게으르며, 충동에 의해 통치되는) 아프리카인, 그리고 (난쟁이와 거인을 포함한) 괴물의 6개 이종(異種)으로 구분하는 것이 널리 받아들여졌다는 점에서 이러한 메시아적 전략이 잘 드러난다(Pratt 저, 김남혁 역 2015, 82).

양 패러다임에서 내륙 패러다임으로 변화시키는 출발점이 되었다. 그 이전까지만 하더라도 유럽의 지리적 탐험은 주로 항해 지도를 제작하기 위한 여행이었기 때문에 내륙 깊숙이 여행을 시도하기보다는 무역로를 개척하기 위해 해안선을 측량하거나 해안가에 무역이 가능한 교두보를 마련하는 데 주안점을 두었다. 특히 주항(周航)과 지도 제작의 실천 또한 지구적 차원의 기획으로서 세계를 유럽 언어로 번역하기 위한 과학적 해석의 시도였으며 주로 무역로를 개척하기 위함이었다. 반면 라 콩다민의 여행은 "지표면을 체계화하는 지도 제작은 상업적으로 착취 가능한 자원과 시장 그리고 식민화할 육지에 대한 팽창적 탐색과 상관성"을 지닌 것이었다. 이는 과학이라는 객관적, 합리적 이성의 실천을 통해 지구에 질서를 부여하는 신성한 실천이자 유럽이라는 가장 문명화된 인류에 의한 고도의 집단적 기획으로 간주되었다.

> 항해술의 지도 제작 역시 명명의 권력을 발휘했다. 실제로 종교적 기획과 지리적 기획은 이름을 붙이는 것을 통해 동시적으로 수행됐다. 사절단들은 랜드마크와 지리적 구성물들에 기독교도의 유럽식 이름으로 세례를 베풀 듯이 세계를 점유했다. 그러나 박물학의 명명은 훨씬 직접적으로 대상을 변형시켰다. 그것은 세계의 모든 것들을 추출한 후 정확히 최초의 무질서한 상태와 구별되는 것으로 새로운 지식의 구성물들 속에 그것들을 배치했다. 여기서 점유, 재현, 명명은 모두 같은 의미이다. 그러나 명명은 질서에 리얼리티를 부여했다. (Pratt 저, 김남혁 역 2015, 84)

라 콩다민의 과학 탐사로 인해 유럽 엘리트 사이에서는 단순한 개인적 경험

---

11. 프랫에 따르면, 라 콩다민의 보고서는 과학 보고서라기보다는 이른바 '생존기 문학(survival literature)'과 같이 역경 및 위험에 대한 극복의 수사 그리고 경이로움과 신기함 등 이국성의 수사, 이 2가지를 주요 내용으로 하고 있다는 점에서 근대 여행기의 다양한 요소들을 포괄하고 있는 원초적인 형태의 여행기라고 할 수 있기 때문에 분석 대상으로 포함하였다.

담이 주를 이루던 이전의 여행기와는 달리 자연을 관찰하고 분류하는 활동으로서의 박물학이 여행과 여행기 쓰기의 실천 속으로 광범위하게 편입되기 시작했다. 이런 측면에서 프랫은 유럽 식민주의 시대에 여행과 여행기 쓰기의 실천이 박물학과 긴밀한 상호강화의 관계였음을 설명하기 위해 이른바 '반정복 (anti-conquest)'이라는 개념을 제시한다. 프랫에 따르면 반정복 서사는 "유럽의 헤게모니를 강력히 지지하면서도 그와 동시에 자신들의 결백을 지켜 내고 싶었던 유럽의 부르주아 주체들이 활용한 재현 전략"을 가리킨다(Pratt 저, 김남혁 역 2015, 36-37). 이런 반정복의 핵심 주체는 프랫이 '보는 남자(seeing-man)'라고 비판하는 유럽의 백인 남성 여행 주체를 가리키는데, 이들은 이전의 군사적 정복이나 통치를 야만적이거나 비문명적 활동으로 규정하여 이를 비판하면서도 식민주의적 관점은 그대로 계승하여 과학주의와 낭만주의라는 사조 속으로 편입시키는 것을 특징으로 한다. 이들 '보는 남자'는 여행과 탐험을 통해 (그리고 여행기 쓰기라는 정치적, 공간적 실천을 통해) 제국주의적 침략과 지배를 비판하거나 이와 무관한 것처럼 일정한 인식론적 거리를 두면서도, '과학', '연구', '학문', '자연법칙', '질서' 등과 같이 표면적으로 가치중립적인 담론을 통해 여행 대상 지역과 주민을 앞서 언급했던 '숭고한 조망점'이나 "내가 조사하는 모든 것의 군주(monarch of all I survey)"와 같은 식민 권력의 시선을 정당화한다는 점에서 문제적이다.[12]

프랫은 접촉지대와 문화횡단의 개념에 의지하여 『제국의 시선』에서 여행 대상지로서 접촉지대의 지리적 상황이 갖는 행위주체성과 이에 따라 벌어지는 여행 주체와 현지 원주민 간의 권력관계의 변동과 문화횡단의 실천을 드러낸다. 프랫은 네덜란드의 여행가 페테르 콜프(Peter Kolb), 스웨덴의 식물학자 안

---

12. "내가 조사하는 모든 것의 군주"는 1929년부터 1937년까지 남부 아프리카의 영국 보호령이었던 베추아날랜드(Bechuanaland)의 판무관이었던 찰스 레이(Charles Rey)의 여행 일기 제목으로서 지배자의 (또는 여행 주체의) 주관적 시점이 전지전능함을 단적으로 보여 준다. 원래 이 표현은 18세기 영국의 전원주의 및 낭만주의 시인 윌리엄 쿠퍼(William Cowper)의 표현에서 유래했다.

데르스 스파르만(Anders Sparrman), 영국의 여행가 윌리엄 피터슨(William Pe-terson)과 존 배로(John Barrow) 등이 쓴 18세기 남부 아프리카에 대한 여행기 분석을 통해 원주민들과 조우했던 접촉지대를 이들이 어떻게 자연화하여 자신의 문명 지도 속으로 편입시켰는지를 비판적으로 검토한다. 이들의 여행기는 앞서 언급했던 바와 유사하게 접촉지대의 풍경을 '게으르고 나태한' 원주민이 거주하는 원시적이고 야만적인 곳으로 평가하지만, 이와 동시에 이들의 풍습이 유럽 식민 정복자들에 의해 어떻게 문명화되는지 그리고 이와 동시에 어떻게 파괴되어 가는지를 다분히 인도주의적이고 낭만주의적인 관점에서도 서술한다.

또한, 프랫은 스코틀랜드의 탐험가인 뭉고 파크(Mungo Park)가 1799년에 출간한 니제르강 유역권 탐사 여행기인 『아프리카 내륙 지역 여행 *Travels in the interior districts of Africa*』을 분석하면서, 파크가 접촉지대의 자연을 위험과 도전으로 가득한 스펙터클의 공간으로 묘사하는 동시에 '자신과 원주민 간의 호혜성(reciprocity)'을 여행기의 핵심 모티브로 하여 문화적 충돌이나 갈등이 어떻게 타협되어 문화적 교류를 가능케 하는지를 보여 준다. 파크의 문명적 호혜성은 "문화뿐 아니라 지식의 영역에까지 확장"되어 유럽과 아프리카 사이의 문화적 "통약가능성"을 긍정해야 한다는 주장으로 이어진다(Pratt 저, 김남혁 역 2015, 187). 프랫은 이러한 호혜성이 인도주의와 낭만주의적 수사와 관련되어 있으면서도, 근본적으로는 유럽의 자본주의가 부르주아지와 노동자 사이의 호혜성에 의해 정당화된다는 점을 강조하면서 접촉지대에서의 "호혜성은 자본주의 이데올로기 그 자체"라고 지적한다(Pratt 저, 김남혁 역 2015, 192).

이런 점에서 라틴아메리카를 탐험했던 훔볼트는 흔히 독일의 낭만주의 박물학자라 칭송되지만, 프랫은 훔볼트가 라틴아메리카를 통해 세계에 대한 상상을 재발견하고자 했다는 점에서 유럽의 식민주의적 기획으로부터 자유롭지 않다고 본다. 프랫은 훔볼트가 유럽의 대중에게 큰 영향을 미친 것은 그의 과학 논문보다는 "비전문적인 영역에서 수행된 여행기"였음을 지적하면서(Pratt 저,

김남혁 역 2015, 269), 훔볼트의 여행기가 유럽인에게 '신대륙'이라는 세계적 상상을 명확하게 심어 주고 유럽의 지배이데올로기를 확대·재생산했다고 평가한다.

프랫에 따르면 첫째, 훔볼트가 상상했던 자연 개념은 거칠고 길들여지지 않은 웅장한 것이었고 인간의 눈에 보이지 않는 초자연적인 생명력에 의해 움직이고 변화하는 역동성을 지닌 것이었다. 이는 훔볼트의 초상에서 대개 자연적 대상물들이 자신의 유럽 서재 안이나 탐험 오두막 내로 압도되고 축소된 존재로 그려지는 데에서도 잘 나타난다. 또한, 훔볼트의 여행이 "마을 간의 네트워크, 파견대, 식민지 출장소, 도로 등에 전적으로 의존했으며, 마찬가지로 자신들과 프로젝트 모두를 보조하는 식민지의 고용 제도라든지 길을 안내하고 거대한 마차를 이동시켜 줄 노동력에 크게 의존"했음에도 불구하고 이런 맥락은 그의 '낭만주의적' 여행기 속에서 누락되어 있다(Pratt 저, 김남혁 역 2015, 288).

둘째, 훔볼트가 발견한 라틴아메리카의 '자연'은 역사적으로 이미 원주민들이 오랫동안 거주해 온 생활 터전이었을 뿐만 아니라 스페인의 정복 이후 광물자원의 수탈이 이루어진 곳이었다는 점도 중요하다. 이런 점에서 훔볼트의 탐험은 유럽 식민주의의 제도에 철저하게 의존했던 여행이었고, 그의 낭만주의적 자연관은 이러한 접촉지대의 공간의 역사성과 정치성을 은폐하는 대신 라틴아메리카의 자연과 인간을 대상화와 자연화라는 탈정치화의 글쓰기를 통해 극적으로 나타낸 것이었다. 또한, 훔볼트의 여행기가 특징으로 하는 다분히 미학적인 수사와 예술적 글쓰기는 멕시코 은광에 대한 영국의 투자 붐을 일으키는 데에 결정적인 역할을 했다. 그런 점에서 프랫은 "북유럽의 엘리트들에게 라틴아메리카를 재발명하는 일은 유럽의 자본·기술·상업·지식의 체계 등이 엄청나게 팽창할 수 있을 것이라는 전망이나 가능성과 밀접한 관련이 있었다"(Pratt 저, 김남혁 역 2015, 252)고 비판한다.

셋째, 프랫은 접촉지대에서 여행 주체의 여행기에 포함된 지식이 단지 여행자의 조사와 관찰에서 비롯되는 것이 아니라 '여행되는 자'인 현지 주민들과의 상호작용에서 기인한다는 점을 강조한다. 가령, 훔볼트가 유럽에 구아노를 처음으로 소개하고 도입했고 훔볼트 스스로도 자신의 '발견'이 구아노 붐을 일으켰다고 자랑스럽게 여겼지만, 사실 이는 연안 지대에 살고 있던 페루 주민들이 훔볼트에게 그 물질의 기원과 효과를 가르쳐 주었던 덕분이다. 또한, 훔볼트가 라틴아메리카의 풍토, 지질, 식생 등을 면밀하게 관찰하고 기록했던 것은 사실이지만, 그가 멕시코에 체류하는 동안 현지 과학자들과 아메리카 원주민들의 박물학, 언어학, 고고학 등의 지식을 입수했다는 점 또한 부인할 수 없는 사실이었다. 결국, 훔볼트가 식민 지배의 권력-지식 네트워크를 활용하여 "사회적인 힘들을 신비롭게 표현함으로써 훔볼트의 저서들은 자신들의 문화와 사회를 식민 상태에서 벗어나도록 노력했던 라틴아메리카의 유럽 지도자와 지식인들이 유럽을 기반으로 했던 가치들과 백인 우월주의를 계속해서 유지하는 데에 영향을 주었다"는 점은 틀림없는 사실이다(Pratt 저, 김남혁 역 2015, 315).

결국, 훔볼트를 포함한 유럽 식민 여행가의 (자연과 문화 또는 미개와 문명 등의) 이분법적 사고는 여행하는 자와 여행되는 자 사이의 지배-종속의 관계뿐만 아니라 이러한 이분법에 위배되고 이를 거스르고 횡단하는 문화적 차용, 교환, 타협 등의 상호작용을 동반한다. 이런 점에서 볼 때 훔볼트는 식민주의 유럽의 입장에서 독일의 위대한 낭만주의 박물학자였지만, 본질적인 의미에서 볼 때 접촉지대으로서 라틴아메리카 현지의 (그리고 원주민의) 지식을 유럽의 지식-권력 네트워크로 번역해 들여온 문화횡단자였다는 점을 부인할 수 없다.


## 5. 여행 주체의 위치성과 혼성성

### 1) 위치성과 여행기 읽기

그레고리는 여행 주체의 시선과 여행 텍스트를 본질주의적 관점에서 이해하는 것이 여행 주체의 모순적 위치성과 텍스트화의 경합적 성격을 간과할 수 있다고 본다(Gregory 1995). 가령, 사이드는 『오리엔탈리즘』에서 동양에 대한 유럽의 지리적 상상을 서양의 제국주의적 권력을 배경으로 하는 타자화의 전략으로 보면서, 유럽의 오리엔탈리스트들이 "동양, 동양인, 동양세계를 날조"하며, "동양인은 어떤 경우에도 지배의 틀 속에 포함되며 그 틀에 따라 표상되는 존재"라고 이해한다(Said 저, 박홍규 역 2007, 81-82). 그레고리는 이 관점이 비유럽 세계를 지나치게 등질적으로 다룬다고 지적하는데, 모든 상상의 지리는 필연적으로 불균등한 담론의 세계이며, 그렇기 때문에 오리엔탈리즘은 기술(記述)의 주체가 남성이냐 여성이냐, 프랑스인이냐 영국인이냐에 따라 내적으로 상충되고, 경합되며, 불안정하다고 본다. 가령, 페미니즘의 관점에서 여행기를 분석했던 셰릴 매큐언(Cheryl McEwan)은 빅토리아 시기 서아프리카 일대를 탐험했던 여성 여행가들의 여행이 계급적으로 얼마나 다층적이었는지 그리고 남성 여행가들에 대비되는 위치성의 차이가 여행 방식에 어떤 영향을 끼쳤는지를 면밀하게 분석한 바 있다(McEwan 2000).

그레고리는 이와 유사한 맥락에서 19세기 후반 플로렌스 나이팅게일(Florence Nightingale)과 귀스타브 플로베르(Gustave Flaubert)의 이집트에 관한 여행기 분석을 통해, 이집트의 전통적인 문화와 경관이 유럽 식민주의적 침투와 지배로 변모해 가는 과정에 대한 재현이 이들의 계급 및 젠더 위치성과 어떻게 관련되어 있는지를 설명한다.

그레고리의 분석 결과를 요약하면 다음과 같다(Gregory 1995). 첫째, 이 두 여행가가 이집트라는 '텍스트'를 읽는 방식은 시간적, 공간적으로 유럽과 이집트를 이항 대립하는 구성물로 간주한다는 측면에서는 유사하다(그림 2). 곧, 이집트는 여행 주체의 시선이 머무르는 고정된 대상물로, 시간적으로는 인류 문명의 과거를 그리고 공간적으로는 동양을 대변하는 오리엔탈리즘을 극명하게 반영한다. 이들의 여행기에는 보이는 대상으로서의 이집트가 존재했지만, 자신의 이야기를 자신의 목소리로 발언하는 것은 부재했다. 이집트가 서발턴(sub-

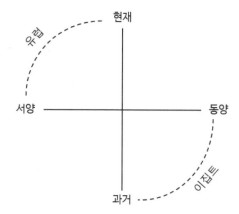

그림 2. 이집트 여행기에서의 시간 및
공간의 양극
자료: Gregory 1995, 34

alternal)으로 오직 유럽의 여행 주체를 통해서 보여질 따름이었다(Spivak 1988).

둘째, 이들의 여행기에는 자신들의 여행을 가능케 했던 로컬 상황과 제도적 맥락이 배제된 채 기술되어 있지만, 그레고리는 사실 이들의 여행기가 현지 가이드나 조력자 등의 정보 제공자를 통해서 이루어졌기 때문에 이미 상당히 사회적이고 집단적인 결과라는 점을 지적한다. 가령, 나이팅게일과 플로베르 모두 터키, 아랍, 페르시아를 포함하는 중동 지역과 북아프리카 일부 지역에서 활동하던 여행 안내자인 드래고만(dragoman)에 의존할 수밖에 없었는데,[13] 이들은 현지 주민들에 대해 우월감을 가지고 있었을 뿐만 아니라 유럽 여행자들에 대해서도 언어적, 문화적으로 이따금 우월한 지위를 확보하기도 했다. 그런 측면에서 나이팅게일은 여성 여행가로서 플로베르에 비해 드래고만의 영향을 훨씬 많이 받았다. 왜냐하면 '여성' 여행자와 '남성' 드래고만이라는 젠더 관계로 인해 드래고만은 자신이 여성 여행자를 보호한다는 인식을 갖고 있었고 여성 여행자에게 어떻게 비칠지를 의식하고 있었기 때문이다. 이와 같은 이유로 현

---

13. 드래고만은 과거 오스만 튀르크의 영향권에 속했던 지역의 여행 안내자를 지칭하는 용어로서, 이들은 단순한 길잡이가 아닌 적극적인 해설자이자 통역자 그리고 무역 중개인으로서의 역할까지도 겸했다. 이들은 유럽의 언어와 현지의 아랍어, 페르시아어, 터키어 등을 다양하게 구사할 수 있었고 북아프리카 및 중동 일대에 대한 폭넓은 지식을 갖추고 있었다.

지 주민들과의 직접적인 접촉이나 대화를 차단하는 드래고만의 태도로 인해 나이팅게일은 현지 정보나 지식에 대해 상당한 제한을 받을 수밖에 없었다. 결과적으로 여행 주체의 젠더 차이와 이와 결합된 로컬 상황의 특수성은 두 사람의 여행지 선정과 여행 경로뿐만이 아니라 이들이 이집트를 이해하는 과정에도 큰 영향을 끼쳤다.

셋째, 플로베르와 나이팅게일의 여행기는 자신의 여행 경험만이 아니라 여러 상이한 종류의 기록과 문헌에 대한 '상호 참조'를 통해 형성되었다. 곧, 이집트에 대한 기존의 문헌은 이집트의 여행에서 무엇을 관찰하고 무엇에 집중해야 할지를 결정했으며, 여행기를 쓰는 과정에서도 본국의 독자들을 만족시키기 위해서 기존의 문헌에 크게 의지하게 되었다. 이 또한 젠더 차에 의한 상이한 결과를 가져오는데, 플로베르는 유럽에 의해 이집트의 과거가 파괴되는 현실에 대한 (곧, 서양 문화에 의한 전통의 파괴와 문화적인 희석 등에 대한) 우려를 주요 모티브로 했던 반면, 나이팅게일은 (플로베르에 비해 기존의 여행기나 기록물을 많이 접하지 못했기 때문에) 식민지로서의 이집트의 혼돈스럽고 암울한 상황 속에서도 책이나 그림에서 보지 못했던 현지 주민의 풍습이나 풍경에 주목했고 이를 낭만적인 관점에서 그려 냈다.

마지막으로, 이들의 여행기에 의한 상상의 지리는 유럽과 이집트 사이의 관계를 단절시키기보다는 오히려 이를 더욱 가깝게 만드는 역할을 했다. 이들이 여행했던 19세기 중반의 이집트는 잉글랜드와 프랑스, 그리고 러시아와 오스만 튀르크의 힘이 부딪히는 점이지대여서 지정학적으로 불안정했다. 그런데 이들의 여행기는 이집트를 각각 프랑스와 잉글랜드에 친숙하고 가까운 곳이라는 프레임 속에서 재현함으로써 모국의 독자들이 마치 이집트라는 공간을 거실이나 서재 속으로 옮겨와 앞에 두고 읽어 내는 것처럼 느끼게 만들었다. 곧, 이들의 여행기는 티머시 미첼(Timothy Mitchell)이 서양에 의한 동양의 재현을 "전람회장으로서의 세계(the world-as-exhibition)"라고 했던 것처럼(Mitchell 1988), 이집트를 "그림처럼 세워 두고, 관람객들에게 보여 주는 대상으로서 배치해 두고, 보여지고, 조사되며, 경험되는 것으로" 두었다(Gregory 1995, 52). 이러한 기계적 재현은 단지 동물원이나 전람회장뿐만 아니라 동양의 전유와 재현 모두와 깊이 관련된 것이었다. 요컨대 그레고리는 여행기에서 재현되는 여행의 물질성(physicality)이 중요하다는 점을 강조했다. 사이드가 푸코의 담론 개념을 기반으로 재현의 대상인 세계와 재현의 산물인 텍스트를 뚜렷하게 구별했던 것과 달리, 그레고리는 식민 현장에 대한 텍스트와 시선을 본질주의적인 관점에서 접근하는 대신, 식민 현장에서 주체의 역동적이고 모순적인 위치성을 강조하면서 텍스트와 시선의 구성 '과정'에 초점을 둔다.

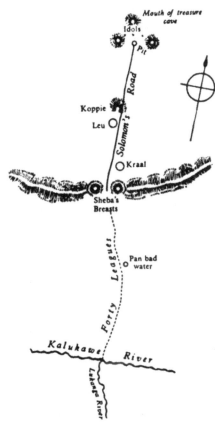

그림 3. 식민 공간의 젠더화
자료: McClintock 1995, 2

한편, 젠더 위치성은 식민 공간에 대한 여행 주체의 인식에도 영향을 끼친다. 가령, 앤 맥클린톡(Anne McClintock)이 젠더, 섹슈얼리티, 인종의 교차점에서 근대 유럽의 탐험·여행기를 분석한 *Imperial Leather*의 서두를 보면, 한 소설에 등장하는 1590년 포르투갈의 어떤 남성 무역상의 남아프리카 지도에 관한 지리적 상상과 재현이 소개되어 있다(그림 3). 이 지도에서 표현된 장소와 각 지명은 여성의 성기와 각 신체 부위를 나타내는 표상으로 이루어져 있고, 솔로몬 왕의 보물이 숨겨진 곳은 흑인 마녀가 지키고 있는 것으로 상상된다(박경환 2009). 이 지도는 원주민 여성에 대한 유럽 남성의 성적 욕망과 두려움이 식민 공간에 대한 정복으로 투영되어 있다. 맥클린톡에 따르면, 사이드가 말하는 오리엔탈리즘은 단순히 동양을 여성적으로 (그리고 수동적으로) 묘사하는 남성 권력의 판타지로 인식하지만, 젠더와 섹슈얼리티는 이보다 훨씬 더 직접적이고 구체적인 방식으로 유럽 제국주의의 정복 프로젝트와 식민 공간의 자본주의화 과정에 개입되어 있음을 지적한다(McClintock 1995; 박경환 2009).

또한, 이와 비슷한 맥락에서 앨리슨 블런트(Alison Blunt)는 1897년 킹슬리의 서아프리카 여행기 분석에서, 계급적으로 중상류층에 속해 있으면서도 여성으로서 남성 중심의 여행 문화에서 배제되어 있는 그녀의 모순적인 위치성이 어떻게 남성 중심의 식민주의적 관점에 비판적인 여행 서사를 창조했는지를 보여 주었다(Blunt 1994). 킹슬리의 여행기는 당대 남성들과 달리 여행 대상과 거리를 두거나 과학적 담론을 중심으로 서술되지 않는 반면, 1인칭 주인공의 시점에서 여성으로서의 자조적이거나 냉소적인 표현을 통해 지배적인 오리엔탈리즘 서사를 전복했다(Sharp 저, 이영민·박경환 역 2011).

## 2) 혼성성과 담론 효과로서의 저항

혼성성(hybridity)은 원래 스페인이 주도했던 초기 식민주의 담론에서 인종 간 결혼과 이른바 '혼혈인'을 경멸하고 혐오하는 생물학적 용어로, 식민 지배자의 인종적 순수성을 침범하고 오염시키며 더럽히는 행위를 혐오적으로 나타내는 용어였다. 혼성성은 식민 지배자와 식민지인 간의 이분법적 경계와 질서를 무너뜨리는 위험성을 내포한 것으로 간주되었으며, 이에 따라 혼성적 실천은 도덕적으로 정당화될 수 없는 터부와도 같았다. 그러나 18세기 후반 이후 영국, 프랑스 등이 자본주의의 공간적 팽창을 추구했던 후기 식민주의 시대에는 기존의 식민지에 대한 직접적 수탈과 착취 대신 원주민에 대한 문명화 프로젝트를 통해 보다 체계적이면서도 간접적인 지배 구조를 구축해 나가기 시작했다. 이에 따라 식민 지배는 원주민을 자신과 같이 문명화되게 만들어야 한다는 역사적 책무로 변화하게 되었고, 결과적으로 그 이전에 금기시되었던 혼성성은 식민지인이 얼마나 문명화되었는가를 판단하는 중요한 지표로 긍정되기 시작했다(고부응 편 2003; 박종성 2006).

바로 이 지점에서 영국의 포스트식민 이론가 바바는 (문명화 프로젝트를 근간으로 한 새로운 식민 지배의 등장과 관련해서) 혼성성이 갖는 새로운 의미를 포착한다. 바바는 유색인이나 식민지인이 결코 복제할 수 없는 백인성이나 결코 지울 수 없는 원시적이고 야만적인 흑인성이란 존재하지 않으며, 결국 "모든 형태의 문화는 언제나 혼성성의 과정에 있다"고 주장한다(Bhabha 1990, 211). 왜냐하면 피지배자로서 식민지인은 식민 지배자의 백인성(whiteness)을 일종의 정형화된 모델로 숭배하고 모방하지만, 이러한 문화적 '흉내내기(mimicry)'는 식민 지배자와 흡사하지만 결코 이를 완벽하게 복제할 수는 없는 문화적 미끄러짐(slippage)의 상태에 놓이게 되기 때문이다. 이때 유럽의 문명화 담론은 미개하고 열등한 원주민에 대한 식민 지배를 정당화하지만, 이를 근거로 한 원주민의 흉내내기는 결코 원주민이 식민 지배자같이 될 수는 없다는 '진실'을 노출시킨다. 따라서 식민 지배자의 원주민에 대한 문명화 프로젝트는 언제나 실패한 프로젝트일 수밖에 없다(박경환 2006).

이러한 흉내내기의 담론적, 문화적 미끄러짐은 양가적 의미를 갖는다. 우선, 식민 지배자는 이를 통해 자신의 문명적 우월성을 재확인하면서도, 자신의 문명화 기획은 식민 지배의 불평등한 권력관계 구조와 상충되는 지점으로 수렴하게 된다는 역설을 깨닫게 된다. 또한, 식민지인은 식민 지배자의 문명화 담론이 거짓이라는 것을, 곧 식민 지배를 위한 이데올로기적 수단에 불과하다는 것을 깨달음으로써, 지배적 담론에 저항하거나 이를 전복하기 위한 정치적 투쟁의 공간을 깨닫게 된다. 파농이 하얀 가면을 쓴 흑인의 정신적 종속과 분열 상태에 집중했다면, 바바의 흉내내기 개념은 저항의 의미와 가능성에 주목했다고 볼 수 있다(고부응 편 2003; 박종성 2006). 이런 측면에서 영은 혼성 언어의 의미론과 관련하여 미하일 바흐친(Mikhail Bakhtin)이 제시했던 이른바 '유기적 혼성성'과 '의도된 혼성성' 간의 차이를 인용하면서(박경환 2005b), 전자는 존재하는 모든 것들이 근본적으로 혼성적이라는 것을 드러내는 반면 후자가 보다 적극적인 의미에서 정치적 저항과 전복의 가능성을 내재하고 있는 새로운 근거가 된다고 지적한다(Young 저, 이경란·성정혜 역 2013; 박경환 2005b; 2006). 결국, 바바는 모든 문화가 (지극히 순수하다고 당연시되는 문화일지라도) 근본적으로 복기지(複記紙)와 같기 때문에, 이러한 중층적 문화의 내부에 억압되고 주변화된 목소리를 드러내는 것은 지배적 문화와 담론이 당연시하는 전제를 전복할 수 있는 이른바 '제3의 공간'이라고 말한다(박경환 2005b).

이처럼 혼성성이라는 개념을 통해 볼 때, 지식-권력의 차원에서 반드시 유럽의 여행 주체가 인식의 권력 주체가 되고 동양이나 식민지 사회가 침묵하는 인식의 객체가 되는 것은 아니었다. 가령, 영국은 인도를 식민지화하면서 많은 교량과 댐을 건설하고자 했는데, 이는 현지의 몬순 기후 및 유역 분지의 지형적 특성에 대한 원주민의 지식과 조언이 없이는 불가능한 것이었다. 근대적 관개 시설 및 댐 건설의 아버지라는 영국의 아서 코튼(Arthur Cotton)은, 그가 인도에 처음 도착했을 당시 인도의 원주민들이 영국인들을 '문명화된 야만인'이라 칭하면서 '전투'에서는 전문가이지만 댐이나 가옥을 건축하고 수리하는 데는 매우 열등하다고 보았다고 기록했다. 특히 갠지스강과 브라마푸트라강의 하류에 형성된 범람원이나 삼각주에는 두터운 모래층이 형성되어 있었는데, 코튼은 이 토양층에 가옥을 짓거나 교량 및 철도를 건설하는 것이 현지의 원주민들의 지식과 조언 없이는 불가능했었다고 고백했다(한국지역지리학회 편 2016). 이런 점은 아프리카의 경우도 마찬가지였는데, 유럽인들이 기니만의 정글, 기후, 지형, 질병, 해충 등과 같은 고유한 지리적 장애를 극복하면서 내륙의 노예를 사냥하기 위해서는 토착 원주민들의 지식을 이용하는 것이 필수적이었다.

유럽의 잔인한 식민주의 정책이 아프리카 부족사회를 파괴하고 로컬 문화와 지식을 새로운 유럽의 '과학'으로 대체함에 따라, 18~19세기경 유럽 식민주의에 의해 직접적으로 통제된 아프리카에서는 많은 흑인들, 특히 흑인 남성들이 정신분열증적 증세를 보이게 된다. 이런 사회적 정신병리 현상은 파농의 『검은 피부, 하얀 가면』에서 잘 드러난다. 이때 식민주의의 사회병리학적 담론은 흑인 여성들이 자의식조차 형성할 수 없는 극도의 원시적인 상태에 있었기 때문에 흑인 남성들만큼 '미치는' 사례가 드물었다는 식으로 설명한다. 곧, '광기'라는 것은 정신구조의 일정한 복잡성(complexity)이 있어야 가능한데, 흑인 여성들은 이러한 자아인식 능력조차 없다는 것이었다. 이런 식민주의 담론은 당시의 과학적 지식으로 무장하고 있었고, 결과적으로 유럽 식민 지배자들이 통치하는 비유럽 세계의 땅은 여성과 동일시되었고, 이 결과 비유럽 세계는 서구 남성 탐험가들의 발견을 기다리고 그들의 침투를 맞이하는 수동적인 대상으로 간주됐다(박경환 2005a; 2006; 2009; Sharp 저, 이영민·박경환 역 2011). 이는 19세기 후반과 20세기 초반까지 이어지는 중동 지역에 대한 오리엔탈리즘의 전형적인 메커니즘이기도 하다.

또 다른 사례로서 (『제국의 시선』에 등장하는) 잉카의 원주민 구아만 포마의 1,200쪽에 달하는 한 통의 편지는 스페인 국왕과의 가상의 대화를 주제로 스페인의 잉카 정복과 그 이후의 무자비한 착취에 대한 비판과, 안데스 원주민과 스페인 엘리트가 상호 협력을 제안하는 내용을 담고 있다. 구아만 포마는 식민 본국인 스페인에 다녀왔거나 정규 교육을 받지 않았음에도 불구하고 스페인 정복자와 잉카 원주민 '사이'의 위치를 일관되게 유지하면서, 두 이질적인 문명이 어떻게 공생할 수 있는가에 대한 이상적인 지점으로서 '제3의 공간'을 제시하였다. 이러한 저항의 담론 내지 혼성적 담론은 식민 지배와 피지배의 외부가 아닌 그 내부에서 발원했으며, 이런 점에서 프랫은 구아만 포마의 편지는 혼성적 글쓰기이자 상호문화의 역작이라고 해독한다.

# 6. 나가며

　여행기와 지리는 타자와 타자의 공간에 대한 존재론적 호기심에 대한 재현이라는 점에서, 고대 그리스에서부터 아랍 세계를 거쳐 유럽인의 지리상의 발견과 식민주의적 팽창에 이르기까지 서로 깊은 관련을 맺어 왔다. BC 8세기경 호메로스의 『오디세이』는 '영웅의 모험담'이라는 매력적인 여행 서사의 형식을 차용함으로써 동부 지중해 일대의 민속과 문명에 관한 (상상의) 여행지리를 사실적인 것으로 소개할 수 있었다. BC 5세기경 헤로도토스의 『역사』는 그리스 디아스포라로서 저자의 태생적 위치성과 지중해 일대에 관한 여행담 및 여행기의 광범위한 수집과 조사가 있었기 가능한 성과였다. 또한, 터키 북쪽 지역 출신인 스트라본(Strabo)이 1세기경 현존하는 최초의 지리서인 『지리학』을 집필했던 것 또한 그가 부유한 집안의 출신으로서 로마와 알렉산드리아에 이르는 광범위한 여행을 수행하고 방대한 자료를 수집할 수 있었기 때문이다. 이뿐만 아니라, 14세기까지 아랍 세계가 지리, 천문, 수학, 항해, 지도 등 여러 분야에서 고전 시대의 지식을 계승, 발전시킬 수 있었던 것은 무역상, 탐험가, 학자들에 의한 여행 자료의 수집과 해석이 이루어졌기 때문이다. 또한, 르네상스부터 계몽주의 시대까지 근대를 열어젖힌 서양의 주요 과학적 진전은 유럽의 지리상 발견이라는 여행 프로젝트가 없었다면 불가능했을 것이다. 아울러 18세기 이후 근대 과학의 성립과 19세기 훔볼트 이후의 근대 지리학의 발전이라는 성과는 외부 세계에 대한 다양한 직·간접적 탐구와 조사 결과라는 여행 기록을 본국의 데이터뱅크로 이송(移送)했던 광범위한 네트워크를 근간으로 하였다.

　20세기 근대 지리학의 발달 과정에서 여행기는 과학적 엄밀성, 객관성, 신뢰성 등이 부족하다는 편견으로 인해 점차 학문적 관심의 대상에서 멀어지게 되었다. 그러나 1990년대 사회과학의 문화적 전환 이후 주체에 대한 탈중심적 관점이 대두하면서, 여행기의 주관적·감성적·성찰적 재현이 새롭게 주목받고 있다. 왜냐하면 여행기는 전체 여행 과정 그 자체를 목적으로 하여 쓰인 여행에 관한 서사로서, 여행 주체의 지리적 호기심이나 즐거움에서 출발해 의도된 목적이 반영된 프로젝트이자 여행 주체가 여행의 과정에서 부딪히는 로컬 지리적 상황의 변동을 토대로 타자를 거울로 삼아 자아를 끊임없이 성찰하는 측면이 반영되어 있기 때문이다. 특히, 포스트식민주의와 페미니즘 등의 비판사회이론은 여행기를 공간에 대한 텍스트적 재현으로 인식하면서 여행기에서의 여행 주체와 여행 대상 간의 지식-권력관계와 욕망의 정치학에 초점을 두어 왔다. 특히, 오늘날 여행기와 관련된 주요 문제의식, 이를테면 여행기를 둘러싼 지리적 담론과 권력, 여행 주체의 욕망과 시선의 정치성, 여행에서의 주체-객체 관계의 역동성, 여행을 통한 지식 생산과 권력의 재생산, 여행에서의 재현의 정치 등은 지리학을 포함한 인문·사회과학에서 중요한 이슈로 다루어지고 있다.

본 장에서는 유럽의 18~19세기에 초점을 두고 포스트식민주의 관점을 중심으로 여행 서사를 통해 재현된 당대의 권력관계와 욕망의 정치학을 읽을 수 있는 주요 접근을 제시했다. 첫째, 여행 주체의 식민주의적(제국주의적) 여행 서사의 주요 모티브를 크게 여행 주체의 문명적 우월성을 전제로 한 지배적 수사, 여행 대상 주민이나 공간에 대한 본질주의를 바탕으로 정치적 지배와 일정한 거리를 둔 낭만주의적·이상주의적 수사, 그리고 여행 주체의 이분법적 담론의 모순이나 비약으로 인해 발생하는 양가적 수사로 범주화하여 살펴보았다. 이런 식민주의적 여행 수사는 여행 대상을 여행 주체의 지배적 언어로 번역해 들여온다는 점에서 인식론적 지배와 정복의 과정인 동시에, 인종 및 문명 발달에 대한 선형적 역사관과 진화론 사고방식, 로컬 자연과 환경에 대한 과학 담론, 여행 대상을 정복 가능한 수동적 피조물로 보는 남성주의적 시각, '서양의 나머지'로서 동양을 바라보는 오리엔탈리즘 등의 영향을 받았다. 또한, 오늘날 대중적으로 유명한 여행 작가들의 여행기에는 이러한 유럽 근대의 여행 서사와의 인식론적 연속성이 반영되어 있다. 특히, 여행 대상의 고유성이나 토착성을 찬양하는 낭만주의적 서사나 로컬 지리를 외부와 관계가 절연된 실체로 파악하는 본질주의적 인식은 공간을 식민주의적 시선을 이해한다는 점에서 근대 서양의 여행 서사를 계승하고 있다.

둘째로 여행기에서 재현되는 '공간'을 읽어 내는 포스트식민 개념으로서 프랫이 제시한 접촉지대와 문화횡단에 대해 검토하였다. 여행 주체와 여행 대상이 마주치는 환경은 인간 행위자에 대한 단순한 배경이나 무대라기보다는, 이들 간의 권력관계와 문화적 상호작용에 영향을 미치는 능동적인 행위주체성을 갖는 역동적인 공간이다. 특히, 이른바 관계적 지리의 입장에서 볼 때 여행 공간을 상이한 역사·문화·지식의 궤적이 교차하는 지점으로 해석할 필요가 있다. 접촉지대에서 벌어진 린네의 명명(命名)의 지리와 라 콩다민의 여행기는 '반정복 서사'를 중심으로 한 박물학적 서사였고, 훔볼트의 라틴아메리카 여행기와 지리적 업적은 식민주의의 물질적, 제도적 체계의 산물일 뿐만 아니라 원주민들의 지식과의 문화적 교환을 통해서 생산된 것이었다.

마지막으로 여행 주체의 인종, 계급, 젠더 위치성에 따른 차이가 어떻게 여행 대상에 대한 상상의 지리와 여행기에서의 사회공간적 재현에 영향을 미치는지를 살펴보았다. 여행 주체의 젠더 차이는 남성-여성의 권력관계로 인해 여행 경로, 여행지의 지식 및 정보 획득, 원주민과의 상호작용 등의 여행의 물질성뿐만 아니라 여행기에서의 재현과 서사 구조에 영향을 미쳤다. 한편, 여행 주체의 다중적 위치성은 식민 지배와 저항의 권력관계에서 제3의 정치적 공간이라 할 수 있는 혼성성을 야기한다. 원래 혼성성은 식민 지배의 이분법적 담론의 경계를 무너뜨리는 위험으로 간주되었지만, 포스트식민 정치에 있어서는 문화의 순수성이라는 신화가 담론적 구성물이라는 것을 드러내고 지배적 담론을 내부에서 균열시키는 비판 정치의 근거가 될 수 있다.

서양 식민주의의 공간적 팽창이 급진전된 18~19세기의 유럽에서는 타자의 세계로서 비유럽 세계에 대한 여행 프로젝트와 여행기가 범람했으며, 이는 식민 지배에 대한 정당성을 제공하였다. 이때는 자연, 인종, 문명 등에 대한 과학 담론이 형성되는 시기였다. 이뿐만 아니라 이러한 여행기는 지리적 호기심과 모험심을 자극함으로써 유럽에 의한 비유럽 세계의 탈영역화와 지리적 팽창을 확대·재생산하는 데 기여했다. 더 중요한 사실은, 오늘날 글로벌화의 환경 속에서 선진 자본주의의 중산층이 주도하고 있는 세계 여행의 대중화와 여행기 범람의 시대가 여전히 선진화되고 문명화된 세계의 여행 주체와 이국적이고 이상적이며 토착적인 여행 대상 사이의 이분법적 담론으로 구조화되어 있다는 점이다. 오늘날 포스트식민 시대의 여행기에 대한 비판적 독해는 개발도상국을 중심으로 한 타자의 세계에 대한 상상의 지리가 지닌 인식론적 폭력이나 위험성을 폭로한다는 점에서 여전히 정치적으로 유효하다. 또한, 이와 동시에, 여행 그 자체가 야기하는 여행 주체의 자아에 대한 비판적 성찰성, 여행 주체의 위치성에 따른 여행 서사의 내적 긴장과 모순, 그리고 이질적 문화의 융합과 다중적인 주체성이 형성하는 혼성성의 정치적 가능성은 우리로 하여금 여행기의 서사가 언제나 전복과 저항의 가능성을 내포하고 있다는 사실에 주목하게 한다. 여행 주체와 대상은 언제나 지리의 내부에 위치하고 있는 상황적 존재라는 점을 고려할 때, 여행기 속에 나타나는 여행하는 자와 여행되는 자 사이의 경계를 넘는 문화적 상호작용은 현실의 지리를 재현하고 재생산할 뿐만 아니라 열린 가능성의 지리를 제시한다.

· 참고문헌 ·

고부응 편, 2003, 탈식민주의: 이론과 쟁점, 문학과 지성사.
도린 매시 저, 박경환·이영민·이용균 역, 2016, 공간을 위하여, 심산(Massey, D., 2005, *For Space*, London: Sage).
드니 디드로 저, 정상현 역, 2003, 부갱빌 여행기 보유, 숲(Diderot, D., 1772, *Supplément au Voyage de Bougainville*).
로버트 J. C. 영 저, 김택현 역, 2005, 포스트식민주의 또는 트리컨티넨탈리즘, 박종철출판사(Young, R., 2001, *Postcolonialism: An Historical Introduction*, Malden, MA: Blackwell).

로버트 J. C. 영 저, 이경란·성정혜 역, 2013, 식민욕망: 이론, 문화, 인종의 혼종성, 북코리아(Young, R., 1995, *Colonial Desire: Hybridity in Theory, Culture, and Race*, London: Routledge).

메리 루이스 프랫 저, 김남혁 역, 2015, 제국의 시선: 여행기와 문화횡단, 현실문화(Pratt, M. L., 1992, *Imperial Eyes: Travel Writing and Transculturation*, London: Routledge).

미셸 푸코 저, 이정우 역, 1993, 담론의 질서, 새길(Foucault, M., 1971, *L'ordre du discours*, Paris: Gallimard).

박경환, 2005a, "육체의 지리와 디아스포라: 후기구조주의 페미니즘과 페미니스트 정신분석 지리학으로의 어떤 초대," 지리교육논집 49, 143-158.

박경환, 2005b, "혼성성의 도시 공간과 정치: 로스앤젤레스 한인타운에서의 탈정치화된 민족성의 재정치화," 대한지리학회지 40(5), 473-490.

박경환, 2006, "탈식민주의 혼성성 다시 생각하기: 자서전적 문헌을 통해 읽은 미국의 초기 한인 이민자들의 초국적 주체성 1895~1940," 지리학연구 40(1), 1-24.

박경환, 2009, "교차성의 지리와 접합의 정치: 페미니즘과 지리학의 경계 넘기를 위하여," 문화역사지리 21(3), 1-16.

박경환, 2014, "글로벌 시대 인문지리학에 있어서 행위자-네트워크이론(ANT)의 적용 가능성," 한국도시지리학회지 17(1), 57-78.

박경환, 2016, "대안 정치를 위한 공간적 상상의 재고(再考): Doreen Massey(1944~2016)의 『공간을 위하여』(2006)에 대한 논평," 한국도시지리학회지 19(1), 105-123.

박종성, 2006, 탈식민주의에 대한 성찰: 푸코, 파농, 사이드, 바바, 스피박, 살림.

브루스 채트윈 저, 김희진 역, 2012, 송라인, 현암사(Chatwin, B., 1988, *The Songline*, New York: Penguin Books).

빌 브라이슨 저, 권상미 역, 2008, 빌 브라이슨의 발칙한 유럽산책, 21세기북스(Bryson, B., 1992, *Neither Here nor There: Travel in Europe*, New York: Harper Collins Publishers Inc).

실뱅 테송 저, 문경자 역, 2016, 여행의 기쁨: 느리게 걸을수록 세상은 커진다, 어크로스(Tesson, S., 2005, *Petit Traité sur l'immensité du Monde*, Paris: Éditions des Équateurs).

에드워드 사이드 저, 박홍규 역, 2005, 문화와 제국주의, 문예출판사(Said, E., 1993, *Culture and Imperialism*, New York: Wiley).

에드워드 사이드 저, 박홍규 역, 2007, 오리엔탈리즘, 교보문고(Said, E., 1978, *Orientalism*, New York: Wiley).

쟌 모리스 저, 박유안 역, 2011, 쟌 모리스의 50년간의 세계여행, 바람구두(Morris, J., 2003,

*A Writer's World: Travels 1950-2000*, New York: W. W. Norton).

조앤 샤프 저, 이영민·박경환 역, 2011, 포스트식민주의의 지리: 권력과 재현의 공간, 여성 문화이론연구소(Sharp, J., 2008, *Geographies of Postcolonialism: Spaces of Power and Representation*, London: Sage).

줄리아 크리스테바 저, 서민원 역, 2001, 공포의 권력, 동문선(Kristeva, J., 1982, *Powers of Horror: An Essay on Abjection*, New York: Columbia University Press).

클로드 레비 스트로스 저, 박옥줄 역, 1998, 슬픈 연대, 한길사(Lévi-Strauss, 1922, *Tristes Tropiques*, Penguin).

프란츠 파농 저, 이석호 역, 1998, 검은 피부 하얀 가면: 포스트콜로니얼리즘 시대의 책읽기, 인간사랑(Fanon, F., 1952, *Peau Noire, Masques Blancs*, Paris: Éditions du Seuil).

한국지역지리학회 편, 최병두 외 저, 2016, 인문지리학 개론, 한울아카데미.

홍성욱 편, 2010, 인간·사물·동맹: 행위자네트워크 이론과 테크노사이언스, 이음.

Tim Cresswell 저, 박경환·류연택·심승희·정현주·서태동 역, 2015, 지리사상사, 시그마프레스(Cresswell, T., 2013, *Geographic Thought: A Critical Introduction*, London: Blackwell-Wiley).

Bhabha, H., ed., 1990, *Nation and Narration*, London: Routledge.

Bhabha, H., 1994, *The Location of Culture*, London: Routledge.

Blunt, A., 1994, *Travel, Gender and Imperialism: Mary Kingsley and West Africa*, New York: Guilford.

Clarke, R., ed., 2018, *The Cambridge Companion to Postcolonial Travel Writing*, Cambridge: Cambridge University Press.

Clifford, J., 1988, *The Predicament of Culture: Twentieth-Century Ethnography, Literature, and Art*, Cambridge: Harvard University Press.

Clifford, J., 1997, *Routes: Travel and Translation in the Late Twentieth Century*, Cambridge: Harvard University Press.

Crang, M. and Thrift, N., 2000, *Thinking Space*, London: Routledge.

Deleuze, G. and Guattari, F., 1983, *Anti-Oedipus: Capitalism and Schizonphrenia*, Minneapolis: University of Minnesota Press.

Deleuze, G. and Guattari, F., 1986, *Nomadology: the War Machine*, New York: Semiotext(e).

Deleuze, G. and Guattari, F., 1987, *A Thousand Plateaus: Capitalism and Schizophrenia*, Minneapolis: University of Minnesota Press.

Derrida, J., 1982, *Positions*, Chicago: University of Chicago Press.

Driver, F. and Martins, L., eds., 2005, *Tropical Visions in an Age of Empire*, Chicago: University of Chicago Press.

Driver, F. and Yeoh, B., 2000, "Constructing the tropics: introduction," *Singapore Journal of Tropical Geography* 21(1), 1-5.

Dubow, J., 2000, "'From a view on the world to a point of view in it': rethinking sight, space and the colonial subject," *Interventions* 2(1), 87-102.

Duncan, J., 1993, "Landscapes of the self/landscapes of the other(s): cultural geography 1991-92," *Progress in Human Geography* 17(3), 367-77.

Duncan, J. and Gregory, D., eds., 1999, *Writes of Passage, Reading Travel Writing*, London: Routledge.

Duncan, J. and Gregory, D., 2009, "Travel writing," in *The Dictionary of Human Geography (5th Edition)*, eds., D. Gregory, R. Johnston, G. Pratt, M. Watts, and S. Whatmore, London: Wiley-Blackwell, 774-775.

Edwards, J. and Graulund, R., eds., 2010, *Postcolonial Travel Writing: Critical Explorations*, New York: Palgrave Macmillan.

Foucault, M., 1980, *The History of Sexuality*, New York: Vintage Point.

Fowler, C., Forsdick, C., Kostova, L., eds., 2013, *Travel and Ethics: Theory and Practice*, London: Routledge.

Gilroy, P., 1993, *The Black Atlantic: Modernity and Double Consciousness*, Cambridge: Harvard University Press.

Gregory, D., 1995, "Between the book and the lamp: imaginative geographies of Egypt, 1849-50," *Transactions of the Institute of British Geographers* 20(1), 29-57.

Hall, S., 1992, "The west and the rest," in *Formations of Modernity*, eds., Hall, S. and Gieben, B., London: Polity Press, 275-331.

Islam, S. M., 1996, *The Ethics of Travel: From Marco Polo to Kafka*, Manchester: Manchester University Press.

Kiberd, D., 1997, *Inventing Ireland: the Literature of Modern Nation*, Cambridge: Harvard University Press.

Livingstone, D., 1993, *The Geographical Tradition: Episodes in the History of a Contested Enterprise*, London: Blackwell.

Livingstone, D., 1999, "Tropical climate and moral hygiene: the anatomy of a Victorian debate," *British Journal for the History of Science* 32(1), 93-110.

Livingstone, D., 2003, *Putting Science in its Place: Geographies of Scientific Knowledge*, Chicago: University of Chicago Press.

Loomba, A., 1998, *Colonialism/Postcolonialism*, London: Routledge.

McClintock, A., 1995, *Imperial Leather: Race, Gender, and Sexuality in the Colonial Contest*, London: Routledge.

McEwan, C., 2000, *Gender, Geography and Empire: Victorian Women Travellers in West Africa*, Aldershot: Ashgate Publishing.

Mitchell, T., 1988, *Colonising Egypt*, Berkeley: University of California Press.

Morin, K., 2006, "Geography and travel writing," in *Encyclopedia of Human Geography*, ed., B. Warf, Thousand Oaks: Sage, 503-504.

Morphy, H., 1993, "Colonialism, history and the construction of place: the politics of landscape in northern Australia," in *Landscape: Politics and Perspectives*, ed., B. Bender, Oxford: Berg Publishers, 205-243.

Obeyesekere, G., 2005, *Cannibal Talk: The Man-Eating Myth and Human Sacrifice in the South Seas*, Berkeley and Los Angeles: University of California Press.

Phillips, R., 2001, "Decolonizing geographies of travel: reading James/Jan Morris," *Social and Cultural Geography* 2(1), 1-24.

Phillips, R., 2009, "Travel and travel-writing," in *International Encyclopedia of Human Geography*, eds., Kitchin, R. and Thrift, N., Amsterdam: Elsevier Science, 476-483.

Pykett, J., 2016, "Recontextualising the brain: geographies of situated subjectivity," *Area*, 48(1), 122-125.

Sheller, M. and Urry, J., 2006, "The new mobilities paradigm," *Environment and Planning A: Economy and Space* 38(2), 207-226.

Spivak, G., 1988, "Can the subaltern speak?," in *Marxism and the Interpretation of Culture*, eds., C. Nelson and L. Grossberg, Basingstoke: Macmillan Education, 271-313.

Spurr, D., 1993, *The Rhetoric of Empire: Colonial Discourse in Journalism, Travel Writing, and Imperial Administration*, Durham: Duke University Press.

Thomas, N., 1994, *Colonialism's Culture: Anthropology, Travel, and Government*, Princeton: Princeton University Press.

Veblen, T., 1934, *The Theory of the Leisure Class: An Economic Study of Institutions*, New York: The Modern Library.

Wiley, J., 2000, "New and old worlds: The Tempest and early colonial discourse," *Social and Cultural Geography* 1(1), 45-63.

Billy Ireland Cartoon Library & Museum(https://library.osu.edu/dc/concern/generic_works/g732tk384#.VnRQOHsfuP8, 2018. 5.)

# 제2부

# 제3장

# 여행기와 지리서로서의 헤로도토스의 『역사』[1]

## 1. 들어가며

폴란드의 언론인인 리샤르드 카푸시친스키(Ryszard Kapuściński)는 수십 년
간의 기자생활을 통해 쿠데타와의 전쟁을 경험했으며, 4번이나 처형 위기도
겪었다. 그는 자신이 이렇게 기자생활을 감당할 수 있었던 것을 헤로도토스
(Herodotos, BC 484?~BC 425?) 덕분이라고 기술했다. 자신이 기자 생활을 시작
할 때 직장의 선배가 선물한 헤로도토스의 『역사』가 자신의 힘의 근원이 되었
다고 이후 밝혔는데, 헤로도토스와 자신의 대화를 『헤로도토스와의 여행 Po-
droze z Horodotum』이란 제목으로 출간했다. 그는 이 책에서 '역사의 아버지'로
불리는 헤로도토스를 가리켜 범지구적인 차원에서 세계를 바라보기 시작한 선
구자로 즉, 자신이 속한 마을, 그 좁은 공간을 세상의 전부로 여기며 살아가던
고대 사회에서 최초로 다른 문화, 낯선 사람들을 만나기 위해 머나먼 오지까지

---

1. 이 글은 2018년 「문화역사지리」 제30권 제2호에 게재된 필자의 논문을 수정한 것이다.

여행을 감행했고, 이를 통해 얻어 낸 소중한 경험을 상세한 기록으로 남긴 인물로 평가했다(최성은 2012).

헤로도토스는 흑해 북안 및 페니키아의 여러 도시와 바빌론을 거쳐 이집트, 나일강을 거슬러 올라 상이집트(Upper Egypt) 아스완 지역의 나일강 가운데에 있는 고대 이집트 최남단의 엘레판티네(Elephantine), 리비아의 키레네(Cyrene) 까지 여행한 것으로 알려져 있다(Herodotos 저, 박광순 역 1988). 그리고 여행을 통해 수집한 각 지역의 풍속과 전설 및 문화 등의 내용을 모두 집어넣어 『역사』 를 기술했다. 이 책은 당시 유럽인이 거주하던 세계인 외쿠메네(Ökumene)에 대한 모든 정보를 기록한 책이다. 따라서 헤로도토스의 『역사』는 역사학뿐만 아니라 지리학, 인류학, 문학, 정치학, 관광학 등 다양한 학문분야에서 연구되어 왔다(Redfield 1985; Romney 2017; Thomas 2002).

『역사』는 문학이라는 학문의 엄격한 틀 속에서는 여행기로 정의되기 어렵지만, 엄연한 여행기록(travelogue)임에는 틀림이 없다. 그리고 그가 여행을 통해 수집한 정보는 당시의 세계지리로 부르기에 전혀 손색이 없다. 이러한 측면에서 지리학 분야에서는 헤로도토스에 대한 많은 연구가 진행되어 왔다. 이러한 연구 결과를 토대로, 지리학자들을 헤로도토스를 '최초의 역사지리학자' 또는 '민속지학의 아버지'로 지칭한다(권용우·안영진 2001; 이희연 1991). 실제로 정해진 범위의 지역에 대해 일정한 항목과 규칙에 따라 체계적으로 서술하여 종합적으로 이해할 수 있게 하는 지리학의 지지과학(chorographical science) 전통은 헤로도토스에게서 발생했다(Hartshorne 저, 한국지리연구회 역 1998). 그렇지만 헤로도토스는 단순히 지역정보를 기술하는 차원을 넘어서, 사건의 원인을 비판적인 관점에서 조사하고 자신의 의견을 제시했다. 그래서 프랑스에서는 그의 이름을 딴 비판지리학 학술지인 *Hérodote*가 발행되고 있다. 또 그는 환경결정론적 사고의 원조로도 인정받는다(Huntington 1915). 이러한 측면에서 헤로도토스가 지지과학과 비판적 지리학, 그리고 환경결정론의 측면에서 지리학에 중요한 영향을 미쳤음을 확인할 수 있다.

이 글의 목적은 헤로도토스의 『역사』의 내용을 여행기와 지리서의 관점에서 고찰하는 것이다. 『역사』는 여행기와 지리서의 성격을 모두 띤다. 헤로도토스는 자료 수집을 위해 여행을 했고, 또 여행을 통해 수집한 지리정보를 책 속에 기록했다. 따라서 이 책은 여행기적 성격을 분명하게 가지고 있다. 이를 위해 우선 여행기로서의 『역사』의 성격을 살펴보기로 한다. 비록 『역사』는 여행의 기록이기도 하지만, 일반적인 여행기와는 완전히 다른 특성을 보인다. 따라서 여기에서는 사실성, 전형적인 여행기와의 차별성, 여행 목적의 측면에서 먼저 이 책을 고찰하기로 한다. 여행기는 타 문화에 대한 선입견과 편견의 진원지이면서, 타자성과 주체성에 대한 재현 행위이기도 하다. 헤로도토스 역시 타자에 대한 편견을 다양한 방식으로 기술했다. 따라서 헤로도토스가 여행을 통해 표출한 타자에 대한 인식에 대해서도 살펴보기로 한다.

두 번째로는 『역사』 속에 수록된 지리적 내용을 살펴보기로 한다. 『역사』의 지리적 내용에 대한 포괄적인 연구는 19세기에 렌넬(Rennell 1800), 니부어(Niebuhr 1830), 그리고 휠러(Wheeler 1854)에 의해 이루어진 바 있다. 그렇지만 이들의 연구는 헤로도토스가 방문했거나 언급한 지역에 대한 전반적인 지리정보를 나열하는 수준에 머물렀다. 반면 비교적 최근에 이루어진 연구의 대부분은 그의 세계관, 민족 정체성, 외쿠메네 개념과 같은 세부적 주제에 한정되어 이루어져 왔다(de Bakker 2016; Engles 2008; Romney 2017). 그러다 보니, 『역사』에 기록된 지리학적 내용의 전체적인 맥락을 파악하기가 매우 어려운 실정이다. 『역사』의 지리학 내용을 파악하기 위해서는 지리학의 가장 기본적인 도구인 지도와 조사방법에 대한 그의 인식을 살펴보아야 한다. 그는 당시의 세계지도를 신랄하게 비판했는데, 그 비판의 근거가 여행에서 수집한 정보였다. 또한 그는 광범위한 지역의 정보를 최대한 많이 수집해서 종합하는 방법을 선택했다. 그리고 그가 기술한 지리적 내용의 대부분은 지역에 특수한 내용이지만, 전반적으로는 인간의 삶의 양식이 자연환경에 의해 결정되는 것을 강조했다. 심지어 환경결정론이 과도하게 작용하여 남북으로 대칭적인 위치를 가진 두 지역은 완전히 상반되는 문화적 특성을 갖기도 한다. 따라서 헤로도토스의 지리학의 근간인 인간과 환경과의 관계를 살펴볼 필요가 있다.

일반적으로 헤로도토스에 관한 연구를 수행할 때는 내용의 방대함으로 인해 『역사』의 원문을 인용하고 출처를 권, 장, 절까지 정확하게 표시하는 방식을 채택한다. 그러나 우리말 번역본에서는 권과 장까지만 표시되어 있으므로, 이 글에서는 권과 장까지만 표시하기로 한다[1권 1장인 경우 (1.1)로 표시]. 그리고 본 논문에서 인용할 번역본으로는 가장 번역의 완성도가 높으면서도 본문에서 권과 장까지 명시한 천병희(2009)와 김봉철(2016)의 번역서를 병행하여 사용하기로 한다. 또한 원문과 이들 번역본에서는 오늘날의 그리스 대신 아테네, 스파르타, 테베 등의 도시국가들을 통틀어 부르는 이름인 헬라스로 표기하고 있지만, 여기서는 오늘날의 기준을 적용하여 그리스로 통일하여 부르기로 한다.


## 2. 여행기로서의 『역사』와 타자 인식

### 1) 여행기로서의 『역사』

『역사』에 수록된 내용의 상당 부분은 헤로도토스가 여행을 통해 수집한 정보로 채워져 있다. 실제로 그는 여행에서 만난 사람들에게 질문한 내용을 가감없이 수록한다. 그러면 『역사』를 여행기로 정의할 수 있을 것인가? 이에 대해 헤로도토스의 여행의 성격과 연계하여 살펴보기로 하자.

첫째, 헤로도토스가 살았던 당시에도 오늘날과 같은 여행자는 존재했다. 그는 고대 페르시아의 전성기를 가져온 다리우스가 사모스섬을 정복한 이유를 설명하면서, 캄비세스가 이집트 원정에 나섰을 때, 많은 그리스인이 장사와 관광을 위해서 이집트 원정대를 따라나섰다고 기술했다(3.139). 즉 이들은 사업과 관광을 위한 여행객들이었다. 그렇지만 헤로도토스는 그리스인과 이방인들이 보여 준 위대하고 놀라운 행적과 전쟁의 원인을 보다 잘 설명하기 위해 여행을 했다(1.1). 그리고 그는 여행하면서 보고, 듣고, 느끼고, 겪은 것을 이 책에 포함시켰다. 그리고 인문지리와 자연지리 기술에 상당 분량을 할애했다.

고대의 여행 작가는 선원, 군인, 상인, 정치인, 지리학자, 탐험가, 역사학자와 같이 실제 여행을 할 수 있는 사람이 겸업했다. 그리고 중세에는 선교사와 순례자가 이 일에 동참했다. 그리고 대항해 시대 이후에는 정복자와 탐험가가 이 일을 감당했다. 헤로도토스가 당대에도 여행작가의 역할을 수행했는지는 확인이 불가능하다. 다만 그는 아테네에서 많은 사람들을 모아 놓고 강연을 했고, 군중은 그가 알려 주는 세계의 지식에 열광한 것으로 알려져 있다(Herodotos 저, 천병희 역 2009). 즉 오늘날의 여행작가의 역할을 일정 부분 수행했다고 볼 수 있다. 오히려 헤로도토스는 오늘날 여행작가의 명성을 누리고 있다. 여행작가는 여행에 관한 정보를 제공하는 일만 하는 것은 아니다. 그것은 가이드북을 출간하는 출판사의 역할일 따름이며, 여행작가의 역할은 완전한 길동무가 되어 주는 것이다. 헤로도토스의 문장은 명확하며, 정보량이 많고 화술 또한 뛰어나다. 신기한 것이 많고, 이국적 색채가 가미되어 있다(Casson 저, 김향 역 2001). 그래서 카푸시친스키는 수십 년간의 기자 생활을 『헤로도토스와의 여행』으로 표현하기도 했다. 따라서 헤로도토스는 자신의 의지와 무관하게 여행작가로 간주될 수 있다.

둘째, 『역사』의 저술 목적은 여행의 경험을 기술하기 위한 것은 아니다. 여행은 그의 서술을 위한 자료 수집의 과정에서 이루어졌지, 결코 여행의 내용을 기술하는 것이 저서의 목적은 아니었다. 『역사』에서 헤로도토스가 다룬 주제는 페르시아 전쟁과 전쟁이 발생한 배경이다. 그는 책의 서두인 제1권 제1장에서 그리스인과 이방인들이 보여 준 위대하고 놀라운 행적과 그들이 서로 전쟁을 벌인 원인을 세상에 널리 알리고자 하는 것이 저술 목적이라고 기록했다. 그는 전쟁의 비극이 되풀이되는 것을 애통해하며 전쟁의 원인을 찾는다. 그래서 책의 전반부에서는 전쟁의 배경을 설명한 다음, 후반부에서는 실제 전쟁의 진행과 결과에 대해 기술한다. 따라서 이 책은 기본적으로 전쟁의 역사에 대한 책으로 보는 것이 합당하다.

그리고 『역사』는 여행기의 전형적인 구조인 출발지와 목적지, 다시 출발지로 귀환하는 순서를 밟지 않는다. 그리고 그리스와 페르시아 전쟁에 대한 이야기를 제외하고는 조직화 원리(organizing principle)가 부재하다. 즉 그가 방문하거나 언급한 장소들은 어떤 순서나 논리가 아니라 무작위로 언급된다. 그래서 독자에게 장소감을 부여하지 않는다. 이러한 견지에서 캠벨(Campbell 1988)은 최초의 여행기가 기원후 4세기 에게리아(Egeria)의 성지순례기에 의해 비롯되었다고 주장한다. 그리고 많은 학자들이 이 견해에 동조하고 있다(Blanton 2002).

셋째, 여행기는 사실성을 토대로 여행에 관해서 저자가 일인칭으로 서술하는 산문으로 정의된다(Youngs 2013, 3). 즉 여행기는 실제로 이루어진 여행에 대한 사실적 기록을 지향한다. 헤로도토스는 실제 자신이 방문한 여행지의 신화, 역사, 문화, 지리와 지역민을 관찰하고 이를 기술했다. 그러나 헤로도토스는 전혀 사실이 아닌 것도 『역사』에 기록했다. 이러한 측면에서 헤로도토스는 동시대의 또 다른 역사가인 투키디데스(Thucydides, BC 465?~BC 400?)와 비교된다. 투키디데스는 아테네와 스파르타 사이의 전쟁을 다룬 『펠로폰네소스 전쟁사』에서 자신이 진실이라고 믿는 것만 선택해 소개하며 그것을 믿어 주기를 바랐다. 헤로도토스의 역사 기술 방법은 비록 자신이 직접 여행한 내용을 토대로 서사를 작성했지만, 사실의 여부와 관계 없이 현지에서 수집한 이야기들을 그대로 전달했다는 점에서 투키디데스와 차이가 난다. 즉 헤로도토스는 신화와 전설뿐만 아니라, 주제와 관련 없는 여담을 그의 서사 속에 포함시켰기 때문에 모범적인 역사가로 대접받지 못하고 있다(김경현 2005). 그렇지만 이러한 사실성의 결핍이 역설적으로 『역사』에 여행기와 같은 재미를 부여했다. 그의 책이 재미있는 것은 그가 역사, 정치, 도덕, 지리, 전설과 신화에 모두 정통하면서도 과장과 허풍을 추가했기 때문이다(김봉철 2011). 실제로 헤로도토스는 여담이 자신의 저술 의도에 포함된다고 주장했다(4.30). 그러나 실제의 역사와 허구의 신화도 구분하지 않던 기원전 5세기의 그리스 상황을 고려할 때, 이러한 사실성 의미는 큰 의미가 없을 지도 모른다(Ryan 저, 남광태·이광일 역 2017, 35).

넷째, 『역사』는 문학적 여행기와는 구분된다. 문학적 여행기는 기본적으로 경험적 서사가 아닌 허구적 서사이다(Thompson 2011). 여행기는 어떤 사실을 기록하는 것이 아니라 여행자가 여행지에서 느끼는 감상을 기록한 것이다. 극단적으로 말해서, 하나의 여행기는 여행자 혼자만의 느낌이고 이야기일 뿐이다(박주현 2008).

아리스토텔레스는 『시학 Poetike』 9장에서 역사가와 시인의 차이점이 운문을 쓰느냐 혹은 산문을 쓰느냐로 갈리는 것이 아니라, 실제로 일어난 사건을 기술하느냐, 아니면 일어날지도 모르는 것을 기술하느냐에 따라 구분된다고 말했다. 여기서의 시는 좁은 의미의 시가 아니라 문학 일반을 가리킨다. 그러나 『역사』는 일어난 사건을 기술한다(Aristoteles 저, 천병희 역 2002). 따라서 문학작품은 아니다.

그렇지만 『역사』 속에도 많은 허구가 존재한다. 그러나 의도적으로 만든 허구는 아니다. 그는 크림반도 남쪽과 보스포루스 해협을 이야기하면서, 보르스테느강(드네프르강)과 히파니스강(쿠반강) 사이에 위치한 엑삼파이오스(Exampaueus) 샘물이 히파니스강으로 흘러들어 강물을 마실 수 없게 만들었다고 말했다(4.81). 그는 부분적으로 사실을 말했지만, 실제로는 전혀 근거가 없는 구전자료를 기술한 것일 따름이다. 그리고 우크라이나에서 발원하는 튀라스강(현재의 드네스트르강) 근처의 바위에 나 있는 헤라클레스의 발자국을 보여 주었는데 그것은 사람의 발자국 같았고 길이가 40인치(약 101cm)나 되었다고 했다(4.82). 이는 신화이지 사실은 아니다. 물론 이 모든 사실은 결과적으로 허구에 지나지 않지만, 자신이 이러한 내용을 믿는다고 주장하지도 않았다. 그는 자신이 목격한 기이하고 동화적이며, 낯설고 놀라운 일들이 사실이라는 것을 독자에게 설득시키고자 노력했지만, 직접 경험하지 않은 것은 독자의 판단에 맡겼다. 그는 아라비아 왕이 낙타가죽으로 만든 부대들에 물을 가득 채운 다음 낙타에 싣고 사막으로 가는 이야기가 믿음이 덜 간다고 하지만, 자신은 전할 수밖에 없다고 했다(3.9).

이상의 관점에서 『역사』는 문학적인 여행기와는 구분된다. 그렇지만 역사학에서는 『역사』가 오히려 역사 자료로 쓰기에는 너무 주관적이며 허구로 가득 차 있다고 비판한다(김경현 2005). 이러한 관점에서 『역사』는 문학적 여행기와 역사서의 특성을 동시에 띠는 서사구조라고 볼 수 있다(Baragwanath 2008).

## 2) 타자 인식

헤로도토스는 상대적으로 동시대의 다른 저자들보다 타자에 대해 객관적으로 기술했다고 평가받는다(Humble 2011). 『역사』의 전반적인 내용을 살펴볼 때, 헤로도토스는 비교적 객관적인 입장에서 타자를 기술했음을 알 수 있다. 그는 그리스인 역시 야만인과 마찬가지로 비도덕적일 수 있다고 생각했다. 그는 페르시아의 그리스 원정(BC 492~BC 448)에 단초를 제공한 것이 그리스인의 아시아 군사원정 즉 트로이 전쟁이며, 페르시아인은 그리스인에 대한 자신들의 적대관계가 트로이 점령으로 시작되었다고 본다는 것을 기술했다(1.4-5). 그러나 그는 옳고 그름을 판단하지는 않았다(1.5). 또한 헤로도토스는 객관적 사실의 측면에서는 페르시아의 군주정의 효율성에 깊은 인상을 받은 내용을 기술해 야만족 애호가라는 비난을 사기도 했다(Ryan 저, 남광태·이광일 역 2017, 42). 대체적으로 그는 그리스적 가치와 문화를 절대시하지 않고 이방인 문화의 가치를 상대적으로 존중했다는 평가를 받고 있다. 헤로도토스의 다문화 인식은 20세기 들어와 긍정적인 평가를 받게 되었는데, 20세기 초에 인류학에서 부각된 문화상대주의의 흐름 속에서 헤로도토스는 문화상대주의의 선구적 사례로 언급되곤 했다. 헤로도토스의 그리스 중심적 경향은 다른 그리스인에 비하면 덜 편파적이었다는 것이다. 무엇보다도 그는 우월한 그리스인과 열등한 이방인이라는 이분법적 관점을 일반화하여 적용하지는 않았다. 그리스인을 찬미하고 이방인을 비판하면서도, 그리스인을 비난하고 이방인의 제도와 가치를 찬미하기도 했다는 점에서 그의 다문화주의는 의미가 있다(김봉철 2017).

그러나 헤로도토스의 이러한 입장은 역사가로서의 사실에 대한 판단일 따름이며, 여행자로서 헤로도토스가 가진 타자에 대한 인식은 아니다. 여행은 내부적이고 외부적인 공간을 초월하는 행위로서 경계를 넘는 과정에서 공간, 타자, 그리고 주체를 동시에 파악·발견·관찰·경험하는 행위이며 폭넓은 인식의 확장을 가져온다(송영민·강준수 2018). 이러한 입장은 오늘날의 관광객들에게서 확인할 수 있다. 우리는 여행을 하면서 우리의 문화와 여행 지역의 문화를 항상 비교한다. 그리고 은연중 문화 또는 경제의 우열을 논한다.

헤로도토스 역시 여행을 통해 여행지에서 만난 타자에 대한 자신의 인식을 정리했는데, 오늘날의 관광객이 해외여행을 하고 나서 남긴 소감과 유사하다는 것을 알 수 있다. 헤로도토스는 이집트의 좋은 기후와 경제적 풍요를 부러워했다. 그는 이집트 사람들이 계절의 변화가 없는 좋은 기후에서 살기 때문에 리비아인 다음으로 건강하다고 했다. 그리고 이집트인은 모든 민족의 역사를 잘 보전할 정도로 해박하며(2.77), 세상의 다른 어떤 민족보다도 더 경건하다고 했다(2.37). 또한 거의 모든 신의 이름이 이집트에서 그리스로 유입될 정도로 종교적 수준이 높은 나라로 칭송했다(2.50). 이상의 내용은 이집트에 대한 매우 좋은 평가이다. 그렇지만, 그는 이집트에서는 남자가 앉아서 소변을 보고, 여자는 서서 소변을 본다고 기술했다(2.35). 물론 자신이 전해 들은 이야기를 그대로 기술했을 가능성이 있지만, 실제로 그가 이집트를 여행했다는 사실을 고려할 때, 여자가 서서 소변을 본다는 이야기가 사실이 아니라는 것을 몰랐을 확률은 희박하다. 실제로 그는 이 내용을 기술한 다음에 자신이 이집트에 관해 이전에 말한 것은 직접 보고 판단하고 탐사한 것이라고 선언했다(2.99). 따라서 그가 이집트인을 의도적으로 폄하했을 가능성이 높다. 이러한 내용은 그가 실제로 이집트를 여행했는지에 대한 의심의 근거로 작용한다.

그는 이집트인에 대해서는 상대적으로 호의적인 입장을 보였지만, 다른 민족에 대해서는 보다 비판적이고 혹독한 견해를 표명하였다. 그는 스키타이인의 잔혹함을 기술하였다. 스키타이는 기원전 8세기부터 기원전 3세기 사이에 현재의 러시아 남부 초원지대를 본거지로 활동한 이란계의 유목민을 지칭하는데, 헤로도토스가 최초로 이 책에서 언급하여 그 실체가 드러난 것으로 알려져 있다(4.13). 그리고 스키타이인이 이후 동진하여 고조선을 붕괴시키고 고구려와 신라의 신화 및 의복양식에 영향을 미쳤다고 일부 학자들은 주장한다(김문자 2007; 박병섭 2006).

헤로도토스는 스키타이인이 전쟁에서 최초로 쓰러뜨린 자의 피를 마시며, 또 죽인 적의 머리가죽을 손수건으로 사용하는 민족이라고 기술했다(4.64). 그리고 자신들이 먹는 젖을 짜기 위해 노예들을 모두 장님으로 만드는 잔혹한 민족으로 언급했다(4.02). 그리고 스키타이인의 주변에 거주하는 부족들에 대해서는 스키타이인보다도 잔인한 민족으로 기술한다. 예를 들어 타우로이인은 난파선의 조난자를 제물로 바치며, 제물의 몸뚱이는 절벽에서 아래로 밀어뜨리고 머리는 말뚝에 매달며, 적의 머리를 집으로 가져가 높이 세워 놓는다고 기술했다(4.103). 그리고 안드로파고이인은 인육을 먹는다고 기술했다(4.106).

그리고 타자를 잔혹하면서도 어리석은 사람들로 묘사했다. 예를 들어 나사모네스의 이웃 주민은 프실로이인인데, 이들은 남풍이 그들에게 불어 닥쳐 저수지가 마르고 땅이 마르자, 만장일치로 결의해 남풍을 공격하기 위한 원정에 나섰다. 프실로이인은 사막을 지나가다 남풍이 불어와 모래 속에 묻혀 버리고 말았고, 이후 그 땅은 나사모네스인이 차지하고 말았다고 기술했다(4.173). 또한 에티오피아인은 120세까지 장수하고 죄수들도 황금족쇄를 찰 정도로 금을 많이 보유했지만(3.23), 백성 중에 가장 키가 크고 키에 걸맞은 힘을 가진 자를 왕으로 뽑는 어리석음을 가지고 있는 것으로 묘사했다(3.20). 또한 타자는 괴물 인간이기도 하다. 예를 들어 네리우스인은 매년 한 번씩 며칠 동안 이리가 된다고 기술했다(4.105). 또 염소 발을 가진 인간이나 연중 6개월을 자는 부족도 존재한다고 했다(4.25).

그런데 이 타자성은 야만의 상태이지만, 빈곤과 관련된 것은 아니다. 오히려 먼 곳이라도 물질적으로는 풍요한 지역이 많다. 아락세스강에는 물고기가 무진장 잡힌다. 그래서 맛가게타이족은 농사를 짓지 않고 가축과 물고기만으로 살아간다(1.216). 리비아의 마사모세스족이 사는 땅의 경우 대추야자가 아주 많고 모두 열매를 맺기도 한다(4.172). 헤로도토스는 풍요로운 땅에 거주하지만 어리석고, 성생활이 난잡하며, 잔인한 타자의 이미지를 이들에게 부여했다.

이상과 같은 인식을 살펴보면 대체로 먼 곳에 있는 타자일수록 부정적으로 기술했다는 것을 확인할 수 있다. 그런데 흥미로운 것은 헤로도토스가 비록 직접 괴물인간으로 언급하지는 않았지만, 이후의 저자들이 헤로도토스가 언급한 신기한 동물을 괴물인간으로 만들어 버렸고, 또 그 전설이 중세와 르네상스까지 이어졌다는 것이다. 헤로도토스가 최초로 언급한 괴물은 가슴에 눈이 달린 머리 없는 동물이다. 그는 리비아 서쪽 지역에 엄청나게 큰 뱀과 사자들이 있고, 또한 코끼리, 곰, 독사, 뿔 달린 나귀, 개의 머리를 한 동물(Cynocephali), 가슴에 눈이 달린 머리 없는 동물, 그리고 야생의 남자와 야생의 여자가 있다고 했다(4.191). 헤로도토스는 이 머리 없는 동물에 명칭을 부여하지 않았고, 또 사람이라고 정의하지도 않았다. 하지만 이후 1세기에 플리니우스(Pliny the Elder)가 이 동물을 스트라본(Strabo)의 『지리학』에서 나일강에서 홍해 쪽 방향에 거주하는 부족으로 언급한 블렘예스(Blemmyes)와 동일시하여 『자연사 Natural History』에서 이를 기술했다(Derrett 2002).

플리니우스는 스트라본의 블렘예스가 헤로도토스의 머리 없는 인간에 해당하는 것으로 간주했다. 이후 이 괴물의 이름은 불렘예스 또는 아케팔로이(akephaloi)의 명칭으로 전승되었다. 특히 이 괴물은 중세에 크게 인기를 끌었다. 예를 들어 1300년경에 제작된 〈헤리퍼드 세계지도(Hereford mappa Mundi)〉에도 세상의 끝에 머리 없는 괴물인간이 그려져 있다. 흥미로운 것은 헤로도토스의 『역사』는 중세에는 잊히고, 르네상스 시기에 재발견되었는데(이형의

1989), 괴물인간은 중세에도 지도 속에서 계속 살아남았다는 것이다.

그리고 지도 속의 이 괴물은 아프리카에 머물지 않고, 시간이 지남에 따라 아시아와 아메리카로 거주지를 이동했다. 제바스티안 뮌스터(Sebastian Münster)이 프톨레마이오스『지리학』의 내용을 재구성하여 출간한 〈아시아 지도 8(Tabula Asiae VIII)〉에는 머리 없는 괴물인간이 인도에 그려져 있다(그림 1). 그리고 1600년대에는 이 괴물이 신대륙에 배치된다. 요도쿠스 혼디우스(Jodocus Hondius)의 1598년 〈신기하고 황금이 많은 기아나의 새로운 지도(Nieuwe Caerte van het wonderbaer ende goudrijcke landt Guiana)〉가 대표적이다(그림 2). 이 지도는 아마존강의 하계망과 아메리카 인디언 부족의 위치를 지도화한 것인데, 아마존강 북쪽에 괴물인간이 그려져 있다. 또 괴물인간 옆에 아마조네스 여전사의 그림도 발견할 수 있다. 헤로도토스는 아마조네스를 스키타이 땅을 약탈한 남자 살해자로 묘사했다(4.110-114).

결과적으로 헤로도토스의 머리 없는 인간은 아프리카뿐만 아니라, 아시아와 아메리카를 타자화하는 데도 기여했다. 그러나 실제 독자들이 괴물인간의 존재를 믿었는지를 확인하는 것은 불가능하다(Oldenburg 2008).

그리고 헤로도토스를 잘못 인용하여 이방인들을 타자화하는 경우도 존재한다. 예를 들어 1460년에 출간된 『세계의 놀라운 일 Livre des merveilles du monde』에서는 유럽인과 다른 지역 사람들의 외모를 비교하는 내용이 나온다. 이 책은 플리니우스의『자연사』와 3세기 로마의 문법학자이자 저술가인 가이우스 솔리누스(Gaius Solinus)의『세상의 경이 De mirabilibus mundi』등을 발췌한 것인데, 헤로도토스에 의하면 남쪽과 북쪽의 사람들보다 유럽인이 더 아름답고, 강하며, 크고 또 용감하다고 기술되어 있다(Friedman 2000, 160). 그림 3은 이 책에 수록된 삽화인데 유럽인의 외양과 이방인의 외양 차이가 확연하다. 특히 우편 뒤쪽에 위치한 이방인들의 코는 완전히 비정상적인 형태를 띤다. 그렇지만 이 내용을『역사』에서는 발견할 수 없다. 단지 유럽의 북쪽에 거주하는 외눈박이 부족 등의 이야기는 있지만(3.16), 타자의 외모를 비하한 이야기는 찾을

그림 1. 뮌스터의 아시아 지도
자료: 스탠퍼드 대학교 도서관

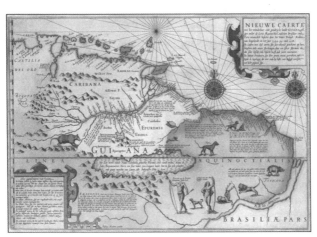

그림 2. 혼디우스의 기아나 지도
자료: 프랑스 국립도서관

그림 3. 『세계의 놀라운 일』의 삽화(1460년)
자료: 피어폰트 모건(Pierpont Morgan) 도서관

수 없다. 오히려 헤로도토스는 인간 중에서 가장 출중한 외모를 가진 인종이 에티오피아인이라고 기술했다(3.20). 이것은『세계의 놀라운 일』의 저자가 유럽인의 우월성을 강조하기 위해 헤로도토스를 잘못 인용한 것이다. 이와 같이 헤로도토스는 아프리카나 아시아, 아메리카 대륙의 타자성을 표현하는 근거로 활용되었다.

## 3. 헤로도토스의 지리학

### 1) 조사방법

책 제목인『역사』는 그리스어 '히스토리아이(historiai)'를 번역한 말인데, 이는 '히스토리아(historia)'의 복수형이다. 당시 '히스토리아'는 '탐구, 탐구를 통해 얻은 지식, 탐구 결과에 대한 서술'이라는 뜻을 지닌 말이었다. 이 말은 역사, 역사학을 가리키는 것이 아니고 모든 지식 영역에서의 '탐구'를 가리키는 일반적인 용어였다(Herodotos 저, 김봉철 역 2016). 그래서『역사』는 '조사'로 번역되기도 한다. 예를 들어 프랑스의 폴리오(Folio) 출판사는 1985년과 1990년에 '조사'라는 의미를 가진 'L'Enquête'란 제목으로 이 책을 출간했다.

헤로도토스는 보통의 사람들이 쉽게 도달하기 어려운 지역을 독자에게 소개하고 그 지역에서 살고 있는 사람들의 풍습과 생활에 대한 구체적이고 정확한 정보를 담아내어, 그의 연구는 매우 유용한 지역 연구의 자료로 활용할 수 있다. 그가 여행을 통해 정보를 수집하는 방법은 오늘날의 지역연구 방법과 매우 유사하다. 그의 정보조사 방법에 대한 사례를 살펴보자.

첫 번째 사례는 헤라클레스의 출생에 대한 조사이다. 당시 그리스인과 이집트인의 주장은 달랐다. 그래서 그는 헤라클레스의 신전이 위치한 페니키아의 티로스(Tyros)에 가서 신전을 답사하고, 또 사제들의 의견을 들었다. 그곳에서 이들의 주장이 그리스인의 주장과 다르다는 것을 확인하고, 또 다른 헤라클레스의 신전이 존재하는 에게해에 위치한 타소스(Thasos)를 방문했다. 그리고 이곳에서 타소스인의 주장에 동의한다고 주장했다. 그렇지만 그리스인의 헤라클레스에 대한 이전의 신화적 주장 즉 한 사람이 수만 명을 죽였다는 것은 타당하지 않다고 비판했다(2.43~44).

또 다른 사례는 그리스 신화의 기원과 그리스와 리비아의 신탁 장소에 대한 의문을 해소하기 위한 여행에서 찾아볼 수 있다. 헤로도토스는 기원전 7세기경에 활약한 헤시오도스와 호메로스가 그리스 신화를 만들었다고 생각했다. 그렇지만 다른 견해를 가진 그리스 에피루스 지방의 도도네(Dodone)의 여사제들의 주장도 함께 기술했다. 또한 그리스와 리비아의 신탁 장소에 대해 테베의 여사제의 주장을 소개하고 자신의 견해를 피력했다(2.54~56). 그리고 안틸라(Anthylla)를 방문한 이야기를 하는데 그는 자신이 직접 보고 판단하고 탐구한 것과 현지의 이집트인에게 들은 이야기를 구분하여 서술했다(2.99).

즉 남의 주장과 자신의 주장을 구분하여 자신의 주장의 신빙성을 높였다. 이것은 결국 오늘날의 지역조사법의 원칙, 즉 듣고, 묻고, 탐사하고 판단하는 원칙을 그대로 적용한 것이라 할 수 있다. 그는 수집한 정보를 모두 언급하는 방식을 취했다. 이와 같이 헤로도토스는 남에게 듣고 최대한 정확하게 알 수 있게 된 것을 모두 서술했다(4.16). 그렇지만 헤로도토스의 조사 내용의 많은 부분은 도저히 상식적으로 상상이 불가능한 것들이다. 예를 들어 이집트 파라오 쿠푸(케옵스)의 딸이 아버지가 성매매를 시키자, 성매매 대금과 별도로 피라미드 건설에 사용될 돌 하나를 손님들에게 선물로 요구했다고 한다. 그리고 기념으로 받은 돌로 피라미드 하나를 만들었다고 한다(2.126).

그는 초자연적인 현상까지도 그의 책에 기록했다. 환영(幻影)과의 동침(6.69)이나 마라톤 전투 중에 나타난 환영(6.117) 같은 사례가 대표적이다. 그렇지만 대체적으로 헤로도토스는 초자연적인 현상을 믿지 않았다. 확률이 낮고 논리가 없다고 봤기 때문이다. 그래서 화살 하나를 들고 온 대지를 돌아다닌 아비리스 이야기(4.36)나 80스타디온(1스타디온은 약 185m)의 거리를 물 밑으로 헤엄친 스킬리아스(8.8)의 이야기를 신뢰하지 않았다. 또한 알크메오니다인 가문이 아테네를 페르시아에 예속시키기 위해 방패로 신호한 이야기를 신뢰하지 않았다(6.121).

그렇지만 기본적으로 그는 자신의 이야기의 진위 여부에 관계없이 믿고 싶은 사람은 믿어도 된다는 입장을 견지했다(2.123). 실제로 헤로도토스는 들은 대로 전할 의무는 있지만, 그것을 다 믿을 의무는 없으며, 이 말은 이 책 전체에 적용된다고 했다(7.152). 그의 조사법은 다음 문장으로 요약된다. 그는 직접 가서 보고, 그 이후에는 남의 이야기를 들어 탐구하며 최대한 알아내었다(2.29). 그러나 이러한 그의 조사법에 대해 역사학자들은 신랄하게 비판한다. 정보를 수집만 하지 가치판단을 하지 않았다는 것이다(Lateiner 1989). 예를 들어 헤로도토스는 밀티아데스의 렘노스 점령에 대해 정당성과 부당성에 대해 자신이 말할 수는 없다고 했다(6.137).

역사적인 측면에서는 그의 조사법이 문제가 될 수 있어도, 지리학적 관점에서 그는 풍부한 지역정보를 제시한다. 그리고 자신이 세운 가설을 합리화하기 위해 여러 이론을 검토하고 또 답사하여 결론을 도출한다. 대표적인 사례가 나일강 범람에 대한 이유 분석이다. 그는 나일강이 범람하는 이유에 의문을 품고 나일강의 성질에 대해 이집트의 사제들과 여러 사람에게 질문했으나, 아무런 지식을 얻을 수 없었다(2.19). 당시 그리스인은 여기에 대해 바람이 나일강이 바다로 흘러들어가는 것을 막는다는 의견, 나일강물이 오케아노스에서 흘러오기 때문이라는 것, 그리고 높은 산의 눈이 녹아 나일강물이 된다는 3가지 견해를 가지고 있었는데, 그는 이 3가지 이론이 모두 틀렸다고 비판했다(2.20-22). 그리고 자신의 견해로 태양이 나일강의 수분을 흡수한 다음, 그것을 상류지역으로 밀어내면 바람이 흩뿌려서 소진한다는 이론을 제시했다(2.23-24). 비록 그의 이론은 후대에 잘못된 것으로 밝혀졌지만, 자신의 이론을 명확하게 제시했다.

사실 나일강의 범람이나 나일강의 발원지에 대한 그의 이론은 당시로서는 너무나 큰 지리학적 주제였다. 이러한 주제는 개인이 결론을 내는 것이 아예 불가능하다. 그렇지만 개인이 자신의 가설을 제시하는 것은 충분히 가능하다. 헤로도토스는 기존의 이론을 비판했고, 자신의 가설을 제시했을 따름이다. 따라서 그의 지리학적 조사방법은 오늘날에도 그대로 적용되고 있다고 볼 수 있다.

### 2) 지도와 공간

지도는 3차원의 지구를 2차원의 평면으로 표현한 것이다. 지도 제작의 가장 기본적인 고려사항은 지구의 형태이다. 헤로도토스는 지구를 구가 아닌 평면으로 생각했다. 그는 인도 북부지역은 다른 지역과 달리 오전에 태양이 가장 뜨겁다고 기술했다. 그리고 해 질 무렵에는 무척 추워진다고 기술했다(3.104). 인도가 아침에 가장 덥다는 것은 인도가 아침에 태양에 더 가깝다는 의미이다. 당시 그리스인은 인도가 세상의 동쪽 끝이라고 생각했다. 따라서 인도에서 해가 가장 일찍 뜨게 되고 오전에 가장 덥다는 것이다. 그리고 해 질 녘에는 태양에서 멀기 때문에 춥다는 의미이다. 이것은 지구가 둥글다고 가정하면 성립되지 않는다. 즉 지구는 편평한 형태를 취하는 것이다(Tozer 1897).

지도에 대한 그의 생각은 다음 내용에서 알 수 있다. 기원전 499년경 아리스타고라스(Aristagoras)가 페르시아의 공격을 받고 스파르타에 군사지원을 요청했다. 아리스타고라스는 동판에 새긴 지도를 보여 주면서 스파르타의 참전을 독려했는데, 이 지도에는 당시의 모든 대지와 강이 새겨져 있었다고 한다(5.49-51). 헤로도토스가 참조한 지도는 현재 남아 있지는 않으나 세계를 원형으로 보고 지구 주위가 오케아노스(Oceanus, ocean river)로 불리는 대양으로 둘러싸인 것으로 그린 아낙시만드로스(Anaximandros) 또는 헤카타이오스(Hecataeus)의 지도일 것으로 추정된다(Branscome 2010; Myres 1896). 이로 미루어 당시 널리 통용되던 지도가 원형의 세계지도임을 확인할 수 있다. 그림 4는 지도학자 조지 크램(George Cram)이 재구성한 헤카타이오스의 세계지도이다.

그렇지만 헤로도토스는 당시의 세계지도를 신뢰하지 않았다. 그는 호메로스 (Homeros)나 옛 시인의 한명이 오케아노스란 이름을 생각해 내서 시에서 소개한 것일 뿐이라고 주장했다. 헤로도토스는 이들이 오케아노스가 해 뜨는 지역에서 시작하여 모든 육지를 돌아 흐른다고 말하지만 입증하지 못한다고 비판했다(4.8). 그러면서 오케아노스에 대해 언급한 자는 이야기를 불확실한 데로 끌고 간 것이어서 논박하기가 불가능하다고 했다(2.23).

그는 당시의 세계지도가 세계의 정확한 표상이 아니라 그리스인이 기하학적 추측으로 만들어 낸 '이미지'일 뿐 실제로 세계를 답사하고 사물을 보아서 만든 것은 아니라고 생각했다(Dorati 2011). 그래서 그는 세계지도를 그린 사람은 많으나 어느 누구도 제대로 그리지 못한 걸 보면 실소를 금할 수 없다고 했다. 그들은 오케아노스가 마치 원 그리는 도구로 그린 듯 둥근 모양의 육지 주위를 돌아 흐르는 것으로 묘사하고 또 아시아와 유럽의 크기를 똑같다고 묘사했다고 비판했다. 헤로도토스는 당시 그리스의 기하학적인 추론 방식을 싫어했다 (4.36). 그는 아시아를 유럽만큼 크게 그린 것을 비판하면서, 리비아와 아시아와 유럽의 크기를 조정했는데, 유럽은 동서로 다른 두 대륙을 합친 것만큼이나 길고, 다른 곳보다 넓다고 주장했다(4.42).

그리고 그는 지도를 개선하기 위해서는 실제 탐사를 통해 수집한 정보를 이용해야 한다고 주장했다. 예를 들어 리비아는 이집트와 맞닿은 부분을 제외하고는 사방이 바다로 둘러싸여 있는데, 이는 이집트왕 네코스와 카르타고인이 항해를 통해 입증했다고 말했다(4.42-44). 그리고 아시아의 경우는 다리우스가 동쪽의 일부를 제외하고는 바다로 둘러싸여 있다는 것을 발견한 것을 근거로 든다. 또한 다리우스가 인더스강이 어디서 바다로 흘러 나가는지 알고 싶어서 사람들을 파견해서 조사했다고 기술했다(4.44). 그러나 유럽의 경우, 동쪽이나 북쪽이 바다로 둘러싸여 있다는 증거는 없다(4.45). 그래서 그는 세계가 대양으로 둘러싸인 것을 부정했다. 즉 단순히 기하학적 추론으로 세계의 형태를 정한 철학자들의 주장에 반박한 것이다.

그림 4. 조지 크램이 재구성한 헤카타이오스의 세계지도(1901년)
자료: David Rumsey Map Collection.

그리고 헤로도토스는 아시아와 유럽, 리비아의 크기와 형태를 간략하게 설명했다(4.41-45). 그는 유럽이 아시아와 리비아를 합친 것만큼 광대하다고 기술했다. 동시에 그는 기존의 대륙 구분 방식에 의문을 표시했다. 나일강의 유로에 의한 대륙 구분 방식을 채택하면, 이집트의 삼각주는 아시아와 리비아에 모두 속하지 않는 네 번째 대륙으로 구분되어야 한다고 주장했다(2.16). 이것은 막연한 개념적인 공간 구분을 거부하고 경험적인 공간 구분을 강조한 것으로 볼 수 있다.

그렇다면 그는 어떠한 공간감각을 가지고 『역사』 속의 공간을 표현했을까? 당시 지중해 세계에서는 오늘날의 지형도와 같이 전반적으로 모든 장소와 길이 표시된 지도로 표현하는 방식과 일부 선택된 장소와 이를 잇는 길로만 공간을 표현하는 방식이 공존했다(Gottesman 2015). 물론 이 2가지 방식은 오늘날의 지도에도 그대로 존재하고 있다. 통로만 제시하여 공간을 표현하는 방식은 오늘날 지하철 노선도에 적용된다. 이 방식은 장소 사이의 연결성만 고려하는 방식인데, 길학(hodological) 또는 주항기적(Periplous) 방식으로 불린다. 이 방식은 "건장한 나그네라면 걸어서 5일 안에 통과할 수 있다(1.72)"와 같이 말로 표현하거나 아니면 종이 위에 대략적으로 결절이나 방향을 표시하는 방식이다. 주항기적 방법은 여행자가 교차점까지 가서 계속 다음 목적지로 갈 때 길을 찾기에 유리한 장점이 있다. 예를 들어 지도앱에서 대중교통을 활용해 출발지와 도착지 간의 경로를 찾는 것이 바로 이 방식에 해당한다. 『역사』의 내용을 살펴보면 헤로도토스는 주요 지점과 지점 사이의 거리만 간략하게 표시한 주항기적 사고를 하고 있음을 확인할 수 있다. 이 주항기 방식은 로마의 도로 지도나 기독교 성지 순례 지도, 그리고 중세와 르네상스 시기의 항해지도인 포르톨라노의 제작에 채택되었다. 예를 들어 헤로도토스는 리비아의 유목민의 공간을 다음과 같이 표현했다.

> 야생동물이 서식하는 리비아 땅 너머에는 이집트의 테베에서 헤라클레스 기둥에 이르는 사막 언덕이 펼쳐져 있다. 이 사막 언덕에는 약 10일 거리 간격으로 소금덩어리가 언덕들을 이루고 있다. … 테베에서 시작해 맨 먼저 10일 걸리는 거리에는 암몬인들이 살고 있는데, 이후 사막 언덕을 따라 다시 10일 걸리는 거리에는 암몬인들의 것과 같은 소금언덕이 나오는데, 그곳의 이름은 아우길라이다. 아우길라에서 다시 10일을 더 가면, 대추야자나무가 많은 또 다른 소금 언덕이 나온다.(4.181-183)

그렇다면 그는 공간 구분의 경계로 어떤 기준을 채택했을까? 헤로도토스는 자연경계를 기준으로 공간을 구분했다. 예를 들어 메디아 왕국과 리디아 왕국의 경계가 할리스강이라고 기술했다(1.72). 또 아소포스(asopos)강을 테베(The-be)와 플라타이아이(plataiai or plataia) 및 히시아이(hysiai)의 경계로 언급했다(6.108). 리디에스(Lydies)강과 할리아크몬(haliakmon)강이 보티아이스(bottiiaiis) 지역과 마케도니아의 경계가 된다(7.126).

그리고 그는 대륙의 경계에 대해서도 의문을 표했다. 어떻게 자연경계가 명확하지 않아 구분이 애매한 아시아, 아프리카, 유럽에 여성에게서 기원한 명칭이 붙고 또 그 경계가 나일강과 콜키스의 파시스강으로 정해졌는지 짐작할 수 없다고 했다(4.45).

헤로도토스의 언급으로는 정확하게 왜 대륙의 이름에 여신들의 명칭이 부여되었는지는 명확하지 않다. 예를 들어 헤로도토스가 아시아의 명칭이 프로메테우스 아내의 이름에서 나왔다고 보았을 확률이 높지만, 명확한 것은 아니다. 그리고 중세초반까지는 이집트가 아시아에 포함되어 기술되기도 했으므로, 아프리카와 아시아의 구분 역시 명확한 것은 아니었다. 흥미롭게도 이러한 헤로도토스의 언급에 근거해 지도제작자 마르틴 발트제뮐러(Martin Waldseemüller)는 신대륙에 남성명사인 'Americus' 대신 여성명사인 'America'로 부여했다. 그리고 이후 신대륙은 아메리카로 불리게 되었다.

헤로도토스는 공간을 선으로 구분된 면으로 보는 방식을 채택했다(Harrison 2007). 여기서의 선은 강이나 산과 같은 자연경계에 해당한다. 이렇게 자연경계를 기준으로 공간을 구분하는 것은 지리학적 구분의 가장 기본적인 방법이다. 유럽인의 아프리카의 식민지 분할, 미국의 행정구역 구분 등과 같은 극히 일부 사례를 제외하고는 자연 구분이 아닌 기하학적 구분을 지역경계로 사용한 사례는 거의 존재하지 않는다. 이와 같이 헤로도토스는 그리스의 기하학적 추론에서 벗어나, 지역 간의 이동에 장애가 되는 자연경계를 지역경계로 설정해야 한다고 생각했는데, 오늘날의 지리학적 사고와 부합한다.

그러면 헤로도토스가 생각한 세계지도는 어떤 모습일까? 헤로도토스가 직접 지도를 그리지 않았기 때문에 당시 그가 가진 세계의 이미지를 추정하기는 어렵다. 그래서 후대의 학자들은 그의 기술을 기반으로 거리와 방향, 공간을 구분해 헤로도토스의 세계를 구성했다. 그 사례가 그림 5의 지도이다. 그렇지만 지도제작자에 따라 많은 차이가 나므로, 이 지도가 실제로 헤로도토스가 가졌던 세계에 대한 인식이라고 보는 것은 어렵다. 다만 그의 세계 인식에 대한 추정일 따름이다. 실제로 당시 지도의 중심이 델파이인지 델로스인지, 아니면 나일강 삼각주인지 확인되지 않았다. 심지어 지도의 동서 축과 남북 축의 모습 역시 판단이 불가능한 상태이다(Ceccarelli 2016)

한 가지 확실한 것은 그가 기하학적 추론보다는 여행자의 보고로 공간을 설명했다는 점이다. 그는 여행자의 시점에서 공간을 보았다(Purves 2010). 이는 세계를 조망하는 방식이 기하학적 추론과 근본적으로 다른 것이다(De Bakker 2016). 그는 당시 자신의 고국인 그리스의 기하학에 의한 공간의 추상화를 거부하고, 실제의 공간 경험을 중시했다. 18세기까지도 기하학적 추론과 함께 추상적 지리이론이 공간을 묘사하는 데 적용되었다. 예를 들어 지구가 자전을 하면서도 균형을 유지하기 위해서는 남반구에 거대한 대륙이 존재해야 한다는 남방대륙(Terra Australis) 이론이 있었다. 또 대륙과 섬을 어머니와 자녀의 관계로 보고 섬이 많으면 가까운 곳에 대륙이 존재한다고 생각했다. 이렇게 책상 위에서 머릿속으로만 생각하여 결론을 도출하는 지리학(Armchair geography)은 19세기에야 완전한 경험적 지리학으로 대체되었는데, 헤로도토스는 이미 기원전

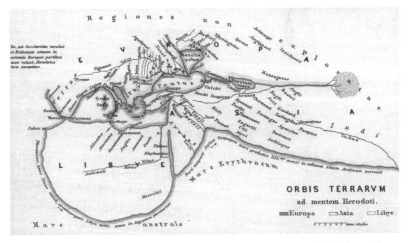

그림 5. 유스투스 페르테스(Justus Perthes)가 재구성한 헤로도토스의 세계지도(1865년)
자료: David Rumsey Map Collection.

5세기에 실증적 지리학을 추구했다고 할 수 있다.

그렇다면 헤로도토스가 정한 인간거주 공간, 즉 외쿠메네의 범위는 어디일까? 헤로도토스는 외쿠메네라는 용어를 사용하지 않았다. 그렇지만, 외쿠메네의 개념을 도입해서 세계의 구조를 설명했다. 그는 "그리스가 최상의 기후를 배당받은 것처럼, 아마도 세상의 맨 끝 지역들도 최상의 혜택을 배당받은 것 같다"고 했는데(3.106), 여기서의 세상은 외쿠메네의 의미를 가진다(Romm 1992, 37).

그가 아는 세상의 끝은 북쪽으로는 스키타이 지역이며, 남쪽으로는 이집트이다. 그리고 동쪽은 인도라고 했다. 서쪽에 대해서는 언급하지 않았는데, 이는 서쪽이 바다인 것은 누구나 알고 있었기 때문이다. 그렇지만 그는 유럽의 경우 동쪽과 북쪽이 바다로 둘러싸여 있는지는 아무도 모른다고 기술했다(4.45). 즉 그가 아는 세상의 끝은 스키타이의 북쪽과 아라비아 남쪽, 그리고 인도가 된다. 그는 스키타이족의 나라와 북쪽으로 인접한 나라들은 수많은 깃털이 날아다녀 들여다볼 수도, 들어갈 수도 없다고 했다. 대지와 대기도 깃털이 가득 차 시야를 가리기 때문이다(4.07). 그리고 북쪽 경계 너머에는 외눈박이 부족과 금을 지키는 그리핀(Griffon)이 존재한다고 했다(4.27).

그리고 동쪽 끝인 인도를 다리우스가 정복한 이야기를 기술했지만(4.44), 인도의 동쪽에는 사람이 살지 않고, 그곳이 어떤 나라인지는 아무도 말할 수 없다고 했다(4.40). 세상의 남쪽 끝은 아라비아인데, 여기에서만 유일하게 유향, 몰약, 계피, 육계 방향 수지가 나온다고 기록했다(3.107). 헤로도토스는 그리스가 가장 온화한 기후라는 복을 받았듯이, 세상의 맨 끝에 있는 나라들도 나름 최상의 혜택을 배당받았다고 기술했다(3.106). 즉 그의 외쿠메네는 이 범위에 속하는 땅으로, 동서로는 인도에서 유럽의 서쪽, 남북으로는 아라비아에서 스키타이에 이르는 땅이다.

### 3) 인간과 자연과의 관계

이 책이 기술된 당시는 아직 역사학와 지리학의 학문적 분화가 이루어지지 않은 시기였다. 당시 그리스에서는 신과 땅과 하늘, 바다에 대한 모든 이야기, 즉 우주지, 자연철학, 여행의 경험, 신화, 영웅담이 역사학과 지리학을 형성하는 콘텐츠가 되었다.

헤로도토스는 그리스와 페르시아, 그리고 스키타이와 페니키아의 지리정보를 상세하게 기록했다. 실제로 『역사』 내용의 상당한 부분은 지리적 내용으로 채워져 있다.

이것은 책의 배열을 살펴보면 알 수 있다. 이 책은 총 9권으로 구성되어 있다. 이 가운데 1~4권은 페르시아 제국의 역사와 구성 요소들을 설명하고 있다. 1권, 2권 그리고 4권에서는 지리적 내용이 많은 부분을 차지하고 있다. 1권은 리디아에 대한 내용으로 총 216장으로 구성되어 있는데, 리디아의 관습과 문화가 2장, 페르시아의 관습과 문화 9장, 바빌론의 도시 구조와 성벽 9장, 바빌론 지역의 관습과 문화 7장, 마시게타이인의 관습과 문화 2장 등 총 29장이 순수한 지리적 내용이다. 그리고 2권은 이집트 원정에 대한 내용으로 총 182장으로 구성되어 있다. 이 가운데 이집트의 지리가 30장, 이집트의 관습과 문화가 63장을 차지한다. 4장의 스키타이와 리비아 원정에 대한 내용도 유사하다. 총 205장 중 82장이 스키타이인의 관습과 문화에 관한 것이며, 23장이 스키타이의 지형과 주변 종족들의 관습, 그리고 31장이 트리토니스 호수 동쪽 리비아인 종족과 그들의 관습, 그리고 3장이 리비아의 지리와 생산에 할애되어 있다. 그렇지만 본격적인 전쟁을 이야기하는 5권부터는 지리적 내용이 전쟁과 관련해서만 매우 제한적으로 언급된다.

헤로도토스는 이집트와 스키타이에 관심이 많았다. 특히 이집트의 풍습과 나일강에 많은 분량을 할애했다. 그리고 그는 스키타이인들을 직접 만났다. 그는 반문명화된 사람들이 유목생활을 영위하는 드넓은 평원을 길게 묘사했다.

환상세계에서나 있을 법한 강들, 겨울이면 대기를 깃털로 채우듯이 쏟아지는 눈, 장례식, 가축의 요구에 따라 끊임없이 방랑해야 하는 삶의 모든 것이 그에게는 경이였다(Braudel 저, 강주헌 역 2012, 278). 그는 이집트와 스키타이의 지리에 완전히 매료되었다.

이 책에는 지리, 민속, 신화 등 너무나도 다양한 사항이 수록되어 있어 때때로 주제에서 이탈할 정도이지만, 그리스와 페르시아 간의 전쟁이라는 일관된 역사적 주제 아래 어느 정도의 구성상 통일성을 유지하고 있다. 이렇듯, 그는 지리적 내용을 많이 다루었지만 페르시아 전쟁이라는 하나의 중심 주제를 가지고 그 인과관계를 살피는 데 많은 분량을 할애했다. 즉, 지리적 내용은 전쟁의 인과관계를 살피기 위한 배경지식으로 제한된다. 따라서 『역사』는 당시의 지리적 인식을 살펴볼 수 있는 귀중한 자료이지만, 지리서로 간주할 수는 없다.

그렇지만 지리학의 기본 주제인 인간과 자연과의 관계를 가장 가장 극명하게 드러낸 것이 『역사』이기도 하다. 일반적으로 여행기에서는 방문한 지역이 자신이 출발한 지역과 어떻게 다른지를 기술한다. 그리고 그 지역의 모습을 이전에 방문한 다른 지역과 비교하기도 한다. 헤로도토스 역시 자신이 방문한 지역의 주민의 모습을 다양하게 그려 냈다. 그러나 여행 중에 수집한 정보가 아니라, 어떠한 원리에 의거해 생활양식을 기술한 것임을 확인할 수 있다.

그러면 그는 어떠한 방식 또는 원리에 의거해 생활양식을 비교했을까? 그는 기하학적 추론에 의해 세계를 대칭적으로 구분하는 것을 비난했다. 그리고 대륙의 경계가 실제 조사를 통해 이루어져야 한다고 주장했다. 그렇지만 자신이 조사한 지역에 거주하는 사람들의 생활양식은 여행의 경험이 아닌, 당시의 지도를 참고해서 기술했다. 당시에는 지도의 동서 중앙을 통과하는 선을 '이오니아의 적도(Ionian Equator)'라 불렀다. 이 지도에는 선이 표시되어 있지 않지만, 이 선은 헤라클레스의 기둥에서 지중해를 가로질러 토로스산맥까지 이어지는데, 중간에 시칠리아와 델포이를 지난다. 그리고 이 선을 기준으로 남쪽 지역과 북쪽 지역이 대칭관계를 형성한다(앞의 그림 4 참조).

그는 이 지도에 근거하되, 자신의 심상 속에서 이 지도를 앞에서 제시한 그림 5와 같이 수정해서 당시의 생활환경을 묘사했다. 가장 큰 차이는 세계의 모습이 원형이 아니라, 사각형이라는 것이다. 그리고 나일강의 유로가 남쪽에서 북쪽 방향이 아닌, 서쪽에서 동쪽으로 형성된다는 것이다.

그는 '이오니아의 적도'를 기준으로 완전히 대칭적인 지리적 위치가 기후를 결정한다고 보았다. 그는 중심부에 위치한 그리스가 최상의 기후를 가지지만 (3.106), 스키타이는 추위와 겨울의 땅으로 8개월은 혹독한 겨울이 계속되는 한편 나머지 4개월도 여전히 추워, 소의 뿔이 나지 않을 정도라 했다(4.28-29). 반대로 리비아는 공기가 건조하고 땅은 태양에 노출되어 덥다고 기술했다(2.25-26). 그래서 겨울이 오면 두루미는 스키타이 지방을 떠나 이집트로 날아간다고 기술했다(2.22). 즉 남쪽의 리비아와 북쪽의 스키타이는 정반대의 기후를 가지고 있다.

그림 5의 지도에서 보면 나일강과 대칭적인 위치에 있는 북쪽에는 이스트로스강(다뉴브강)이 흐른다. 그는 나일강과 다뉴브강이 완전히 대칭을 이룬다고 주장했다. 나일강은 리비아에서 발원하여 리비아 한가운데를 가르며 흐르고, 이스트로스강은 피레네에서 발원하여 유럽 한가운데를 흐르는데, 두 강의 길이는 같다고 했다(2.33). 그런데 헤로도토스는 강의 위치만 대칭적으로 표현하지 않고 강의 수문학적 특성도 완전히 대칭적이라고 보았다. 이스트로스강은 여름이나 겨울이나 항상 수량이 동일하며(4.48), 다른 규모가 큰 여러 강이 합류해 큰 하천을 형성하지만, 나일강은 다른 하천이나 샘물이 유입되지 않으면서도 하나의 강으로는 가장 수량이 풍부한 강으로 기술했다(4.50).

그는 기후와 강이 관습과 풍속을 결정한다고 보았다(2.35). 즉 기후와 수문이 여러 민족의 속성을 결정하는 가장 중요한 요소가 된다고 했다. 이것은 가장 전형적인 환경결정론으로도 볼 수 있다(Thomas 2002). 『역사』 속에 언급된 지리적 내용은 이집트인과 스키타이인에 많은 분량이 할애되어 있다. 그런데 이 두 민족은 강의 이용이나, 농업과 주거의 양식, 그리고 역사와 종교 등의 측면에서 생활양식이 완전히 상반된다(표 1). 그렇지만 두 민족이 모든 측면에서 반대되는 성향을 띤 것은 아니다. 이집트인은 조상 전래의 관습을 따르고 다른 관습은 전혀 받아들이지 않았다(2.79, 2.91). 그리고 스키타이인 역시 외국의 관습을 따르기를 매우 꺼렸다(4.76). 즉 이 두 민족은 외래 문화수용을 거부한다는 측면에서는 공통점을 보인다.

그는 지형과 하천이 주거와 농경에 미치는 영향을 언급했다(Harrison 2007). 그는 스키타이족이 추격하는 자는 아무도 그들에게서 벗어나지 못하고, 또한 아무도 그들을 따라잡을 수 없다고 했다. 이는 평탄한 지형과 하천에 의한 관개가 용이해 목축이 가능하기 때문에 집을 수레에 실어 다니고, 말 타기와 활쏘기에 능하기 때문이라고 했다(4.46-47). 그리고 이집트의 경우는 나일강의 범람으로 인해 토지가 줄어든 경우 이를 측량하여 이후 세금에서 공제했기에 기하학이 발달했다고 한다(2.109).

자연에 대한 인간의 태도 역시 다르다. 이집트인은 자연을 적극적으로 활용했다. 그래서 이집트 초대 왕 민(Min 또는 Mines)은 제방을 쌓아 멤피스를 강으

표 1. 이집트인과 스키타이인의 생활양식 차이

|  | 이집트 | 스키타이 |
|---|---|---|
| 농업 | 강이 저절로 상승해서 경작지에 물을 대며, 물이 빠지면 씨앗을 뿌림(2.14). 돼지를 키움(2.47). | 어떤 씨앗도 뿌리지 않고 땅을 갈지도 않음(4.19). 돼지를 절대로 키우지 않음(4.63). |
| 강의 이용 | 수운으로 이용(2.96). | 적의 공격을 막는 방어용(4.47). |
| 역사와 민족의 정체성 | 가장 먼저 생겨난 민족(2.2). 나일강이 흐르면서 물을 대 주는 지역은 다 이집트이며 나일강물을 마시는 사람은 모두 이집트인(2.18). | 가장 연소한 종족. 제우스와 드네프르강의 여신이 낳은 후손으로, 인종에 의해 정의됨(4.5). |
| 거주지 | 늪지가 농경지로 변함(2.4). 새로운 농경지가 확보되면 일부가 이주해 정착함(2.15). 제방을 쌓아 도시를 강으로부터 보호함(2.99). | 황량한 땅이 먼저 존재(4.5). 이전에 살던 종족이 스스로 포기한 빈 땅에서 거주(4.11). 도시도 없고 성채도 없으며, 마차에서 거주(4.46). |
| 종교와 풍속 | 많은 신을 섬김(2.42). 매우 경건하며 청결함(2.37). | 숭배하는 신이 적음(4.59). 가축들처럼 공개적으로 성행위를 함(1.203). |

로부터 막았다(2.99). 이집트에서는 토양과 물이 국가의 근간이 된다. 이집트에 거주하는 마레아와 아피스 사람들은 자신들을 이집트인이 아니라 리비아인이라고 간주했다. 그래서 이집트 종교의 관례를 존중하지 않았다. 그리고 자신들은 이집트인과 공통점이 없다고 선언했다. 그러나 신은 나일강이 흐르면서 물을 대 주는 지역은 다 이집트이며 이 강물을 마시는 모두는 이집트인이라고 선포했다(2.18). 나일강 유역권에 사는 사람은 인종이나 종교에 관계없이 모두 이집트인이 되는 것이다(표 1 참고).

그러나 스키타이는 이와 반대이다. 제우스와 드네프르강의 여신이 낳은 자손 한 명이 황량한 땅에서 살게 되었는데, 그곳에 신성한 황금으로 만든 잔이 하늘에서 떨어져서 우연히 한 지역에 거주하게 되었다(4.5-7). 그렇지만 스키타이인에게는 정해진 땅이 없었다. 스키타이인은 적을 추격하다 길을 잘못 들더라도 그 지역에 정착한다(4.12). 그래서 가족을 고향에 남겨 두고 새롭게 정복한 땅에서 28년 동안을 살다가, 다시 가족에게 돌아갔을 때, 두고 온 자신의 아내와 노예 사이에서 낳은 자식들이 이들에게 대항하여 전쟁을 벌였다(4.1). 이 전쟁은 처음에 대등했지만 스키타이인이 기존의 무기 대신 채찍을 사용하기 시작하자, 노예들은 자신들의 원래 신분, 즉 노예라는 처지를 상기하여 항복하고 말았다. 즉 이집트인은 거주하는 지역의 자연환경에 의해 정의되지만, 스키타이인은 인종 또는 신분에 의해 정의된다.

헤로도토스는 인간이 자연환경에 적응해 다양하게 살아가는 방법을 기술한다. 예를 들어 나일강 상류에 거주하는 이집트인은 모기를 피하기 위해 바람이 많이 부는 높은 누각에서 잠을 잔다. 반대로, 늪지대에 사는 이집트인은 낮에 물고기를 잡는 그물을 밤에 모기장으로 이용해서 침상에서 잠을 잔다(2.95). 그리고 스키타이인의 땅에는 나무가 없기 때문에 고기를 익히기 위해 가마솥에 고기를 넣고 솥 밑에서 제물의 뼈를 태우며 고기를 익힌다고 기록했다(4.61).

헤로도토스는 기후와 지형이 다르기 때문에 관습과 규범이 달라진다고 주장하면서, 이집트의 기후와 하천이 다른 나라의 강과 다르기 때문에, 이집트인의 관습과 규범은 다른 모든 나라의 사람들 것과 정반대라고 기술했다. 그래서 이 집트에서는 여자들이 시장에 나가 장사를 하고 남자들은 집 안에서 베를 짠다고 했다. 베를 짤 때 다른 민족들은 씨실을 위로 쳐 올리는데, 이집트인은 아래로 친다. 그리고 남자들은 짐을 머리에 이는데, 여자들은 어깨에 멘다. 여자들은 소변을 서서하며, 남자들이 앉아서 소변을 한다고 했다. 그리고 배변은 집 안에서 하고 식사는 노상에서 한다고 했다. 또한 딸들은 싫더라도 부모를 봉양해야 한다고 했다. 이뿐만 아니라, 세상 어디서나 사제들은 머리를 길게 기르는데 이집트에서는 삭발한다고 했다(2.35-36).

이렇게 기후와 강이 생활양식에 결정적인 영향을 미치는 것을 기록했지만, 문화의 차이가 생활양식의 차이로 이어지는 경우도 언급했다. 그는 부디노이인과 겔로노스인의 언어와 생활방식이 다른 이유가 부디노이인이 토착 유목인이고 그 지역에서 유일하게 소나무 씨를 먹지만 겔로노스인은 농경민으로 곡식을 먹고 과수밭을 가꾸기 때문이라고 기술했다(4.108-109). 또 다른 예로 피타고라스의 노예였던 살목시스라는 사람이 고국에 돌아가서 매우 품격 있는 생활양식을 누리게 되었는데, 이는 피타고라스와 교류했기 때문이라고 했다(4.95). 그렇지만 주위의 강압에 의해 생활양식이 변경되는 경우도 있다. 예를 들어 리디아인은 키로스의 명령으로 생활양식을 바꿀 수밖에 없었다(1.157). 즉 농경문화나 학문, 그리고 적국의 강압에 의해 생활양식이 변경된다.

그러나 헤로도토스는 이렇게 형성된 관습에 우열은 없다고 보았다. 왜냐면 모든 사람이 자신들의 관습이 최고라고 말할 것이라고 그는 생각했기 때문이다. 그래서 그리스인은 결코 부모의 시신을 먹지 않지만, 다리우스가 인도인을 불러 죽은 부모의 시신을 먹는 대신 불로 태우는 것을 제안했을 때, 인도인은 불로 태우는 것을 강력하게 거부했다고 한다. 즉 관습이 만물의 제왕이라는 것이다(3.38). 그렇지만 이러한 문화상대주의의 견해가 야만인의 관습에도 적용되는 것은 아니다. 예를 들어 헤로도토스는 인육을 먹는 안드로파고이의 습속을 세상에서 가장 야만적인 것으로 간주했다(4.106).

# 4. 나가며

헤로도토스는 당시의 세계를 상세하게 기술했다. 따라서 그의 세계는 당시의 세계지리라고 볼 수 있다. 그렇지만 헤로도토스의 세계는 단순한 해안선이나 랜드마크로 채워진 세계가 아니다(Wheeler 1854). 오히려 살아 있는 사람들이 이야기하는 거대한 그림이라고 볼 수 있다. 이러한 관점에서 헤로도토스는 지리학자이면서 여행작가이기도 하다. 비록 헤로도토스가 '역사의 아버지'로 불리지만, 그의 책을 읽다 보면 그가 지리학자로 자신의 삶을 시작한 듯한 느낌을 받는다. 지리학의 영향이 헤로도토스에게는 너무나 강해서, 일부 학자는 그가 지리학자와 민속학자에서 시작해서 역사가가 되었다고 주장한다. 거대한 영토를 가진 페르시아와 유럽, 그리고 아프리카를 조사하다 보니, 종래의 기하학적인 지리학의 틀로는 이들 지역을 설명하는 것이 불가능했다. 예를 들어 아낙시만드로스의 도식화된 지도로는 세계를 설명하는 것이 불가능했던 것이다. 그래서 과거의 도식적인 지리학과 단절하고, 역사와 지리를 통합하여 전쟁의 원인을 설명한 것이다(Dozeman 2003).

헤로도토스는 그리스인이 접근할 수 있는 세계를 확장했다. 그는 이집트와 소아시아를 넘어 바빌로니아와 페르시아 본토, 북쪽으로는 카스피해와 흑해 주변의 스키타이, 발칸반도 북부로 여행했다. 그리고 카스피해가 호수인 것을 알아, 지구 주위에 오케아노스가 있다는 이전의 의견을 부정했다. 즉 미지의 땅은 여행을 통해 알아 가는 것이지, 인간의 추상적 사고에 의해 도식적으로 추론하는 것이 아니라는 것을 알려 주었다. 즉 여행을 통한 지리적 사고가 이루어져야 한다는 것을 기원전 5세기에 알려 주었다. 이것은 이론적 지리학이 아닌 경험적 지리학의 시초라고도 볼 수 있다.

또한 『역사』는 문학적 여행기는 아니지만, 저자가 직접 여행하면서 체험하고 관찰하고 느낀 점을 기록한 생생한 여행보고서라는 것을 부인할 수 없다. 손명철(2016)은 학교수업에서 여행기를 활용하면 맥락적 이해를 통해 편견을 감소시키고, 자기 성찰을 통해 내면적 성숙을 도모하며, 인식의 전환을 통해 통념을 해체하는 등의 정의적 학습 효과를 기대할 수 있고, 또 지구상의 평화와 공존, 협력을 추구하는 세계시민교육의 핵심 가치와도 부합한다고 주장했다. 『역사』의 집필 목적과 내용이 바로 이러한 여행기 활용 효과에 완전히 부합한다. 헤로도토스는 페르시아 전쟁의 경험을 통해 평화를 추구하기 위해 이 책을 집필했다. 그리고 그는 고대의 다른 저자들과는 달리 상대적으로 다른 민족에 대해 열린 자세를 가졌다. 중요한 것은 이러한 정신을 추구한 그의 『역사』가 여행을 통해 집필되었다는 것이다. 『역사』는 헤로도토스의 여행 목적과 생각 및 여행지의 정보를 풍부하게 담고 있기 때문에, 동시대의 세계관 또는 지리적 인식에 대한 중요한 정보를 제공한다.

오늘날은 누구나 여행의 경험을 기록한다. 그리고 여행지에서의 쇼핑 경험과 식당의 메뉴 하나하나까지 사진으로 찍어 블로그에 올리는 수고를 마다하지 않는다. 그리고 여행지의 소소한 경험을 통해 다른 사람들과 소통한다. 헤로도토스는 이미 2500년 전에 이러한 경험을 하고, 자신의 경험을 책 속에 기록했다. 리샤르드 카푸시친스키에게 헤로도토스가 여행의 동행자가 되었듯이, 작은 블로그의 내용이나 여행기를 통해 우리 또한 다른 사람들에게도 귀중한 여행의 동행자가 될지도 모른다.

· **참고문헌** ·

권용우·안영진, 2001, 지리학사, 한울.
김경현, 2005, "헤로도토스를 위한 변명," 서양고전학연구 24, 265-302.
김문자, 2007, "스키타이계 복식에 대한 연구," 패션 비즈니스 11(4), 204-220.
김봉철, 2011, "지중해세계 최초의 역사서, 헤로도토스의 역사," 서양사론 109, 319-339.
김봉철, 2017, "헤로도토스의 『역사』에 나타난 다문화 인식," 서양사론 135, 133-167.
라이오넬 카슨 저, 김향 역, 2001, 고대의 여행이야기, 가람기획(Casson, L., 1994, *Travel in the ancient world*, Baltomore: Johns Hopkins University press).

리처드 하트손 저, 한국지리연구회 역, 1998, 지리학의 본질, 민음사(Hartshorne, R., 1939, *The nature of geography*, Lancaster: Association of American Geographers).

박병섭, 2006, "고조선과 스키타이족 문화에 나타난 한국철학의 시원(始原)," 고조선단군학 15, 87-135.

박주현, 2008, "21세기 한국 여행기에 드러나는 오리엔탈리즘 - 인도 여행기와 뉴욕 여행기를 중심으로," 비교문학 45, 165-188.

손명철, 2016, "세계지리 수업에서 여행기를 활용한 정의적 영역의 보완," 한국지역지리학회지 22(3), 730-744.

송영민·강준수, 2018, "여행기(Travel Writing)의 가치 분석," 관광연구논총 30(1), 3-28.

아리스토텔레스 저, 천병희 역, 2002, 시학, 문예출판사.

앨런 라이언 저, 남광태·이광일 역, 2017, 정치사상사: 헤로도토스에서 현재까지, 문학동네(Ryan, A., 2012, *On politics: a history of political thought from Herodotus to the present*, New York: Liveright Pub. Corp).

이형의, 1989, "헤로도토스의 역사사상의 형성에 대한 고찰," 사총 36, 89-123.

이희연, 1991, 지리학사, 법문사.

최성은, 2012, "『헤로도토스와의 여행 (Podróże z Herodotem)』에 나타난 리샤르드 카푸시친스키의 저널리즘 철학," 동유럽발칸학 14(1), 147-173.

투퀴디데스 저, 천병희 역, 2011, 펠로폰네소스 전쟁사, 숲(Jones, S., 1942, *Thucydidis Historiae, with apparatus criticus revised by J.E. Powell*, Oxford: Oxford Classical text).

페르낭 브로델 저, 강주헌 역, 2012, 지중해의 기억, 한길사(Braudel, F., 1988, *Les mémoires de la Méditerranée*, Paris: Fallois).

헤로도토스 저, 김봉철 역, 2016, 역사, 도서출판 길(Stein, H., 1883-93, *Heroditi Historiae*, Berlin: Berloni Apud Weidmannos).

헤로도토스 저, 박광순 역, 1987, 역사, 범우사(De Selincourt, A., 1972, *The Histories*, New York: Penguin).

헤로도토스 저, 천병희 역, 2009, 역사, 숲(Hude, C., 1927, *Herodoti Historiae*, Oxford: Oxford Classical text).

Baragwanath, E., 2008, *Motivation and Narrative in Herodotus*, Oxford: Oxford University Press.

Blanton, C., 2002, *Travel Writing: The Self and the World*, New York: Routledge.

Branscome, D., 2010, "Herodotus and the Map of Aristagoras," *Classical Antiquity* 29(1), 1-44.

Bunbury, E.H., 1879, *History of Ancient Geography*, London: John Murray.

Campbell, M.B., 1988, *The Witness and the Other World, Exotic European Travel Writing, 400-1600*, London: Ithaca.

Ceccarelli, P., 2016, "Map, catalogue, drama, narrative," in *New Worlds from Old Texts: Revisiting Ancient Space and Place*, eds., E. Barker, S. Bouzarovski, C. Pelling, and L. Isaksen, Oxford: Oxford University Press, 61-80.

De Bakker, M., 2016, "An uneasy smile: Herodotus on maps and the question of how to view the world," in *New Worlds from Old Texts: Revisiting Ancient Space and Place*, eds., E. Barker, S. Bouzarovski, C. Pelling, and L. Isaksen, Oxford: Oxford University Press, 81-99.

Demont, P,, 2009, "Figures of Inquiry in Herodotus's Inquiries," *Mnemosyne* 62, 179-205.

Derrett, J. D. M., 2002, "A Blemmya in India," *Numen* 49(4), 460-474.

Dorati, M., 2011, "Travel Writing, Ethnographical Writing, and the Representation of the Edges of the World in Herodotus," in *Herodotus and the Persian Empire*, eds., R. Rollinger, B. Truschnegg, R. Bichler, Wiesbaden: Harrassowitz Verlag, 273-312.

Dozeman, T.B., 2003, "Geography and History in Herodotus and in Ezra-Nehemiah," *Journal of Biblical Literature* 122(3), 449-466.

Dueck, D., 2012, *Geography in Classical Antiquity*, Cambridge: Cambridge University Press.

Engles, J., 2008, "Universal History ad Cultural Geography of The Oikoimene," in *Herodotus' Historiai and Strabo's Geographika*, ed. J. Pigon, New Castle upon Tyne: Cambridge scholars publishing, 144-161.

Friedman, J. B., 2000, *The monstrous races in medieval art and thought*, Syracuse: Syracuse University Press.

Gottesman, R., 2016, "Periplous thinking: Herodotus' Libyan logos and the Greek Mediterranean," *Mediterranean Historical Review* 30(2), 81-105.

Harrison, T., 2007, "The Place of Geography in Herodotus' Histories," in *Travel, Geography and Culture in Ancient Greece, Egypt and the near East*, eds., C. Adams and J. Roy, Oxford: Oxford University Press, 44-65.

Humble, N., 2011, "Xenophon's Anabasis: Self and Other in Fourth-Century Greece," in *Mediterranean Travels: Writing Self and Other from the Ancient World to Contemporary Society*, eds., P. Crowley, N. Humble, and S. Ross, New York: Legenda, 14-31.

Huntington, E., 1915, *Civilization and Climate*, New Haven: Yale University Press.

Lateiner, D., 1989, *The Historical Method of Herodotus*, Toronto: University of Toronto

Press.

Myres, J.L., 1896, "An attempt to reconstruct the maps used by Herodotus," *The Geographical Journal* 8(6), 605-629.

Niebuhr, B.G., 1830, *A Dissertation on the Geography of Herodotus with Map*, Oxford: D.A. Talboys.

Oldenburg, S., 2008, "Headless in America," in *The Mysterious and the Foreign in Early Modern England*, eds., H. Ostovich, M.V. Silcox, and G. Roebuck, Newark: University of Delaware Press, 39-57.

Purves, A., 2010, *Space and Time in Ancient Greek Narrative*, New York: Cambridge University Press.

Redfield, J., 1985, "Herodotus the Tourist," *Classical Philology* 80(2), 97-118.

Rennell, J., 1800, *The Geographical System of Herodotus Examined and Explained*, London: C.J.G. and F. Rivington.

Romm, J., 1992, *The Edges of the Earth in Ancient Thought: Geography, Exploration, by a comparison with those of other Acient authors, and with Modern Geography, and Fiction*, Princeton: Princeton University Press.

Romney, J.M., 2017, "Herodotean Geography (4.36-45): A Persian Oikoumenē?," *Greek, Roman, and Byzantine Studies* 57, 862-881.

Thomas, R., 2002, *Herodotus in Context: Ethnography, Science and the Art of Persuasion*, Cambridge: Cambridge University Press.

Thompson, C., 2011, *Travel writing*, New York: Routledge.

Tozer, H.F., 1897, *A History of Ancient Geography*, Cambridge: Cambridge University Press.

Youngs, T., 2013, *The Cambridge introduction to travel writing*, Cambridge: Cambridge University Press.

Wheeler, J.T., 1854, *The geography of Herodotus*, London: Longman.

David Rumsey Map Collection(https://www.davidrumsey.com).

# 제4장

# 마르코 폴로가 동쪽으로 간 까닭은?
## : 마르코 폴로의 『동방견문록』

『동방견문록』은 13세기 중국을 방문한 유럽인의 기록이다. 현대의 관점에서 본다면 먼 길을 떠났다가 돌아온 사람의 신비하고 재미있는 경험담쯤이겠지만, 13세기 유럽의 입장에서 다시 살펴본다면 그의 이야기는 단순한 여행기를 넘어선다. 오늘날 여행기라 하면 여행을 다녀온 이들의 소회와 감상이 주를 이루지만, 여행이 쉽지 않았던 시기의 여행기는 미지의 세계에 대한 지식을 알려 주는 주요한 매개체였다. 나아가 독자들의 공간관과 세계관을 넓혀 주었다. 마르코 폴로(Marco Polo, 1254~1324)의 여행기는 단순한 여행기를 넘어서 유럽 사회의 변화에 근본적인 영향을 미쳤다. 일반인들에게는 이름도 익숙하지 않은 곳을 다녀왔다는 그의 이야기도 신기했겠지만 엄청나게 비싼 향신료와 비단, 도자기 등이 그곳의 도시마다 가득하다는 이야기는 듣는 것만으로도 짜릿했을 것이다. 마치 우리가 우주여행을 다녀온 사람들의 이야기를 듣는 것처럼 말이다.

그는 어쩌다 그 먼 길을 떠나 동양에 가게 되었을까, 그가 이야기한 것들은 단순히 재미있기만 할 뿐일까, 그의 이야기가 유럽 사회에 어떠한 영향력을 주었기에 오늘날에도 세계의 고전으로 남아 있는 것일까? 폴로의 여행기에 대한 연구는 역사학, 서지학, 문학 등에서 끊임없이 이루어져 왔다. 그러나 대부분의 연구가 전공자와 전문가를 위한 것이어서 일반인이 동방견문록을 이해하는 데에는 다소 어려움이 있다. 이에 이 글에서는 폴로가 여행을 하게 된 배경과 상황을 알아보고, 그가 여행한 지역에 대해 남긴 내용들을 간단히 살펴본 후, 그의 여행기가 유럽 사회에 미친 영향력에 대해 이야기하고자 한다.

# 1. 마르코 폴로가 동쪽으로 간 까닭은?

### 1) 역대 최고의 베스트셀러 작가 마르코 폴로

폴로의 여행기는 우리에게는 최초로 동양에 다녀온 서양인의 기록 정도로 인식되고 있지만 유럽 사회에서는 『성경』 다음으로 많이 읽힌 것으로 알려진 베스트셀러이다. 주인공이자 화자인 폴로는 베니스 출신의 상인으로, 아버지와 삼촌을 따라 1271년부터 1295년까지 원나라를 비롯한 동양에 다녀온 것으로 알려져 있다. 따라서 폴로의 여행기는 유럽의 대표적인 고전으로 꼽히지만, 과연 폴로가 현존하는 인물이었는지, 그가 실제로 중국에 다녀왔는지에 대한 의구심은 끊임없이 제기되었다.

『동방견문록』은 폴로의 여행기로 알려져 있지만, 원작가는 루스티첼로(Rustichello)이다. 그는 제노바의 감옥에서 만난 폴로의 이야기를 받아 적은 것으로 알려져 있다. 아마도 상인으로서, 글을 쓸 정도로 필력이 좋지 못했던 폴로가 자신의 이야기를 대필시킨 것 같다. 우리가 알고 있는 고전의 저자 대부분이 높은 학식과 풍부한 경험이 있었던 반면, 폴로는 풍부한 경험만을 많이 갖춘 국제 상인이었다. 그 두 사람이 자신들의 첫 작품에 어떠한 제목을 붙였는지는 알려져 있지 않다. 우리가 보는 대부분의 폴로 여행기가 초판본이 아니기 때문이다.

당시의 출판이라는 것이 인쇄기를 이용한 규격품이 아니라 사람들이 일일이 베껴 쓰는 것이었으니 초판의 표지도 남아 있지 않아 제목을 알기도 어렵다. 게다가 폴로와 루스티첼로가 초판을 썼던 그 당시에는 여행기 대부분에 제목이 없었다고 하니, 처음부터 제목이 없었을 수도 있겠다.

  폴로 여행기는 현존하는 사본만도 143종에 이르고, 인쇄술이 발명된 이후의 활자본도 300여 종에 이른다. 물론 현존하는 사본에는 여행기의 일부만이 실린 것들도 있다. 폴로 여행기 중 가장 신뢰도가 높은 사본으로는 프랑스지리학회본(F본),[1] 라무시오(Ramusio)본(R본),[2] 젤라다(Zelada)본(Z본),[3] 궁중5종 프랑스어본(G본)[4] 등이 있다. 1934년 모울과 펠리오는 프랑스지리학회본(F본)을 바탕으로 라무시오본(R본)과 젤라다본(Z본)을 비롯한 18개 사본들을 대조해서 중요한 내용을 보충한 후 영어로 번역하였다. 모울과 펠리오의 번역본은 여러 판본들을 보완하였기에 번역본의 결정판으로 평가된다. 우리나라에서 완역 결정본으로 일컬어지는 김호동의 『동반견문록』도 이 판을 바탕으로 역주한 것으로 알려져 있다(최윤정 2017, 182).

  『동방견문록』이 다루고 있는 지역은 당시 유럽 이외의 모든 지역으로, 중동지역부터 중앙아시아, 원나라의 북부·서남부·동남부, 인도양 연안 지역, 아르메니아 및 터키 등이다. 폴로의 여행 시기는 쿠빌라이 칸(Khubilai Khan)의 치세

---

1. 프랑스지리학회본(F본)과 그 계열은 파리국립도서관에 소장되어 있다. 원본은 14세기 초 이탈리아에서 112장의 양피지에 필사된 것으로 1824년 프랑스지리학회에서 처음으로 인쇄본으로 출판하였는데, 프랑스어와 이탈리아어가 혼합되어 있고 원본의 언어에 가장 근접한 것으로 평가된다. 프랑스 지리학회본을 토스카나 방언으로 번역한 것을 T본, 베니스 방언으로 번역한 것을 V본이라 한다. V본은 1320년 피피노(Pipino)에 의해 라틴어로 번역되어 유럽에서 광범위하게 유통되었는데, 콜럼버스가 이 V본을 읽었다고 한다(최윤정 2017, 180).
2. 라무시오본은 지리학자인 라무시오가 폴로와 관련된 사실과 일화를 수집하여 이탈리아어로 쓴 『항해와 여행 Navigationi et viaggi』에 포함되어 있다(최윤정 2017, 180).
3. 젤라다본은 1795년 로마 추기경 젤라다가 스페인의 톨레도 교회 도서관에 기증한 라틴어 사본이다(최윤정 2017, 181).
4. 프랑스 학자 포티에(Pauthier)가 1865년 4종의 구 프랑스어 판본을 현대 프랑스어로 개역하여 주석을 달아 출판한 것이다. 프랑스어본은 1307년 폴로가 프랑스의 기사 티보 드 세푸아(Thibault de Cepoy)에게 준 수기본을 근거로 한 것이라고 전해진다(최윤정 2017, 180).

그림 1. 동방견문록 표지

와 거의 일치하며 그가 여행했던 지역이 대부분 몽골 제국의 정복 지역이거나 조공 지역에 해당하기 때문에 동방에 대한 견문록이라고 불리는 것이 일반적이다. 포티에의 역주본은 '마르코 폴로의 서(Le Livre de Marco Polo),' 피피노의 V본은 '동방에 위치한 지역들의 풍급과 특성들에 대하여(De Consuetudinibus et Conditionibus Orientalium Regionum),' 1938년 출판된 펠리오의 영역본은 '세계에 대한 묘사(The Description of the World)'라 하였다. 일본에서는 '東方見聞綠,' 중국에서는 '遊記' 혹은 '行記'라 하였다(최윤정 2017, 183).

폴로 여행기는 우리나라에서는 '동방견문록'으로 알려져 있다. 서양에서는 폴로의 여행기를 이탈리아어로는 Il Millone, 영어로는 Marco Millions라 하는데, 폴로의 여행기가 출간된 무렵부터 일반적으로 그렇게 불렀다고 한다. '백만'이라는 의미의 'Millone' 혹은 'Million'이 사용된 이유에 대해서는 베니스의 다른 작가 이름이 에밀리오네(Emillione)였기에 그와 구분하기 위해서라는 설과 몽골 제국의 입구를 장식한 금의 양이 10~15백만(millioni)이었다는 것을 상징적으로 표현한 것이라는 설, 그리고 백만 가지 이상의 거짓말을 뜻한다는 설도 있다(조문환 2016, 203). 또한 폴로의 여행기에 과장된 표현이 많아서 Il Millone라 불렀다고도 한다. 즉 그의 글에 표현된 "엄청나게 많은", "풍부한", "풍요로운" 등의 '양'과 관련된 형용사들이 많았기 때문이라는 것이다. 그는 자신이 살던 유럽에 비해 다양한 생산물이 생산되던 미지의 땅의 풍요로움에 대해 설명했겠지만, 그런 풍요로움이 존재할 것이라 생각하지 못했던 유럽인의 입장에서라면 동양의 부에 대해 설명하는 그를 허풍장이라 불렀을 법하다.

## 2) 상인 마르코 폴로, 비단길을 걷다

폴로의 여행기가 유럽인에게 지속적으로 인기가 있었던 것은 그 자신이 직접 비단길을 걸었노라고, 그리고 그 길을 따라 여행하면서 진귀하고 값비싼 물건들로 가득 찬 마을들과 도시들을 목격했노라고 이야기한 최초의 유럽인이었기 때문일 것이다. 폴로와 비슷한 시기 몽골 제국에 파견되었던 수도사들은 높은 학식과 깊은 통찰력으로 몽골 사회와 역사에 관한 의미 있는 기록들을 남겼지만, 당시 대중이 관심을 갖기에는 고차원적인 관점에서 몽골 제국을 바라보았다. 게다가 수도사들의 여행 목적은 몽골 제국의 기독교도화를 위한 사전 조사였기에 그들이 생산한 자료는 대부분 교황청의 외교 문서였고 대중에게 유통되기에는 한계가 있었다.

반면 베니스 출신인 폴로의 직업은 상인이었다. 아마도 당시 동방을 여행한 유럽 출신 상인은 폴로 이외에도 더 있었을 것이다. 그러나 그들은 대부분 자신들의 이야기를 남길 만큼 시간이 나지도 않았을 테고, 더구나 자신이 수집한 귀한 정보를 남들과 공유하고 싶지 않았을 것이다. 게다가 정치적, 종교적 목적을 지니고 중국을 방문한 선교사들의 기록과 달리 폴로의 여행기는 상인의 입장에서 본 '그 지역에서 가장 돈 되는 것', '그 지역으로 가기 위한 교통편', '그곳에서 가장 조심해야 하는 것', '그 지역 사람들의 인심', 등 일반인들이 '그곳'에 직접 가고자 할 때 필요로 하는 실질적인 정보들을 주었다. 폴로는 새로운 지역에 대한 이야기를 시작하면서 반드시 그 지역의 지배자가 누구인지를 구체적으로 밝히고 있으며, 앞선 지역과의 거리는 얼마나 되는지를 자신의 도보 거리로 측정해서 알려 주었다. 현재를 사는 우리에게는 그리 중요한 정보가 아니지만, 당시 그 지역을 여행하고자 하는 상인이나 여행객에게는 정말이지 유용한 정보가 아닐 수 없다.

한편 여행기의 서문에서는 폴로 가족이 베니스를 떠나 중국에 갔다가 귀국한 일, 제노바의 감옥에 갇히게 된 사연 등을 적고 있다. 당시의 상인, 더구나 베니스나 제노바의 상인들은 상업에만 종사한 것이 아니었다. 험하고 먼 이국에 가서 값비싼 향신료나 비단을 사 오는 일은 매우 위험한 일이었고, 무역로를 개척한다는 것은 토착 세력과의 마찰을 동반하는 일이었다. 따라서 역사적으로 유럽에서는 해외 무역을 담당한 상인이 토착 세력과의 마찰에 대비하여 무장 세력을 동원하거나 자신이 직접 전투에 참가하곤 했다. 상인인 폴로가 제노바 감옥에 포로로 갇히게 된 것도 베니스의 다른 상인들과 함께 제노바와의 전투에 참여했기 때문이었다. 다만 당시의 폴로에게 글을 쓸 수 있을 만큼의 식견이 없었을 가능성도 높다. 따라서 폴로는 1298년 제노바의 감옥에서 루스티첼로를 통해 자신의 경험을 기록했다. 여행기 중간중간 화자의 시점이 종종 바뀌는 것은 이 때문일 것이다. 그런데 여기서 드는 한 가지 의문점은 당시 종이가 발달하지 못했던 유럽에서, 그것도 감옥에서 그 많은 양의 이야기를 어떻게 기록했느냐는 것이다. 당시 그 정도의 이야기를 기록하기 위해서는 A3 크기의 양피지 300장 정도가 소요되었으며, 이는 송아지 75마리가 필요한 분량이라고 한다(최윤정 2017, 183).

폴로가 여행한 길, 즉 비단길은 유럽과 동양(정확히는 동남아시아) 사이에서 무역을 하던 카라반들이 물품을 교환하던 육로와 중국의 시안과 터키의 안티오키아, 시리아 및 기타 지역을 연결하던 해로를 총칭한다. 비단길이라는 용어는 독일 지리학자 페르디난트 폰 리히트호펜(Ferdinand von Richthofen)이 1877년 *Tagebücher aus China*에서 "Seidenstraße"(비단길)라 명명한 것에서 유래한다. 비단길은 육지, 바다, 강을 연결하는 거대한 네트워크로 그 길이만 8,000km에 이른다.

비단길에서 비단만이 유통된 것은 아니다. 비단은 이 길의 가장 비싸고 중요한 무역 상품이었고 이 외에도 여러 상품과 문화, 문명이 이 길을 따라 교류되었다. 비단길의 유럽 쪽 도착지는 이탈리아였다. 이탈리아 반도에는 이 길을 따라 도자기, 쌀, 오렌지, 귤 등 동양의 상품들이 전해졌다. 당시 비단길의 주요 거래 품목은 비단, 의약품, 향신료, 노예, 보석 등 값비싼 것들이었다. 비단길은 크게 4개 정도의 루트가 있다.[5] 비단길을 통해 아시아의 상품이 유럽으로 유입되었지만 중앙아시아의 험준한 산악 지형과 척박한 기후, 그리고 그 중간에서 교역을 독점하던 중간상인에 의해 중국과 유럽은 직접 교역을 할 수 없었다. 대신 중앙아시아의 중간상인이 중국과 유럽 사이에서 중개무역을 하여 높은 이윤을 올렸다(조문환 2016, 193).

비단길의 역사는 매우 오랜 것으로 고대 로마시대까지 거슬러 올라간다. 그러나 고대 로마인은 이집트, 그리스, 페르시아 정도만 직접 교류하고 있었기에 로마 제국이 접촉한 가장 동쪽 지역은 투루판, 사마르칸트, 바그다드까지였다. 따라서 당시 로마인을 비롯한 유럽인은 중국이나 아시아에 대해서는 잘 몰랐으며 인도와 중국을 구분하지 못했다고 한다. 그들이 생각한 아시아에는 괴물이 살고, 그 동쪽 끝에는 에덴 동산이 있었다. 유럽인의 동양에 대한 이러한 막연한 인식은 중세시대까지 이어졌다.

아시아에 대한 유럽인의 무지와는 달리 아시아에서 온 상품은 유럽에서 값비싼 사치품이었고 부와 사회적 지위를 과시하는 수단이었다. 심지어 11~12세기 해상 강국으로 부상한 이탈리아의 도시국가들은 동양의 의약품, 작물, 실크 등을 얻기 위해 근동 지역, 이집트, 비잔틴, 지중해 소규모 섬 등에 상업 식민지를 건설하기도 하였다. 유럽, 특히 이탈리아의 상인들이 중국과 직접 교역을 시작한 것은 13~14세기로, 몽골 제국이 비단길의 서쪽 도착점과 동쪽 도착점 그리고 그 중간의 전역을 단일한 통치권으로 통합하면서부터였다. 폴로의 여행이 의미를 갖는 것은 그동안 중간상인에 의해 막혀 있던 동서양 간의 교역 루트가 드디어 뚫렸으며, 이를 통해 동양으로 직접 건너간 프론티어의 기록이라는 점이다. 즉, 폴로는 비단길을 통해 베이징까지 여행했다고 진술한 최초의 유럽

5. 중국 북부를 기점으로 터키의 킵차크한국을 거쳐 동유럽, 크림반도, 흑해, 발칸반도, 베니스에 이르는 북쪽 비단길, 중국 남부를 출발하여 투르키스탄, 호라산, 메소포타미아 지역을 거쳐 안티오키아, 아나톨리아 남부, 지중해로 이어지는 길, 중국 남부에서 출발하되 중동의 레반트 지역, 이집트, 북아프리카에 이르는 남쪽 육로, 중국 남부에서 출발하여 필리핀, 브루나이, 시암, 말라카, 실론, 인도, 페르시아, 이집트, 지중해로 이어지는 해로가 있다(조문환 2016, 194).

인이다. 원나라에서 발행해 준 통행증 덕에 폴로는 자유로이 이 지역을 왕래할수 있었다고 한다(조문환 2016, 195~197). 칭기즈칸이 중앙아시아 지역을 점령하면서 비단길을 통한 동서 간의 무역은 절정에 이르렀으며, 폴로가 비단길을 따라 중국에 간 시기는 바로 이 비단길 무역의 절정기였다. 폴로가 태어날 당시그의 고향 베니스는 동서 간의 교역을 통해 부를 축적하여 13~14세기 가장 부유한 도시가 되었고, 유럽 최초의 근대 자본주의를 태동시켰다.

동양의 상품에 대해 열망이 큰 사람들에게 폴로의 이야기는 동양산 고가품들이 어느 곳에서 나는지를 알려 준 보물지도나 다름없었을 것이다(조문환 2016, 197). 그가 여행 중 보았다는 각 지역의 특산품, 특히 중국의 농산품과 수공예품은 유럽에서는 매우 값비싼 것이었고 이는 이후 16세기 베니스, 제노바, 루카, 피렌체 등이 중국 산업의 중심지로 발달하는 데 크게 기여하였다고 평가받는다(조문환 2016, 204). 폴로의 여행기는 유럽인에게 아시아에 대한 인식을 심어 주었으며 동양에는 인도와 중국이라는 나라가 따로 존재한다는 점을 인식시켜 주었고, 유럽에서는 금보다 비싼 향신료가 동양의 시장에는 그득하다는점을 알려 주었다. 폴로가 실제로 동양을 여행했는지, 그의 이야기에 허풍이 가득 찬 것이 아닌지에 대한 논란이 끊이지 않았지만 그의 여행기는 유럽인에게동양에 대한 열망을 키워 주었고 나아가 콜럼버스에게 동방 항해의 동기가 되었다.

### 3) 마르코 폴로의 여행지, 몽골 제국

폴로는 비단길을 통해 여행을 한 사람 중 가장 유명한 사람이지만 몽골 제국을 여행한 첫 번째 유럽인은 아니다. 13세기 원나라가 제국을 세운 이후 폴로 이외에도 여러 명의 유럽인이 원나라를 방문했다. 1206년 설립된 몽골 제국이 동유럽까지 세력을 확대하자 소위 '타타르에 대한 공포'가 유럽을 휩쓸었다(박용진 2014, 356~357). 몽골 제국의 거침없는 행보를 목격한 유럽의 기독교회는 몽골 제국을 선교하기로 하였다. 그러기 위해서는 몽골 제국에 대한 자세하고 정확한 정보가 필요했다. 이를 위해 선교사들을 보냈으며, 그들의 표면적인 임무는 선교나 교황의 친서 전달과 같은 종교 및 외교적인 활동이었다. 당시 원나라를 방문한 선교사들은 카르피니(Giovanni da pian del Carpini, 1329년 『몽골의 역사 *Historia Mongalorum*』 출간), 루브룩(Guillaume de Rubrouck, 『몽골 제국 기행 *Voyage dans I Empire Mongol*』 출간), 포르데노네(Odorico da Pordenone, 1318~1330년 인도, 자바, 광동, 베이징 등 여행), 마리뇰리(Giovanni de Marignolli, 1342~1347년 베이징 체류), 몬테코르비노(Giovanni da Montecorvino, 1294년 베이징에 도착하여 선교, 1305년 베이징에 최고의 교회 세움, 1307년 최초의 베이징 대주교로 임명됨) 등이었다. 이들은 수도사로서 선교의 임무를 띠고 방문했으나 몽골 제국에 대한 정보 수집도 그들의 주된 방문 목적이었다. 역사적으로 유럽의 기독교 사제들은 선교와 같은 종교적 목적을 위해서만 해외 지역에 파견되지 않았으며, 그들의 선교가 종교인으로서의 소명에 의한 것이기만 한 것도 아니었다. 이는 15세기 이후 유럽의 아시아, 아메리카, 아프리카로의 진출 과정에서 잘 나타났다. 교황은 15세기 중반 포르투갈에게, 15세기 후반에는 스페인에게 선교보호권을 부여하였다. 선교보호권이란 각 국가가 새로이 발견한 지역에 대하여 독점적인 권리와 소유권을 보장받는 대신 해당 지역에 대한 선교의 의무를 지는 것이다. 국왕은 해당 지역의 선교 사업에 소요되는 제반 경비를 제공하고 그 지역에 파견되는 주교 등 성직자의 임명권을 부여받았다. 따라서 선교사들은 종교인으로서의 책무뿐 아니라 국왕이 원하는 정책과 이익을 함께 추구해야 했다. 선교사들은 유럽에게 새로운 지역인 아메리카, 아시아를 개척하는 과정에서 반드시 함께 진출하였다.

폴로가 여행한 중국은 원나라, 즉 몽골 민족이 세운 나라였다. 칭기즈칸과 그 후예들은 단 25년이라는 짧은 기간 동안 현재의 중국뿐 아니라 유럽의 헝가리, 남아시아의 인도 평원 지역, 동남아시아의 베트남, 북으로는 시베리아 지역, 그리고 동으로는 고려까지 정복하였다. 거대한 정복의 역사와 함께 우리가 기억

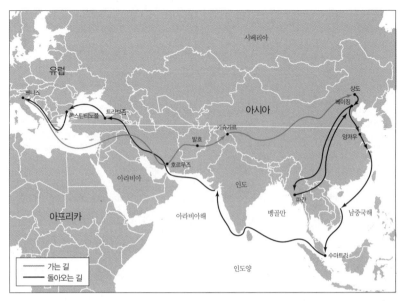

시베리아

유럽

베니스

콘스탄티노플    트라브존

아시아

상도

베이징

카슈가르

발흐

양저우

호르무즈

아라비아

인도

파간

남중국해

아프리카

아라비아해

벵골만

수마트라

가는 길
돌아오는 길

인도양

그림 2. 마르코 폴로의 여행 경로

해야 하는 부분은 광대한 제국을 통치한 사회적 제도이다. 몽골은 자신들이 세운 거대한 제국의 상업과 외교력을 확대하기 위해 아프리카까지 탐사대를 보냈으며 슬라브족의 여러 도시들을 합쳐서 러시아를 만들고, 만주, 고비, 탕구트, 위구르 등을 합쳐서 중국을 건설했다(김은정 2006, 23). 원나라는 기마 민족으로서 전투에서 뛰어난 것으로만 잘 알려져 있지만, 역참 제도를 통해 광활한 영토 내의 네트워크를 형성하였고, 제국 내에서 단일 화폐를 유통시키고 통일된 국제법을 형성하여 광활한 영토가 하나의 단위로 작동하는 것을 가능하게 한 민족이다. 또한 그들은 제국 내에서 종교의 자유를 허락하여 자유를 찾는 이주민이 유입되게 하는 것은 물론, 이주민들의 사회 활동이 이루어질 수 있도록 하였다. 그들은 서양과의 교류에서 중요한 통로 역할을 하였던 실크로드를 활성화시켰다. 이렇듯 원나라는 매우 유연하고도 실용적인 체제를 통해 인류 최초의 제국을 세계의 국가로 작동시켰다.

13세기 몽골 제국의 출현은 세계사적으로 인적, 물적 교류와 통합의 계기가 되었다. 몽골의 서방 원정을 계기로 유럽은 아시아로 진출하는 경로를 본격적으로 열게 되었고, 몽골의 평화시대(pax mongolica)에는 다수의 유럽인이 아시아로 길을 떠났다(최윤정 2017, 176). 몽골이 유라시아를 아우르는 대제국을 건설하고 자유롭고 안전한 통행을 보장하게 되면서 당시 이탈리아의 상인들에게는 흑해에서 출발해서 몽골 제국을 경유해 동양으로 직접 갈 수 있는 길이 열렸다. 베니스 출신의 니콜로 폴로(Nicclò Polo)와 마페오 폴로(Maffeo Polo)도 무역을 통한 수익을 올리기 위해 바닷길을 통해 동양으로 향했으며, 니콜로의 아들이자 마페오의 조카인 마르코 폴로도 함께했다.

그 당시 폴로가 살던 유럽은 이제 막 중세의 잠에서 깨어나 르네상스의 시대로 나아가고 있었다. 몽골 제국에서 이루어지는 타 문명과의 활발한 교류 및 근대 체제의 형성은 유럽 사회에도 변화의 바람을 일으켰다. 유럽 대부분의 지역은 몽골의 지배를 받은 경험은 없지만 몽골 제국의 수혜를 가장 많이 받은 것으로 평가된다. 몽골 제국과의 직접적인 교류 및 그로 인한 영향력은 유럽 사회의 과학기술, 의복, 상업, 음식, 예술, 문학, 음악 등에서 변화를 이끌어내었다. 동양으로부터 인쇄술, 나침반, 주판 등의 핵심적 과학기술이 도래하였다. 몽골 제국의 확대에 따라 교역이 확대되고 생활수준이 개선됨에 따라 새로운 과학기술, 지식, 상업적 부의 축적 등이 이루어졌고, 이는 유럽에서 르네상스의 한 원인으로 작용하였다. 무엇보다도 몽골 제국의 유럽 침공은 기사 중심의 유럽 봉건제, 나아가 중세 체제가 붕괴되는 시발점이 되었다(김은정 2006, 24-26).

한편, 몽골 제국이 유럽에 미친 영향 중 부정적인 것은 아마도 동양에 대한 공포라 할 수 있을 것이다. 말을 타고 거침 없이 제국을 형성해 나아가는 몽골 기마대의 이미지는 유럽인들에게 알 수 없는 공포감을 불러일으켰고, 몽골인들에 대한 이미지는 잔학하고 무자비하며 피에 굶주린 야만인, 악마, 혹은 개의 머리를 달고 있는 괴물로 비약되어 갔으며 유럽 너머에 위치하는 '알 수 없는' 모든 것의 상징으로 고착되었다. 이러한 막연한 공포감과 거부감은 결국 여러 국가가 자신들의 실패를 몽골 제국의 탓으로 돌리는 구실을 제공하기도 하였다. 이는 최근까지도 이어져서 러시아가 서구의 과학기술을 따라가지 못하거나 일본에게 군사적으로 패배한 것은 칭기즈칸이 그들에게 씌운 '타타르의 멍에' 때문이라든가 페르시아가 이웃 나라보다 뒤처진 것은 몽골 제국이 관계 시스템을 파괴하였기 때문이고, 인도가 영국의 식민지에 저항하지 못한 것은 무굴 체제의 탐욕 때문이라는 식의 이야기들 말이다. 심지어 아랍의 정치가들은 몽골군이 아랍 지역의 훌륭한 도서관을 불태우고 도시를 짓밟지만 않았어도 자신들이 미국보다 원자폭탄을 먼저 발명했을 거라고 원망을 했다 한다(김은정 2006, 25)

## 2. 마르코 폴로가 들려준 이야기

### 1) 허풍쟁이 마르코 폴로?

폴로는 1254년 베니스에서 태어났으며 그가 출생했을 때 부친인 니콜로는 해외 무역을 위해 고향을 떠나 있었다. 부친과 숙부가 모두 해외 무역에 종사한 집안 내력에 따라 어린 나이부터 자연스럽게 해외 교역에 종사했던 것으로 추정된다. 폴로 일가의 여행은 1271년 시작되었다. 현재의 이스라엘 지역과 이란을 거쳐 아프가니스탄, 티베트를 경유하는 중앙아시아의 경로를 통해 쿠빌라이 칸의 여름 수도인 상도(上都)에 이르렀으며 여행 기간은 3년 6개월 정도 걸렸다. 폴로는 쿠빌라이 칸의 신하로 17년 정도 원나라에 머물렀으며 당시 서양인을 적극적으로 활용했던 원나라의 정책에 따라 비교적 주요한 직책을 맡았던 것으로 알려져 있다. 원나라에서의 체류 기간 중 폴로 일행은 수차례에 걸쳐 귀향을 청원하였으나 황제의 허락을 얻지 못하였다. 그러나 제국의 군주 중 한 명인 아르군이 황제에게 새로운 부인을 보내 줄 것을 청하자 불안한 중앙아시아의 정세를 고려한 황제가 폴로 일행을 왕녀들의 여행길에 동행시켰다고 한다. 폴로 일행이 원나라를 출발한 것은 1290년 혹은 1291년이고 이후 1295년에 베니스로 돌아온 것으로 추정된다.

폴로의 이야기와 그의 존재에 대해서는 진위 여부에 대한 문제 제기가 끊임없이 있어 왔다. 폴로가 실제로 원나라에 다녀온 것이 아니라는 의문은 다음과 같은 점 때문에 제기된다. 우선 중국 문화의 가장 큰 특징이라 할 수 있는 차(茶)문화, 한자, 전족, 인쇄술, 젓가락, 만리장성 등에 대해 언급하지 않았다는 점이다. 또한 중국의 기록에서 그의 이름이나 행적이 나타나지 않는다. 나아가 그의 책 속에 고증이 불가능한 인명과 지명이 나타나고 노선이 중복되거나 연도나 사건의 순서가 뒤바뀐 경우 등이 나타난다(최윤정 2017, 178). 따라서 그의 여정이나 시간이 실제 위치와 잘 맞지 않는다고 한다. 그리고 그는 베이징에 다리가 24개나 있다고 하였지만, 당시 베이징에는 11~13개 정도의 다리가 있었다고 한다. 또한 몽골 제국이 샹양(Xiangyang)을 함락시킬 당시 폴로 일행이 그곳에 있었다고 기록하고 있지만, 샹양 함락 전투는 그들이 중국에 도착하기 1년 전인 1273년에 일어났다. 게다가 각 지역의 지명이 몽골어나 중국어가 아닌 페르시아어에 기초하고 있는데, 이에 대해서는 페르시아 문헌을 인용했을 가능성이 제기되는 부분이다. 그러나 본 연구에서 사용한 번역본의 역자인 김호동은 몽골사 전문가로 동방견문록에 기록된 사건들을 당시 역사적 기록들과 대조하였으며 대부분의 사건들이 역사적 기록들과 일치하고 있다고 주장하였다(김호동 2000).

폴로는 자신이 몽골 제국에서 17년간이나 관직에 있었고 심지어 양저우 지방에 파견되어 이 지역의 통치관으로 복무하였다고 했지만 이러한 사실이 중국의 문헌에 나타나지 않는다(조문환 2016, 204). 과연 상인이었던 폴로가 관직에 오를 수 있었을지도 의문이다. 그러나 원나라의 기록에 마르코 폴로에 대한 특별한 기록이 없는 것은 어찌 보면 당연한 것일지도 모른다. 원나라는 국제적인 도시였다. 다양한 민족들이 몽골 제국에서 경제활동을 하고 있었으며 수많은 아랍인이 거주하며 재무 부분에서 활약하고 있던 시기에 유럽에서 온 일개

상인 출신의 폴로는 특별할 것 없는 수많은 색목인 중 한 사람이었을 것이다(최윤정 2017, 176). 그가 몽골 제국의 여러 색목인, 그것도 큰 부를 지닌 거상들 사이의 평범한 유럽 상인이라면 중국의 기록에 나오지 않는다고 해서 그리 문제가 되지 않을 수도 있다.

폴로의 여행기는 당시 유럽인에게 매우 허황된 것으로 들렸고, 그의 기록에서 규모가 큰 숫자들, 예를 들어 '백만'이라는 숫자가 자주 등장했기 때문에 당시 유럽인들은 그를 '밀리오네(Millione)'라고 불렀다고 한다. 이 별명은 단순히 백만이라는 숫자가 자주 등장한 것을 의미할 뿐 아니라 그가 설명한 원나라와 그 주변 지역의 부유함이 당시 유럽인들에게는 믿을 수 없는 것이라는 당시의 시대적 상황을 반영한다. 그는 특히 아시아의 부를 설명할 때 과장된 표현을 쓰고 있다. 몽골 제국 황제의 거주지가 있던 상도(Xanadu)나 황제의 왕궁이 있던 대도(Cambaluc, 베이징)에 대해 설명하면서 "하루 천 대도 넘는 마차들이 리넨, 마, 면, 실크 등의 섬유제품들을 실어 나른다"고 하였고 중국 남부 지역의 거대한 운하와 도로에는 "일만 이천 개에 달하는 다리가 건설되어 있다"고 묘사하였으며 "지팡구(Zipangu, 일본)에는 금이 많아서 왕국의 천정과 바닥이 온통 금"이라고 하였다(조문환 2016, 205). 그러나 폴로가 동양의 부에 대해 느낀 바는 지금의 부유한 유럽인의 입장이 아니라 당시 유럽인의 입장에서 봐야 할 것이다. 13세기 유럽은 세계사의 변방에 지나지 않았으며 경제적으로 부유하지 못했다. 천년에 가까운 중세 시대 동안 봉건제도 아래 경제는 어려웠고, 심지어 유럽이 십자군 전쟁을 벌인 진짜 이유는 경제적인 것이었다. 유럽의 기후, 즉 서안해양성 기후는 여름에는 많이 덥지 않고 겨울에도 크게 춥지 않아 작물 재배에도 불리했다. 유럽에서는 금보다 비싼 향신료가 몽골 제국의 시장에서는 넘쳐나고, 귀하디 귀한 도자기와 비단을 손쉽게 구할 수 있으며 유럽에서는 비싸디 비싼 면으로 옷을 해 입는 몽골 제국과 동방의 부유함이 그에게는 보물로 가득 찬 곳으로 보였을 가능성이 높다.[6] 또한 동쪽으로는 고려, 남쪽으로는 남아시아 지역, 서쪽으로는 현재의 이란 지역까지 이르는 거대한 제국을 건설하고 조공을 거둔 중국의 '스케일'을 작은 공국 위주의 중세 유럽 사회에서는 믿기 어려웠을 것이다. 아직 아시아에 대한 인식이 매우 부족한 유럽인에게는 그렇게 많고 넓은 도시와 그렇게 풍요로운 경제가 있다는 이야기가 믿을 수 없는 것이었을 수 있다.

### 2) 상인 폴로가 전한 꿀팁

김호동 역주의 『동방견문록』을 통해 폴로가 방문한 지역을 살펴보면, 서아시아, 중앙아시아, 칸의 수도, 중국의 북부와 서남부, 중국의 동남부, 인도양, 대초원 등 중동 지역 너머 대부분의 지역이 포함된다. 김호동은 이를 7개 지역으로 대분하여 구성하였다. 여행기의 서편에서는 여행 동기, 중국에서의 생활 등에 대한 전체적인 설명을 하고 있다. 서편과 7개 지역은 다시 232장으로 재구성되었는데, 전체적으로 하나의 방문 지역(마을, 도시 단위)을 1개의 장으로 구성하였으나 인도양, 대초원 등의 지역에서는 하나의 왕국을 여러 장에 걸쳐 설명하고 있다.

폴로가 가장 중점을 두어 설명하고자 한 바를 살펴보기 위해서 각 장의 내용을 27개 항목별로 분류해 보았다. 내용별로 분류해서 살펴보니 폴로의 견문록은 상인을 위한 지침서라 할 수 있었다. 본문에서 가장 많이 다룬 내용은 각 '지

---

6. 당시 아시아는 중국과 인도라는 경제 대국 말고도 현재의 동남아시아 지역의 무역 지대가 발달해 있었다. 18세기까지 세계 경제의 중심은 중국이었고 인도였다. 18세기 말 중국은 세계 GDP의 20% 이상을 생산하고 있었다. 16세기 초, 마젤란(Ferdinand Magellan)의 항해가 스페인 사회에서 환호를 받았던 것은 세계를 한 바퀴 돌았다는 사실보다는 그들이 배에 가득 싣고 온 향신료의 값어치 때문이었다. 그들이 싣고 온 향신료는 탐험대가 쓴 경비를 충당하고도 남았다고 한다. 14세기부터 시작된 포르투갈, 네덜란드 등의 동남아시아 지역의 상관 설립의 목적은 향신료를 비롯한 풍요로운 아시아의 물건을 값싸게 사들이는 것이었다. 상관을 설치하는 과정에서 유럽인이 동남아시아 지역의 토호들에게 선물로 진상한 것은 유럽의 모직물이었다고 한다. 그러나 인도의 화려하고 질 좋은 면직물과 중국의 비단을 사용하고 있던 그 지역 토호들에게 유럽인의 상품은 전혀 매력적이지 못했다. 제조업과 농업이 발달한 아시아의 부유함이 빈곤한 유럽인의 눈에 어떻게 비췄을지 짐작할 수 있다.

역 간의 거리'로, 그 단위는 '며칠 거리'였다. 또한 각 지역의 '종교'와 '통치자'를 반드시 명기함으로써 독자로 하여금 지역 사회 및 행정 제도에 대한 기본적인 정보를 알려 주고 있으며, 각 도시에서 상인들이 구입할 수 있는 '특산물'이 무엇인지를 기록하고 있다. 또한 각 지역의 '주민의 기질 및 풍속'에 대해서도 상세히 기술하고 있는데, 외지인과 관련된 풍속이 상당수를 차지하여 단순히 호기심에서 기술한 것이라기보다는 지역을 방문하는 상인이 주의해야 할 점을 설명하고 있다고 할 수 있다. 견문록에서 다루고 있는 대부분의 지역이 몽골 제국의 범위 및 조공 지역과 상당 부분 일치하고 있으며 폴로가 몽골 제국에서 오랜 기간 머물렀기에 각 '지역과 제국 간의 관계' 또한 상세하게 다루고 있으며, 특히 '전투 및 통치자'와 관련된 부분을 상세하게 다루고 있다.

폴로는 자신이 방문했던 모든 장소에 대해 그곳의 지배자가 누구인지를 반드시 이야기하고 있다. 지배자의 유형에 따라 쿠빌라이 칸이 지배하는 지역, 칸이 종주권을 주장하고 칸에게 조공을 바치는 지역, 칸의 지배와 상관이 없는 지역의 세 가지로 구분한다. 오늘날을 사는 우리에게는 내가 방문하고자 하는 지역의 지배자가 누구인지는 별 관심이 없는 사안이다. 기껏해야 그곳이 사회주의 국가라면 좀 더 경직된 사회일거라는 마음의 준비를 하는 정도랄까. 그러나 폴로의 신분과 그가 살았던 시대의 상황을 고려한다면 그 지역이 누구의 지배를 받고 있는지는 매우 중요해진다. 즉 외국의 상인이 어느 장소에 가서 거래를 하고자 한다면, 그 지역이 누구의 통치하에 있는가는 매우 중요한 변수가 되기 때문이다. 그 통치자가 타 지역과의 교류를 원하는 유형인지 낯선 이들이 자신의 영토를 드나드는 것을 꺼리는 유형인지에 따라 자유로운 출입과 무역을 할 수 있는지의 여부가 결정될 것이고, 그 사회의 법과 제도 및 그 적용도 어느 나라 어느 통치자의 지배를 받느냐에 따라 달라지기 때문이다. 현대적인 의미의 국가 시스템이 아직 적용되기 이전, 통치자의 말이 곧 그 지역의 법이던 시절, 그 지역을 누가 다스리고 있는지, 조공은 어느 나라에 보내는지는 그 사회의 가장 중요한 특성이었던 것이다.

지역별로도 다루는 주제 및 스케일이 달라졌는데, 중국 지역에 대해서는 각 도시 및 지역에 대한 상세한 설명을 하고 있으나 인도 및 아프리카 지역에 대해서는 왕국이나 성(城)별로 설명하고 있다. 특히 인도 및 아프리카 지역에서는 지역의 풍속이나 통치자에 대한 내용을 자세히 다루고 있으며 향신료와 같이 유럽에서 귀하게 여기는 상품에 대해 자세히 설명하고 있다. 반면 터키 지역에 대해서는 전쟁에 대한 내용이 주를 이루고 있다.

## 3. 마르코 폴로의 유산

### 1) 유럽인의 세계관 확장

폴로 이전 유럽인이 알고 있던 아시아는 지금의 중동 지역이었다. 중동의 상인은 아시아의 상품을 사다가 베니스를 비롯한 이탈리아 상인에게 팔았고, 베니스나 제노바 등의 상인은 중간에서 폭리를 취했다. 유럽인은 귀한 향신료와 비단 등이 먼 아시아에서 온다는 것을 알았지만 거기에 어떤 곳이 있는지 알지 못했다. 아시아와 유럽 사이에는 지금의 중동과 이탈리아 상인이 있었다.

그러나 13~14세기에 걸친 선교사들의 아시아 진출과 함께 폴로의 여행기는 유럽인의 세계관을 변화시켰다. 즉 '저 너머'의 세상이 '다른' 세상이라는 점을 인식시켰으며, 그 다른 세상에는 단순히 아시아가 아니라 인도와 중국이라는 거대하고 부유한 국가가 있을 뿐 아니라 일본으로부터 자바, 수마트라 등에 이르는 항해로를 통해 막대한 양의 물자가 유통되고 있음을 인식하게 되었다(박용진 2014, 361). 이는 기독교와 중세의 세계에 갇혀 '자신들만의' 세상에 머물러 있던 유럽인을 세계 속으로 끌어내는 계기가 되었다.

나아가 13세기 유럽은 선교사들의 여행기와 폴로의 견문록을 통해 세계 정복자인 몽골 제국의 영향을 받아들였다. 유럽은 몽골 제국의 지배를 직접 받지 않았지만 몽골 제국으로부터 가장 많은 혜택을 받은 지역이 되었다고 평가된다. 몽골이 지니고 있던 대륙을 관통하는 무역로들과 단일 화폐, 국제법의 원칙 등은 유럽의 교역을 확대시켰으며 아시아로부터 유입된 새로운 과학 기술, 즉 인쇄술, 나침반, 주판 등은 유럽의 과학 기술 및 지식의 확대로 이어졌다. 이러한 분위기는 유럽이 르네상스 시대로 나아가는 배경이 되었다(김은정 2006, 24).[7]

폴로의 여행기를 통해 중국 및 아시아에 관한 가장 풍부한 지리 정보가 유럽에 전달되었으며 폴로를 통한 유럽의 세계관의 확장은 지도 제작 과정에도 반영되었다. 폴로의 『동방견문록』은 이후 『맨더빌의 여행기 The Travels of Sir John Mandeville』의 내용에 영향을 미쳤으며 1375년 작성된 『카탈루냐 아틀라스 Catalan Atlas』의 동아시아 도엽에는 폴로의 여행기 내용이 기록되었다(정인철 2015). 폴로 여행기의 정보를 포함한 최초의 지도인 『카탈루냐 아틀라스』에는 폴로의 여행기와 『맨더빌의 여행기』를 기반으로 아시아에 대한 풍부한 내용이 추가되었다. 이 지도에는 비단길을 이동하는 폴로 일행의 이미지가 그려져 있으며 폴로 여행기에 등장한 원나라의 도시들이 포함되어 있다. 이는 당시 유럽의 지도들이 동양을 에덴 동산으로 그리던 전통에서 벗어나 아시아에 대한 새로운 인식의 지평이 넓어졌음을 의미한다.

이후 1411년부터 1415년 사이 베니스인 알베르티누스 드 비르가(Albertinus de Virga)에 의해 제작된 비르가 지도 역시 폴로의 여행기 내용을 포함하였다. 비르가의 지도는 이전의 어떤 유럽 지도보다도 아시아에 대한 자세한 정보를 담고 있는데, 북동쪽의 아시아 부분을 채우기 위해 폴로의 여행기를 인용하였다. 『카탈루냐 아틀라스』와 비르가 지도는 이후 프라 마우로(Fra Mouro) 지도의 제

---

7. 칭기즈칸이 부족들을 통합하여 몽골이라는 나라를 세운 것은 1206년이고 1219년 시베리아로 진압하기 시작하였으며, 1220년부터 4년간 중앙아시아의 도시들을 정복하였다. 이 기간 동안 그루지아 공국을 침공하면서 몽골 제국이 처음으로 유럽과 조우하였다. 1224년 러시아 국가들을 점령하기 시작하였으며 1236년 러시아와 우크라이나를 침공하였다. 1240년 슬라브 세계의 주요 거점인 키예프를 점령하고 1241년 폴란드, 헝가리를 점령하여 게르만족을 격파하였다. 몽골 제국이 한자 동맹 지역 도시들을 침공함으로써 이후 기사 중심의 봉건 체제가 붕괴하기 시작하였다(김은정 2004, 26-27).

그림 3. 프라 마우로의 지도

작에 영향을 미쳤다. 15세기 중반 베니스의 지도 제작자 프라 마우로는 폴로와 기타 동시대의 저서들에서 중국의 여러 지역에 대한 풍부하고 실제적인 정보를 적극적으로 이용하였으며, 특히 폴로의 지도에서 아시아 지역에 대한 정보를 사용하였다. 마우로의 지도에 기록된 중국 관련 기록의 90% 이상이 폴로의 여행기에서 파생되었다. 이 지도는 라틴어본인 Z본을 사용한 것으로 추정되며 이 외에도 한 개 이상의 사본을 추가로 사용한 것으로 추정된다(박현희 2015, 61-64).[8]

---

8. 그러나 마우로는 폴로의 여행기를 인용했다는 기록을 남기지 않고 있는 반면, 프톨레마이우스의 저술은 인용을 밝히고 있다(박현희 2015, 64).

## 2) 『동방견문록』의 성공한 애독자 콜럼버스

1492년 콜럼버스는 스페인의 가톨릭 양왕의 후원으로 동양으로의 항로 개척에 나섰다. 알람브라 궁전, 즉 그라나다 지역에서 마지막 이슬람 세력을 내쫓고 한껏 기세가 오른 이사벨라 여왕과 페르난드 공(Fernando II de Aragón e Isabel I de Castilla)에게 콜럼버스는 포르투갈의 영향을 받지 않는 동쪽의 항로를 통해 인도, 중국과 직접 거래할 수 있는 항로를 개척하겠노라 약속했다. 당시 유럽인이 가 보지 않았던 험하고도 먼 길을 목숨을 걸고 나아갈 수 있도록 콜럼버스를 독려한 사람은 다름 아닌 폴로였다. 콜럼버스는 폴로 여행기의 열렬한 애독자였다고 한다. 콜럼버스가 즐겨 읽은 폴로의 여행기는 프랑스 지리학회본(F본) 계열 중 V본으로, 1320년 피피노에 의해 라틴어로 번역되어 유럽에서 광범위하게 유통된 판이라 한다(최윤정 2017, 180). 14살 때(1465년) 폴로의 여행기를 읽은 콜럼버스는 선원이 되었고, 이후 천문학과 지리학을 공부하였다. 콜럼버스를 움직인 것은 폴로가 이야기한 향신료가 가득한 땅과의 직접 거래 가능성이었다. 그는 또한 폴로가 황금으로 가득 찬 곳이라고 했던 지팡구, 즉 일본에 관심이 많았다고 한다(정동준 2010, 15). 콜럼버스는 가톨릭 양왕에게 자신의 프로젝트를 설명하면서 지팡구에 관해 이야기한 것으로 추정된다. 가톨릭 양왕이 콜럼버스가 카리브해에 도착한 이후 콜럼버스에게 끊임없이 황금을 가져오라고 요구한 것으로 보면 말이다.

중세 시기 십자군의 원정로를 따라 후추가 대량 유입되었지만 유럽인의 향신료에 대한 열망은 콜럼버스의 시대에도 지속되었다. 이를 "양념 중독", "양념의 광기" 등으로 표현하기도 한다. 유럽 내에서도 향신료가 일부 생산되었지만 인도에서 들어오는 육두구, 메이스, 정향, 후추, 생강, 계피 등은 중산층이나 빈곤층은 꿈도 꾸지 못할 정도로 비쌌다고 한다. 동양의 향신료를 많이 뿌린 음식은 귀족이나 부유층의 허영심을 채워 주는 일종의 명품으로 부와 신분을 과시하는 수단이었다(정동준 2010, 7).[9] 향신료에 대한 열기는 결국 무역 직항로를 개척하는 동기가 되었다. 유럽 사회의 사치품 중의 사치품인 향신료가 가득하고 값비싼 비단과 도자기가 가득하다는 땅, 그 땅에서 상품을 직접 사다 판다면 엄청난 이윤을 얻을 수 있을 것이라고 콜럼버스는 생각했다고 한다. 당시 유럽과 아시아 간 향신료의 거래는 12단계에 이르는 길고도 복잡하며 위험한 유통 단계를 거쳐야 했기 때문에, 직접 거래를 한다면 엄청난 이윤이 보장되었다.[10]

향신료 무역에서 중간 유통을 맡고 있던 이슬람 상인들은 중개무역을 독점하기 위하여 유럽 상인들에게 향신료의 원산지에 관한 정보를 오랜 기간 철저하게 비밀에 부쳤으며, 심지어 접근하지 못하도록 원산지에 공포를 불러 일으킬 만한 이야기를 꾸며 유포시키기도 했다(Purseglove et al. 1981, 1; 정동준 2010, 5에서 재인용). 향신료 무역에서 베니스의 상인들은 콘스탄티노플과 유럽 내륙 지역을 잇는 중간 단계의 역할을 하였는데, 이들의 중간 단계 역할은 15세기까지 계속되었다. 베니스에 들어온 향신료의 값은 생산지에 비해 평균 40배 정도까지 올랐다고 한다. 따라서 중간 상인들의 이윤은 막대한 것이었다. 향신료 가격의 상당 부분을 이슬람 상인들과 베니스의 상인들이 독점하고 있다는 것을 잘 알면서도 유럽인은 오랜 기간 이 무역구조를 고칠 수 없었다. 대부분의 유럽인은 그 비싼 향신료의 원산지가 어디이고 어떤 경로를 거쳐 자신들에게 오는지 알 수 없었기 때문이다. 또한 광대한 열대 바다에 나아가 본 적이 없는 유럽인은 그곳이 어떤 곳인지 짐작조차 할 수 없었다. 베니스 상인으로 향신료의 가치를 잘 알고 있었던 폴로는 유럽 역사상 가장 먼저, 아주 구체적으로 어디서

---

9. 유럽인이 가장 선호했던 향신료는 후추, 육두구, 메이스, 정향이다. 이들 향신료는 주로 몰루카 제도와 반다 제도에서 생산되었다. 이 섬들은 16~18세기 유럽의 상관(商館)들이 주로 설치되었던 곳들이다. 향신료는 음식의 풍미를 더해 줄 뿐 아니라 식품의 방부제나 약품으로도 사용되었다. 이 집트에서는 시신의 부패를 막는 데 향신료가 사용되었고, 동서양에서 제례용으로 향신료를 오랜 기간 사용하였다. 후추는 흑사병의 치료제로 사용되었으며, 화폐로도 사용되어 '검은 금'이라 불리기도 하였다(Pelt 저, 김중현 역 2005, 32-33).
10. 17세기 초반 육두구 가격이 치솟아 반다 제도에서 영국까지 가는 동안 가격이 600배 정도까지 올랐다고 한다. 당시 영국에서는 작은 육두구 주머니 하나면 고급 주택가에 집을 짓고 하인을 거느리며 평생 편안히 살 수 있었다고 한다(정동준 2010, 9).

그러한 상품이 생산되는지, 그것을 재배하고 파는 사람들을 누가 다스리는지, 그들과 거래를 할 때에는 어떠한 점을 조심해야 하는지를 알려 준 최초의 유럽인이었다(정동준 2010, 11). 그의 여행기를 글로 쓰인 보물지도라고도 하는 이유이다.

오랜 기간 이어져 오던 향신료 무역은 16세기 지리상의 발견 이후 포르투갈, 네덜란드, 프랑스, 영국 등이 아시아와의 직접적인 무역로를 개척하면서 쇠퇴하였다. 지리상의 발견 시대라 일컫는 유럽의 세력 확장을 촉발한 것은 향신료라는 값비싼 상품에 대한 유럽인들의 열망이었다. 지리상의 발견 시대는 선박의 개량, 지도 제작의 확산, 세계관의 혁신적인 확대, 화포의 발달 등이 이루어졌기에 가능하였다(정동준 2010, 1-2). 이러한 지리상의 발견 시대의 서막을 연 사람은 포르투갈의 엔히크(Infante Dom Henrique de Avis), 즉 해양왕 엔히크이다. 엔히크 왕자는 아프리카 북부의 세우타를 식민지로 점령하고(1415년), 국립지리원을 설립하여 유럽에서 가장 발달한 지도 제작술을 가진 이들로 하여금 근대적인 지도를 그리게 하였으며 카라크 선을 개발하여 포르투갈의 해양 시대를 열었다. 엔히크 왕자 역시 폴로 여행기의 열렬한 애독자로 알려져 있다. 엔히크 왕자가 『동방견문록』을 접하게 된 것은 그의 둘째 형 페드루(Pedro)가 15세기 중반(1425~1428) 유럽 전역을 여행하고 돌아오는 길에 마르코 폴로의 여행기를 구해 온 덕분이었다. 그는 이를 포르투갈어로 번역하게 하였으며, 이후 엔히크 왕자는 이 책을 손에서 놓지 않았을 정도로 열광적인 독자가 되었다. 폴로의 여행기는 그의 탐험 열정을 더욱 불타오르게 하였다. 폴로의 여행기의 열혈 독자였던 엔히크 왕자와 콜럼버스는 결국 세계사의 판도를 바꾸어 놓았다. 폴로가 루스티첼로에게 그의 이야기를 들려주며 이러한 결과를 예측하지는 못했겠지만 말이다.

## · 참고문헌 ·

김은정, 2006, "13세기 서양에서 바라본 몽골 제국의 역사−카르피네 수도사Giovanni Pi-
　　ano di Carpine의 『몽골의 역사Storia dei Mongoli』(originale 1329)를 중심으로−,"
　　이탈리아어문학 19, 21−46.
마르코 폴로 저, 김호동 역, 2000, 동방견문록, 사계절.
박용진, 2014, "중세 말 유럽인들의 아시아에 대한 이미지와 그 변화," 서양중세사연구 33,
　　353−380.
박현희, 2015, "프라 마우로 지도(1450년경)에 나오는 마르코 폴로의 중국 지리," 한국고지
　　도연구 7(2), 59−74.
장 마리 펠트 저, 김중현 역, 2005, 향신료의 역사, 좋은책만들기(Jean-Marie Pelt, 2002, Les
　　Épices, Fayard)
정동준, 2010, "13−15세기 향신료 직무역의 역사," 서양사학연구 23, 1−22.
정인철, 2015, "「카탈루냐 아틀라스」의 동아시아 지리정보에 대한 연구," 한국지도학회지
　　15(2), 1−14.
조문환, 2016, "내러티브 속의 동서 교류," 이탈리아어문학 47, 193−211.
최윤정, "독자가 명명하고 함께 만들어 낸 고전: 마르코 폴로의 『동방견문록』," 동서인문 8,
　　175−207.
Purseglove, J. et al., 1981, Spices, New York: Longman.
Woo, Miseong, 2003, O'Neill's Rewriting of a Historical Text: "The Beast" and "The Mon-
　　ster" in Marco Millons, The Journal of Modern British and American Drama 16(1),
　　181-206.

# 제5장

# 『맨더빌 여행기』와 동서양의 재발견[1]

## 1. 들어가며

　중세 말 수많은 독자를 거느리며 유럽사회에 막강한 영향력을 발휘한 『맨더빌 여행기 *The Travels of Sir John Mandeville*』(c.1357)는 세계사를 예측하지 못한 방향으로 선회시킨 작품이자 동양에 대한 서구사회의 인지지도를 초월적으로 구성한 기행문학의 고전이다. 저자의 신원은 미제로 남았고 원본의 탈고 장소 또한 논란의 여지가 있지만 번역서를 포함한 필사본만 300권을 헤아릴 정도로 당대는 물론 르네상스 계몽기의 독자를 매료시켰다. 내용 대부분을 기존의 여행기, 역사서, 지리지, 백과사전, 성서, 논문 등에서 발췌·편집했고 타파하지 못한 전통적 허구가 다분한 문제점도 있다. 그럼에도 이 한 권의 책에 특별히 주목하는 이유는 표절의 의혹을 불식할 만한 창의적 구성과 함께 동양에 대한 서양 특유의 편견 섞인 상상의 지리, 즉 오리엔탈리즘의 질곡을 떨치고 자신이

---

1. 이 글은 2018년 「대한지리학회지」 제53권 제4호에 게재된 논문을 수정한 것이다.

속한 사회의 통렬한 반성을 촉구하며 암흑의 신세계에 대한 호기심을 자극하여 지리적 지평을 확대한 데 있다.

『맨더빌 여행기』는 글쓰기의 실천을 통해 세계를 상상하고 재현한 작품이다. 비판적 관점에서 여행은 특권을 가시화하고 여행기는 제국주의 몸짓을 함의한 텍스트 행위의 앙상블로서 권력의 관계망을 형성한다. 하지만 이는 동시에 판타지, 열망, 위반(transgression) 가능성의 플롯까지 아우른다. 특히 경계(limite)의 이원개념으로 푸코가 제안한 '위반'은 여행과 여행기의 후기구조주의적 의미부여에 유용한데, 경계가 없으면 위반이 성립될 수 없고 위반이 없는 경계는 무의미하다는 상호의존적 전제가 깔린다. 푸코의 경계는 실체가 아니기 때문에 절대로 넘을 수 없는 벽과는 무관하며 그렇다고 단순한 환영의 가름막을 위반하는 것도 의미가 없다. 그가 가정한 위반은 양쪽을 대립시키거나 근간을 조롱 또는 와해시키지 않으면서 불확실성의 맥락에서 반복적으로 넘나드는 실천이자 수행이다. 즉 안정된 주체가 정연한 합리적 상태로부터 무질서의 비합리 상태로 이행하는 통상적 행위가 아닌, 불안정한 주체의 끊임없는 경계넘기를 의미한다. 맨더빌은 상호이해라는 궁극의 목적을 위해 유럽과 동양의 흐릿한 경계를 상정하고 반복해서 위반하였다.

여행은 모호하고 긴장된 사이공간(space in-between)을 생성하기 위해 작동하는 일종의 번역행위로서 한 장소에서 다른 장소로 이동하여 차이를 인정하고 치유하는 복합적 변증법 안에서의 순회, 즉 위반의 표상으로 설명된다. 그러나 타 문화와 자연의 재현은 경계넘기와 재정렬을 통해 또 다른 문화적 수사로 번안하는 것을 의미한다. 그리고 이는 현지주민에게 지닌 장소의 상징적 의미를 다른 상징적 가치로 대치시킬 위험, 중립을 어기고 일방의 열망을 관철하기 위한 권력과의 공모를 함의한다. 그럼에도 번역의 구현으로서 여행기는 동시에 권위와 가정에 회의를 품도록 하는 모호한 입장을 견지한다.

본고는 여행에 내재된 권력의 정당화와 권위의 부정이라는 이중성 가운데 후자의 측면을 『맨더빌 여행기』의 분석과 해석을 통해 확인하는 데 목적이 있다. 여행가 맨더빌은 교조적 중세인이 아닌 계몽적 지식인의 관점에서 동서양 관계를 정립하고자 했다. 필자는 자아의 우월적 지위를 정당화하기 위해 타자의 모순, 부조리, 불합리, 야만성을 부각하는 대신, 동양이라는 타자의 거울에 유럽사회의 종교·도덕·윤리적 타락상을 투영하고 성찰하는 보편적 문화상대주의에 주목할 것이다. 더불어 본 여행기가 지리학사에서 차지하는 위상과 가치를 재평가하기 위해 사라센 세력에 점거된 성지의 회복을 갈망하는 십자군 심상(Crusade mentality)이 동방에 구축한 사제 요한(Prester John)의 허상에 유의하면서 이를 향한 고난의 순례가 대항해의 개막으로 연결된 측면을 지리적 유산으로 되짚으려 한다.

## 2. 중세인 맨더빌의 상상여행과 도덕지리

고대 이래 유럽인은 지중해 중심의 세계관을 형성하여 지중해 연안을 문명의 핵심으로, 외곽은 야만의 공간으로 고정시켰다. 기독교 가치관이 그리스·로마의 신화를 대신한 이후로도 예루살렘이 상징적 중심으로 부상한 것을 제외하면 큰 변화는 없었다. 주변부에 자리한 동양은 신화와 기독교의 도상에 의해 반인반수와 식인풍습의 비인간적 이미지로 재현되거나 신이 머물며 해가 떠오르는 지상낙원으로서 양가적으로 묘사되었다. 존 맨더빌(John Mandeville)은 유럽 기독교 사회의 심상지도 안에 편입된 신비의 타자를 과감하게 찾아 나선 중세인이다. 그는 1322년에 태어나고 자란 잉글랜드의 세인트 올번스(St. Albans)를 떠나 성지를 순례한 뒤 페르시아 너머 카타이(Cathay, 중국)와 인도 등지를 돌아보는 34년의 세계여행을 마치고 돌아온다. 기억을 되살려 그간의 행적을 기록한 결과물이 바로 1357년에 빛을 본『맨더빌 여행기』로서 숱한 논란에도 기행문학 장르에서는 불멸의 고전으로 남아 있는 작품이다.

현전 필사본만도 마르코 폴로(Marco Polo)의『동방견문록 *The Description of*

**그림 1. 여행기 필사본**

주: 14세기 말~15세기 초 앵글로노르만어 필사본, 14세기 말 프랑스어 필사본, 15세기 미셸 벨서 번역필사본, 15세기 전반 디메린겐 번역필사본 표지 등 『맨더빌 여행기』의 다양한 판본 유형이다.

자료: Illustrations for Mandeville's Travels, Catalogue of Illuminated Manuscripts, The British Library; e-codices Virtual Manuscript Library of Switzerland

*the World*』 70여 권에 견주어 4배 가까운 『맨더빌 여행기』의 권위는 압도적이다(그림 1). 중세 문학서 가운데 가장 널리 확산된 서적으로서 1356~1357년 무렵 앵글로노르만어 또는 대륙 프랑스어로 작성된 원본은 1400년경 유럽의 주요 언어로 번역되고 1500년을 전후해 도판을 담은 인쇄본 출간이 시작되었다.[2] 이후로도 여러 판본이 영어, 라틴어, 독일어, 체코어, 덴마크어, 네덜란드어, 이탈리아어, 스페인어, 게일어 등 10여 개 언어로 재차 번역되고 일부 지역에서는 17세기까지 재판이 간행될 정도로 인기를 누렸다. 필사자, 번역자, 개찬자, 채식사, 도해자, 식자공, 인쇄인 등의 손을 거치면서 판본은 단순한 편집 수준에서 새로운 텍스트로 느껴질 만큼 각색 및 윤색된다. 하지만 폴 춤토어(P.

---

2. 중세기 책의 출간 및 유통은 수도원이 독점하였다. 양피지를 이용한 필사가 학업의 일부였기에 제본기술이 발전하였고 교회, 왕실, 귀족은 후원자이자 수입원이었다. 12세기 말 대학설립과 자본계급의 등장은 서적의 복사·배포에 변화를 초래한다. 피시어(pecia, quires)는 한 사람이 책 전체를 필사하는 데서 오는 비효율을 제한한 개선책으로서 저자로부터 원본을 전해 받은 서적상이 필사하여 등본(exemplar)을 제작, 분철한 다음 대학 파견단의 엄밀한 대조와 승인을 거쳐 대여 및 복제하는 체제였다. 또한 분철을 통해 여러 사람이 동시에 필사함으로써 시간을 단축할 수 있었다. 등본에서 사본을 제작하는 방식도 14세기부터 송진 처리된 기름종이를 활용하여 오탈자 문제를 해결하였다. 종이는 저가의 책을 대량 제작하는 데 절대적이었으며 인쇄혁명을 이끈다(Martin and Febvre 1976, 11-30).

Zumthor)의 무방스(*mouvance*) 개념이 암시하듯 텍스트와 구전의 상호작용 속에서 전면개정, 첨삭, 대체, 재배치 등의 방식으로 간단없이 변형된 중세 작품의 속성을 감안하면, 텍스트의 가변성과 후술하게 될 저자의 익명성이 작품의 가치를 폄훼하지는 못한다. 암송, 구술, 필사 전통이 우세한 중세문학의 특수성은 텍스트의 진정성을 고집하며 '원본'을 복원하는 것보다 작품이 지속적으로 개정되는 '과정'에 의미를 부여해야 한다는 목소리에 무게를 실어 준다. 책은 원저자 한 사람의 지적 자산이 아닌, 연속해서 등장하는 저자들에 의해 텍스트 상태(*etats du texte*)로서 유전된다는 입장이다. 『맨더빌 여행기』도 성직자, 탐험가, 지도학자, 예술가, 작가, 일반인 등 다양한 스펙트럼에 걸친 독자의 이해·목적·편견과 당대의 철학·도덕·종교를 반영해 반복적으로 개작되었다. 화자 맨더빌의 정체성이 기사, 순례자, 여행가, 신학자, 문화비평가, 역사학자, 인류학자, 지리학자, 정치학자, 과학자처럼 다양한 범주에 걸쳐 있었던 것과도 맥을 같이한다.

원본에 가깝다고 추정되는 판본은 도서본, 대륙본, 개찬대륙본(리에주 본)의 세 종류이나(표 1), 맨더빌이 저술 위치를 명확히 밝히지 않아 판본 가운데 어느 것이 먼저인지 확연하지 않다. 본인을 세인트 올번스의 기사로 설명한 책 내용처럼 잉글랜드에서 앵글로노르만어로 집필했을 수 있다. 그것이 아니라면 잉글랜드의 기사 또는 기사를 사칭한 성직자가 유럽대륙에서 앵글로노르만어로 집필하였거나, 프랑스의 기사 또는 성직자가 잉글랜드의 기사로 행세하면서 섬으로 건너와 대륙 프랑스어로 작업을 진행했을 여러 가능성을 열어 놓아야 하는 상황이다. 다만 잉글랜드 아니면 유럽대륙에서 태어나 왕실 및 종교계와 일정 관계를 맺고 백년전쟁 중 도서관에 소장된 라틴어와 프랑스어 논저를 폭넓게 참고하면서 종합할 수 있을 정도의 학식과 능력을 겸비한 인물 정도로 범위를 좁힐 수는 있다.

맨더빌 스스로 밝힌 출생지를 신뢰한다면 도서본은 대륙본에 앞설 것이며, 이 경우 여행기 원본이 프랑스 북서방언의 변형으로서 노르만 잉글랜드(1066~

표 1. 『맨더빌 여행기』의 주요 판본

| 판본 | 특징 |
|---|---|
| 원본 | 1356년 또는 1357년 앵글로노르만어(Anglo-Norman) 또는 대륙 프랑스어 (Continental French) |
| 프랑스어 필사본 | -도서(Insular)본: 25본(A-N 14, CF 11), 1356~1357년경, 원본에 근접<br>-대륙(Continental)본: 30본, 1357년경, 원본에 근접, 1371년 파리 필사본 현전 최고 (最古)<br>-개찬대륙(Interpolated Continental)본: 리에주(Liège) 본, 일명 오자이어(Ogier le Danois) 본, CF 7본, 1390~1396년경 |
| 중세영어 번역 필사본 | -결손·핀손(Defective·Pynson) 본: 36본, 1390년 이전, 시기 다양, CF 도서본이 저본, 이집트 부분 12장 유실, 1496년 핀손(R. Pynson)에 의해 인쇄되면서 1725년까지 모든 인쇄본의 저본<br>-코튼(Cotton) 본: 1본, 1400년경, 3장 유실, 결손본과 A-N 도서본이 저본, 중세 영어 완역본, 활자본 1725년 이후<br>-에거튼(Egerton) 본: 1본, 1400~1430년경, 결손본과 유실된 왕립 라틴어본의 영역본이 저본, 가필·재배치, 인쇄본은 1889년 이후 |
| 라틴어 번역 필사본 | -라이덴(Leiden) 본: 5본, 1390년 이전, CF 도서본이 저본<br>-로얄(Royal) 본: 7본, 1390년 이전, A-N 도서본이 저본<br>-불가타(Bulgate) 본: 40여 본, 1390년 이후, 리에주 본이 저본, 다국으로 확산<br>-할리(Harley) 본: 3본, 1400년경, CF 도서본이 저본<br>-애시몰린(Ashmolean) 본: 1본, 1400~1450년, CF 도서본이 저본 |
| 독일어 번역 필사본 | -미셸 벨서(Michel Velser) 본: 40여 본, 1393년경 북부 이탈리아에서 제작, 대륙본이 저본<br>-오토 폰 디메린겐(Otto von Diemeringen) 본: 45본, 1398년, 인쇄본은 1480~1481년 이후, 리에주 본이 저본 |

자료: I. M. Higgins, ed. 2011, 187-218; M. C. Seymour 1993, 38-56; C. Deluz, ed. 2000, 28-32, Gaunt 2009에서 재인용.

1154)의 상류층 언어였던 앵글로노르만어로 작성되었다는 것은 하등 놀라운 일이 아니다. 1300년대만 해도 궁정문학의 전통이 여전했고 잉글랜드 지식인 사이에서 영어보다 문화적 위상이 높았기 때문이다. 그러나 상류층의 프랑스어 교육을 담당하는 성직자가 흑사병으로 크게 감소한 데다 제프리 초서(G. Chaucer) 같은 문호가 등장함에 따라 문학계는 앵글로노르만어 서적을 토착 영어로 번역하는 작업에 관심을 돌리기 시작한다. 그 결과 『맨더빌 여행기』도 14세기 말부터 중세영어로 번역되어 코튼 본, 에거튼 본, 결손본의 결실을 보게 되었다.

그러면 저자로 알려진 맨더빌은 어떤 인물일까? 책에서는 세인트 올번스에서 태어나 성 미카엘 축일에 항해를 시작해 성지와 동양을 여행하였고 기억을 되살려 책을 완성한 기사 정도로 언급했을 뿐, 그 밖의 사항에 대해서는 철저히 침묵으로 일관한다(그림 2). 어쩌면 이 책의 대중적 성공에는 베일에 싸인 저자도 한몫하지 않았을까 생각되는데, 그렇다면 먼 지역에 관한 신비한 지식으로 무장한 맨더빌은 대중의 시선에서 벗어나 은둔함으로써 막강한 권위를 주장한 셈이다.[3] 평론가들은 여러 경로를 통해 그의 실체를 파악하려 시도했지만 아직까지 해명된 것은 많지 않다. 맨더빌을 실명으로 하는 잉글랜드 기사로 당연시하거나 기사가 아닌 다방면으로 박식한 잉글랜드 평신도 또는 그들의 필명이라는 의견이 있다. 1373년경의 리에주 판본에는 장 드 부르고뉴(Jean de Bourgogne)라는 인물의 권유에 따라 저자가 책을 썼다는 내용이 있다. 이를 입증하

그림 2. 맨더빌

주: 여행길에 올라 수로와 육로로 이동하고 귀항하여 여행기를 작성하는 맨더빌을 형상화한 도판이다.
자료: Illustrations for Mandeville's Travels, Catalogue of Illuminated Manuscripts, The British Library

---

3. 지식의 은밀성은 권력을 담보한다. 거리와 공간도 정치·이념적 의미를 내포하며 권력화에 조력하는데, 접근이 어려운 지역으로 여행하는 데 따르는 위험, 원격지 전문가의 희소성은 해당 지역에 관한 지식을 신비화하였다. 전통사회의 수평적 거리는 우주의 중심을 오르내리는 상징적 의미를 지니며, 지리적으로 먼 장소에 대한 경험이 초자연적 맥락에서 이해된 만큼 직·간접적으로 습득한 미지의 세계에 대한 지식은 고도의 권위를 보장하였다(Helms 1988, 4-5, 14-18).

듯 1375년의 불가타 라틴어 번역본은 부르고뉴와 저자가 카이로에 있는 칼리
프의 궁정에서 만난 사실을 적고 있다.

부르고뉴는 지금의 벨기에 리에주(Liège)에 거주한 실존인물로서 책의 저자
로도 거론된다. 이 지역의 역사가 장 두트르뫼즈(Jean d'Outremeuse)가 『역사의
거울 Ly Myreur des histors』(c.1388) 제4권(Livre Quatrième)에 이러한 사실을 적었
다. 책이 소실되기 전 내용을 직접 확인했다는 루이 아브리(L. Abry)에 따르면,
1372년 11월 12일 부르고뉴는 그의 임종에 유언집행인으로 동석한 친구 두트
르뫼즈에게 자신의 실명이 맨더빌이라 실토했다고 한다. 그는 잉글랜드 몽포
르의 백작이자 캠디섬 페루즈성에 거주한 영주로서 살인을 자행하고 세 대륙
을 오가며 도피생활로 전전하다, 1343년 리에주에 정착하여 의사로 일했고 사
망 후 아브로이 교외의 기으망 교회에 묻혔다는 전말이다.

사실을 입증하는 묘비가 교회에 남아 있었다는 증언은 설득력을 더한다. 묘
지와 교회는 프랑스혁명 때 파괴되었지만 1462년 야코프 푸에트리히 폰 라이
하르츠하우젠(J. P. von Reichertshausen)이 오스트리아의 대공에게 보낸 편지에
서 요안 드 몬테빌(Joannes de Montevilla)의 이름이 새겨진 라틴어 비명이 처음
소개된다.[4] 1575년에는 벨기에의 지리학자 아브라함 오르텔리우스(A. Ortelius)
가 선명하게 닦인 묘비를 확인한 뒤 Montevilla을 Mandeville로 고치는 등 문
안 일부를 수정한 바 있다. 존 위버(J. Weever) 또한 『고대 장의 기념물 Ancient
Funeral Monuments』(1631)에서 세인트 올번스 타운 주민들이 이곳을 맨더빌의
탄생지이자 사망지로 자랑스럽게 생각한다며 장지로 추정되는 곳에 세운 돌기
등의 비명을 소개한다. 하지만 정작 본인은 기으망 교회를 방문한 경험에 비추
어 출생지는 세인트 올번스가 맞지만 묘역은 리에주에 있다며 직접 확인한 묘

---

4. Hic iacet nobilis Dominus Joannes de Montevilla Miles, alias dictus ad Barbam, Dominus
de Compredi, natus de Anglia, medicinae professor et devotissimus orator et bonorum
suorum largissimus pauperibus erogator qui totam orbem peragravit in stratu Leodii diem
vitae sua clausit extremum. Anno domini millesimo trecentesimo septuagesimo secundo
mensis Februarii septimo(Seymour 1993, 32).

비명을 실었다.

　그러나 부르고뉴의 임종을 지켜본 인물이 두트르뫼즈 단 한 사람뿐이어서 기록의 신빙성에 의문이 따르고, 『맨더빌 여행기』의 텍스트를 개찬함으로써 대륙본의 필사전통에 상당한 영향을 미친 두트르뫼즈 자신이 저자일 가능성까지 제기된다. 하지만 맨더빌을 부르고뉴와 두트르뫼즈 어느 한 사람의 실명 또는 필명으로 보는 견해에는 회의가 적지 않다. 다만 두트르뫼즈가 『역사의 거울』에 적은 허위 내용을 진실로 믿은 누군가가 1372년 부르고뉴가 사망한 뒤 기으망 교회에 묘비를 세우는 역사화 과정을 의도적으로 진행했을 것이라는 추론이 나온다. 또 비명을 누가 언제 작성했는지 알 수 없는 상황에서 두트르뫼즈가 막후의 기획자라는 설이 불거진다.

　여기에 프랑스어 사용자로서 라틴어를 유창하게 구사하고 성경에 박식한 성직자이며 예루살렘과 동방을 여행한 경험은 없지만 도서관의 책자와 성지를 오간 잉글랜드 순례자를 통해 전해 들은 소문을 바탕으로 1357년경 책을 편집한 인물임을 전제로, 북서프랑스 생 오메르 지역 베네딕트 수도원 생 베르텡의 대수도원장이자 역사학자인 얀 드 롱(Jan de Langhe)이 후보로 추가된다. 이프르 태생으로서 1334년 무렵 800여 권의 장서를 보유한 수도원에 합류한 롱은 파리 대학에 파견되어 철학과 법학을 공부하였고, 복귀 후 1351년에 동양에 관한 6권의 라틴어 자료를 프랑스어로 번역해 한데 묶어 책자로 펴냈다. 이 안에 헤이툼(Hetoum)의 『동방역사의 개화 La Flor des estoires de la terre d'Orient』, 오도릭 다포르데노네(Odorico da Pordenone)의 『여행기 Relatio』, 윌리엄 폰 볼덴셀레(William von Boldensele)의 『지중해 너머 이역의 서 Liber de quibusdam ultramarinis partibus』 등 맨더빌이 참고한 핵심 문헌이 포함되었다고 한다.

　이상의 여러 제안을 종합할 때 『맨더빌 여행기』의 저자는 세인트 올번스에 묻힌 잉글랜드의 기사 맨더빌, 부르고뉴에게 책을 집필하도록 권유받은 맨더빌, 부르고뉴로 개명하고 리에주에 살다 기으망 교회 공동묘지에 묻힌 맨더빌, 두트르뫼즈, 롱, 맨더빌을 필명으로 사용한 익명의 기타 인물 가운데 한 사람일 것이다. 확증이 불가한 상황에 원저자를 비정하는 것보다 작품이 유럽사회, 동서교류, 세계지리에 미친 영향을 규명하는 것이 우선이라는 인식에서 '맨더빌로 불린 저자(the Mandeville author)'로 이해하자는 제안이 호응을 얻고 있다. 원본과 저자의 진정성을 경직되게 고집하는 대신 끊임없이 재탄생하는 작품의 구성적 측면에 주목하여 '맨더빌'을 원저자, 필사자, 번역자, 편집자, 인쇄자 등 집단저자의 명명으로 대신하자는 발상이다.

19세기 고대와 중세 문헌에 대한 치밀한 고증으로 『맨더빌 여행기』가 다양한 전거에 의존한 사실이 드러나면서 성실하고 상당한 수준의 교양을 겸비한 탐험여행가 맨더빌의 이미지와 명성에 흠이 갔다. 그가 인용한 여행기, 문학서, 역사서, 백과사전, 성경, 과학서 가운데 볼덴셀레의 『지중해 너머 이역의 서』는 1~14장, 윌리엄(William of Tripoli)의 『사라센 보고서 Tractatus de statu Sarracenorum』는 15장, 오도릭의 『여행기』는 16~34장, 헤이툼의 『동방역사의 개화』는 24~25장을 서술하는 데 비중 있게 참고하였다.[5] 자연스럽게 맨더빌은 유럽 밖으로 한 발짝도 내딛지 않고 다른 사람의 글과 이야기를 표절하거나 간

---

5. 맨더빌은 성지 일대 기독교와 이슬람 세계에 관한 기술을 위해 *Tractatus de distanciis locorum Terrae Sanctae*(Treatise on the Distances of the Places of the Holy Land, 12세기), *Descriptio Terrae Sanctae*(Description of the Holy Land, 12세기), *Descriptio Terrae Sanctae*(Description of the Holy Land, c.1283), *Liber de Terra Sancta*(Book of the Holy Land, 13세기 중엽~14세기 초), *Peregrinatio*(Pilgrimage, 1217), *Liber de quibusdam ultramarinis partibus*(Book of Certain Regions beyond the Mediterranean, 1336), 동양을 다룬 부분에서는 *Iter Alexandri Magni ad Paradisum*(Alexander the Great's Voyage to Paradise), *Littera Presbyteris Johannis*(Letter of Prester John, c.1160년대), *Relatio*(Account, 1330) 등을 참고하였다. 그밖에 *Historia Hierosolomitanae Expeditionis*(History of the Expedition to Jerusalem, 12세기 초), *Alexander Romances*, *Historia rerum in partibus transmarinis gestarum*(History of Deeds Done beyond the Sea, 13세기), *Flor des estoires de la terre d'Orient*(Flower of the Histories of the Land of the East, 1307), *Historia Orientalis*(Eastern History, 13세기 초) 같은 역사서, *Li Livres dou Tresor*(Book of the Treasure, 1260년대 초), *Otia Imperiala*(Imperial Entertainments, 12세기 초), *Imago Mundi*(Depiction of the World, 12세기 초), *Speculum Historiale*(Mirror of History), *Speculum*(Mirror of Nature, 1240~1250년대) 등의 백과사전, *The Bible*, *Tractatus de statu Sarracenorum*(Treatise on the State of the Saracens, 1273년 이후), *Legenda Aurea*(Golden Legend, 1260년대) 등의 종교서, *Tracratus de Sphera*(Treatise on the Sphere, 13세기 초) 등 과학서를 집필에 활용하였다.

접적으로 활용한 데 불과하며, 그가 가장 멀리 한 여행은 도서관까지라는 비아냥을 받게 된다. 십자군 기사로 성지를 돌아보았을 가능성은 있지만 페르시아 너머는 결코 가 보지 못했을 것이라는 것이 중론이다. 방대한 자료를 독창적으로 종합하는 것이 능력으로 인정받고 용인되던 중세문학의 사정을 감안하더라도, 책의 실체가 드러남으로써 맨더빌의 여행경험에 신뢰를 보낸 독자가 안게 된 실망은 결코 작지 않았다. 유럽인의 탐험을 계기로 속속 보고된 사실에 비추어 관심과 흥미의 대상이었던 동양이 책에 그려진 것과 다른 데서 오는 충격도 컸지만 저자의 기만에는 비할 바가 못 되었다.

그럼에도 불구하고 『맨더빌 여행기』를 전대미문의 '문학적 사기'로 평가절하하는 데에는 신중을 기해야 한다. 여행기 본연의 허구적 특성을 인정해야 하고, 이국에 대한 호기심을 충족시켜 줄 기담과 체험담 형식의 장치를 통해 작품에 생명을 불어넣은 저자의 선택을 존중해야 한다는 것인데, 많은 사람이 여행기를 남겼음에도 맨더빌이 단연 돋보인 것은 그런 독자의 취향과 기대에 부응했기 때문이라는 해명이다. 환상에 내재된 위험성을 충분히 알고 있었고 독자들도 진지하게 받아들이지 않을 것을 인지하면서도 맨더빌은 자신의 여행에 신뢰를 다지고 책에 권위를 부여하기 위해 전해 내려온 낭만적인 괴물을 실제 목격했다고 주장하는 서사 전략을 취하며, 진실보다 더 매력적으로 다가온 허구는 독자에게 새로운 세계를 상상하게 만들었다.

『맨더빌 여행기』는 독자의 흥미를 자극하기 위한 판타지와 로맨스를 펼치며 유스티니아누스 황제의 기마상, 예수의 십자가·옷·못, 용으로 변한 히포크라테스의 딸, 이집트의 피닉스, 아르메니아 새매의 성, 인도의 다이아몬드, 사도 도마의 손, 칼로낙섬의 물고기 등 각양각색의 소재가 나온다. 이역의 문화에 관한 소개도 깊다. 그리스·페르시아·칼데아·이집트·유대·사라센 문자의 특징을 포착하고, 기손강의 경우 게자리와 사자자리에 들면 범람하여 경작지에 막대한 피해를 초래한다고 간파하며, 이집트는 비가 적어 공기가 청정한 까닭에 다수의 천문학자를 배출한다는 결정론적 사유를 표출한다. 홍해의 지명은 해변의 붉은 자갈에 기인한다고 풀어 준다. 사라센은 코란의 금기로 포도주를 마시지 않고 돼지고기를 먹지 않으며, 팔레스타인과 이집트는 농경에 소가 중요하므로 소고기를 거의 먹지 않는다는 현실적 이유를 들이댄다. 물이 쓰고 짜지만 빠져 죽지 않는다는 사해, 시리아와 인근 왕국의 전서구, 자바의 생강·정향·계피·강황·육두구·메이스 등의 향신료, 호수 위에 세워진 세계에서 가장 큰 도시로서 풍부한 물자와 1만 개 이상의 다리를 갖춘 카사이 등의 소개가 인상적이다. 카타이의 풍습, 신앙, 역참체계인 객사(客舍)의 설명 또한 사뭇 흥미롭다.

책은 기독교 세계의 성지 및 인접지역을 다룬 전반부(1~15장)와 페르시아에서 시작되는 주변지역에 관한 후반부(16~34장)로 나뉜다. 맨더빌은 '선한 그리스도인이 힘을 모아 약속의 땅을 되찾고 이교도를 몰아내기 위해 노력해야 한다'는 성지탈환의 십자군 수사를 동원해 자신의 정체성을 강력히 피력하지만 여정을 거듭하면서 대립적 논조는 이내 순화된다. 이야기는 신을 가장 가까이서 대면할 수 있는 예루살렘 순례여행의 안내 형식으로 시작한다. 적지 않은 사람들이 성지순례의 경험을 지인에게 전하여 참배를 독려하지만 절대 다수는 기회를 가질 수 없었던 만큼 『맨더빌 여행기』는 정신적 순례와 성스러운 감정을 공유하는 소중한 길잡이로 활용되었다. 잉글랜드를 나선 저자는 콘스탄티노플을 향해 출발하였고 키프로스를 비롯한 지중해의 여러 섬, 바빌론, 이집트, 시나이산, 베들레헴, 시온산, 여호사팟 골짜기, 사해, 사마리아, 갈릴리, 예루살렘, 시리아 등지를 돌아보는 신성한 경험을 소개하며 지나는 길에 목격한 다양한 풍습, 기현상, 신앙, 지형, 물산, 성소, 역사를 일화로 곁들인다.

맨더빌은 이미 유포된 여행담에 자신만의 급진적이고 다원적인 터치를 가해 전혀 다른 작품을 창작함으로써 독자를 즐겁게 하고 교육하며 꾸짖고 위로하는 한편, 세계관을 심고 다양한 메시지를 전한다. 흥미롭게도 여행길에 만난 이교도와의 대화는 동양의 도덕·신앙적 미덕에 빗대어 기독교 세계에 대한 불만을 우회적으로 토로하고 성찰을 촉구하는 역오리엔탈리즘(reverse Orientalism)

의 수단으로 긴요했다.[6] 동서양의 종교, 도덕, 관습, 가치, 신념을 일상 속에서 친밀하게 마주 대함으로써 오해와 곡해를 풀고 상호이해를 돕는 한편, 타자의 유머, 풍자, 아이러니, 정치적 관념을 자아의 비판적 성찰을 위한 장치로 활용한 것이다.

구체적으로 저자는 사라센 술탄의 입을 통해 기독교도의 죄악을 열거하게 함으로써 유럽의 독자를 당황하게 만드는 과감한 선택을 한다. 왕과 영주는 약속의 땅을 되찾기보다는 이웃나라를 약탈하는 데 골몰한다고 비꼰다. 타락한 사제들은 모범을 보이기는커녕 결혼과 고리대금업을 죄라 여기지 않고 성직을 매매하며, 그들로 인해 허영심과 탐욕이 가득해진 교인들 역시 온갖 수단을 동원해 남을 속이고 율법을 욕보이기 일쑤라 꾸짖는다. 그리고 겸손하고 온유한 예수처럼 가난한 사람을 돌보지 않고 악행만 일삼으며 탐욕스럽고 신의를 지키지 않아 성지를 빼앗겼다고 단호하게 진단한다. 맨더빌은 술탄으로 하여금 신을 헌신적으로 섬긴다면 성지를 되찾게 되리라 예언하게 하지만, 이교도의 힐책을 빌려 타락한 교회와 신도의 신앙적 경박함에 심각한 우려를 표하는 동시에 통렬한 자기반성을 촉구한다. 내부를 향한 냉대와는 대조적으로 비기독교인과의 차이에 대해서는 중립적인 위치로 물러나 담담히 관조하는데, 심지어 성지를 되찾기 위해 처절한 투쟁을 벌여야 했던 사라센인조차 말과 행동이 진실하고 온순하며 정이 많고 정의롭다고 치켜세운다. 맨더빌의 자아에 대한 비판적 사고와 타자에 대한 이 같은 침잠의 태도는 앞으로의 여행에서도 흔들림 없이 유지된다.

저자는 상상 속 동양의 나라와 생명체를 보고할 때 '직접 본 것이 아니라 증

---

6. 역오리엔탈리즘은 이 개념을 처음 소개한 윅스테드(J. T. Wixted 1989) 이래 동양의 쇼비니즘, 민족주의, 셀프오리엔탈리즘을 함의한 악서덴털리즘(Occidentalism)의 의미로 이해되다 서구에 대한 선망을 아우르는 개념으로 확대되었다. 이후 서양의 사회과학자가 서구의 경제적 침체 및 사회적 무질서에 대비되는 아시아 가치(Asian value)를 재평가하면서 동양의 강점을 부각하는 개념으로 변형되고(Hill 2000), 논의에 철학적 깊이가 더해지면서 서구인이 특권적 관점을 자진해서 해체하고 동양의 맥락에서 타자를 구성한 뒤 서구로 투사하는 성찰의 개념으로 해석된다(Kikuchi 2004).

명할 수 없다'는 식의 수사로 여행이 실제임을 강조하는 교묘한 트릭까지 동원한다. 하지만 앞서 지적한 것처럼 여정에 포함된 지역을 직접 방문했다기보다는 전혀 가 보지 않았거나 일부 지역만을 돌아보았을 뿐이다. 그럼에도 유럽에서 성지로 향하는 다양한 길 가운데 어디를 취하든 지나치게 될 지역을 주지하였다는 사실은 그가 백과사전적 자료가 방대한 도서관에 근접해 있었음을 대변한다. 문학적 기술 이면에 여행에 소요되는 거리와 일정 같은 구체적인 자료가 대입될 때에는 숨을 죽이게 만든다. 순례여행은 깊은 종교적 신념과 정밀한 지리정보의 결합에 기초하였으며 여기서 확보한 카리스마는 동양에 대한 맨더빌의 다양한 해석과 과장과 담론을 지탱하는 버팀목이었다.

책 후반부는 성지 너머의 동방세계를 다룬다. 맨더빌은 여행기, 역사서, 지리서, 백과사전, 성경, 『알렉산더 로맨스 *Alexander Romance*』, 사제 요한의 서간 등 도서관에 비치된 다양한 자료에 의거하였으며 특유의 구성으로 생동감을 불어넣었다. 페르시아, 인도, 카타이를 중심으로 내륙의 군소 왕국과 해양의 여러 섬에 대한 설명이 섞이며 핵심적으로 사제왕 요한의 신화가 펼쳐진다. 중세의 시대적 상황에서 『맨더빌 여행기』는 욕망과 함께 도덕적 차원의 교훈을 담아내야 했고 맨더빌은 이를 위해 거시공간을 적절히 활용하였다. 가까워 정확하게 인식된 성지 일대의 미시공간과 달리 동양은 인지의 심상경계를 넘어서기 때문에 흐릿한 기억과 상상에 의지해 신화, 전설, 불가사의로 구성되었다. 또 천지창조에서 최후의 심판에 이르는 신학의 도상과 실재가 혼재한 세계로서 도덕률이 시험되는 무대로 인용된다. 권위는 단순히 과학적 사실에만 의존하는 것은 아니며 독자의 무한한 갈망을 채워 줄 문학적 수완을 필요로 했고, 미시공간의 실제지리가 거시공간의 도덕지리(moral geography)로 이행함에 따라 직관과 상상에 의한 상징적 의미의 해석이 마음껏 발휘되었다.

# 3. 역오리엔탈리즘과 위반을 통한 동양과 기독교 세계의 재구성

　새로운 세계와 환경에 대한 평가 및 그에 기초한 이미지는 일정 부분 주체의 이념과 이상을 반영하여 사회적으로 구성된다. 땅의 중심(*Medi*-terranean)의 동쪽에 자리한 오리엔트는 자연의 법칙이 유럽과 다르게 적용되는 타자의 주변적 영역이자 상상에 의한 가공이 무한정 허용되는 신화의 공간이었고 이교도의 차별적 영역이었다. 표면적으로 맨더빌은 유럽과 동양을 비교한 끝에 문화 일부는 유사하고 어떤 것은 현저히 다르며 중간에 모호한 지점이 자리하는 구도를 확인한다. 익숙한 서구와 이국적인 동방 사이에 놓인 그리스정교회의 영역은 서사적으로 유럽성(Europeanness)과 비유럽성(non-Europeanness)이 혼재된 경계지대를 대변한다. 기독교의 교리를 공유하여 근본에서는 큰 차이가 없다고 본 이슬람에 대해서도 자타의 경계짓기를 주저하며 그 너머 낯선 타자와의 차이를 드러내는 계제에 침묵에 부친다. 동방의 이교도는 체형이 다르고 문화를 공유하지 않는다는 이유로 괴물인간으로 그려진다. 신비와 환상을 기대하는 독자의 취향에 어필하려는 의도와 함께 미추(美醜)로 구성된 우주의 미학적 조화에 부합하도록 세계문명의 중심에 대한 일종의 균형추로서 인간 이하의 타자가 필요했을 것이다.

　오리엔탈리즘에 입각할 때 일리아드로에서 시작하는 유럽 지식체계와 권력의 야합은 동양의 헤게모니적 재현이자 타자에 대한 문화적 지배의 상상행위(imaginative acts of cultural domination)에 비유되는 여행기로 체화한다. 그 안에서 관습을 달리하는 위험하고 죄악에 빠진 문화적 타자(cultural Other)는 신화의 영역인 동쪽으로 밀어붙여 가치판단을 하거나 의식에서 사라지게 하는 오리엔트화(to orientalize)를 겪는다. 서구의 정상적 외형과 매너에 대한 부정적 이미지로서 신체와 윤리도덕의 기형성을 특징으로 하는 타자 그리고 그들의 공간으로서 동양을 상정한 것이다. 동양은 높은 산맥, 광활한 바다, 물리적 거리에 의해 유럽인과의 직접적 접촉에서 벗어나 있으며 대척점의 공백은 서구에 의해 자의적으로 메꾸어진다. 타자와의 절연을 희망하면서 동시에 공간을 통제하려는 열망으로 그곳은 발이 머리 위에 위치해 뒤바뀌어 있으며 권력의 주체로부터 격리된 주변인의 땅으로 그려진다.

멀고 낯선 나라로의 여행은 페르시아에서 출발하여 인도, 인근의 여러 섬, 카타이, 사제왕 요한의 왕국을 경유하며 긴장과 희열이 가득한 경험으로 채워진다. 그리스·로마 이후 기록으로 전한 인도, 환상과 공포가 교차하는 성서적 동양, 몽골 평화시대에 사신·선교사·상인이 목격한 동방의 모습이 중첩되는 특이한 경험이다. '저 너머에는 다양한 나라와 신기한 것들이 정말 많지만 나도 직접 다 보지는 못했다'며 에둘러 표현하는데, 해변으로 몰려든 물고기 떼, 조장, 양털 달린 암탉, 반인반수, 그림자 발 종족, 외눈박이, 피그미, 자웅동체의 인간, 식인종 등 기괴한 현상과 종족으로 채워진 동양은 판타지 세상으로서 맨더빌의 상상과 독자의 기대가 절묘하게 맞물린다. 유럽 중심에서 이탈할수록 무질서한 야생의 자연으로 전이한다는 오리엔탈리즘의 투사일 수도 있지만 문학적 상상에 의해 창출된 이미지로서 맨더빌 자신이 그런 세계를 믿고 있었던 것은 아닐 것이다. 먼 지역에 대한 지식이 권위로 인정받던 중세사회에서 위험을 감수하며 여행에 나선다는 것은 권력을 얻기 위한 일종의 과시적 행동이었고, 일반인이 닿을 수 없었던 동양은 따라서 공포와 위험으로 가득한 세상이어야만 했다. 독자의 호기심을 충족하고 긴장을 유지하기 위해 실재와 허구를 넘나드는 이미지 각색이 필요하였을 것으로 보이며 이는 고대 이래 문학의 전형이었다.

그리스인은 신화 속 괴물에 대한 본능적 두려움을 말의 귀와 꼬리를 가진 사티로스(Satyrs), 반인반마의 켄타우로스(Centauros), 뱃사람을 유혹해 파선시킨 사이렌(Siren), 추녀의 상반신과 새의 날개·꼬리·발톱을 가진 하르피아이(Harpies) 등으로 장엄화하고 인도 괴수인간을 창조하여 서구 정신세계(Occidental mentality)에 포함시켰는데, 기원전 5세기경 페르시아 왕실 주치의 크테시아스(Ctesias of Cnidos)의 『인디아 Indica』로 소급된다. 책에서는 학과 싸우는 피그미, 한 발만으로 작렬하는 태양을 가리고 빠르게 이동하는 사이어포드, 개의 머리를 한 카노폴로스가 묘사된다. 머리 없이 어깨 사이에 얼굴이 있는 종족, 30세에 하얀 머리카락이 검어지며 여덟 손발가락을 가진 종족, 팔꿈치와 등 전체를 덮을 만큼 큰 귀를 가진 종족, 거인, 긴 꼬리 종족도 있었다(그림 3). 이후 기원전 326년 알렉산더 대왕의 인도원정을 계기로 찬드라굽타 왕조에 대사로 파견된 메가스테네스(Megasthenes)가 『인디아 Indika』에 기고한 유형을 추가하였다. 크테시아스와 메가스테네스의 괴수인간은 코뿔소를 형상화한 유니콘처럼 관찰에 입각한 측면도 있지만 대부분 인도의 서사시를 포함한 문학적 상상에 기원을 둔다.

중세기 괴물의 주된 출처는 플리니우스(Pliny the Elder)의 『자연사 Naturalis Historia』로서, 3세기 저술인 솔리누스(G. J. Solinus)의 『불가사의 선집 Collectanea Rerum Memorabilium』에 인용되어 대중적 인기를 누렸다. 성서의 권위와 조율이 불가피한 상황에서 성 아우구스티누스는 괴수인간을 아담의 계보로 연

그림 3. 여행기에 재현된 상상 속 동양인과 카니발리즘
자료: Detailed record for Harley 3954, Catalogue of Illuminated Manuscripts The British Library; Jean de Mandeville, Antichrist(Travels of Sir John Mandeville), e-codices - Virtual Manuscript Library of Switzerland

결시켰고, 이시도루스(Isidore of Seville) 역시 『어원론 *Etymologiae*』에서 괴물성을 창조의 일부로 설명하였다. 『알렉산더 로맨스』를 비롯한 여러 작품에서 반복적으로 등장하며 직접적 위협을 제기할 수 없는 먼 곳에 있어 공포보다는 낭만의 소재였던 괴물인간은 문학을 넘어 〈엡스토르프 지도(Ebstorf Map)〉(c.1240)에 담겼다. 1300년 무렵의 마파 문디 〈헤리퍼드 지도(Hereford Map)〉 또한 변방에 괴수와 기이한 20여 종족을 그려 중세인의 세계관을 재현하였다. 이처럼 괴물종족은 공포와 경이가 수반되는 장엄미와 낭만을 통해 동양을 신비화하는 장치였지만 여행자들이 실제 대면한 것은 지극히 정상적인 인간으로서 단지 외형과 사회적 관습에서 그들을 기술하는 유럽인과 달랐을 뿐이다.

식인관행도 동양에 대한 오랜 고정관념 중의 하나였다. 맨더빌이 소개한 사례는 꽤나 다채롭다. 사마리섬에서는 충격적이게도 상인들이 판매한 아이들을 살찌워 잡아먹고, 나쿠메섬의 카노폴로스는 전장의 포로를 먹으며 거인종족 또한 식인풍습을 가지고 있었다. 병자를 자연사하게 내버려 두면 고통이 너무 크기 때문에 개로 하여금 물어 죽이게 하고 사자의 인육을 취식하는 것은 카노폴로스 인근 섬의 관습이었다. 돈둔섬의 경우 동료가 병에 걸려 죽게 되면 아들이나 아내를 함께 질식사시키고 동료의 시신을 잘게 조각내 지인들과 나누었는데, 땅속의 벌레에게 갉아 먹히면 고인의 영혼에 큰 고통을 안긴다는 현지인의 믿음을 진지하게 경청하는 것으로 맨더빌의 이해를 대신한다. 부친의 사체를 잘게 잘라 새의 먹이로 제공하고 머리는 지인들에게 나누어 먹게 하며 해골로 음료 잔을 만들어 평생 기억하는 리봇섬의 풍습에 대해서도 저자는 경건한 의식으로 승화된 행위라며 암묵적 동의를 표한다. 사실 여부를 떠나 혐오의 정서는 부인할 수 없지만 내부자의 입장을 충분히 고려하려는 진중한 태도가 엿보인다.

맨더빌은 상상으로 동양을 지배하는 유럽의 왜곡된 지식을 거부하고 자아와 타자는 유사하다는 복선을 깐다. 이교의 우상과 그리스도교의 성상은 본질에서 다를 것이 없으며 가족의 사체를 먹는 혐오스러운 관행을 예수의 성체를 나누는 기독교 전통과 '거의 동등한 차이'로 해석한 것이다. 그의 중립적 태도와 논조는 전도된 가치를 차분하게 나열하는 대목에서 예견되었는데, 예를 들어 태양의 열기로 피부가 검게 그을린 무어인에게 검은 천사는 흰 악마와 대비되고, 칼데아 왕국에서는 아름다운 남자와 더럽고 흉측한 추녀가 각을 세우며, 아마조니아 여인국은 남자에게 지배권을 맡기지 않고 선거를 통해 가장 현명하고 용감한 전사를 여왕으로 선출한다. 폴롬브의 여자는 포도주를 마시고 수염을 깎지만 남자는 그렇지 않고, 라마리섬의 나체 거주민은 의복을 착용한 이방인을 비웃는다. 우스꽝스럽지만 이런 뒤바뀐 장면은 저자의 내면에 깔린 문화 상대주의를 투사한다.

물론 맨더빌에게서 오리엔탈리즘의 잔영을 찾을 수 없는 것은 아니다. 선한 그리스도인은 힘을 모아 예수의 존귀한 피로 물든 예루살렘에서 이교도를 몰아내야 한다며 결의를 다지고 그리스도교가 아니면 완전한 신앙은 못 된다는 노골적인 언사도 확인할 수 있다. 또 천사 가브리엘이 성모에게 나타난 나사렛 교회 옛 기둥에서 순례자의 공물을 받는 사라센인을 사악하고 잔인하다며 혹평한다. 그러나 현실을 직시해야 했다. 군사적 승리를 신의 선택으로 받아들일 때 과거 유대인이 차지했던 성지는 기독교의 유산으로 이전되자마자 이내 이슬람에게 장악된 상황이었다. 연이은 십자군원정의 실패에서 이교도에 은총이 내려지는 모순을 해명하지 않을 수 없었으며, 맨더빌은 군사적 패배를 최종 승리를 향한 과정으로 합리화한다. 신이 사랑하는 자 또한 벌을 받으며 사라센인은 신의 징벌을 대신하는 요원에 불과하다는 논리였다. 이를 통해 앞서 거론한 술탄에게 훗날 신이 성지를 돌려줄 것을 인정하게 함으로써 자신들이 선민이라는 독자의 믿음을 강화한다.

유대인의 경우 예수를 메시아로 인정하지 않고 십자가에 못 박았으며 파텐섬의 독 나무를 이용해 전 세계 그리스도인을 독살하려 한 민족으로 낙인찍힌다. 유대교는 기독교의 과거이자 정체성의 원천이며 구약의 정당성을 확인하는 현재이지만, 맨더빌에게 유대인은 구원이 불가능한 악이었다. 증오에 가까운 반감으로 점철된 유대인의 타자화는 지리적으로 가까이 자리하여 불편했던 데서 주변화를 또한 요청하였고 신화의 지원까지 얻어 냈다. 성경의 영적 의미를 부정한 유대인에게서 선민의 지위를 빼앗고 알렉산더 대왕으로 하여금 그들을 곡(Gog)과 마곡(Magog)에 가두게 한 것이다. 동쪽은 태양이 뜨는 신의 거처이자 인류가 창조된 근원이지만 인간은 죄를 지어 쫓겨났고 지상낙원을 다시 찾으려면 반드시 곡과 마곡을 지나야 했다. 사자가 생전에 지은 죄의 판결을 기다리는 지옥과 천당 중간의 연옥, 즉 영혼이 위험을 무릅쓰고 통과해야 할 불속 같은 상태에 비유되는 공간으로서 이곳에는 카인의 죄로 인해 기형으로 태어나 추방된 괴물종족이 잠적한다. 곡과 마곡의 유대부족은 동방의 낙원으로 향하는 길에 극복해야 할 괴물인간으로 유럽인의 인지지도에 각인된 것이다.

이 같은 내부 오리엔탈리즘(internal Orientalism)의 입장을 제외하면 맨더빌은 다양성을 있는 그대로 용인하고 절충하려는 자세를 흩뜨리지 않는다. '모든 땅과 섬에 다양한 사람이 살고 있고 그들이 가진 종교와 믿음도 다르다'는 발언에서 그 기류가 느껴진다. 동방정교와 네스토리우스교가 분파적인 이단에 불과하다는 로마 교회의 비판이 반드시 정당한 것은 아니라는 속내를 내비치며, 무슬림의 자비와 보시 앞에서 기독교의 도덕적 우위는 회의에 부쳐지고, 동양의 식인풍습·나체주의·일처다부제에 합리적 근거가 부여되며, 심한 상처를 입고 피를 흘리면서도 우상을 향해 오체투지로 참배를 강행하는 고행 앞에서 숙연해진다. 신이 누구를 사랑하고 싫어하는지는 정해진 것이 아니라고 파격적으로 선언하며, 동방에 대한 모든 것이 비합리적이고 기이한 것만은 아닌 것처럼 유럽에서 정상인 것도 관점을 바꾸면 이상하게 보일 수 있다고 풍자한다. 타자에 대한 관용과 아량은 『맨더빌 여행기』 뒷부분으로 갈수록 강화되어 그들의 금욕적 삶은 감동을 낳고 카타이의 선한 정부는 유럽 내부의 다툼과 대비되며 사제 요한의 이상적인 기독교 왕국은 선망된다. 이교도의 인신공양과 우상숭배를 봉헌의 의도에서 동정과 열린 마음으로 대하며 기독교인 이상으로 하늘을 무겁게 여기고 우상을 위해 죽음까지 감수하는 데 경탄한다. 세상이 아무리 기괴해도 이성으로 이해하지 못할 부분은 없다는 의견은 급진적이기까지 한데, 괴물인간과 식인종이 득실대는 야만의 세계를 찾아가는 여행임에도 오히려 낭만적일 수 있는 이유이다.

관용의 측면은 이 밖에도 여러 곳에서 포착된다. 카나섬에서는 영웅, 태양, 달, 불, 나무, 뱀 등의 모상과 우상을 숭배하지만 주민은 그것이 천상의 창조주가 아니라는 사실을 누구보다 잘 알고 있다며 적극 대변한다. 사원에서 잔반을 원숭이에게 제공하는 관행에 대해서는 자력으로 생존이 가능한 빈자보다 동물로 환생하여 참회의 고통을 겪는 영혼을 배려하는 것이 더 자비롭다는 현지인의 관념을 풀어 설명해 준다. 오리엔트를 향한 관용은 이내 선망으로 바뀌며 브라만섬에서 정점에 이른다. 선량하고 진솔하며 신앙심이 두터운 현지인은 도덕적 삶을 영위하기 때문에 오만하거나 탐욕스럽지 않고 시기하거나 분노하지 않으며 탐식을 일삼거나 음란하지 않다고 칭송한다. 자신이 원치 않는 것은 다른 사람에게 요구하지 않는 등 10계율을 충실히 이행하는 '믿음의 땅'으로 부르고 싶어질 정도다. 섬은 도둑, 살인자, 매춘부, 거지가 없이 순수한 사람들만 사는 곳으로서 정직하고 정의로우며, 신은 선한 행실을 사랑하여 재해, 전염병, 전쟁, 굶주림의 고통에서 벗어나 명을 다하도록 허락한다. 맨더빌은 '신은 교리에 상관없이 선의와 진심으로 순종하고 받드는 사람을 사랑한다'는 말로 그들의 진솔한 생활을 예찬한다. 브라만족은 기독교가 오래도록 잊고 있던 미덕을 대리 발견할 수 있는 선민이었고 그들의 신앙체계는 신도 인정하는 보편종교였던 것이다.

맨더빌은 급진적이고 다원적인 의식의 필터를 거쳐 동방의 관습과 신념을 평가하고 기독교 세계의 정치, 종교, 문화에 일침을 가하는 동서양 교류를 실천한다. 사제 요한이 다스리는 영토 가운데 선거가 치러지는 섬은 인상적인데, 왕은 귀족이나 부자가 아닌 예의 바르고 품행이 단정하며 정의로운 사람이어야 했다. 판결은 신분, 지위, 재산, 감정과 무관하게 죄에 따라 공평하게 내려지며, 국왕은 영주, 고문, 중신의 동의 없이 사형을 명할 수 없고 심지어 자신도 죄를

범하면 단죄된다. 대칸은 하늘 아래 가장 위대하고 강력한 황제이지만 그리스도교로 개종하는 것을 막지 않고 종교 선택의 자유를 허락한다며 부러움을 표하는가 하면, 세상에서 가장 크고 아름답고 비옥하며 물자가 풍족한 만키 왕국의 2,000개 도시 가운데 라토린은 파리보다 크다며 유럽의 자존심을 건드린다.

요컨대 『맨더빌 여행기』는 타자의 문화에 대한 관대한 이해와 개방적 태도의 산물이다. 편견에 매몰되지 않고 성찰을 통해 대안적 이상사회를 꿈꾸게 하는 일탈의 공간이 바로 동양임을 자각한 것이다. 그곳에서 마주한 선한 야만인의 원시적 유토피아는 서구문화의 우월성과 익숙한 질서에 대한 회의 및 개혁의 이상을 투사하기 위한 가상현실이자 자성의 거울(self-critical mirror)이었다. 동양은 저자가 속한 사회의 단순한 전도, 유럽의 거시공간적 상상에 의해 고안된 대항사회를 초월한 자율적 타자로서 서양의 신학적, 도덕적 현실을 비판하고 참회를 이끄는 동시에 기독교적 근간을 부정하지 않고 온전히 드러내게 한다. 맨더빌이 타자를 구성하고 제시하는 이런 방식은 바로 푸코의 위반으로서, 익숙한 자아로부터 알려지지 않았거나 알려지기를 원치 않는 타자 사이의 경계를 의식적으로 설정함으로써 양자의 직접적 대면이라는 실천을 담보하는 전략이었다. 비록 상상에 그쳤다 하더라도 맨더빌의 여행은 위반이었고 미지의 신화적 세계를 가로지르며 완성한 그의 여행기는 경계와 한계를 반복적으로 넘나드는 위반의 표현(verbalization)이자 텍스트화(textualization)였다. 저자는 미시공간의 지식과 거시공간의 추측 사이에 놓인 모호한 벽을 넘어설 것을 권고하며, 상호배타적으로 우리와 그들을 나누는 대신 문화적 이해와 교섭이 가능한 지점으로 인도한다. 타자를 단순히 거울사회 또는 정치·종교적 안정에 대한 위협으로 간주하는 '차이의 에피스테메(epistēmē)'가 경계를 넘어 미지의 것과 자발적으로 교유하는 '호기심의 에피스테메'로 전환된 것이다. 르네상스의 무한한 발견에 요구된 결정적 전환이었다.

## 4. 사제 요한의 상상 왕국

호기심으로 추동된 지적 탐구정신의 반영으로서 『맨더빌 여행기』는 중세의 성지순례로부터 르네상스기 지리상의 탐험으로의 이행을 상징한다. 여행기 집필 당시 동양의 중심을 차지한 원·4한국의 중앙집권적 지배체제는 평화국면을 안착시켜 14세기 중엽까지 초원길, 비단길, 바닷길을 통한 활발한 동서 문물 교류를 이끌었다. 카르피니와 루브룩에 이어 폴로와 오도릭이 그 길을 오갔고 여행의 목적 가운데 하나는 사제 요한을 확인하는 것이었다. 이슬람 세력의 패권 확대로 성지회복의 꿈이 요원해질수록 역설적으로 유럽인의 정신세계에 잔상으로 남아 있던 『맨더빌 여행기』 속 사제 요한에 대한 열망은 강렬해졌고 이는 동방으로의 탐험을 인도한 보이지 않는 힘이 되었다. 비록 허상을 향한 탐문이었지만 신항로 개척이라는 예기치 못한 세계사적 성과를 이루었다.

통치행위와 관련해 맨더빌은 폭력적이지 않으면서도 권위를 유지하는 이집트의 술탄, 아마조니아의 여왕, 카타이의 대칸, 사제왕 요한에 관심을 표한다. 특히 낙원 인근 카타이의 대칸과 사제 요한을 위대한 지도자로 추앙하는데, 선의로 가득한 정부는 교황의 탐욕과 무소불위의 권위를 비판하는 거울이 되고 화려한 궁정은 유럽 못지않은 풍요를 과시하여 선망의 대상으로 다가왔기 때문이다. 성지 바깥 시원의 야생지 한가운데에 들어선 대칸의 왕국과 성군 요한의 기독교 왕국이야말로 성속의 분열이 첨예한 유럽이 본받아야 할 유토피아와 다름없었다. 동방 어딘가에서 강력한 왕국을 이끌고 있을 사제 요한은 이슬람과 이교도로 인해 위기에 빠진 기독교세계를 구원해 줄 메시아로서 12세기부터 17세기에 걸쳐 유럽인의 심상에 깊게 각인된, 그러나 현실로 드러나지 않는 신기루 같은 존재였다. 교황, 국왕, 영주, 성직자, 평신도는 그가 막강한 군대를 이끌고 성지로 진격할 것이라 굳게 믿었다. 맨더빌은 그의 호화로운 궁궐과 인도 및 인근 72개 지방으로 이루어진 광활한 왕국을 돌아보면서 사제왕의 위엄을 확인하였고, 보석 박힌 십자가를 앞세워 전투에 나선다는 사실을 독자에게 전하며 기대감을 심었다. 신비의 사제를 확인하기 위해 많은 여행가와 선교사가 그의 궁정으로 향했고 사라센에 대적할 수 있는 연합전선을 구축하기 위해 외교사절이 파견되었다.

사제 요한의 왕국으로 인도가 지목된 데에는 성 도마(St. Thomas)의 전설과 위경인 「도마행전」이 일조한 것으로 보인다. 전도와 순교의 영예를 안고 돌아오리라는 예수의 예언에 따라 인도로 건너가 가난하고 병약한 백성에게 수많은 기적을 베풀며 복음을 전하다 끝내 죽임을 당한 성인의 이야기다. 힌두교 지역으로 기독교를 전파한 도마의 신화는 그가 안치된 인도 동남해안 밀라포르(Mylapore)의 산토메 성당으로 순례를 촉발하지만 이내 위기에 처한 유럽을 구원해 줄 사제 요한의 소문에 덮인다. 막강한 권력과 부를 소유한 동방의 통치자로서 이슬람에 포위된 기독교권을 구원하기 위해 출정을 준비하고 있다는 사제 요한의 탐문은 성지가 함락 위기에 처한 12세기에 본격적으로 시작된다. 지식인은 사도들이 그리스도의 계명에 따라 복음을 만방에 설파하였고 동방도 예외는 아니었을 것으로 자연스럽게 받아들였으며, 성지순례 목적으로 내방한 동양의 기독교인과 조우했을 때 확신했다. 동방의 성직자 입에서 사제 요한과 그의 기독교 왕국이 언급되기도 하였다.[7]

역사적으로 사제 요한의 이름은 오토 폰 프라이징(Otto von Freising) 주교의 『두 도시의 역사 Historia de duabus civitatibus』에 처음으로 명확하게 등장한다. 바로 1144년 장기(Zengi)가 이끈 이슬람 세력에 의해 십자군의 중요한 거점인 에데사가 함락되고, 이듬해 교황 에우게니우스 3세와 각국 군주에게 도움을 청하기 위해 교황청을 방문한 자발라의 주교 위그(Hugh)가 전한 소식을 적

---

7. 랭스 소재 생흐미 수도원의 대수도원장 오도(Odo)가 작성한 문서와 출처 불명의 또 다른 자료에는 교황 갈리스투스 2세와 인도 대주교의 1122년 로마 모임이 기록되어 있는데, 대주교는 원로원에서 성 도마의 기적과 사도의 권좌를 보호하고 있는 그리스도 권력자에 관해 강연하였고 미상의 자료에서는 그의 신원을 대주교 요한(John of India)으로 밝혔다(de Rachewiltz 1996, 62; Hamilton 1996b, 237-238; Phillips 2013, 46). 대주교가 사제 요한으로 알려진 것인지 분명치 않으나 동양 먼 곳에 강력한 기독교도 통치자가 존재한다는 사실이 그의 보고를 통해 처음 알려졌다.

은 부분이다. 그에 따르면 극동의 네스토리우스교도 사제왕(Priest-king) 요한(Iohannes)이 페르시아와 메데스를 지배하던 사미아르디 형제와의 전투에서 대승을 거두고 예루살렘 교회를 돕기 위해 진군하여 티그리스강에 이르렀으나 도하가 여의치 않아 회군했다는 것이다. 위그의 전언은 1141년 9월 금에 쫓겨 서쪽 카슈가르까지 퇴각하다 카라한조를 점령해 카라카타이(흑거란, 서요)를 건립한 야율대석(耶律大石)과 셀주크의 술탄 산자르가 사마르칸트 인근 초원에서 벌인 전투의 역사적 사실이 교묘하게 접목된 신화였다. 전투에서 승리하여 무슬림 징벌자로서의 명성을 얻은 야율대석은 사실 불교도였다. 하지만 이슬람과 대항하는 사람은 암묵적으로 기독교도라 여긴 유럽인들이 동방에서 출현한 그에게 네스토리우스파의 옷을 입혀 요한이라는 이름으로 서방에 전하였고,[8] 사제 요한의 신화는 그렇게 탄생했다.

무성한 소문에도 실체가 불분명했던 지상의 구원자 사제 요한은 교황이 외교관계 수립을 위해 친서를 소지한 사절을 파견할 정도의 실존인물로 부상하는데, 결정적 사건은 비잔틴의 황제 마누엘 콤네누스(Manuel Comnenus) 앞으로 발송된 서한(The Letter of Prester John)이었다. 황제의 재임기간(1143~1180)과 1165년경부터 유포된 정황이 유일한 단서일 뿐 누가 언제 작성했는지 알 수 없는 편지였지만, 성지를 둘러싼 공방 가운데 전해졌기에 극도의 관심을 끌었다. 그리스어 원본은 유실되고 여러 언어로 번역된 필사본과 인쇄본만이 수도원과 도서관에 남겨져 있다. 짧은 문서이기에 다양한 계층의 독자가 접할 수 있었고 중간에 위조, 변조, 첨삭을 거쳤으며 수신자 또한 교황, 신성로마제국 황제, 각국의 군주로 확대된다. 편지에서 자칭 요한은 인도 3국의 광활한 영토, 72명의 왕을 휘하에 둔 막대한 권력, 젖과 꿀이 넘치는 풍요, 32세의 나이로 무병영생할 수 있게 해 주는 올림퍼스산 아래 신비의 샘, 진귀한 동식물, 괴수인간 등의 과장된 언설과 함께 대군을 이끌고 성묘를 방문해 적을 패주시키겠다고 공

---

8. 콘스탄티노플의 총대주교 네스토리우스는 예수의 신성과 인성을 구분하여 431년 에페수스 공회에서 이단으로 파문당하고 페르시아, 인도, 중국 등지로 교세를 확장한다(de Rachewiltz 1996, 61).

언함으로써 중세 말 유럽의 국제정세와 지리상의 발견에 큰 반향을 불러일으킨다.

치밀하게 위조된 까닭에 서신은 호소력과 설득력을 가지고 유럽인에게 진지하게 받아들여졌다.[9] 고전에 반복적으로 투영된 환상의 세계에 중세의 종교 이미지가 더해짐으로써 십자군의 충동을 넘어선 인기를 누렸는데, 이국적이고 찬연하며 풍요로운 기독교 왕국을 갈망하는 사람들은 모든 여행자와 순례자가 환대받고 가난, 약탈, 아첨, 거짓말, 탐욕, 분열, 불륜, 악 등이 없는 사제 요한의 도덕적 이상향에 환호하였다. 교황 알렉산데르 3세는 1177년 사제왕에게 사절을 보내 답신을 전하고 공식적으로 친교관계를 맺고자 처음으로 접촉을 시도하지만 친서 전달의 중책을 맡은 주치의 필리프가 도중에 실종되어 미완의 사명으로 끝나고 말았다. 이후로 한동안 사제 요한에 대한 언급은 없었다. 1187년에 살라딘이 예루살렘을 함락시켰음에도 유럽은 동방 기독교 군주의 도움 없이 자력으로 성지를 회복할 수 있을 것이라 확신하였기 때문이다.

그러나 잉글랜드, 프랑스, 신성로마제국이 연합한 3차 십자군원정이 실패하면서 그의 이름은 재차 환기되었다. 또한 교황 인노켄티우스 3세가 결의한 5차 원정대가 1218년에 이집트 다미에타를 점령한 상황에서 사제 요한 또는 그의 아들이나 손자로 추정된 인도의 다윗 왕이 페르시아로 진격하여 이슬람을 격퇴하려 한다는 낭보가 들려왔다. 전문의 주인공은 나이만족(乃蠻部) 왕자로서 카라키타이의 야율직노고(耶律直魯古)를 폐위시키고 등극한 뒤 칭기즈칸에 패한 쿠츨루크로 추정되었으나, 사건의 추이에 비추어 실제 인물은 1219년에 호라즘 원정에 나선 칭기즈칸이었다. 소문의 진원인 중앙아시아 네스토리우스교

---

9. 이 서신의 내용은 황제를 신처럼 떠받든 비잔틴에 적대적이었고 『알렉산더 로맨스』의 동양에 대한 전통적 관념이 투영되어 있으며 성서적 세계관이 다분한 점으로 미루어 라틴세계에서 의도를 가지고 조작한 위작으로 추정되고 있다. 신성로마제국의 프리드리히 1세가 교황 알렉산데르 3세와의 알력에서 자신이 추구하는 이상적인 제국으로 요한의 왕국을 가정하고 이를 선전하기 위한 전략의 일환으로 날조했다는 해석도 제기된다(Hamilton 1996a; Jackson 1997, 426-427; Phillips 2013, 46-48).

도의 입장에서 신도인 쿠츨루크는 과거 야율대석에게 기대된, 십자군과 연합해 이슬람을 패주시킬 사명을 완수할 적임자였지만 이미 칭기즈칸의 손에 사망한 상태였다. 그들의 간절한 염원이 칭기즈칸과 쿠츨루크의 이미지를 섞어 강력한 인도 기독교 왕국의 다윗으로 둔갑시켰던 것이다. 구원부대를 고대하며 펼친 원정대의 작전 실패와 칭기즈칸의 후사인 오고타이와 바투의 무자비한 유럽 침공으로 일말의 기대는 환상에 지나지 않았음이 밝혀진다. 하지만 이는 단지 대칸이 사제 요한은 아니라는 것일 뿐 사제의 존재 자체에 대한 믿음은 여전하였다.

몽골 평화시대(*Pax mongolica*)의 자유로운 교류 국면에 편승해 교황 인노켄티우스 4세는 1245년 복음전파와 외교관계를 모색하기 위해 사절단을 몽골의 대칸 귀위크에게 파견하면서 사제 요한을 수소문하였다. 도미니쿠스 수도사 롱쥐모(A. de Longjumeau)는 케레이트족 옹칸이 그토록 찾던 장본인으로 이미 1203년에 칭기즈칸과의 전투에서 사망하고 넓은 영토를 상실하였다는 실망스러운 소식을 전한다. 폴로 역시 딸을 신부로 맞고 싶다는 칭기즈칸의 청을 거절하며 결전을 벌인 옹칸을 사제 요한으로 지목하였다. 반면, 도미니쿠스 수도회의 특사로서 1253년에 카라코룸의 대칸 몽케를 알현한 루브룩(G. de Rubrouck)은 막강한 나이만족을 이끌고 스스로 왕이 된 인물이 사제 요한이고 옹칸은 그의 형제라며 롱쥐모 및 폴로와 입장을 달리하였다. 탁발수사 오도릭은 사제 요한이 대칸의 영역에 있다고 밝힌 마지막 여행가로서 카타이 서쪽 50일 여정 거리에 있는 초라한 나라의 국왕으로 보고하였다.

이례적으로 카르피니(G. dé Pian O Carpini)는 칭기즈칸의 아들 오고타이가 소인도를 정복한 다음 남쪽 대인도를 침입했을 때 '그리스의 화염'을 사용해 그를 격퇴한 현지의 왕이 사제 요한이라 설명하였다. 맨더빌 또한 이 왕을 하늘 아래 최고의 군주로서 인도 일부와 인근의 도서 왕국을 바르게 통치하며 계율에 따라 신실한 삶을 영위하는 풍요로운 기독교 왕국의 권력자로 묘사하였다. 흥미로운 것은 중앙아시아에서 출현했던 사제 요한이 인도로 행방을 달리한 뒤 대항해 시대를 즈음해서는 재차 에티오피아로 옮겨 간다는 사실이다.

황제 콤네누스에게 보낸 편지에서 사제 요한은 3인도를 통치한다고 주장한 바 있다. 소재확인을 목적으로 몽골 제국의 일부였던 제1인도를 여행한 외교사절, 선교사, 상인, 탐험가의 보고는 기대를 저버렸다. 가능한 후보자는 이미 사망하고 후손이 대칸의 신하로 봉직하는 상황에서 화려하고 막강한 왕국이 설 자리는 없었다. 그렇다면 사제왕은 카르피니의 추론대로 대칸의 영역 밖인 제2인도를 통치하고 있어야 했다. 그러나 대륙 깊은 곳으로 여행해도 그의 존재는 확인되지 않았고, 귀향길에 해상으로 남인도를 방문한 폴로의 경우 성 도마의 유적만을 보았을 뿐이다. 말라바르(Malabar) 해안에서 네스토리우스 공동체를 찾아낸 선교사들도 위대한 기독교 군주와 끝내 대면하지 못했다.

남은 것은 제3인도, 즉 에티오피아 일대로서 대륙의 윤곽이 명확하지 않았을 당시에는 아시아와 아프리카의 접경지역으로 인식되던 곳이다. 고대와 중세에 아시아는 나일강 또는 알렉산드리아 서부를 경계로 리비아(아프리카)와 분리되었으며, 이 경우 이집트 일부와 그 이남은 아시아로 기술되었다. 에티오피아는 인도 소속으로 간주되어 그곳에서 유럽으로 수출된 상아와 흑단이 '인도산'으로 소개되는가 하면 동일 상품이 실제로 인도로부터 유입되어 혼란이 있었지만,[10] 에티오피아는 충분히 사제 요한이 있을 법한 지역이었다. 그러나 13세기 말 시점에 그에게 거는 기대가 절실하지 않았다. 이슬람 세력이 미약한 데다 대

---

10. 4세기에 대인도(India Major)와 소인도(I. Minor)가 언급되고 1118년의 피사노(G. Pisano) 문서에 3인도가 등장한다. 저베이스(Gervase of Tilbury, c.1150~1220)는 오바댜 위경에 따라 바돌로매가 복음을 전한 상인도(I. Superior), 도마의 하인도(I. Inferior), 마태의 중인도(I. Meridiana)로 나누었다. 역대로 3인도는 근·소·상(Nearer·Lesser·Minor·Superior) 인도, 원·대·하(Further·Greater·Major·Inferior) 인도, 제3·중(Third·Middle) 인도로 나뉘고, 각각 북인도, 남인도 말라바르·코로만델과 동남아시아 일부, 에티오피아를 가리켰다. 모호했던 중인도는 대륙의 윤곽이 명확해지면서 혼란이 해소되는데, 근인도~원인도, 소인도~대인도, 상인도~하인도 사이가 아닌 유럽에서 인도로 가는 중간에 자리한다는 'Intermediate' India의 의미가 컸다. 한때 에티오피아가 홍해와 인도양 서부를 부분적으로 통제했던 것을 고려하면 설득력 있는 해석이다(Hamilton 1996b, 239; Phillips 1994, 30-31; de Rachewiltz 1996, 73-74; Beckingham 1996, 15-17).

칸 중에는 네스토리우스 아내 또는 모친을 가족으로 두어 선교사들이 자유롭게 본토를 여행하도록 관용을 베풀었기에 사제 요한에 대한 믿음을 되살리지 않아도 되었기 때문이다. 수소문이 재개된 것은 시리아 본토의 십자군 근거지가 1291년 맘루크에게 함락되고 1295년에 페르시아 일한국의 가잔칸이 이슬람을 받아들이면서 돌변한 지정학적 상황에 기인한다. 이와 관련해 1324년에 『동방의 불가사의 *Mirabilia descripta*』 4·5·6권에서 각각

그림 4. 에티오피아 황제 사제 요한
(1599, by Luca Ciamberlano)
자료: The British Museum

북인도를 의미한 소인도, 남인도를 가리킨 대인도, 아프리카 혼(Horn of Africa) 지역에 해당한 제3인도를 소개한 도미니크 수도원 소속 남인도 킬란의 주교였던 조단(Jordanus de Severac)은 서양에서 처음으로 솔로몬의 후손인 사제 요한이 제3인도를 통치한다고 설명하였고 그의 견해는 널리 수용된다.

기억에서 지워지기 직전 사제 요한은 동아프리카로 이동해 새롭고 생산적인 국면에서 전설적 삶을 연장할 수 있게 된다. 때마침 일대의 교역로를 장악한 강력한 기독교 권력이 에티오피아에 등장하였고, 신왕조를 개창한 예쿠노 암락(Yekuno Amlak, 재위 1270~1285)은 자신을 솔로몬의 후손으로 자칭한 바 있다. 연합의 움직임도 구체화되어 1310년경 이슬람과의 전투를 준비하던 황제 위뎀라드는 '스페인' 국왕에게 30여 명의 사절단을 파견하였으며, 계승자인 암다시온은 정복을 이어가 아프리카 혼의 7개 이슬람 공국을 복속시켰다(그림 4). 유럽은 새로 등장한 기독교 세력과의 동맹 가치를 의심하지 않았으나 국제정세는 불리하게 돌아가 1322년에 일한국의 아부사이드가 맘루크의 술탄과 평화조약을 맺었다. 이런 암울한 시점에 『맨더빌 여행기』는 다양한 문헌과 콤네누스 앞으로 발송된 편지의 진술을 짜깁기하여 꺼져 가는 사제 요한 신화의 불씨를 살리려 애썼다. 하지만 오스만 튀르크는 동유럽으로 진격해 1393년경 다뉴브강

변에 이르렀으며, 광활한 아시아 지역은 일한국의 분열과 함께 페르시아의 강자로 부상한 티무르(Tamerlane)의 차지가 된다. 동방의 우군에 대한 기대를 접어야 하는 상황에서 에티오피아의 위대한 기독교 황제는 큰 위안이었음에도 조율된 군사전략이 성사되기는 어려웠는데, 이슬람 세력에 의해 페르시아만에 도달할 수 있는 통로가 막혔기 때문이다.

돌아보건대 사제 요한은 십자군 심상이 만들어 낸 가공의 인물이고, 그의 상상의 왕국은 강력한 이슬람 정적에 맞서고 있는 자신들을 후원해 줄 희망의 상징이었다. 성지를 되찾는 종교적 소명을 다한 후 누리게 될 풍요와 평화의 유토피아를 꿈꾸게 만든 인물이기에 수도사, 상인, 탐험가, 외교사절은 동방 깊은 곳을 여행하며 집요하게 그를 찾았다. 기대는 실망으로 바뀌었지만 대가는 충분하였다. 여행자들은 미지의 세계에서 생소한 것들을 많이 경험하고 관찰했고 이를 기록으로 남겼다. 이전에 알지 못하던 대륙, 자연, 민족, 문화, 취락 등에 관한 묘사는 세계의 윤곽을 보다 명료하게 하고 신선한 자극을 부여하였다.


## 5. 맨더빌 여행의 지리적 유산

몽골 평화국면에 선교, 외교, 통상, 탐험 목적의 아시아 여행은 동양에 관한 보다 정확한 그림을 그릴 수 있게 하였다. 중세가 끝을 향해 가는 시점에는 사제 요한과 그의 왕국에 대한 허구적 믿음이 열대 아프리카 이남의 윤곽을 그려 내고 지도에 빠져 있던 대륙을 새로 추가하는 의미심장한 변화를 초래한다. 동양에 대한 이미지 형성을 주도하고 대항해 시대의 전기를 마련한 『맨더빌 여행기』를 재평가해야 하는 이유이다. 경험으로 획득한 실제적 지식에 의해 사제왕 요한의 존재에 대한 회의가 불거지고 전통 동양관에 대한 수정이 불가피한 상황에서도 맨더빌은 영적 호기심을 추동하고 지구 구체설의 과학적 진단으로 유럽에서 인도에 이르는 신항로 개척의 실천을 성사시켰다.

중세 과학의 쟁점 가운데 하나는 대척점이었다. 아우구스티누스는 지구 반대편까지 갈 수 있다는 발상을 비웃었고 8세기부터 그런 믿음 자체를 이단으로 규정하였다. 그러나 맨더빌은 성서, 추론, 직·간접 경험에 입각해 지구는 둥글고 성지 예루살렘 반대편 동방에 지상낙원이 있으며 세계일주가 가능하다고 믿었다. 동시에 모든 땅과 섬에 다양한 사람이 살고 있을 것이라는 신념을 토로하였다.

> 배를 타고 실행에 옮길 수 있다면 세상 모든 땅들을 돌아 다시 고향으로 오게 될 것이다. … 이쪽에 있는 것은 저쪽에도 있다. … 인도 황제인 사제 요한의 나라는 우리 아래 맞은편에 있다. … 우리가 밤일 때 그들은 낮이다. … 세상 어디에 살든 똑바로 걸을 수 있다. … 고대 천문학자의 말에 따르면 둘레는 2만 425마일이다. 좁은 식견으로는 그보다 더 큰 것 같다.(Mandeville 저, 주나미 역 2014, 219-221)

맨더빌은 자연법칙이 어디서나 동일하게 적용된다고 보았고 인류문화의 공통된 특성을 강조하였다. 북쪽 하늘의 움직이지 않는 '길잡이별' 트란스몬타네와 대척점에 대한 상세한 설명에 이어 '뜨거워 지날 수 없다'는 열대는 허상일 뿐이라고 바로잡고, 천문학자가 제시한 지구의 원주 2만 425마일 대신 자신만의 방법으로 조금 더 길게 계산한 3만 1,500마일을 제시한다. 실측치에 근사한 에라토스테네스(Eratosthenes)의 2만 5,000마일보다 과장된 추정이지만 지구가 둥글다는 전제 하나는 분명했다. 15세기 말 세계사적 탐험을 후원·계획·실행했던 주역들은 지구가 둥글고 따라서 나침반만 있으면 일주가 가능하며 세계 어느 곳이든 거주할 수 있다는 확신을 심어 준 맨더빌에 힘입어 대서양을 횡단하고 아프리카 남단을 돌아 인도양으로 들어갈 수 있었다. 시대를 앞서간 르네상스 인간형을 그에게서 찾아보게 되는 이유다.

『맨더빌 여행기』는 출간 후 200여 년 동안 탐험가, 선교사, 상인, 학자는 물론 일반인에게 미지의 세계에 대한 호기심과 환상을 불러일으키고 책 안의 전설과 무용담은 열정을 깨웠다. 다빈치가 1499년 프랑스 루이 12세의 밀라노 침공으로 피렌체로 건너갈 때 지참한 유일한 여행기가 맨더빌의 것이었다는 일화는 유명하다. 세기 전환기의 탐험가 콜럼버스는 1492년 8월 3일~1493년 3월 15일, 1493년 10월 13일~1496년 6월 11일, 1498년 5월 말~10월 말, 1502년 4월 3일~1504년 11월 7일 등 4차에 걸쳐 '인도'로의 항해를 감행하였다. 그가 동양의 여러 지역에 관한 정보를 얻기 위해 참고한 도서는 『동방견문록』 라틴어본, 지구의 둘레를 과소 추정한 포세이도니오스(Posidonius)의 1만 8,000마일을 인용한 프톨레마이오스(C. Ptolemy)의 『지리학 *Geography*』, 카나리아 제도에서 중국까지 3,000마일에 불과하다고 예측하고 서쪽으로 항해하면 인도에 닿을 수 있을 것으로 진술한 추기경 다이(P. D'Ailly)의 『이마고 문디 *Imago Mundi*』 등이 었다. 콜럼버스의 항해 결심을 굳혔던 다이는 『맨더빌 여행기』를 인용한 것으로 전해지며 탐험을 후원한 이사벨라 여왕 또한 이 책을 소유하였던 것으로 추정된다.

가상의 여행자 맨더빌은 사제 요한이 화려하기 그지없는 궁정에서 광활한

그림 5. 『맨더빌 여행기』 속 청춘의 샘(좌), 대칸(중), 사제왕 요한(우)의 모습
자료: Jean de Mandeville, Antichrist(Travels of Sir John Mandeville), e-codices - Virtual Manuscript Library of Switzerland

영토와 상상을 초월할 정도의 풍요로운 왕국을 다스린다고 경탄한다. 왕국이 지상낙원 가까이 위치한다며 동경을 부추긴 데 이어 청춘의 샘물로 요한에게 영원한 젊음을 부여한다. 이로써 과거를 현재, 나아가 미래로 연결시키고 사제왕 탐색을 유럽인에게 숙명으로 지운다. 카타이 대칸의 지배가 미치는 범위 또한 넓어 한 번 둘러보는 데에만 뱃길과 육로로 7년이 걸리고 도처에 황금, 보석, 진주 등이 가득하다며 부러워한다(그림 5).

> 카타이는 아름답고 부유한 거대한 나라로 상품들이 넘쳐난다. … 대칸의 왕
> 좌는 세상에서 가장 아름다운 궁전으로 성벽의 둘레가 2마일 이상이나 된다.
> … 황제나 대영주들의 식탁에 놓인 그릇들은 벽옥이나 수정, 자수정, 순금으
> 로 되어 있다. 그리고 그들의 잔도 모두 에메랄드나 사파이어, 토파즈, 페리도
> 트 등의 보석들로 되어 있다. … 화려함과 부유함은 보지 않고서는 믿기 어
> 려울 정도이다. … 이쪽 세계에는 그런 궁전이 없다. 천하에는 타타르의 대
> 칸만큼 위대하고 부유하며 세력이 강한 군주가 없다. 대인도와 소인도의 황
> 제인 사제왕 요한이나 바빌론의 술탄, 페르시아의 황제도 비교가 되지 않는
> 다.(Mandeville 저, 주나미 역 2014, 254-260)

대항해 시대의 개막은 대서양 건너에 존재할 것으로 믿어진 인도와 카타이 그리고 희망봉 너머 에티오피아 또는 인도 어디쯤에 은둔한 사제 요한과의 접촉을 추구하는 과정에서 파생된 의도치 않은 결과였다. 맨더빌이 묘사한 카타이의 엘도라도 이미지는 배가 땅끝에서 추락할지 모른다고 걱정하는 선원들을 이끌고 열망하던 '인도'에 발을 디딘 콜럼버스에게 동기를 부여하였다. 성지 탈환을 지원할 것이라는 사제왕에 거는 기대 또한 인도항로 개척의 단초가 되었다. 아프리카·아시아 접경 일대 이슬람 세력의 확장으로 아라비아 반도를 경유하는 인도와의 교류가 차단된 정치경제적 상황에서 대안으로 취할 만한 통로를 찾아야 했고, 선봉에 선 것은 엔히크 왕자(Prince Henry the Navigator)로서

그는 아프리카 서해안을 남하하면서 대륙의 지리를 밝혀 나갔다. 뒤를 이어 주앙 2세(재위 1481~1495)도 서부 해안을 탐사하면서 사제 요한에 관한 정보를 수집하였고 1486년에 기니만 베닌 왕국의 특사가 내방하여 전한 요한 왕국에 관한 소식이 오해로 판명되었음에도 동아프리카 에티오피아 탐험을 재촉하는 계기가 되었다.[11]

1488년 희망봉을 거쳐 인도양으로 진입하는 경로를 발견한 디아스(B. Diaz)의 위업에 힘입어 1497년 7월 리스본을 떠나 인도항로를 개척한 다가마(V. Da Gama) 원정대가 1498년 5월 인도 캘리컷(Calicut)에 도착할 때까지 사제 요한은 전설이 아닌 실재였다. 마누엘 1세(재위 1495~1521)의 친서를 지닌 채 아프리카 동해안을 따라 북상하던 1498년 3월 2일의 일기에는 사제 요한이 낙타를 타고 도달할 수 있는 내륙에 기거하며 대형 선박의 통상교역이 활발한 다수의 해안 도시를 통치한다는 무어인의 제보가 적혀 있다. 무어인에게 포획된 두 명의 인도 출신 기독교도와 대면한 일행은 전설이 현실이 되는 순간이라며 감격하였다. 향신료 교역을 성사시키기 위해 인도로 향하던 중 브라질로 표류한 카브랄(P. A. Cabral)에게도 에티오피아(중인도)의 요한 왕국을 확인해야 하는 부수적 사명이 있었다. 이처럼 사제왕은 내륙의 오지와 대양으로 탐험가를 견인하는 보이지 않는 힘이었고, 실존 인물이었다면 불가했을 세계사적 성과를 유산으로 남겼다.

근대과학으로의 가교역할을 수행한 맨더빌의 흔적은 도처에서 확인된다. 이론은 있지만 청춘의 샘 전설을 믿고 1513년에 소재를 찾아 나선 후안 폰세 데 레온(J. Ponce de León)은 플로리다를 발견하였고, 엘리자베스 1세의 자문에 응

---

11. 12세기 유럽은 북아프리카의 이슬람 세력에 대해 공포와 반감을 표출하면서도 사하라 이남의 아프리카는 환상의 창조물로 가득한 신화의 땅으로 상상하였다. 고전지리학의 영향으로 열대에 위치하여 삶이 불가하다 보았으나 에티오피아는 지상낙원으로 추정되었다. 기독교 국가로서 전설의 사제 요한이 통치하기 때문이다. 에티오피아인이 낙원에 산다고 믿은 것은 아니지만 그에 가깝게 자리한 것만으로도 은총이라 여겼으며, 언젠가 사제 요한과 연합해 사라센과 대적할 수 있으리라 믿었다. 전설은 15세기 이후까지 존속하며 아프리카의 이미지에 호의적으로 작용하였다(Duncan 1993, 47–49).

하며 영국의 항해사업을 독려한 존 디(J. Dee)도 『맨더빌 여행기』에서 영감을 얻었다. 인도와 중국으로 가는 북서항로를 모색하다 배핀만을 발견한 마틴 프로비셔(M. Frobisher)의 중국 관련 정보는 그가 지참한 맨더빌의 책에서 나온 것이며, 북미 식민화의 일익을 담당한 월터 롤리(W. Raleigh) 역시 『기아나 제국의 발견 Discoverie of the Empyre of Guiana』(1596)의 동양 부분을 설명할 때 이 책을 참조하였다.

맨더빌은 지구가 둥글다는 계몽주의적 우주관으로 중세와 근대의 혼성성을 특징으로 하는 지도의 형상화에 영향을 미쳤다. 여행기는 경험과 관찰에 의거하면서도 접근이 어려운 지역은 간접적으로 습득한 자료나 소문을 참고하기 때문에 허구가 개입할 여지가 컸지만, 지리정보가 절대적으로 부족한 상황에서는 미지의 세계를 지도화하는 쓰임새가 있었다. 중세의 시대적 상황에서 종말을 상징하는 곡과 마곡의 경우 전설과 결합하여 다양한 형태로 표현되는데, 카스피해 서쪽 해안에 'gog et magog'을 표기한 1025년의 〈코튼 지도(Cotton map)〉가 가장 오래되었으며 마지막 지도화는 1740년경으로 추정된다. 곡과 마곡을 10개 유대지파로 간주한 『맨더빌 여행기』의 가정은 1430년의 〈보르지아 지도(Borgia map)〉에 그대로 재현된다. 그 밖에 아브라함 크레스케스(A. Cresques)가 8매의 양피지에 남상방위로 그린 1375년의 〈카탈루냐 아틀라스(Atles català)〉에 포함된 동아시아 정보는 『동방견문록』에 의거하였지만, 매장 관습, 카스피해, 카타이의 타운 등은 『맨더빌 여행기』의 내용과 유사하다. 안드레 비안코(A. Bianco)의 1436년 지도, 마르틴 베하임(M. Behaim)이 1492년에 뉘른베르크에서 제작한 지구본에도 맨더빌이 책에서 밝힌 내용이 압축적으로 상징화되거나 표상화되었다. 리에주의 맨더빌 추정 묘역을 찾기도 한 오르텔리우스가 근대 최초의 지도책 『세계의 무대 Theatrum Orbis Terrarum』(1570)를 제작할 때 부분적으로 맨더빌을 참조하였고, 메르카토르는 1569년 세계지도에서 자바와 남반구에 관한 '정확한' 정보를 『맨더빌 여행기』가 제공했다고 인정하였다.

『맨더빌 여행기』는 지도 제작자와 지도를 들고 지리상의 발견에 나선 탐험가의 정신세계를 투영한다. 이 한 권의 책이 촉발한 항해의 결과는 확연했다. 〈카탈루냐 아틀라스〉로 대변된 아프리카 중부 이남과 아메리카가 빠진 상태의 세계인식은 프라 마우로(Fra Mauro)가 양피지로 제작한 구형평면도의 세계로 확대·개편된다. 대륙에 둘러싸인 내해로서의 프톨레마이오스식 인도양을 대신해 인도양이 대서양과 연결된 새로운 방식으로 형상화한 것이다. 이어 아프리카 남단을 경유해 두 대양을 횡단하는 지리적 탐사는 〈칸티노 지도(Cantino planisphere)〉(1502)로 귀결된다. 'Ilha yssabella'섬 북서쪽 반도를 두고 아시아, 유카탄, 쿠바, 가상의 지역으로 다양하게 비정하지만 플로리다반도로 보는 입장이 설득력을 얻고 있다. 그럴 경우 칸티노의 비밀지도는 아시아, 유럽, 아프리카의 3대륙 체제를 벗어나 남북 아메리카의 브라질 해안과 플로리다반도가 추가되고 대서양과 인도양 연안이 비교적 정확하게 그려진 최초의 지도로 평가된다(그림 6).

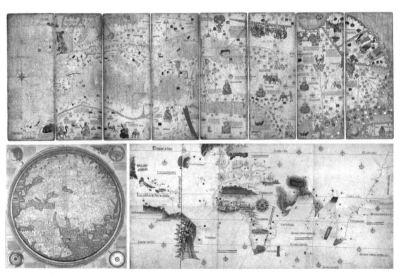

그림 6. 카탈루냐 아틀라스(1375)·프라 마우로 지도(c.1450)·칸티노 지도(1502)
자료: Bibliothèque nationale de France; Museo Correr; Koninklijke Bibliotheek; Biblioteca Estense.

탐험여행에 의한 지리상의 '재'발견에 따라 『맨더빌 여행기』는 실체와 부합하지 않는 조작된 책이라는 불명예를 얻고 그간 쌓아 온 문학적 평판과 위대한 여행가로서의 맨더빌의 명예 또한 한없이 추락하였다. 하지만 그의 여행기가 세계로 향하는 문을 활짝 열어 준 촉매제가 되었다는 점에는 이론의 여지가 없다. 『맨더빌 여행기』에 내재된 상호텍스트성을 고려할 때 고전문학이 형성한 동양이라는 텍스트에 대해 동시대인은 적어도 일부의 독해를 공유한 공동체였다. 맨더빌은 그만큼 독단적으로 문학적 전통과 권위에 도전하여 동양에 대한 고정된 관념과 이미지를 탐험에서 확인한 사실로 단박에 희석하기보다 환상에 빠지고 싶어 하는 독자의 기호와 취향을 반영하고자 했다. 체험 형식의 현장감을 살리면서 허구적 요소로 흥미를 돋우는 맨더빌의 글쓰기 전략은 동양에 대한 거부감 대신 친숙한 면을 강조하여 방문과 환대를 기대하게 만든 요인이었는지 모른다. 사제왕 요한과 대칸의 위대한 왕국은 주변에 산재한 무질서, 혼돈, 야성의 암흑세계를 통제할 수 있는 안전판으로 존재하였고 그런 만큼 동양은 접근불가의 낯선 영역은 결코 아니었다.

콜럼버스보다 길고 기술적으로 난해한 탐사를 통해 개척한 인도 신항로는 아프리카의 황금·나탈·스와힐리 해안의 상아, 직물, 노예와 함께 인도 및 동남아시아의 계피, 육두구, 후추, 정향 등 향신료 해상무역의 독점적 지위를 포르투갈에 안겨 주었다. 역경을 극복하며 에티오피아 황제 신분의 '사제 요한'을 확인하였지만 그는 더 이상 신화와 전설 속 불멸의 구원자가 아닌, 이슬람 세력의 공세로 위기에 봉착한 평범한 군주로서 토착적 일상을 보내는 빈한한 주민을 통치할 뿐이었다. 탈주술화된 그의 왕국이 도움을 필요로 하는 역사적 현실이 되는 순간 기대는 실망으로 바뀌고 그간 신비의 사제와 그의 왕국에 부여된 일체의 권위는 와해되었다. 서구 유럽에게도 동양 기독교세력과의 동맹은 더 이상 절실하지 않았다. 포르투갈과 스페인의 가톨릭 통치자가 아프리카, 인도양, 대서양, 중남미에 걸친 육·해상제국을 건설하였기 때문이다. 십자군원정의 시대는 끝을 향했고 승리주의에 도취된 유럽인에게 사제 요한의 자리는 어디에도 없었다. 향후 포르투갈과 아프리카, 인도, 중국의 관계는 에티오피아 기독교 왕국을 보호하고 이교도와 무신론자를 개종하며 제국주의 착취를 실현하는 방향으로 급선회한다.

## 6. 나가며

시공간적으로 근대와 세계화의 출발점이 된 1492년의 아메리카 대륙 확인과 1498년의 인도 도착 이전, 동양에 대한 서구의 인식은 지표 위의 실재라기보다는 상당 부분 상상에 의해 구성된 이미지와 허상이었다. 고대 유럽인의 심상지도 외곽에 자리한 동양은 반인반수로 채워진 야만의 타자였으며 중세 기독교 세계에서는 불가사의와 지상낙원의 유토피아가 공존하는 이중적 영역으로 관념화된다. 1357년 무렵 집필되어 필사본, 번역본, 인쇄본의 형태로 르네상스와 근대초기까지 대중적 인기를 누린 『맨더빌 여행기』는 유럽중심주의에서 탈피해 자문화를 반성하고 타자를 상대적으로 인식하는 역오리엔탈리즘의 통찰을 부여한다.

저자의 신원과 원본의 집필 장소를 신비주의로 은폐하고 미지의 동양에 관한 지식을 과시함으로써 권위를 인정받은 『맨더빌 여행기』는 원저자는 물론 필사, 번역, 편집, 인쇄, 출판에 관여한 여러 사람의 손을 거쳐 완성된 집단저작으로서 시대와 사회의 상황을 반영해 지속적으로 개정을 거쳤다. 전환기를 살았던 풍부한 감성의 소유자 맨더빌은 흥미와 상상을 자극하는 낭만적 전설, 지역지리에 관한 상세한 정보, 지구에 관한 근대과학의 지식을 종합해 계몽적 저술을 완성하며, 가상의 중세 기사를 1인칭 화자로 등장시켜 넋두리와 대화 형식으로 스토리를 이끌어 가는 독창적 구성을 선보인다. 저자 본인이 속한 기독교 세계를 성찰하는 윤리·도덕적 태도 또한 인상적이어서 고대와 중세의 문학 전통에 길들여진 독자의 코드에 부응하기 위해 이국적인 동식물과 관습, 다양한 인종과 문화에서 비롯된 동양의 타자성을 부각시킨다. 하지만, 이는 단순히 서양의 자아를 지탱하는 타자가 아니라 그 도덕적 타락상을 비추는 거울로 묘사된다.

맨더빌은 비판, 성찰, 침잠하는 가운데 세상에 만연한 차이와 분란을 통합하고 절충하며 다양성과 보편적 가치를 회복하고자 노력했다. 종교적 신념이 기독교에 기울어진 것은 부인할 수 없지만, 타자성에 대한 관대한 태도는 일체의 문화현상에 대한 중립적 입장으로 표출된다. 그는 동서양의 유사성과 차이점을 비교함에도 관계를 적대적으로 상정하는 대신 서양의 종교·도덕적 자화상을 들여다보는 거울로서 동양을 활용한다. 동방은 문명과 야생이 교차하고 물적 욕망을 자극하며 교화의 대상인 동시에 고결한 땅으로서 신앙의 순수성이 넘쳐 나고 분열과 탐욕이 없으며 경건하고 정의로워 기만이 가득한 기독교 사회의 추악한 일면을 성찰하고 교훈을 제공하는 원천이었다. 저자는 나아가 불안정한 경계를 반복적으로 넘나드는 위반을 통해 동서양의 문화적 대화를 성사시키고 궁극적으로 상호이해에 도달하고자 하였다. 동양은 신이 목적론에 입각해 조화롭게 창조한 세계 안의 반쪽이었다.

동양은 대칸과 사제왕 요한의 통치를 받는 창조 범위 안의 또 다른 세계였다. 특히 동양과 서양의 가교역할을 자임한 사제 요한은 인도에 복음을 전한 것으로 알려진 사도 도마의 전설, 정통 기독교로부터 파문되어 동방으로 교세를 떨친 네스토리우스의 역사적 맥락, 성지를 잃고 위기에 빠진 유럽의 군사전략적 상황과 맞물려 창안된 가공의 인물이었다. 하지만 교황이 사절을 파견해 친서를 전할 만큼 현실 안에서는 실존하는 것으로 유럽인의 심상에 깊게 뿌리를 내린다. 도덕적이고 풍요로운 사제 요한의 기독교 왕국은 유럽이 당면한 정치군사적 상황에 따라 중앙아시아 초원에서 인도를 거쳐 대항해 시대가 개막될 즈음에는 에티오피아로 지리적 위치를 달리한다. 이 당시 그의 왕국은 성지를 두고 이슬람 세력과 패권을 다투던 십자군이 수세에 몰리면서 막강한 동방의 지원군에 대한 기대감이 빚은 신기루였다. 하지만 맨더빌의 여행기는 인도를 찾아 나서는 실천으로 환상을 체화한다.

사제 요한을 향한 갈망 그리고 지구는 둥글어 일주가 가능하고 세계 여러 곳에 다양한 믿음을 가진 사람이 살고 있을 것이라는 저자의 신념은 엔히크 왕자를 비롯해 이탈리아, 스페인, 포르투갈의 탐험가에게 동방여행의 동기를 부여하였다. 동서양을 자유롭게 오간 선교사, 상인, 외교관에 의해 동양의 실상이 조금씩 밝혀지면서 단순 호기심의 세계는 이제 향신료와 각종 상품을 얻을 수 있는 기회의 땅으로서 탐험가를 끌어들인다. 이 과정에서 카타이와 인도의 물적 풍요를 전한 『맨더빌 여행기』는 촉매제로 작용하였다. 대항해의 결과 권위를 갖춘 사제왕은 환상이었고 풍요와 신비의 땅 동양은 초라하기만 한다는 소식이 전해지면서 맨더빌의 권위는 실추되었다. 그러나 역설적으로 『맨더빌 여행기』는 동서문명의 교류를 구체화하는 세계사적 역할을 충실히 이행하여 아메리카 대륙을 경험적으로 확인하고, '불타는' 열대와 희망봉을 돌아 무역풍과 해류를 이용하며 인도와 동남아시아 항로를 개척하는 전기를 마련하였다. 여행을 거의 하지 않은 맨더빌 본인은 허구의 전략으로 중세 유럽인의 상상을 자극하여 목숨을 건 동방탐험에 동기를 부여한 공적을 인정받아 세계사에 기록될 위대한 탐험가의 반열에 오르게 된다. 동양의 발견, 성찰을 통한 서양의 재발견, 근대 세계체제의 형성은 사제 요한을 가공한 십자군 심상 그리고 청춘의 샘, 지상낙원, 괴수인간, 인도, 카타이, 사제 요한 등의 환상을 전한 『맨더빌 여행기』의 찬연한 유산이다.

## · 참고문헌 ·

가일스 밀턴 저, 이영찬 역, 2003, 수수께끼의 기사, 생각의 나무(Milton, G., 1996, *The Riddle and the Knight*, Picador).
김호동, 2002, 동방 기독교와 동서문명, 까치.
남종국, 2013, "사제 요한 왕국 전설의 형성," 서양중세사연구 32, 81-106.

남종국, 2014, "사제 요한 왕국을 찾아서," 서양중세사연구 34, 116-143.

마르크 폴로 저, 김호동 역, 2000, 마르코 폴로의 동방견문록, 사계절(Marco Polo, 1938, *The Description of the World*, trans. A. C. Moule & Paul Pelliot, George Routledge & Sons Ltd.).

박용진, 2014, "중세 말 유럽인들의 아시아에 대한 이미지와 그 변화," 서양중세사연구 33, 353-380.

성백용, 2010, "맨드빌의 『여행기』와 동양," 동국사학 49, 105-138.

성백용, 2011, "'몽골의 평화' 시대의 여행기들을 통해서 본 『맨드빌 여행기』의 새로움," 서양중세사연구 28, 197-229.

심승희, 2001, "문학지리학의 전개과정에 관한 연구," 문화역사지리 13(1), 67-84.

야코부스 드 보라기네 저, 윤기향 역, 2007, 황금전설, 크리스천 다이제스트(de Voragine, J., c.1260, *Legenda aurea*).

오도릭 저, 정수일 역, 2012, 오도릭의 동방기행, 문학동네(Odoric of Pordenone, 2001, *The Travels of Friar Odoric*, trans. H. Yule, William B., Eerdmans Publishing Co).

이은숙, 1992, "문학지리학 서설," 문화역사지리 4, 147-166.

정인철, 2010, "서양고지도에 나타난 곡과 마곡의 표현 유형," 대한지리학회지 45(1), 165-183.

정인철, 2015, "「카탈루냐 아틀라스」의 동아시아 지리정보에 대한 연구," 한국지도학회지 15(2), 1-14.

존 맨더빌 저, 주나미 역, 2014, 맨더빌여행기, 오롯(Mandeville, J., 1900, *Travels of Sir John Mandeville*, Macmillan and Co).

헨리 율·앙리 꼬르디에 저, 정수일 역, 2002, 중국으로 가는 길, 사계절(Yule, H. and Cordier, H., 1915, *Cathay and the Way Thither*, Vol.1, Hakluyt Society).

Aerts, W. J., 1994, "Alexander the Great and Ancient Travel Stories," in *Travel Fact and Travel Fiction*, ed. Z. von Martels, E. J. Brill, 30-38.

Bar-Ilan, M., 1995, "Prester John: Fiction and History," *History of European Ideas* 20(1-3), 291-298.

Beckingham, C. F., 1996, "The Achievements of Prester John," in *Prester John: the Mongols and the Ten Lost Tribes*, eds., C. F. Beckingham and B. Hamilton, Variorum, 1-22.

Bejczy, I., 1994, "Between Mandeville and Columbus: *Tvoyage* by Joos Van Ghistele," in *Travel Fact and Travel Fiction*, eds., Z. von Martels, E. J. Brill, 85-93.

Bennett, J. W., 1954, *The Rediscovery of Sir John Mandeville*, The Modern Language Association of America.

Bormans, S., 1887, *Chronique et Geste de Jean Des Preis Dit D'Outremeuse*, Bruxelles, F. Hayes, Imprimeur de L'Academie Royale de Belgique, cxxxiii-iv.

Classen, A., 2013, "Marco Polo and John Mandeville," in *Fundamentals of Medieval and Early Modern Culture*, eds., A. Classen and M. Sandidge, De Gruyter, 229-248.

de Rachewiltz, I., 1996, "Prester John and Europe's discovery of East Asia," *East Asian History* 11, 59-74.

Desmond, M., 2009, "The Visuality of Reading in Pre-Modern Textual Cultures," *Australian Journal of French Studies* 46(3), 219-234.

Duncan, J., 1993, "Sites of Representation: Place, Time and the Discourse of the Other," in *Place/Culture/Representation*, eds., J. Duncan and D. Ley, Routledge, 39-56.

Duncan, J. and Gregory, D., eds., 1999, *Writes of Passage: Reading travel writing*, Routledge.

Edson, E., 2007, *The World Map, 1300-1492*, The Johns Hopkins University Press.

Fleck, A., 2000, "Here, There, and In Between," *Studies in Philology* 97(4), 379-400.

Flint, V. I., 1994, "Travel Fact and Travel Fiction in the Voyages of Columbus," in *Travel Fact and Travel Fiction*, ed., Z. von Martels, E. J. Brill, 94-110.

Foucault, M., 1977[1963], "A Preface to Transgression," in *Michel Foucault: Language, Counter-Memory, Practice*, eds., and trans. D. F. Bouchard and S. Simon, Cornell University Press, 29-52.

Friedman, J. B., 1994, "Cultural conflicts in medieval world maps," in *Implicit Understandings*, ed. S. B. Schwartz, Cambridge University Press, 64-95.

Gaunt, S., 2009, "Translating the Diversity of the Middle Ages," *Australia Journal of French Studies* 46(3), 235-248.

Hamelius, P., 1919, *Mandeville's Travels*, Vol. II: Introduction and Notes, Kegan Paul, Trench, Trubner & Co., Ltd.

Hamilton, B., 1996a, "Prester John and the Three Kings of Cologne," in *Prester John*, eds., C. F. Beckingham and B. Hamilton, Variorum, 171-185.

Hamilton, B., 1996b, "Continental drift: Prester John's progress through the Indies," in *Prester John*, eds., C. F. Beckingham and B. Hamilton, Variorum, 237-269.

Helms, M. W., 1988, *Ulysses' Sail*, Princeton University Press.

Higgins, I. M., ed., 2011, *The Book of John Mandeille with Related Texts*, Hackett Publishing Co. Inc.

Hill, M., 2000, "'Asian values' as reverse Orientalism: Singapore," *Asia Pacific Viewpoint*

41(2), 177-190.

Jackson, P., 1997, "Prester John redivivus: a review article," *Journal of the Royal Asiatic Society* 7(3), 425-432.

Kikuchi, Y., 2004, *Japanese Modernisation and Mingei Theory*, Routledge Curzon.

Larner, J., 2008, "Plucking Hairs from the Great Cham's Beard," in *Marco Polo and the Encounter of East and West*, eds., S. C. Akbari and A. Iannucci, University of Toronto Press, 133-155.

Le Goff, 1984, *The Birth of Purgatory*, trans. A. Goldhammer, University of Chicago Press.

Letts, M., 1953, "Introduction," in *Mandeville's Travels, Texts, and Translations*, Hakluyt Society, xvii-l.

Mallory, W. E. and Simpson-Housley, P., eds., 1987, *Geography and Literature: A Meeting of the Disciplines*, Syracuse University Press.

Mancall, P. C., ed., 2006, *Travel Narratives from the Age of Discovery*, Oxford University Press.

Martin, G. J., 2005, *All Possible Worlds*, 4th ed., Oxford University Press.

Martin, H-J. and Febvre, L., 1976, *The Coming of the Book: The Impact Printing 1450-1800*, trans. D. Gerald, Verso.

Moseley, C., 1974, "The Metamorphoses of Sir John Mandeville," *Yearbook of English Studies* 4, 5-25.

Moseley, C., 1981, "Behaim's Globe and 'Mandeville's Travels'," *Imago Mundi* 33, 89-91.

Moseley, C., 2005, *The Travels of Sir John Mandeville*, Penguin Books.

Moseley, C., 2015, "The Travels of Sir John Mandeville and the Moral Geography of the Medieval World," *Portal Journal of Multidisciplinary International Studies* 12(1).

Northrup, D., 1998, "Vasco da Gama and Africa: An Era of Mutual Discovery, 1497-1800," *Journal of World History* 9(2), 189-211.

Nunn, G. E., 1924, *Geographical Conceptions of Columbus: A Critical Consideration of Four Problems*, American Geographical Society Research Series 14.

Olesen, J., 2011, "The Persistence of Myth: Written Authority in the Wake of New World Discovery," *Canadian Review of American Studies* 41(2), 129-148.

Phillips, K. M., 2013, *Before Orientalism: Asian Peoples and Cultures in European Travel Writing, 1245-1510*, University of Pennsylvania Press.

Phillips, S., 1994, "The outer world of the European Middle Ages," in *Implicit Understandings*, ed., S. B. Schwartz, Cambridge University Press, 23-63.

Powell, J. M., 1977, *Mirrors of the New World*, Dawson.

Seymour, M. C., 1993, *Sir John Mandeville*, Variorum.

Sobecki, S., 2002, "Mandeville's Thought of the Limit," *Review of English Studies* 53(3), 329-343.

Souers, P. W., 1956, "Review: The Rediscovery of Sir John Mandeville by Josephine Waters Bennett," *Comparative Literature* 8(2), 161-164.

Speer, M. B., 1980, "Wrestling with Change: Old French Textual Criticism and *Mouvance*," *Olifant* 7(4), 311-326.

Tinkle, T., 2014, "God's Chosen Peoples: Christians and Jews in *The Book of John Mandeville*," *Journal of English and Germanic Philology* 113(4), 443-471.

True, D. O., 1954, "Some early maps relating to Florida," *Imago Mundi* 11, 73-84.

Uebel, M., 2005, "Appendix: Translation of the Original Latin *Letter of Prester John*," in *Ecstatic Transformation*, Michael Uebel, Palgrave Macmillan, 155-160.

von Martels, Z., 1994, "Introduction: The eye and the mind's eye," in *Travel Fact and Travel Fiction*, eds., Z. von Martels, E. J. Brill, xi-xviii.

Weever, J., 1767[1631], *Ancient Funeral Monuments*, W. Tooke.

Wittkower, R., 1942, "Marvels of the East: A Study in the History of Monsters," *Journal of the Warburg and Courtauld Institutes* 5, 159-187.

Wixted, J. T., 1989, "Reverse Orientalism," *Sino-Japanese Studies* 2(1), 17-27.

Zumthor, P., 1992[1972], *Toward a Medieval Poetics*, trans. P. Bennett, Minnesota University Press.

Zumthor, P., 1994, "The Medieval Travel Narrative," *New Literary History* 25(4), 809-824.

e-codices Virtual Manuscript Library of Switzerland(https://www.e-codices.unifr.ch/en).

# 제6장

# 『콜럼버스 항해록』
## : 성공한 '항해'와 실패한 '발견'의 기록

　흔히 '콜럼버스의 신대륙 발견'이라는 역사적 사실은 '예수 탄생'에 버금갈 만큼 대중성이 있다고 여겨진다. 콜럼버스 항해를 통해 세계사의 공간적 범위가 그간 미지의 영역으로 남아 있던 대서양과 아메리카 대륙으로 확장되었기 때문이다. 동시에 오랜 시간 지중해에 갇혀 있던 세상의 중심이 대서양을 향해 서진하였다. 이에 기반하여 아메리카와 아프리카뿐 아니라 아시아도 유럽을 사이에 두고 다양한 형태의 정치적, 경제적, 사회적 연결망을 구축하기 시작하였다. 물론 마젤란의 세계일주 이전까지 태평양이라는 한 축이 미지의 영역으로 남아 있었지만, 당시 사람들의 인식에 존재하지 않던 대양과 대륙을 실존하는 세계의 범주로 끌어들이면서 역사의 새로운 장을 열었음이 분명하다. 콜럼버스의 항해가 예수 탄생에 버금가는 대중성을 가질 수 있는 충분한 이유다.

　그럼에도 불구하고 콜럼버스 자신과 그가 행한 항해에 대한 기록은 의외로 빈약하다. 그의 항해가 이미 세계사 가운데 주요 테마로 대중성을 확보하였고, 그가 미친 영향이 500년이 지난 지금까지 세계 곳곳에서 다양한 현상으로 발현되고 있지만, 의외로 콜럼버스라는 인물과 그의 항해 기록들은 불충분하고 불완전하다. 게다가 그와 관련된 일부 역사적 사실은 여전히 진위가 구분되지 않은 채 불분명하다.

항해록의 경우, 콜럼버스는 1차 항해 기간 내내 일지 형식으로 기록했던 것이 분명하다.[1] 두 부를 작성하여 1차 항해를 마치고 귀환하였을 때 한 부는 스페인 왕실에 제출하였고 나머지 한 부는 본인이 보관하였다. 그러나 왕실 측이 보관하고 있어야 할 원본이 아직까지도 발견되지 않았고, 콜럼버스 가문에서도 원본이 발견되지 않았다.[2] 공식적인 기록으로 확인되는 두 부의 원본과 더불어, 기대해 볼 수 있는 또 다른 기록은 1차 항해 귀환 시 콜럼버스가 바다에 던졌다는 필사본이다. 탐험대 일행이 귀환 중 포르투갈 아조레스 제도 근처에서 엄청난 폭풍을 만나 귀환선이 좌초될 위기에 처하자 콜럼버스는 어떻게 해서든 자신이 대서양 항로를 통해 아시아에 닿았음을 사후에라도 스페인 왕실에 알리고자 했다. 급기야 아조레스 제도로 대피하는 와중에 급히 항해록을 필사하여 병에 넣은 다음 바다에 던졌다는 기록이 있다. 하지만, 500년 이상이 흐른 지금까지 그 어느 해안가에서도 콜럼버스가 폭풍 와중에 바닷속에 던져 넣은 항해록이 발견된 적이 없다 하니 실제로 원본은 단 한 부도 존재하지 않는 셈이다.

다행스러운 일은, 동시대를 살았던 인물들이 콜럼버스에 대한 기록을 놓치지 않았다는 사실이다. 대표적인 예가 아메리카 대륙 최초의 선교사였던 프라

---

1. 콜럼버스가 1차 항해를 마치고 귀환하여 왕실에 자신의 항해록을 제출했다는 기록이 있고, 프라이 바르톨로메 데 라스 카사스(Fray Bartolomé de Las Casas)도 자신의 저서에서 콜럼버스 항해록을 필사했음을 명확히 밝히고 있다. 무엇보다도 라스 카사스가 필사한 1차 항해록의 서문에는 콜럼버스가 그를 후원한 스페인 왕실을 향해 다짐하는 대목 중 다음과 같은 내용이 언급되어 있다. "이번 항해 동안 제가 한 행동과 보고 경험한 모든 것에 관해 하나도 빼놓지 않고 자세히 기록하기로 마음먹었습니다. 나중에 보시게 되면 아시게 될 것입니다. 국왕 및 여왕 폐하시여, 저는 매일 밤에는 낮에 있었던 일을 기록하고 낮에는 전날 밤에 항해한 거리를 기록하는 일을 그치지 않을 것입니다".
2. 콜럼버스 사망 이후 그의 자손들이 원본을 소장하고 있었음이 여러 기록을 통해 확인된다. 일례로 콜럼버스 항해록의 주 저자인 바르톨로메 데 라스 카사스 신부도 콜럼버스의 아들을 통해 가문에 보관되어 있던 콜럼버스의 기록을 이용했다.

이 바르톨로메 데 라스 카사스(Fray Bartolomé de Las Casas)가 남긴 콜럼버스 항해록 필사본이다.[3] 콜럼버스 사후 탐험 원정대에 소속돼 아메리카 대륙에 최초로 파견된 선교사인 그는 1530년대 콜럼버스 항해록을 필사하는데, 이 문건이 오늘날 대중적으로 알려진 '콜럼버스 항해록'이기도 하다. 1차 항해와 3차 항해를 필사하였는데, 1차 항해록의 경우 출항일인 1492년 8월 3일부터 귀환일인 이듬해 3월 15일까지 총 224일의 기록이 온전하게 남아 있다. 다만, 완전한 필사라기보다는 요약과 축약이 있고 본인의 해석을 덧붙임으로써 원본과 필사본 해석 사이에 놓인 차이를 가늠키 어려운 문제를 야기했다.

그럼에도 콜럼버스 항해와 관련하여 라스 카사스의 기록이 진위 여부로부터 비교적 자유로울 수 있는 이유는 첫 장에 "이것은, 돈 크리스토발 콜론(Don Cristóbal Colón)[4] 제독이 최초의 항해를 떠나 인디아스를 발견할 때 택한 항로와 도정을 기록한 것을 요약한 것이다"라는 내용을 명확히 밝히고 있고, 직접 인용하는 부분에서는 "이것은 모두 제독의 말이다"라는 표식을 하였기 때문이다. 그러나 라스 카사스의 필사가 원본에 어느 정도 충실했는가 하는 부분에 대해서는 의문이 제기되어 왔다. 극단적으로는 라스 카사스의 기록이 콜럼버스의 항해와는 전혀 상관없는 날조가 아닐까 하는 의심이 거론될 정도였다. 라스 카사스의 기록과는 별도로, 1차 항해를 제외한 2차부터 4차까지의 항해에는 콜럼버스의 아들들도 동참하면서 이들이 아버지에 대한 기록을 남기기도 했다. 또한 2차 항해에서는 선단의 규모가 가장 컸던 만큼 선단에 참여했던 자들에

---

3. 바르톨로메 데 라스 카사스는 콜럼버스의 큰아들 디에고와 친분이 있었고, 디에고가 소장하고 있던 콜럼버스 항해록 필사본을 받아 재필사한 것으로 전해진다.

4. 콜럼버스 이름 앞에 붙은 'Don'은 콜럼버스가 대서양 항해를 성공한 이후 스페인 왕실로부터 받은 귀족 작위를 뜻한다. 또한 콜럼버스라는 이름은 각국의 인명 표기 방식에 따라 다소 차이를 보인다. 우리가 흔히 알고 있는 크리스토퍼 콜럼버스는 'Christopher Columbus'로 표기되는 영어식 발음이다. 스페인어로는 '크리스토발 콜론(Cristóbal Colón)'이며 출생국인 이탈리아에서는 '크리스토포로 콜롬보(Christoforo Colombo)', 라틴어로는 '크리스토포루스 콜롬부스(Christophorus Columbus)' 그리고 포르투갈에서는 '크리스토방 콜롬부(Cristóvão Colombo)'로 표기된다. 본 글에서는 우리나라에서 가장 대중적으로 알려진 영어식 표기를 쓰기로 한다.

**그림 1. 콜럼버스의 초상화**

주: 1519년 베니치아 출신의 화가 세바스티아노 델 피옴보(Sebastiano del Piombo)가 그렸으며, 여러 기록에 근거하여 가장 콜럼버스의 원모습에 가깝다고 평가된다. 뉴욕 메트로폴리탄 박물관이 소장하고 있다.

의한 기록 역시 다양하고 구체적으로 전해진다.

콜럼버스의 항해, 혹은 그 자신에 대한 기록의 모호성은 콜럼버스의 모습을 담은 초상화에서도 여실히 나타난다. 1893년 콜럼버스 항해 400주년을 기념하여 미국 시카고에서 열린 만국박람회에 세계 각 곳에 흩어져 있던 콜럼버스의 초상화 71점이 모아졌다. 그런데 그 어느 초상화도 서로 비슷한 콜럼버스의 모습을 담아내지 못한 것으로 전해진다. 결국 세계 각 곳에 있던 콜럼버스의 초상화 중 어느 것이 콜럼버스의 실제 모습에 가장 근접하는지 알지 못한 채 만국박람회는 막을 내렸다. 이처럼 콜럼버스의 초상화마저도 혼돈을 야기하는 이유는 콜럼버스 생전에 그려졌을 수도 있는 초상화가 아직까지 나타나지 않았기 때문이다.[5] 다만 오늘날 콜럼버스의 초상화 중 가장 유명한 그림은 1519년 베니스 출신의 화가 세바스티아노 델 피옴보(Sebastiano del Piombo)에 의해 그려진 것으로 뉴욕 메트로폴리탄 박물관이 소장하고 있다. 결국, 여전히 원본이 나타

---

5. 일부 학자는 1493년 이탈리아 화가 안토니오 델 링콘(Antonio del Rincon)이 그린 콜럼버스의 초상화를 그의 생전 유일한 초상화로 주장하지만, 다수는 콜럼버스가 생전에 초상화를 남기지 않았다고 주장하여 상반된 견해를 보인다.

나지 않은 항해록과 마찬가지로, 우리가 너무나 잘 알고 있다고 생각하는 콜럼버스의 얼굴마저도 베일에 가려진 부분이 많은 셈이다.

이처럼 역사 속 인물 중에 콜럼버스만큼 친숙하고 대중적인 경우가 드물지만, 의외로 우리는 그에 대해 아는 것이 별로 없다. 이뿐만 아니라 그동안 그가 왜 항해를 했고, 어떻게 항해를 했으며, 항해의 결과가 어떠했는가에 대한 구체적인 질문에는 다소 무관심했던 측면이 있다. 또 일반적으로 말하는 '신대륙 발견'이라는 유명한 역사적 사실 속에 수많은 입체적 사건들을 피상적으로 뭉뚱그려 왔음을 부인할 수 없다. 이에 본 글에서는 콜럼버스 항해 기록에 기반하여 그 시대를 살았던 한 개인으로서 콜럼버스가 왜 대서양을 건너려고 했으며, 어떻게 대서양을 통한 아시아 항로 개척을 계획하게 되었고, 실제로 그 계획을 실행하는 과정이 어떠했는지에 대해 탐구해 보고자 한다. 이를 통해 그간 우리가 당연한 역사적 사실로 알아 왔던 콜럼버스 항해에 대해 좀 더 구체적이고 다각적인 접근을 시도해 볼 것이다.

## 1. 시대적 상황 속에서 본 콜럼버스

콜럼버스에 대한 여러 가지 조심스러운 의문 중 하나는 그의 출생지다. 콜럼버스의 출생지에 관해서는 이탈리아, 스페인, 포르투갈 등 이견이 분분하다. 콜럼버스 전 생애를 놓고 볼 때 가장 극적인 삶의 무대가 되었던 곳은 단연 스페인이다. 또한 그가 기록했다 하는 모든 문건이 스페인어로 작성된 점으로 미루어 그의 국적은 스페인 쪽에 무게가 실리기도 한다. 그러나 그는 이탈리아 태생으로 1451년 제노바에서 직조공의 장남으로 출생하였다. 당시 세계의 중심을 지중해라 할 수 있었다면 그는 세계의 중심을 바로 옆에 두고 태어난 셈이다. 그러나 애석하게도 1451년은 지중해가 세상의 중심으로서의 명운을 다해 가던 시기였다. 1453년 콘스탄티노플이 오스만 튀르크에 함락되면서 오랜 시간 세상의 중심이었던 지중해가 지리적 이점을 잃었다. 더불어 새로운 교역 루트의 필요성이 대두되던 상황이었다. 대안은 대서양이었다. 지중해를 거치지 않고 아프리카 연안을 따라 항해하여 동방에 닿겠다는 시도였다. 콜럼버스 역시 그의 삶 가운데 자연스레 대서양을 향하며 세상의 중심을 좇아가고 있었다.

콜럼버스가 지중해를 벗어나 대서양으로 가게 된 계기는 선원으로서의 경험 때문이었다. 그는 이미 14~15세부터 선원으로 지중해의 다양한 루트를 경험한 후 25세 나이에 포르투갈 리스본에 입성하였다. 그곳에서 콜럼버스는 대서양 바다를 접하게 되는데, 말단 선원이긴 하였으나 대서양 연안을 끼고 북으로는 아이슬란드, 남으로는 적도 이남의 콩고강 입구까지 항해 경험을 하게 된다(주경철 2013). 콜럼버스의 아시아 항해 사업이 처음으로 제안되었던 곳도 스페인이 아닌 포르투갈이었다. 당시 오스만 튀르크에 의해 막혀 버린 아시아 무역로를 서쪽 바다에서 찾겠다는 일념으로 포르투갈이 아프리카 남쪽을 향한 연안항해에 집중하던 시기였다. 단연 포르투갈은 지중해를 벗어나 아시아에 이르는 새로운 루트를 구상하는 항해의 메카와도 같은 곳이었다. 이러한 사회적 분위기 속에서 콜럼버스는 1485년 국왕 주앙 2세에게 아시아 항해 사업을 제안하지만, 받아들여지지 않았다. 너무 무모하다는 이유였다. 연안으로부터 어느 정도 멀어지면 그곳 바다 심연에 불구덩이가 있을 거라는 시대적 믿음이 한몫했고, 당시 포르투갈 왕실이 진행하던 아프리카 연안항해가 순조롭게 진행되던 상황도 콜럼버스에게는 불리하게 작용하였다. 당시 포르투갈은 이미 아프리카 연안항해를 통해 희망봉 진출을 눈앞에 두고 있던 상황이었다. 그러니 콜럼버스의 무모한 제안에 투자를 할 절실한 이유가 없었던 것이다.[6]

콜럼버스가 포르투갈에서 그의 꿈을 실현하지 못하고 스페인으로 건너간 것

---

6. 포르투갈은 스페인에 앞서 1420년대 대서양 횡단 탐험을 시도하였다. 당시 항해왕이라 불리던 엔히크 왕자의 지휘 아래 선단이 대서양 횡단 항해를 시도했고 1427년 포르투갈 리스본으로부터 약 1600km 서쪽으로 떨어진 아조레스 제도에 도착하게 된다. 이후 1430년대부터 포르투갈인들이 살기 시작했지만, 대서양 먼 바다에 대한 두려움으로 그곳에서 더 이상 전진하지 않은 채 아프리카 연안항해로 방향을 바꾸게 되었다.

은 1485년의 일이다. 이후 스페인 왕실로부터 후원을 얻기까지 다시 7년의 시간이 걸렸다. 당시 스페인은 800년 이상 자국을 점령하고 있던 아랍 세력들과 남부 안달루시아 지역에서 대치하고 있는 상황이었기에 아시아 항로 개척에 신경을 쓸 여력이 없었다. 1486년과 1490년에 콜럼버스가 직접 왕실을 찾아가 대서양을 통한 아시아 항해 계획을 제안하고 후원을 요청하지만 결과는 부정적이었다. 당시 스페인 왕실은 국토회복 운동[7]에 전력하는 중이었고, 설상가상 왕실에서 조직한 천문학자와 지리학자로 구성된 후원 심사 자문위원회에서 연거푸 후원 불가 판정을 내렸다. 그 누가 봐도 도무지 실현 가능성이 없는 계획으로 비쳤다. 포르투갈과 스페인에서 거절당한 콜럼버스는 영국와 프랑스 왕실에도 자신의 제안서를 제출해 보지만, 그 어느 곳에서도 결과는 마찬가지였다.

그러나 1492년이 되면 상황이 달라진다. 스페인이 자국 남부 그라나다에서 마지막 아랍 왕조를 몰아내면서 800년간 계속되던 국토회복 운동에 종지부를 찍게 된다. 이어 아라곤과 카스티야가 합쳐진 통일 왕조가 등장했다. 이제 눈을 밖으로 돌릴 시점이었다. 그사이 세계 교역의 양 축이었던 유럽과 아시아 사이에 오스만 튀르크가 등장하면서 지중해 패권시대가 저물고 세상의 중심이 지중해에서 대서양으로 옮겨지고 있었다. 이웃 포르투갈은 이미 이 흐름의 선두에 있었다. 지중해의 덕을 본 이탈리아가 저물고 포르투갈이 뜨는 중이었다. 일찍이 아프리카 해안을 따라 남하하는 연안항해에 집중하던 포르투갈은 1488년 이미 아프리카 최남단을 돌아 인도양으로 진입해 아시아 탐험을 눈앞에 두고 있었다. 게다가 아프리카 북단의 항구도시 세우타가 포르투갈에 의해 점령되

---

7. 레콩키스타(Reconquista)라 불리는 사건은 718년부터 1492년까지 약 7세기 반에 걸쳐서 이베리아반도 북부의 로마 가톨릭 왕국들이 이베리아반도 남부의 이슬람 세력을 축출하고 이베리아반도를 회복하는 일련의 역사적 과정을 말한다. 포르투갈의 경우 1249년 국토회복운동이 완료되었지만, 스페인의 경우 1492년 아라곤의 페르난도 2세와 카스티야의 이사벨 1세가 연합하여 마지막 이슬람 점령지였던 그라나다를 정복할 때까지 이어졌다. 거의 800년에 걸친 시기 동안 이슬람 세력과 기독교 세력은 정해진 국경 없이 때로는 싸우고 때로는 인종 간에 서로 섞이면서 이베리아반도에 다양한 문화들을 파생시켰다.

면서 해상 패권에 대한 스페인의 입지는 더욱 움츠러들 수밖에 없었다. 상황이 이러하니, 스페인으로서는 다소 무모한 모험이라도 감행할 만했다. 결국 스페인 왕실은 그간 자국 내 천문학자와 지리학자로 구성된 후원 심사 위원회뿐 아니라 포르투갈과 영국, 프랑스마저도 무모한 계획이라는 이유로 거부하던 콜럼버스의 제안을 받아들이게 된다. 1492년 4월의 일이었다.

협상이 시작되었고, 계약이 체결되었다. 콜럼버스가 가장 먼저 내세운 조건은 신분이었다. 항해가 성공할 경우 그에게 귀족 작위를 줄 것과 항해 도중에는 대양 제독(Almirante)으로 임명할 것, 그리고 식민지가 만들어지게 되면 총독(Gobernador) 자리에 앉힐 것을 요구했다. 더불어 경제적 조건으로 식민지에서 나오는 수익의 10분의 1을 줄 것과 콜럼버스 자신도 아시아 항해에 소요되는 비용의 8분의 1을 투자할 수 있다는 조항을 내걸었다. 또한 그의 사후에 해당 직위를 아들에게 승계한다는 조건도 포함되었다. 왕실은 이 모든 조건을 받아들였고, 1492년 8월 3일 항해가 시작되었다.


## 2. 탐험의 동기와 목적

시대적 상황이 콜럼버스가 간섭할 수 없는 외부의 영역이었다면, 탐험의 동기와 목적은 철저히 콜럼버스 개인의 영역이었다. 콜럼버스는 그 당시 그 누구도 상상할 수 없는 일들을 계획했고 끊임없이 후원을 구하러 다녔다. 미지의 세계 대서양을 통해 아시아에 닿겠다는 것은 콜럼버스에겐 목숨을 건 모험이었고, 스페인 왕실에게는 그다지 큰 기대를 걸 수 없는 투자였다. 당시 항해는 연안항해 중심이었고, 그마저도 적도 아래 일정 위도 밑으로 내려가면 사람들이 새까맣게 타 버릴 것이라는 믿음이 존재하던 시절이었다. 다행히 1488년 희망봉이 발견되어 아시아로 갈 수 있는 희망이 생겼지만, 여전히 오스만 튀르크가 장악하고 있는 지중해 동부와 실크로드를 거치지 않고서는 아시아에 이르는 것이 불가능했다. 천문학자, 수학자, 지리학자 등으로 구성된 왕실 자문위원회도 콜럼버스의 항해 계획에 계속해서 부정적인 견해를 내놓던 상황이었다.

그럼에도 콜럼버스가 대서양 항해를 계획하고 신념을 지킬 수 있었던 데는 시대적 상황보다 개인적 동기가 작용했을 확률이 훨씬 더 높다. 그중 가장 직접적인 원인이 되었던 것은 한 세기 전 마르코 폴로(Marco Polo, 1254~1324)에 의해 작성된 『동방견문록』이다. 콜럼버스가 대서양을 건너 이르고자 했던 곳은 아시아 중에서도 '지팡구(Zipangu, 일본)'라는 곳이었다. 폴로가 기록하기를 금이 흔해 집집마다 황금지붕을 얹었다는 지역이었다. 폴로의 기록에 의하면 지팡구는 중국의 대(大)칸이 사는 곳으로부터 동쪽에 있으며 유럽과는 동쪽으로 매우 멀리 떨어져 있었다. 당시 지구 구형설을 믿고 있던 콜럼버스에게는 지팡구까지의 거리가 '매우 멀다'는 이 기록이 오히려 희망이었다. 유럽으로부터 동쪽으로 매우 멀리 있다는 의미는 되레 서쪽으로는 더 가까울 수 있겠다는 믿음을 심어 줬다.

이러한 생각이 가능했던 것은 당시 피렌체의 저명한 천문학자이자 인문학자면서 의사이자 수학자이기도 했던 파올로 달 포초 토스카넬리(Paolo dal Pozzo Toscanelli, 1397~1482)와의 교류 덕분이었다. 항해 전부터 콜럼버스는 끊임없이 토스카넬리와 편지를 주고받았고, 이를 통해 유럽에서 대서양을 건너 아시아에 이르는 거리를 가늠하고 있었던 것으로 확인된다.[8] 또한 클라우디오스 프톨레마이오스(Claudios Ptolemaeos)의 『지리학』이 미친 영향도 간과할 수 없다. 『지리학』은 1406년 야코부스 안젤루스(Jacobus Angelus)에 의해 라틴어로 번역되면서 유럽에서 유행하게 된 책이다. 이 책에서는 지구를 360°의 경도와 위도

---

8. 토스카넬리는 그의 지식을 바탕으로 폴로가 다녀온 동방 세계가 동쪽으로 훨씬 더 치우쳐 있기에 대서양을 건너가게 된다면 훨씬 더 짧은 거리 안에 닿을 것이라는 믿음을 가지고 있었고, 콜럼버스 역시 이 사상에 영향과 용기를 얻은 셈이다(주경철 2013,118; 박광순 2000, 16). 당시 토스카넬리는 유럽에서 대서양을 건너 아시아에 이르는 거리를 약 6,000km라고 계산하였다. 실제로 유럽 이베리아반도로부터 쿠바에 이르는 직선거리가 약 7,000km에 달하는 점을 상기한다면, 결국 토스카넬리의 잘못된 계산이 콜럼버스로 하여금 아메리카 대륙을 끝까지 아시아 대륙으로 믿게 한 요인이었음을 생각해 볼 수 있다.

로 나누어 보는데, 당대로서는 매우 혁신적인 방법이었다. 기존 세계에 대한 설명들이 이상향과 현실 세계가 극명하게 갈리는 티오 지도(T and O map)[9]나 마파문디(Mappa Mundi)에 근거하고 있었던 반면, 프톨레마이오스의 『지리학』에 나오는 지도는 지구가 하나의 원이라는 것을 인지하고 경도와 위도 360°를 각각의 구간으로 나누어 이해하려는 과학적인 방식이었다(주경철 2013).

이처럼 콜럼버스 개인의 탐험에 대한 동기와 목적은 『동방견문록』에 기록된 지팡구에 닿는 것과 그곳에서 금을 취하는 것이었음이 매우 명확하다. 이를 위해 그는 끊임없이 사고하고 당시 저명한 학자들과 교류하면서 원하는 정보를 얻었던 것이다. 그럼에도 불구하고 재미있는 사실은, 스페인 왕실에 제출한 제안서와 항해록에는 공식적으로 그 동기와 목적이 동방 세계에 그리스도교를 전하는 것으로 기록되었다는 점이다. 실제로 그는 항해록 서문에 '주 예수 그리스도의 이름으로'라는 제목의 장을 달고, 탐험의 목적을 대칸[10]이 사는 아시아 땅에 이르러 그곳에 팽배한 미신과 사교를 물리치고 그리스도교를 전하기 위함이라는 내용을 분명히 적고 있다. 또한 항해일지 곳곳에 원주민을 만날 때마다 그들에게 그리스도교를 전해야 하는 사명을 왕실에 보고하는 형식으로 기록하였다. 스페인 왕실은 콜럼버스의 이와 같은 공식적인 사명과 관련하여 그가 출항할 때 중국에 가서 대칸을 만나게 되면 전하라는 서신을 주기도 했다.

실제로 항해 준비과정부터 항해를 마치고 귀환하는 것까지, 모든 여정 중 위기에 봉착할 때마다 그가 보여 준 신앙의 깊이는, 분명 기독교를 전 세계에 전파하기 위해 항해를 촉발하고 독려하기에 충분한 요인으로 이해가 된다. 특히 신대륙에 닿기 직전 공포로 패닉 상태에 빠진 선원들 앞에서 보인 모습, 귀환

---

9. 중세 서유럽에서 사용한 지도로 서유럽인들의 세계관을 나타낸다. 지도는 크게 세 구역으로 나뉘는데, 아시아와 아프리카, 유럽이 표현되어 있다. 지도의 중앙에는 예루살렘이 표시되어 있다.
10. 콜럼버스가 아시아 항해 계획을 세우는 데 바이블과 같은 역할을 했던 책은 마르코 폴로의 『동방견문록』이다. 때문에 콜럼버스가 항해를 계획하던 시기에는 이미 몽골제국이 사라진 뒤였지만, 콜럼버스는 여전히 동방견문록에 기록된 아시아에 닿아 그곳의 지도자인 '대칸'을 만나겠다는 야심을 갖게 된다.

중 지독한 폭풍 가운데 갇혔을 때 보여 준 모습은 그의 신앙적인 면모를 충분히 반영하는 장면들이다. 이어 신대륙에 도착한 후 원주민을 만나게 될 때마다 그들에게 종교가 없음을 알고 안도했고, 왕실 측에 선교와 전도에 대한 당위를 주장했다. 1492년 10월 12일 아침 콜럼버스 일행이 마침내 대서양을 건너 새로운 대륙에 상륙하였을 때 가장 먼저 했던 일은 콜럼버스 자신은 왕기를, 나머지 배의 선장들은 녹색 십자기를 들고 해안가에 내려 그곳이 국왕과 여왕 폐하의 땅임을 선포하는 일이었다. 이어 섬사람들을 만나게 되면서 콜럼버스가 가장 먼저 한 기록은 '나는 강압보다는 사랑을 통해 그들을 우리의 성스러운 신앙으로 귀의시킬 수 있다고 믿었다'라는 내용이었다. 이를 통해 볼 때, 기독교 세계관 속에서 콜럼버스가 가졌던 신앙이야말로 그가 죽음의 바다로 불렸던 대서양 횡단을 감행할 수 있었던 원동력이었음을 짐작하게 한다.[11] 하지만 실제로 그가 신대륙에 도착한 이후 탐험 과정에서 보여 준 태도는 사뭇 다르다. 원주민들에게 기독교 세계를 전하는 것은 차후의 일이었다. 그가 오직 혈안이 되어 찾았던 것은 '금'이었다. 폴로가 기록한 『동방견문록』은 그의 탐험 과정에서 경전이나 다름없었다.

콜럼버스가 탐험을 통해 닿고자 했던 곳은 지팡구였고 그곳에서 찾고자 했던 것은 금이었다. 콜럼버스는 탐험 중 어느 곳에 도착하든 가장 먼저 선주민들이 몸에 금을 지녔는지 확인했고, 선주민들과 의사소통이 불가능함에도 끊임없이 그들에게 어디서 금을 얻게 되었는지 물어봤다. 금이 없다고 판단되는 곳은 일고의 여지도 두지 않고 새로운 지팡구를 찾아 떠났다. 하다못해, 향신료에도 콜럼버스는 관심을 두지 않았다. 그에게 중요한 것은 오직 금뿐이었다. 결국 콜럼버스가 1차 항해를 성공하고도 끊임없이 왕실의 후원을 구해가며 4차 항해까지 감행했던 이유는 금을 찾기 위해서였다. 콜럼버스가 그 누구보다도 앞서 지팡구에 이르는 항로를 개척하고자 했던 것과, 한 세기 전에 마르코 폴로가

11. 콜럼버스가 기록한 항해록의 가장 첫마디는 다음과 같다. "우리 주 예수 그리스도의 이름으로(In Nomine D. N. Jesu Christi)".

동방에 가서 보고 온 지팡구를 군이 대서양 횡단을 통해 가고자 했던 것도 어떤 경쟁자도 두지 않고 지팡구의 금을 실어 오겠다는 목적 때문이었다. 결론적으로 콜럼버스가 목숨을 건 항해를 감행할 수 있었던 궁극적인 동기는 기독교 전파가 아닌 금이었고, 항해가 성공할 경우 유럽 내 그 누구보다 먼저 지팡구를 선점하고 부를 취하겠다는 의도가 있었을 것으로 해석된다.

## 3. 항해

콜럼버스 항해는 1차 항해가 행해진 1492년부터 1502년까지 총 10년에 걸쳐 네 번의 항해로 이루어졌다. 각 항해마다 선단의 규모가 달랐고 루트와 일정뿐 아니라 왕실과 콜럼버스의 관계 또한 달랐지만, 4번의 항해 동안 변치 않았던 사실은 콜럼버스가 단 한 번의 실패 없이 살아서 본국으로 귀환했다는 점이다. 당시의 지리적 정보와 항해기술 그리고 선박 수준 등을 고려해 본다면, 콜럼버스가 단연 위대한 항해가일 수밖에 없는 이유다. 특히 매 항해마다 서로 위도가 다른 루트를 쫓아 신대륙을 향해 갔음에도 늘 이전에 탐험했던 쿠바나 히스파니올라섬(현 아이티섬)을 찾아냈다. 또한 항해 중 예기치 못한 선박사고나 기후적 악조건 속에서도 무사히 귀환했다는 사실을 감안한다면, 항해에 있어서만큼은 높은 평가를 받을 만하다.

어찌 되었든 4번의 항해 중 가장 주목을 받는 항해는 1차 항해다. 사실, 후원을 한 왕실뿐 아니라 선단에 참여한 그 누구도 성공을 기대하지 않았다. 실제로 선원들이 모아지지 않아 일부는 사형선고를 받은 죄수로 충당을 해야 하는 상황이었다. 오직 콜럼버스만이 귀환에 대한 믿음이 있었을 것이다. 선단은 3척의 배[12]와 90여 명의 선원으로 구성되었다. 선단의 우두머리는 산타마리아

---

12. 3척의 배 이름은 Santa María, Pinta, Niña 였다.

호(Nao Santa María)였고 콜럼버스가 그 배에 승선하여 선단을 지휘했다. 본선에는 왕실에서 파견된 감사관이 승선했고 각 배마다 의사도 1명씩 배정되었다(Columbus 저, 박광순 역 2000).

8월 3일에 시작된 항해는 8월 12일 카나리아 제도에 들러 다시 선단을 정비했다가 9월 6일 대서양의 서쪽을 향해 나아갔다. 그리고 10월 12일 카리브해의 작은 섬을 발견하면서 극적인 성공의 역사를 써 내려간다. 물론, 대서양을 건너는 여정이 결코 쉽지는 않았다. 가장 큰 문제는 선원들의 두려움이었다. 출발한 지 불과 3일째 되던 날에 핀타호에 타고 있던 선원들이 두려움에 빠진 나머지 배의 키를 부러뜨리는 사건이 있었다. 이 때문에 카나리에 제도에 정박해서 배를 수선해야 했다. 9월 6일 다시 대서양을 향해 출발하였으나 본국으로부터 멀어질수록 선원들은 광기에 가까운 공포를 표현했다. 배에 약 1년 정도 여유분의 식량을 싣긴 했지만, 한 달이 넘어가면서 선원들은 불만과 불안을 드러냈다. 특히 신대륙에 닿기 직전인 10월 10일에는 선상 반란의 기미마저 감지되었다. 그나마 다행이었던 것은 그 즈음 바다에 부유하던 육지식물을 보게 되고 물새가 나타남으로써 어느 정도 선원들의 불안을 잠재울 수 있었다는 점이다. 이 여세를 몰아 콜럼버스는 선원들에게 '아시아'를 가장 먼저 발견하는 자에게는 본국에 귀환 시 비단 저고리를 한 벌 해 주겠노라 약속을 하게 된다.

1차 항해 기록에서 눈여겨볼 점은 그의 항해기록 조작이다. 콜럼버스는 항해기간 내내 의도적으로 항해거리를 조작하여 기록하였다. 매일의 항해거리를 줄여서 기록하였는데, 선원들의 심리적인 두려움을 가볍게 하고자 함이었다. 반대로 올 때는 의도적으로 항해거리를 더해 기록하였는데, 이 두가지 정황을 통해 볼 때, 첫째 의도는 선원들의 심리적 불안을 덜고자 함이었지만, 또 다른 한편으론 그 누구에게도 신대륙에 이르는 실제 항해거리와 루트를 공개하지 않겠다는 의도도 있었을 것이다(주경철 2013; 박광순 2000). 실제로 콜럼버스의 항해록 초반부인 대서양을 횡단하던 기간 동안의 기록은 매우 간결하게 작성되었는데 그 내용 중 상당 부분이 항해거리 조작에 대한 것이었다. 9월 9일

그림 2. 콜럼버스의 상륙(Desembarco de Colón)

주: 스페인 화가 디오스코로 푸에블라(Dióscoro Puebla, 1831~1901)가 1862년 그린 그림으로 무릎을 꿇은 이가 콜럼버스다. 1492년 10월 12일 콜럼버스 일행이 대서양을 횡단하여 처음으로 신대륙 바하마 제도의 섬에 상륙하는 장면을 표현하고 있다. 그림상 콜럼버스의 좌편에 신부가 십자가를 들고 서 있고 그 왼쪽으로 선주민들이 콜럼버스 일행을 바라보고 있다.

의 기록에 보면 "실제로 항해한 거리보다 약간 줄여서 항해일지에 기록하기로 마음먹었다. 항해가 오래 걸리더라도, 선원들이 놀라거나 낙담하지 않도록 그렇게 하기로 했다"라는 대목이 나온다. 9월 9일이면 카나리아 제도를 떠난 지 3일째 되는 날이다. 이어 신대륙에 닿기 전 거의 대부분 날짜의 항해일지에서도 항해거리 조작에 대한 내용이 확인된다.

콜럼버스 일행은 66일간의 항해 끝에 1492년 10월 12일 새벽 오늘날 바하마 제도에 속하는 섬에 도착했다. 이들이 대서양을 횡단하여 닿은 땅에서 가장 먼저 한 일은 왕실 기를 세우고 스페인 왕실을 위해 이 섬을 점유하겠다는 선언이었다. 이어 그곳에 살던 선주민과 조우했고 그들과 물자를 교환했다. 콜럼버스가 1차부터 4차까지 항해하는 10년 동안 그가 만나는 선주민들은 늘 옷을 벗은 상태였고 제법 정교한 카누를 만들어 해상 교통수단으로 이용하고 있었다. 또한 콜럼버스 일행과 만났을 때 처음에는 극심한 공포를 보였지만, 이어 친근감을 표하면서 스스로 먼저 물건의 교환을 요구하기도 했다. 물론 양측의 교환은 지극히 불평등하게 이루어졌는데, 선주민들이 건네는 것은 늘 금이었지만 콜럼버스 일행이 건네는 것은 붉은색 모자나 구슬, 심지어는 깨진 유리 조각까지 있었다. 그럼에도 선주민들은 콜럼버스 일행이 건넨 조잡한 물건들에 크게 만족했다. 이후 콜럼버스는 부하 선원들에게 불평등 교환을 지양하라 했지만, 쉽게 고쳐지지 않았다.

콜럼버스가 생각했던 '아시아' 즉, 카리브해의 도서지역에 닿은 후 콜럼버스 일행은 쉬지 않고 탐험을 이어 갔다. 탐험의 방향은 선주민들로부터 금이 있다는 정보를 얻은 곳이었다. 이미 콜럼버스가 탐험을 계획하던 단계에서 그토록 닿고자 했던 '지팡구'이기도 했다. 한시라도 빨리 폴로가 보았다는 아시아 왕실의 대칸을 만나 스페인 왕실의 서한을 전하고 금으로 뒤덮였다는 지팡구에 닿는 것만이 그의 목적이었다. 기항하는 곳마다 원주민들에게 지팡구의 위치를 물었지만, 의사소통의 한계로 인해 항해가 4차까지 이어지는 가운데도 콜럼버스는 지팡구에 닿지 못하였다.

'지팡구'에 대한 콜럼버스의 갈망과 절망은 그의 항해록에서도 내내 이어진다. 1492년 10월 28일 콜럼버스 일행은 쿠바에 닿게 되는데, 그간 탐험했던 섬들에 비해 크다 보니 그들은 이곳을 대륙이라 생각했다. 그 와중에도 콜럼버스의 가장 큰 관심사는 역시나 지팡구였는데, 이미 대륙에 도착을 하게 되었다면 대륙의 동쪽에 위치한다고 기록된 지팡구는 이미 지나온 것이 아닐까 하는 의문을 제기했다. 이후 탐험이 이어지면서 쿠바가 섬이란 사실을 알게 되었을 때는 다시 그곳이 지팡구가 아닐까 하는 기대를 가져 봤지만, 폴로가 기록한 지팡구의 모습과 결정적으로 다른 점이 있었으니, 쿠바가 『동방견문록』에 기록된 지팡구처럼 남북으로 길지 않고 대신에 동서로 긴 섬이었다는 사실이었다.

1차 항해에서 발견된 지역 중에는 쿠바와 더불어 오늘날 도미니카 공화국과 아이티가 있는 히스파니올라섬이 포함된다. 특히 히스파니올라섬에서는 그 지역의 왕과 신하들이 콜럼버스가 탄 배에 올라 방문을 하기도 했고, 12월 25일 콜럼버스의 배가 모래톱에 걸려 파선되었을 때 배에 있던 물건들을 내려 보관할 창고를 빌려주기도 하는 등 선주민과의 관계가 매우 우호적이었다. 콜럼버스가 탔던 배는 좌초되고, 핀손 선장이 탔던 핀타호는 금에 대한 욕심으로 선단을 이탈한 상황에서 콜럼버스는 남은 배 한 척으로 귀환을 해야 하는 상황이었다. 결국 그는 1차 항해에 참여했던 선원 중 39명을 이곳에 남겨 두고 가는데, 성탄절에 배가 파선되고 선주민들과의 우호적인 교류가 활발해졌던 점에 의미를 두어 요새 이름을 '나비다드(Navidad, 성탄절)' 요새로 명하였다.

1차 항해 중 콜럼버스가 본국으로 귀환을 시작한 날은 1493년 1월 16일이다. 전년 10월 12일 처음 신대륙에 닿은 후 약 석 달 동안 탐험이 이루어진 셈이다. 이 탐험에서 콜럼버스는 그가 원했던 금을 찾지 못하였고 또한 대칸을 만나 스페인 왕실의 서한을 전하지도 못하였지만, 그가 분명 대서양을 횡단하여 아시아 대륙에 닿았다는 것을 증명해야 할 필요가 있었다. 그 방편으로 콜럼버스가 택한 것은 귀환선에 선주민 일곱 명과 유럽에서는 좀처럼 볼 수 없었던 화려한 앵무새를 승선시킨 것이다. 귀환 중 포르투갈령 아조레스 제도 인근에서 폭풍을 만나 거의 좌초될 뻔한 드라마틱한 위기가 있었지만, 이 배에 승선한 선주민들이 유럽에 도착하였을 때 그 누구도 콜럼버스의 대서양 항해 성공을 의심할 수 없었다.

아무도 기대하지 않았던 콜럼버스의 대서양 항해 성공은 1차 항해 때와 비교할 수 없을 만큼 화려한 2차 항해를 가능케 했다. 2차 항해는 같은 해 9월 26일부터 1496년 6월 11일까지 이어졌다. 거의 3년에 걸친 탐험이었다. 17척의 배가 선단으로 꾸려졌고 승선 인원만 1,200여 명에 이르렀다. 1차 항해와 다른 점이 있다면 스페인 왕실에서도 신대륙을 식민화시키겠다는 의지가 좀 더 명확하고 구체화되었다는 점이다. 이를 위해 선단에는 각종 가축과 종자가 실렸다.

2차 항해에서는 1차 항해에 탐험했던 쿠바와 히스파니올라섬 외에도 자메이카섬을 탐험했다. 하지만 콜럼버스 일행은 여전히 본 대륙의 존재를 알지 못하는 상황이었다. 오히려 1차 항해 때 탐사를 마친 쿠바를 다시 대륙으로 혼동하기도 하고 그 주변에 지팡구가 있을 만한 장소를 찾아 탐험을 계속하였다. 2차 항해는 콜럼버스가 행한 총 네 번의 항해 중 왕실의 기대도 가장 컸고 후원의 규모도 컸음에도 불구하고, 결국 그들이 원했던 금을 찾지 못하자 내분과 와해를 면치 못하게 된다. 항해에 참여한 유럽인들 사이에 갈등이 끊이지 않았고 결국 이들 중 일부가 제독인 콜럼버스의 허락도 없이 배를 탈취하여 본국으로 돌아가 버리는 상황도 발생했다.

3차 항해는 1498년 5월에 시작되었다. 일반적으로 가장 극적인 항해로 평가되는데, 신대륙을 향해 갈 때 기존 항로보다 남쪽인 루트를 택해 무풍지대에 들어서는 바람에 7일 동안이나 그가 묘사한 대로 '불타는 바다'에 갇힌 채 모든 선원이 전몰할 위기에 처하기도 했다. 라스 카사스가 필사한 기록에 의하면 당시 무풍지대에 갇혀 있는 동안 포도주는 식초로 변해 버리고 식수는 빠른 속도로 증발해 버렸다. 또한 육가공품이 부패해 버리거나 음식을 담아 보관하던 나무통이 폭발해 버리기도 할 만큼 더위는 가히 살인적이었다. 다행히 바람이 불어 주어 그곳을 빠져나오긴 했어도, 거의 전몰 직전까지 가는 상황이었다(주경철 2013, 239).

남쪽으로 루트를 잡아 항해한 덕분에 3차 항해에서 콜럼버스는 처음으로 아메리카 본 대륙에 닿게 되는데, 오늘날 베네수엘라 오리노코강(Rio Orinoco) 연안이었다. 이를 통해 콜럼버스는 그간 자신이 아시아라고 믿었던 곳이 어쩌면 아시아가 아닌 새로운 대륙일 수도 있다는 의심을 하게 된다. 1498년 8월 14일 기록에 보면 "나는 이곳이 지금까지 알려지지 않았던 아주 큰 대륙이라고 믿는다"는 내용이 있다. 3차 항해에서도 콜럼버스와 탐험대와의 사이는 순조롭지 못하였다.[13] 콜럼버스가 유럽인들 사이에 점점 신임을 잃고 탐험지에서의 분쟁과 갈등을 조정하지 못하자 결국 그는 본국에서 파견된 감시관에 체포되어 쇠

---

13. 콜럼버스가 항해에 있어서는 천재적인 재능을 가지고 있었고, 또한 탐험가로서의 자질도 뛰어났지만, 관리자로서의 능력은 지극히 부족했던 것으로 보인다. 4차례에 걸친 항해에서 콜럼버스는 계속 탐험대와 갈등 구조 속에 있었다.

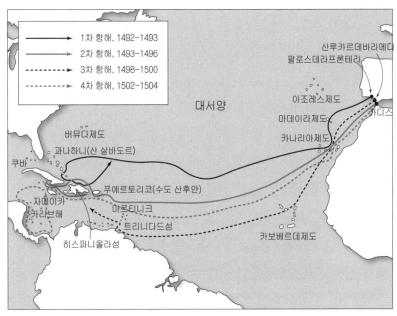

그림 3. 콜럼버스의 항해 루트

자료: Conozcamos A Los Principales Historicos Del Mundo.

사슬에 묶인 채 스페인으로 압송되는 수모를 겪기도 한다.

그럼에도 콜럼버스는 다시 4차 항해를 계획하고 실행한다. 1502년 불과 4척의 배로 항해와 탐험을 하게 되는데, 이미 스페인 왕실은 다른 대규모 선단을 후원하고 있는 상황이었다. 어쩌면 왕실의 입장에서는 탐험보다는 식민지 관리가 더 중요했을 것이다. 4차 항해에서 콜럼버스가 이끄는 선단은 쿠바에서 온두라스를 거쳐 코스타리카 대서양 연안까지 탐험하게 되는데, 자메이카 인근에서 조난을 당해 배를 잃고 만다. 겨우 선주민들의 도움을 얻어 스페인 왕실이 파견한 탐험대의 본대가 있던 히스파니올라섬에 여러 번 구조를 요청하지만, 그마저 거절당하는 입장에 처하게 된다. 주목할 만한 사실은 콜럼버스 탐험대 일부가 선주민들이 가지고 있던 카누를 타고 노를 저어 자메이카섬에서 수백 km 떨어진 히스파니올라섬까지 향하여 구조요청을 하였다는 점이다. 그럼에도 본 섬에서 구조선을 보내 주지 않아 일 년여 동안 자메이카섬에 조난 당한 채로 머물게 되고, 가까스로 본국으로 귀환하는 수모를 겪게 된다. 총 10여 년에 걸친 항해와 탐험 기간 동안 단 한 번도 그 스스로 만족할 만큼의 결과를 얻지 못한 쓸쓸한 귀환이었다. 그나마 4차 항해가 갖는 의미는 콜럼버스가 온두라스로부터 코스타리카 연안에 이르는 탐험을 했다는 점이다. 항해 횟수가 늘어날수록 분명 콜럼버스의 탐험 영역 또한 넓어지고 지역에 대한 이해도 깊어졌지만, 결국 그는 아시아 항해 계획을 통해 가졌던 금에 대한 열망을 단 한 번도 채울 수 없었다. 1504년 유일하게 콜럼버스 항해를 후원했던 이사벨라 여왕

**사진 1. 세비야 대성당 안 콜럼버스의 무덤**

주: 콜럼버스의 유해는 그의 사망 후 스페인과 신대륙 여러 곳을 이동하게 되면서 '5차 항해'라는 이름을 얻기도 했다. 1899년 세비야 대성당으로 이장되었으나 콜럼버스가 남긴 '스페인에 묻히지 않겠다'는 유언에 따라 실제로 땅에 매장하는 대신 콜럼버스 항해 시대 당시의 스페인 왕들이 콜럼버스의 관을 어깨에 들고 있는 형태로 안장되었다.
자료: 위키피디아 스페인

이 죽고, 1506년 콜럼버스도 생을 마감하면서 그의 항해도 막을 내리게 된다.

그가 실제로 행한 항해는 총 4번에 걸쳐 이루어졌지만, 일부 호사가들은 5차 항해를 언급하기도 한다. 마지막 5차 항해는 콜럼버스 사후에 이루어진 것으로 그의 유해가 생전에 행했던 항해 루트를 쫓아 유럽과 아메리카 사이를 오고 간 사실을 이른다. 실제로 콜럼버스는 1506년 스페인 바야돌리도(Valladolido)에서 사망한 후 그곳 수도원에 묻혔다가 1513년 며느리의 청으로 국왕의 허락을 받아 세비야 인근으로 이장되었다. 그러나 1536년 다시 며느리의 청에 의해 신대륙의 산토도밍고섬 대성당으로 이장된다. 콜럼버스가 죽기 전 남긴 유언에 의한 것이었다. 콜럼버스는 그의 사후 스페인이나 이탈리아가 아닌 신대륙에 묻힐 것을 가족들에게 유언으로 남겼다. 그러나 신대륙에서의 영면은 순탄치 못했고, 또한 그리 길지 못했다. 프랑스가 스페인 30년 전쟁에 개입하면서 콜럼버스 유해가 안장된 히스파니올라섬에 대한 분쟁이 있었고, 이후 이 섬이 프랑스령 식민지가 되자 유해는 쿠바의 아바나 대성당 안에 이장되었다. 그러나 1898년 미서 전쟁에서 스페인이 지면서 쿠바가 미국의 수중으로 들어가자 다시 1899년 세비야로 이장된다. 이와 같이 평생을 아시아의 금을 찾아 대서양을 횡단하던 콜럼버스가 죽어서도 세상의 복잡한 정세에 따라 유럽과 신대륙을 오고 간 여정을 두고 일부 호사가들은 5차 항해라 이르기도 한다.

## 4. 발견인가? 혹은 은폐인가?

콜럼버스의 항해는 성공했다. 그러나 그의 탐험은 실패했다. 그는 당시 미지의 세계로 알려졌던 대서양 횡단을 4번이나 성공시켰다. 이를 통해 유럽 세계에 대서양의 끝은 세상의 끝이 아니며 새로운 대륙이 있다는 사실을 증명해 보였다. 그리고 수많은 이가 콜럼버스가 간 길을 따라 대서양을 횡단하면서 역사를 써 내려갔다. 그의 항해를 통해 최초로 아메리카 대륙을 포함한 범지구적 관계망이 형성되었고 오늘날까지 이어지는 세계사적 사건들의 핵심 기반이 만들어졌다. 분명, 성공한 항해였다. 그러나 콜럼버스 개인의 측면에서 본다면, 그의 탐험은 단 한 번도 그가 계획했던 목적을 실현시켜 주지 못했다. 한마디로, 실패한 탐험이었다. 콜럼버스는 총 4회에 걸쳐 대서양 횡단 항해를 했지만 지팡구를 찾지 못하였고, 지팡구에서 흔하다는 금을 찾지도 못하였으며, 지팡구 근처에 살고 있다는 대칸을 만나 보지도 못하였다. 무엇보다도 가장 심각한 오점은 그가 죽을 때까지 본인이 탐험했던 곳이 아시아가 아니라는 사실을 깨닫지 못했다는 점이다. 또한 이는 그가 죽을때까지 아메리카의 존재를 알지 못했다는 말이기도 하다. 물론 3차 항해 때 혹시 그곳이 아시아가 아닐지 모르겠다는 의심을 갖긴 하였지만, 금에 대한 열망으로 애써 의심을 지우고 아시아 대륙으로 믿고자 했다. 실제로 콜럼버스는 매 항해에서 식량만 충분히 공급된다면 그곳에서 육로로 서진하여 스페인에 닿을 수 있으리란 믿음을 가지고 있었다 (주경철 2013, 220). 아이러니하게도 그가 죽고 난 직후 아메리카 대륙에서 발견된 엄청난 양의 금이 유럽으로 흘러 들어가기 시작했지만, 콜럼버스 자신은 그 금을 보지 못한 채 쓸쓸히 생을 마감했다.

콜럼버스 사후에 스페인을 비롯한 유럽의 각 국가는 콜럼버스가 개척한 항로를 통해 엄청난 부를 축적하며 부흥의 시대를 맞이하지만, 정작 유럽 어느 곳에서든 그에 대한 평가에는 인색했다. 이뿐만 아니라 그가 남긴 기록에 대한 보존과 발굴도 제대로 이루어지지 않았다. 그가 남긴 흔적은 오늘날까지도 뚜렷하게 존재하지만, 그에 대한 흔적은 빈약하다. 더불어 신대륙은 그의 이름 대신 이탈리아의 항해가였던 아메리고 베스푸치(Amerigo Vespucci)[14]의 이름을 따 아

---

14. 이탈리아의 탐험가이며 항해가이자 동시에 지도제작자였던 베스푸치가 언제 처음으로 신대륙에 건너갔는지는 논란의 여지가 있지만, 그의 기록에 따르면 1497년부터 1504년에 이르기까지 총 4회에 걸쳐 신대륙을 탐험했다고 한다. 그는 항해 기간 동안 편지 형식을 통해 '콜럼버스가 발견한 땅은 아시아나 인도가 아니라 아시아와 대양을 격해 있는 신세계(Mundus Novus)'라고 밝혔다. 이후 이 기록이 1504년 출판물로 출판되면서 콜럼버스가 닿았던 곳은 아시아가 아니라 새로운 대륙이었다라는 사실이 보다 명확해졌다. 특히 1507년 독일의 지도제작자였던 마르틴 발트제뮐러(Martin Waldseemüller)가 그가 제작한 지도에 'AMERICA'라는 이름으로 신대륙을 그려 넣

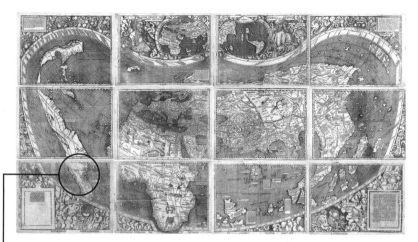

**그림 4. 1507년 발트제뮐러가 제작한 세계지도**

주: 1507년 독일 지도제작자 발트제뮐러가 만든 세계지도다. 지도의 좌측에 아메리카 대륙이 표현되어 있다. 1502년 알베르토 칸티노(Alberto Cantino)가 포르투갈에서 만든 세계지도에 아메리카 대륙이 처음 등장하였으나, 당시만 해도 해당 대륙이 '아메리카'라는 이름을 달지 못한 상황이었다. '아메리카'라는 이름은 1507년 발트제뮐러가 제작한 지도를 통해 세상에 등장하였다.

자료: Geography & Map Reading Room

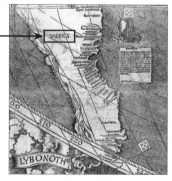

**그림 5. 발트제뮐러의 지도를 확대한 모습**

주: 발트제뮐러의 지도(그림 4)를 확대하면 아메리카 대륙 일부분에서 'AMERICA' 표기를 찾아볼 수 있다.

자료: Library of Congress

메리카 대륙으로 명명되었으니, 콜럼버스는 오히려 잊힌 존재에 가까웠다.

---

음으로써 신대륙이 곧 아메리카임이 기정사실화되었다. 물론, 아메리카라는 이름은 '아메리고'에서 파생된 것이며 발트제뮐러도 신세계를 발견한 사람은 베스푸치가 아니라 콜럼버스라는 것을 깨달았기 때문에 1517년 개정판 지도에서는 일부러 아메리카라는 단어를 쓰지 않았다. 그럼에도 마땅한 대안을 생각하지 못한 지도제작자들에 의해 아메리카라는 이름이 부단히 재생산되었다(박병규 2010).

그런 그가 다시 부활한 것은 1892년, 콜럼버스의 항해가 이루어진 지 400주년이 되던 해였다. 스페인이 아니라 미국이 나선 것이었다. 당시 막 세계 무대로 부상하기 시작하던 미국에게 콜럼버스는 자국의 패권을 강화하는 과정에서 찾고자 했던 자기 정체성의 표식이었을 것이고, 먼로 독트린 이후 유럽과 어느 정도 거리를 두고자 하는 바람이기도 했다. 1893년 '콜럼버스 신대륙 발견 400주년'을 기념하여 시카고 만국박람회가 개최되었고, 그렇게 콜럼버스는 사후 유럽이 아닌 미국에서 다시 한 번 세계 무대에 화려하게 등장했다. 콜럼버스에 관한 인쇄물들이 쏟아져 나오면서 그의 업적이 기려졌고, 칭송되었다. 어쩌면 콜럼버스가 살아 생전에 절대로 누려 보지 못했을 만한 축하가 이어졌다. 그가 신대륙에 닿은 1492년 10월 12일이 '발견의 날'로 기려졌고, 신대륙은 콜럼버스에 의해 '발견'되었음이 다시 한 번 확인되었다.

그러나 이 또한 길게 가지 못하였다. 다시 100년이 흐른 1992년, 콜럼버스 항해 500주년에 이를 즈음, 400주년의 환희가 가져다준 기대와는 사뭇 다른 분위기가 형성되었다. 여전히 스페인을 비롯한 유럽의 국가들과 아메리카의 일부 국가들 사이에는 500주년을 기념하는 성대한 행사들이 치러졌지만, 또 다른 한편에선 축하보다는 자성과 반성의 움직임이 더 짙었다. 이러한 움직임은 콜럼버스를 통해 신대륙이 유럽과 접촉하면서 겪은 피해에 대한 공감에서 시작되었다. 그간 철저히 유럽의 입장에서, 콜럼버스에 의해 신대륙이 '발견'되었다는 데 초점이 맞춰졌을 뿐, 콜럼버스 항해 이후 약 300여 년에 걸친 식민시기 동안 신대륙이 어떻게 파괴되었는가에 대한 문제 제기는 결여되어 있었던 것이 사실이다. 기쁨과 환희에 치여 수백 년 동안 묻혀 있던 아픔과 상흔에 대한 기억들이 500주년을 맞이하면서 곳곳에서 터져 나왔다.

극단적으로 신대륙의 원주민 숫자는 유럽인과 접촉을 시작한 1492년부터 약 100여 년 사이 7000만 명에서 300만 명으로 그 수가 급감하였다. 가장 큰 원인은 그간 신대륙이 알지 못했던 전염병이었다. 유럽에서 건너온 전염병에 대한 항체가 전혀 없던 원주민들은 단순한 감기로도 집단 사망에 이르는 상황이었다. 처음 접촉과정에서 당시 아메리카 대륙에 있던 전체 인구 중 50%가 사망에 이를 정도였다. 이쯤 되면 학살에 가까운 수준이었다. 또한 신대륙 입장에서 본다면 물적 자원의 손실도 엄청날 수밖에 없었는데, 16세기부터 17세기 중반까지 신대륙에서 유럽으로 실려 간 금이 200톤에 달했고 은의 경우 1700톤에 달했다(Posada Bernal 2006). 상황이 이러할진대, 식민지였던 라틴아메리카 입장에서는 과연 500주년을 기념하고 축하한다는 것 자체가 아이러니일 수밖에 없었다.

이와 같은 반성과 함께 그간 흔히 사용되었던 '발견'이란 용어에 대한 의문도 제기되었다. 일반적으로 발견이란 것이 지금까지 알려지지 않았던 것을 찾는 것을 의미한다면, 과연 신대륙에 대해서 발견이란 말을 쓸 수 있는가 하는 문제였다. 유럽인이 새롭게 찾았다 하여 신대륙이라 이름 붙이고 발견이란 말을 사용하였지만, 실제 선주민은 유럽인이 닿기 수백 년 전부터 상당히 발달된 문명을 이룩하고 있었기 때문이다. 하지만 이러한 문명들은 유럽인에 의해 철저히 파괴되고 은폐되었다. 나아가 극단적으로는 과연 콜럼버스가 유럽인으로서 신대륙을 처음 접한 것이 맞는가 하는 물음마저 제기되었다. 이미 14~15세기에 이베리아반도의 바스크인이 뉴펀들랜드 지역이나 뉴잉글랜드 지역까지 진출하여 대구잡이를 하고 있었다. 다만 그들은 상업적 이익을 위해, 즉 그 당시 많은 부를 가져다주었던 대구의 원산지를 숨기기 위해 자신들이 그곳에 진출했다는 것을 철저히 비밀로 했을 뿐이라는 사실들이 확인되면서 '신대륙 발견'이라는 말의 입지는 더욱 좁아질 수밖에 없었다(Kurlansky 저, 박광순 역 1998).

쓸쓸히 생을 마감한 채 이곳저곳을 떠돌며 묻혀 있다가 400여 년의 시간이 흐른 다음에야 겨우 세간의 관심을 받았던 콜럼버스가 다시 또 한 번 그의 의지와 전혀 상관없이 비판의 대상이 되어 버렸다. 콜럼버스 사후에 이루어진 식민화 과정에서 파생된 피의 역사는 차치하고라도, 콜럼버스 그 스스로도 총 4회에 걸친 항해 동안 신대륙을 있는 그대로 받아들이지 않고 끊임없이 그가 상상했던 모습으로 조율하고 왜곡했다. 오직 지팡구의 금에만 관심을 두었기 때

문에 신대륙의 모습에서 끊임없이 지팡구를 만들어 내려 했던 점을 들어 '발견'
이나 '은폐'의 차원을 넘어 차라리 '발명'이 아니었는가 하는 비판도 일었다. 결
국 콜럼버스는 그가 바라지 않았던 부분에 대해서는 철저하게 은폐했고, 정작
그곳에 있지 않았던 지팡구를 계속 찾아다니며 신대륙을 철저히 왜곡시켰다는
지적이 등장하였다(Zea 1989). 결론적으로 아메리카 대륙은 콜럼버스에 의해 발
견된 것이 아니라 오히려 그에 의해 철저히 은폐되었다는 해석까지 나오기 시
작했다. 이는 그간 유럽에 의해 서술되던 역사에 아메리카 국가들이 목소리를
내기 시작한 결과이기도 하다.

이러한 분위기 가운데 콜럼버스 항해 500주년을 몇 해 앞둔 1984년, 이미 라
틴아메리카 전역에 연결망을 형성하고 있는 '판아메리카 지리-역사 연구소
(Instituto Panamericano de Geografía e Historia, IPGH)'가 주축이 되어 멕시코 국
립자치대학교, 멕시코 고등과학기술위원회, 이베로아메리카 협력 연구소, 이

사진 2. 콜럼버스 항해 525주년을 기념하여 2018년 4월 7일 스페인 우엘바항에 복원되어
진수된 산타마리아호
자료: Europa Press - Agencia de noticias

베로아메리카 학회 등과 연합하여 다발적 학술대회를 조직해 나갔다. 당시 이 연쇄 학술대회의 목적은 1992년 10월 12일, 콜럼버스 항해 500주년 기념일까지 '발견', '은폐', '왜곡', '허구화' 등에 대한 공론의 장을 열고 콜럼버스 항해에 대한 본질적 접근을 시도하겠다는 것이었다. 실제로 콜럼버스 항해 500주년을 기념하여 스페인과 미국 등에서 성대한 기념 행사가 치러지는 동안 라틴아메리카의 많은 나라에서는 콜럼버스 항해의 본질에 대한 비판적 시각의 학술행사들이 동시다발적으로 진행되었다.

그리고 다시, 25년이 흘렀다. 2018년 4월 7일 스페인 우엘바(Huelva)항에 525년 전 콜럼버스가 선단을 이끌었던 산타마리아호가 복원되어 진수되었다. 콜럼버스 항해 525주년을 맞아 그가 이끌었던 산타마리아호로 그의 탐험 루트를 쫓아 보자는 취지였다. 이 뉴스를 전하는 지역뿐 아니라 세계 각국의 언론에서 '발견(Descubrimiento)'과 '만남(Encuentro)'이라는 용어를 동시에 사용하였다. 새로운 변화다. 그러고 보면 콜럼버스에 대한 이해는 여전히 현재진행형이다. 이는 비단 콜럼버스 개인에 대한 이해에 한정되지 않는다. 서로 연결된 지 500년 이상 된 두 대륙, 아메리카와 유럽 사이의 이해인 것이다. 다시 시간이 흘러 콜럼버스 항해 600년이 되었을 때는 어떤 평가가 새롭게 나올지 모를 일이다. 다만, 콜럼버스 개인에 대한 평가와 더불어 콜럼버스 항해가 가졌던 의미에 대한 이해가 지금보다 더욱더 깊어지고 풍요로워지길 바랄 뿐이다.

· 참고문헌 ·

라스 카사스 편, 박광순 역, 2000, 콜럼버스 항해록, 범우사.
마크 쿨란스키 저, 박광순 역, 1998, 세계를 바꾼 어느 물고기의 역사, 미래M&B (Kurlansky, M., 1997, *Cod: A Biography of the Fish that Changed the World*, Penguin Books).
박병규, 2010, "아메리고 베스푸치와 '아메리카' 명칭 논쟁," 트랜스 라틴 13, 88-97.
주경철, 2013, 크리스토퍼 콜럼버스: 종말론적 신비주의자, 서울대학교출판문화원.

카를로스 푸엔테스 저, 서성철 역, 1997, 라틴아메리카의 역사, 까치(Fuentes, C., 1992, *El espejo enterrado*, México, D.F.: Fondo de Cultura Económica).

크리스토퍼 콜럼버스 저, 이종훈 역, 2004, 콜럼버스 항해록, 서해클래식 001, 서해문집.

크리스토퍼 콜럼버스·존 커민스 저, 이종훈 역, 2004, 콜럼버스 항해록, 서해문집(Christopher Columbus and John G. Cummins, 1992, *The Voyage of Christopher Columbus: Columbus's won journal of discovery*, St. Martins Press).

Bartolomé De las Casas, Fray, 1892, *Relación de Primera Viaje de D. Cristóbal Colón para el descubrimiento de las Indias*, Librería de la Viuda de Hernando Y. G., Madrid.

Consuelo Varela(Coord.), 2006, *Cristobal Colón, 1506-2006 historia y leyenda*, Editorial de Universidad Internacional de Andalucia, Consejo Superior de Investigaciones Cientificas, y Ayuntamiento de Palos de la Forntera.

Martinez Torrejon, Jorge Miguel y Zuluaga Hoyos, Gustavo Adlofo, 2006, *Bartolome de las Casas Brevisima relación de la destrucción de las Indias*, Editorial Universidad Antioquia. Colombia.

Posada Bernal, Rodrigo, 2006, "Cristóbal Colón. Aproximación histórica al hombre," *Revista Lasallista de Investigación* 3(1), enero-junio, 42-47.

Zea, Leopoldo, 1989, *El Descubreimeinto de America y su sentido actual*, México, D.F.: Fondo de Cultura Económica.

위키피디아 스페인(https://es.wikipedia.org/wiki/Tumba_de_Crist%C3%B3bal_Col%C3%B3n#/media/File:Tumba_de_Colon-Sevilla.jpg).

Conozcamos A Los Principales Historicos Del Mundon(http://personajeshistoricos.com/c-viajeros/viajes-de-cristobal-colon).

Europa Press - Agencia de noticias(http://www.europapress.es/andalucia/fundacion-cajasol-00621/noticia-replica-santa- maria-partira-canarias-tierras-americanas-donde-visitara-menos-15-puertos-2018043014 1653.html).

Geography & Map Reading Room(https://www.loc.gov/rr/geogmap/).

Library of Congress(https://www.loc.gov/resource/g3200.ct000725C/).

# 제7장

# 괴테의 『이탈리아 여행』에 나타난 지리적 텍스트 분석[1]

## 1. 들어가며

15세기부터 시작된 유럽의 지리적 탐험은 17세기부터 19세기에 이르기까지 절정을 이루었다. 유럽에 의한 세계 탐험의 본격화 및 식민지화는 탐험에 필요한 지리적 지식의 수요 증가를 가져왔고 이는 특히 18세기의 유럽을 여행에 대한 열기로 고조시켰다(Knox and Marston 2013, 44-46). 또한 루이 앙투안 드 부갱빌(Louis Antoine de Bougainville, 1729~1811), 제임스 쿡(James Cook, 1728~1779)과 같은 탐험가들로 인해 18~19세기 유럽에서는 많은 종류의 여행기와 여행안내서가 출간되었고, 유한계층(leisure-class)을 중심으로 한 여행단체가 생겨나면서 이탈리아나 프랑스를 관광하며 보다 높은 소양과 지적 체험을 쌓고자 하는 교육적 목적의 '그랜드 투어(grand tour)'가 활기를 띠었다.

이러한 시기에 당시 바이마르(Weimar) 공국의 고위직 추밀고문관(樞密顧問

---

1. 이 글은 2018년 「문화역사지리」 제30권 제1호에 게재된 논문을 수정한 것이다.

官)이자 작가였던 요한 볼프강 폰 괴테(Johann Wolfgang von Goethe, 1749~1832)
는 그의 나이 37세 때(1786년) 요한 필리프 묄러(Johann Philipp Möller)라는 가명
으로 비밀리에 이탈리아로의 그랜드 투어를 감행한다. 빠져나오듯 시작한 여
행이었으나 여행의 목적은 자신의 편협한 사고에서 벗어나 새로운 변화를 시
도하기 위한 것이었다.[2] 그러므로 이 여행은 그를 인간으로서, 그리고 예술가
로서 다시 태어나게 하고 자신을 혁신시키며 자신의 인생에 충실을 기할 수 있
게 한 대사건으로 간주된다. 이러한 이탈리아로의 여정은 괴테의 『이탈리아 여
행 Italienische Reise』(1829)이라는 여행기로 기록되었다.

　『이탈리아 여행』은 단순한 기행문이 아니다. 전체적으로는 기행문의 특징
을 지니지만 여기엔 일기형식으로 기록한 내용들과 지인과 주고받은 편지 내
용들, 그리고 지역정보에 대한 논문들이 추가적으로 언급되어 있다. 또한 내용
사이사이 괴테가 보고 겪은 특별한 경관에 대해서는 그림을 그려 넣거나 기억
할 만한 경험에 대해서는 그 사건을 문학적 스토리로 구성해 넣음으로써 흥미
롭고 독특한 전개를 보여 주고 있다. 즉, 이탈리아 북부에서부터 남부에 이르기
까지 여러 도시를 오가면서(그림 1), 각 지역에 대한 정보, 문학적인 수사, 자신
이 직접 보고 그린 스케치, 함께 여행한 화가들의 회화, 메모, 참고문헌 등을 다
양한 텍스트로 담고 있다. 그중에서도 기상·기후·날씨에 대한 텍스트, 경관에
대한 그림, 해당 지역이 갖는 문화적 특성 등에 대한 상세한 기술은 지리적인
시각에서 분석해 볼 필요가 있다고 생각된다.

　아쉽게도 괴테의 『이탈리아 여행』에 관한 국내의 연구들은 주로 회화·건축
등의 예술 분야나 문학 분야에서 다루어지고 있다. 물론 그의 작품에서 예술과

---

2. 『이탈리아 여행』 중 "새벽 3시에 카를스바트를 남몰래 빠져나왔다"(Goethe 저, 안인희 역 2016,
　15), "지난 몇 년 동안 남쪽으로의 열망이 일종의 병이 되었기에, 오로지 로마를 직접 보고 느껴야
　만 나을 수 있는 상태가 되었다"(Goethe 저, 안인희 역 2016, 202-203) 등의 문장은 그의 여행
　동기와 목적을 설명해 준다. 즉, 바이마르의 편협성에서 도피하고 싶은 충동, 남국 이탈리아에 대한
　동경심, 그리고 오랫동안 침체되어 있던 예술가 정신을 되찾고자 하는 내재된 욕구가 이탈리아로
　의 여행으로 표출되었음을 알 수 있다.

그림 1. 괴테의 여행경로

자료: Goethe 저, 안인희 역 2016, 10.

문학 분야의 비중이 큰 편임을 부인할 수 없지만, 그 외의 다른 다양한 기술적 내용들은 보다 포괄적인 안목을 통해 재해석될 필요가 있음을 인지하게 한다. 이뿐만 아니라 이 여행기가 갖는 지역적 묘사나 기술에 대한 특징은 보다 지리적인 시각으로 분석되어야 할 당위성을 요구한다.

이러한 배경하에 본고는 괴테가 저술한 『이탈리아 여행』을 통해 그가 행한 이탈리아의 여정과 함께 그가 관찰하고 수집한 자료들과 정보들을 자연에 대한 지리적 텍스트, 인문에 대한 지리적 텍스트로 나누어 계통적 주제에 따라 그 내용을 분석해 보고자 한다. 왜냐하면 이 작품은 당시 이탈리아에 대한 자연지리적 현황과 인문지리적 기술을 통해, 자연에 대한 정보뿐만 아니라 인간의 사회·문화적 경험의 기회를 제공해 준다는 점에서 그 의미를 찾아볼 수 있기 때문이다. 또한 작품에 등장하는 지명의 분포와 지명과 관련한 텍스트 분석을 통해, 지명의 높은 빈도수가 괴테의 지역적 선호도 및 지역적 설명과 묘사를 더욱 크게 반영하고 있는지 확인하고자 한다. 따라서 이 글에서는 괴테가 저술한 『이탈리아 여행』(Goethe 저, 안인희 역 2016)을 분석 텍스트로 하여 괴테가 이탈리아에서 관찰한 자연지리 및 인문지리적인 기술과 특징, 그리고 지명의 빈도수에 따른 지역적 표현 등을 살펴보고자 한다. 내용 분석 과정에서 보다 알맞은 번역과 그림을 위해 독일어로 된 원문, 그리고 『괴테의 그림과 글로 떠나는 이탈리아 여행 1·2』(Goethe 저, 박영구 역 2006)를 참조하여 주요 단어나 문장을 재확인하는 작업을 거쳤다. 한편 괴테가 언급한 지역과 관련하여 필자가 직접 여행한 사진(로마, 폼페이 등)을 첨부하여 자료의 이해를 돕고자 하였다.


## 2. 괴테의 생애와 『이탈리아 여행』의 구성

괴테는 독일 고전주의(classicism, 조화·균형·명석함을 추구하는 고대 그리스·로마의 예술사조)의 대표자로서 세계적인 자연연구자이자 문학가이며, 앞서도 언급했듯 바이마르 공국의 재상으로도 활약한 정치인이었다.

어릴 적부터 괴테는 부친의 영향을 받아 일찍이 미술교육을 받았으며, 학창시절에는 독일의 화가이자 조각가인 아담 프리드리히 외저(Adam Friedrich Oeser, 1717~1799)로부터 초기 고전주의 예술이론을 접하였다. 또한 고대 미술 연구가인 요한 요하임 빙켈만(Johann Joachim Winckelmann, 1717~1768)의 영향을 받아 고전예술에 관심을 가지게 되었으며 이를 통해 다양한 양식과 문예로 미학적 의미를 포용할 수 있었다.

1786년 괴테는 자아에 대한 성찰과 예술적인 탐구를 위해, 그리고 온갖 의무와 사랑의 고통으로부터 벗어나기 위해 이탈리아로 여행을 떠났다(그림 2). 당시는 산업혁명, 프랑스혁명, 나폴레옹의 대두와 같은 세계사의 굵직한 사건들이 연이어 발생하던 시기이다. 이러한 역사적 격동기 속에서 괴테는 이탈리아 여행을 통해 많은 고대 및 르네상스의 미술과 접촉하면서 이탈리아의 특이하고 상이한 민중의 삶과 문화를 체험하였다. 약 22개월에 걸쳐 이루어진 이탈리아 여행은 괴테에게 예술의 위대한 양식과 법칙을 구안(具案)하게 하고, 투철한 미의 세계로 이끌어 가는 도정(道程)의 계기를 마련해 주었다(지윤호 2017, 260). 그리고 이 과정은 『이탈리아 여행』이라는 작품에 고스란히 투영되었다. 즉, 1786년 9월 3일부터 1788년 6월 18일까지 이루어진 괴테의 그랜드 투어의 기록은 1829년 『이탈리아 여행』이라는 이름으로 간행되었고, 이 여행기는 경관에 대한 그림, 문학적 수사, 예술적 깊이 등의 특징으로 인해 현재에도 서양 기

그림 2. 괴테의 초상화. 요한 하인리히 빌헬름 티슈바인 作 〈캄파냐 평원의 괴테〉
자료: Goethe 저, 안인희 역 2016, 573.

행문학의 대표작으로 꼽히고 있다.

괴테는 이탈리아를 여행한 시절로부터 30년이 지난 다음에 이 여행의 기록들을 모으고 정리하여 『나의 삶에서: 두 번째 국면의 제1부 *Aus meinem Leben: Zweyter Abtheilung Erster Theil*』(1816), 『나의 삶에서: 두 번째 국면의 제2부 *Aus meinem Leben: Zweyter Abtheilung Zweyter Theil*』(1817)라는 제목으로 책을 펴냈다. 이어서 그는 자신의 로마 유학에 대한 기록으로 『두 번째 로마체류: 제3부 *Zweyter Römischer Aufenthaly*』(1826)를 더했다. 이후 이들 세 권이 합쳐져 재출간되었고, 이것이 지금의 완성본인 『이탈리아 여행』(1829)이다(표 1). 특히 1, 2부와는 달리 괴테의 두 번째 로마체류기간(유학기간)의 내용을 담은 3부는 '뒷날 덧붙임(Bericht)'이라는 부제를 달아 월별로 정리된 내용이 첨가되어 있다. 여기에는 편지와 일기의 분량이 상대적으로 줄어든 대신 지역사회의 문화에 대한 자신의 관찰이나 다른 사람이 쓴 논문들을 덧붙임으로써 당시의 분위기와 지역정보를 비교적 객관적으로 기술하고 있다.

이렇듯 괴테는 자신의 장황한 여행기를 3번씩 정리하고 종합하는 작업을 통해, 본인이 겪은 정신적 위기를 극복하고 새로운 영감과 자아성찰의 기회를 얻게 된 과정을 감동적으로 설명하고 있다. 그리고 예술과 역사, 갖가지 동·식물과 경관, 날씨, 광물, 각 지역마다 마주친 사람들의 면면을 흥미롭게 관찰하고

표 1. 『이탈리아 여행』의 구성과 여행 당시의 세계적 흐름

| | | 괴테 | 안인희 역 | 여행시기 | 이 시기의 세계사 | 이 시기의 한국사 |
|---|---|---|---|---|---|---|
| 괴테의 이탈리아 여행 | 1 부 | 나의 삶에서: 두 번째 국면의 제1부 | 북유럽에서 로마까지 | 1786년 9월 ~ 1787년 2월 | 1750~: 영국, 산업혁명 1783: 영국, 파리조약으로 미국의 독립 승인 1789: 프랑스혁명 발발 1792: 영국, 실론 점령 1799: 나폴레옹의 집권 | 1780: 박지원 『열하일기』 저술 1787: 최초의 서양 선박인 프랑스 함대가 제주도·울릉도에서 근해 측량 1791: 신해박해 1796: 정조 화성 완성 |
| | 2 부 | 나의 삶에서: 두 번째 국면의 제2부 | 나폴리와 시칠리아 | 1787년 2월 ~ 1787년 6월 | | |
| | 3 부 | 두 번째 로마체류: 제3부 | 괴테의 로마 유학 기록 | 1787년 6월 ~ 1788년 6월 | | |

기록하였다. 이 여행서는 18세기 당시 주로 프랑스, 독일에서 전개되었던 계몽주의(18세기 후반, 구습사상 타파라는 목적으로 유럽 전역에 걸쳐 일어난 혁신적 사조)를 탈피하여 자신의 경험과 사고를 바탕으로 세계관과 지역관을 표현함으로써, 기존의 고착화된 이론이나 학제적 범위의 한계를 벗어나 자연 및 인문학적 통찰과 고전예술에 대한 성찰의 기회를 제공해 주었다.

## 3. 『이탈리아 여행』과 관련한 선행연구의 검토

괴테의 『이탈리아 여행』에 관한 국내의 선행연구는 크게 3가지 방향으로 진행되었다. 첫 번째는 괴테의 이탈리아 여행을 '그랜드 투어와 관련한 관광적 특성'으로, 두 번째는 '회화·조각상·건축 등을 반영한 예술적 특성'으로, 그리고 세 번째로는 '고전주의 예술 문학적 특성'으로 연구한 것이 그것이다. 이 글에서는 이 3가지 방향의 선행연구들을 종합적으로 검토하여 정리하였다.

### 1) 그랜드 투어(grand tour)와 관련한 관광적 해석

그랜드 투어라는 용어는 일반적으로 17세기 중반부터 19세기 초반까지 '유럽 상류층 자제들이 자기보다 나이가 많은 교사나 혹은 하인과 함께 교육의 최종 단계로서 교양을 위해 프랑스와 이탈리아 등을 여행하는 것'을 의미한다. 특히 고대 그리스·로마의 유적지와 르네상스를 꽃피운 이탈리아의 도시들을 관광하며 고전음악과 미술을 생생하게 보고 듣고 품위 있는 귀족으로서 보다 높은 소양과 지적 체험을 쌓고자 하는 교육적 목적에서 이루어졌다(Richards 1996). 여행기간은 짧게는 3~4개월부터 길게는 무려 8년까지 이르렀다. 당시 유럽에서 유행했던 그랜드 투어에서 대부분의 여행자들은 자기들의 여행을 꼼꼼히 기록했다(Trease 1967, 2). 하지만 정확하게 그랜드 투어의 행위자가 누구인가에 대해서는 학자들 사이에 이견이 존재한다. 그랜드 투어의 행위자로 블랙(J. Black)은 프랑스와 이탈리아를 여행했던 '수많은 사람들'을, 섀클턴(R. Shackleton)은 '젊은 영국 남성'으로 제한했으며(Black 1992; Shackleton 1971), 트리스(G. Trease)는 '영국인이 중심이되 미국인'을 포함시켜야 한다고 주장했다(Trease 1967, 213-217). 그러나 최근에 레드퍼드(B. Redford)에 의해 보다 구체적으로 정의되었다. 그랜드 투어란, 첫째 젊은 영국인 남성귀족 혹은 중산층 이상의 귀족이 여행의 주체가 되는 여행, 둘째 전체 여행을 책임지고 수행하는 교사(travelling tutor)가 있는 여행, 셋째 최종 목적지를 두고 여행스케줄이 있는 여행, 마지막으로 평균 2~3년에 이르는 긴 여행이라고 설명하였다(Redford 1996, 14). 국내에서는 설혜심(2007), 문수현(2013)에 의해 그랜드 투어란 '17세기 말부터 유럽에 불었던 여행 열풍을 이르는 말로, 특히 영국과 독일의 귀족 출신 젊은이들이 교육을 목적으로 최소한 몇 개월 이상 이탈리아 로마나 프랑스 파리와 같은 지역을 여행하면서 문화를 체험하고 답사하는 것'으로 보다 포괄적으로 정의되었다(설혜심 2007, 116; 문수현 2013, 238).

또한 그랜드 투어가 언제 시작되었는가에 대해서도 일반적인 합의는 존재하지 않는다. 히버트(C. Hibbert)는 그랜드 투어의 시작점을 16세기로, 트리스는 17세기로, 레드퍼드는 17세기 말로, 그리고 블랙은 18세기로 보고 있다(Hibbert 1969; Trease 1967; Redford 1996; Black 1992). 이처럼 시작점에는 이견이 존재하지만 그랜드 투어가 전성기에 이른 시점은 대부분 18세기로 귀결된다. 따라서 18세기는 그랜드 투어가 정착된 기간으로서 이 시기 유럽에서는 그랜드 투어를 엘리트가 꼭 밟아야 할 교육의 최종단계로 인식하였다.

한편 그랜드 투어에서 가장 선호된 목적지는 이탈리아의 '로마(Roma)'였다(설혜심 2007, 121). 고전에 관심이 높았던 당시의 문화적 분위기 속에서 로마는 여행자들이 보아야 할 모든 것, 즉 고대의 역사 및 조각·회화·건축 등의 예술을 함축하는 곳으로 표상되었다. 여행자들은 이곳에서 미술작품을 사기도 하고, 옛것 연구가(antiquarian) 혹은 치체로네(cicerone)로 불리는 현지 가이드를 고용하여 역사와 예술, 그리고 지역에 대해 배우기도 했으며, 교황을 만나는 것을 큰 영광으로 여겼다. 이러한 그랜드 투어를 통해 여행자들은 사회 엘리트로서 필수적인 코스를 밟았다는 자신감을 가질 수 있었고, 이는 유럽 귀족 계급에게 동질성을 가져다주었으며, 이를 통해 유럽의 상류사회는 국제적 차원에서 취향·지식·교양·교육 등을 공유할 수 있었다. 그렇지만 이는 여행자와 비여행자 사이의 차이를 부르디외의 구별짓기 요소의 틀로 인정하는 사회적 분위기를 만연하게 하는 계기가 되었다(Bourdieu 저, 최종철 역 1996). 특히 그랜드 투어가 갖는 남성적인 시각, 우월주의적 관점, 교육과 정보전달이라는 목적성은 여행의 정체성이 규정될 수 있다는 비판으로 남는다. 이러한 시각에도 불구하고, 그랜드 투어는 종교문제를 비롯한 외국의 전반적인 정치나 문화, 그리고 지리에 대해 관용적인 태도를 취하게 하였다는 점에서 의의가 있다.

상기한 내용을 적용시켰을 때, 괴테의 이탈리아 여행이 ① 18세기, 자기수양 및 예술적 고취라는 뚜렷한 교육적 목적을 지녔다는 점, ② 비록 여행의 시작은 준비도 하인도 없는 홀로 여행이었지만 여행 중에 만난 화가 티슈바인(Tisch-bein), 크니프(Knip), 하케르트(Hackert), 그리고 음악가 카이저(Kaiser), 현지 거주민이자 화가인 앙겔리카(Angelica) 부인과 고고학자이자 예술품 수집가인 그녀의 남편 라이펜슈타인(Reiffenstein) 등이 그의 예술적 안목에 도움을 준 교사였다는 점, ③ 최종목적지가 로마였다는 점 등을 볼 때, 그의 여정이 그랜드 투어와 유사한 형식으로 진행되었음을 알 수 있다.

이러한 괴테의 『이탈리아 여행』은 독일인에게 이탈리아를 동경의 나라로 대중화하는 데에 큰 기여를 했고, 이탈리아로의 그랜드 투어를 더욱 일반화시키는 계기가 되었다(김선형 2003, 78).

## 2) 회화·조각품·건축 등과 관련한 예술적 해석

괴테의 『이탈리아 여행』의 기저(基底)에는 전반적으로 여러 회화와 조각상,

그리고 건축에 대한 관찰과 내용이 깔려 있다. 괴테는 자신과 다른 이탈리아 세계의 삶을 호흡했고, 그 감동을 자신의 새로운 삶과 예술적 기반으로 바꾸어 나갔다. 그는 실제로 약 850개의 풍경화를 남겼고(김선형 2007, 6), 이러한 예술적 관찰과 체험의 과정은 괴테 자신의 예술적 영감과 정체성을 되찾는 데에도 큰 도움을 주었다.

미술사학의 중심지는 16세기엔 피렌체, 17세기와 18세기에는 로마, 19세기 초엔 베를린, 그리고 19세기 후반엔 비엔나였는데, 그중 괴테가 이탈리아로 여행을 갔던 18세기의 이탈리아(특히 로마)는 미술을 둘러싼 유럽 담론의 중심지였다(오순희 2006, 49). 괴테의 여행기는 그가 거쳐 간 도시들의 문화유산을 따라가는 식으로 구성되었는데, 괴테의 동선에 따라 미술사의 분야도 조금씩 달라진다. 여행기의 동선은 크게 다섯 단계로 나눠진다. 1단계는 괴테가 독일 남부를 통과하는 지점, 2단계가 이탈리아 북부, 3단계가 로마에서의 1차 체류, 4단계가 나폴리(Napoli)와 시칠리아(Sicilia), 마지막 5단계는 다시 로마에서의 2차 체류 기간에 해당된다. 귀국일자를 예정보다 늦추며 2차 로마 체류를 강행했던 것을 보면 여행기의 동선은 최종적으로 '로마'를 향해 있음을 알 수 있다.

그렇다면 괴테의 『이탈리아 여행』의 예술적 측면에 대해 기존의 선행연구들은 어떻게 정리하고 있는가? 대체로 회화와 건축 등의 '예술적 주제'로 분류하거나 혹은 '서양미술사적 시기'에 맞춰 고대와 르네상스의 시기로 나누어 살펴보고 있다(오순희 2006; 김선형 2007; 박신자 2011; 이영석 2013). 본고는 이 2가지(주제와 시기)를 종합하여 괴테의 여행기에 기술된 예술적 측면을 첫째 고대의 미술품과 건축, 둘째 르네상스의 건축, 마지막으로는 르네상스의 회화로 고찰하였다.

첫째로 괴테는 이탈리아 여행에서 다음과 같은 '고대의 미술품과 건축'을 접하였다. 즉, 베로나(Verona)의 〈원형극장〉 건축과 베로나와 베니스에 걸쳐 〈니오베의 죽어 가는 아들〉, 〈아폴로의 활 앞에서 망토로 막내딸을 가리는 니오베〉 등의 회화를 보며 고대 문화의 유산을 직접 대한다는 것이 얼마나 대단한 일인가를 실감하였다. 또한 〈콜로세움〉, 〈카라칼라의 경마장〉, 〈메텔라의 묘지〉 등 로마의 거대한 건축 규모에 압도당한다. 한편 시칠리아에서는 잔해로 남아 있던 고대 그리스의 도리스식(Doris式, 굵은 기둥에 주춧돌이 없는 역원추 모양의 기둥머리 장식을 갖는 고대 그리스 건축양식) 신전을 보며 비바람에 황폐해진 모습에 낯설고 아쉬운 마음을 표현하였다. 이 외에도 〈벨베데레의 아폴로〉, 〈오트리콜리의 제우스〉, 〈루도비시의 주노〉 등의 조각품에 감동받아 그의 거실에 이들 석고 모조를 들이기도 하고, 나폴리에 도착해서는 폼페이(Pompeii) 유물들을 모아 놓은 포르티치 박물관을 보며 "고대 물품 수집의 알파요 오메가" (Goethe 저, 안인희 역 2016, 554)라며 감탄하기도 했다. 게다가 그는 러시아 〈예르미타시 박물관〉이 건립되고 소장품을 늘리던 시기, '바티칸의 라파엘로 홀'이 통째로 모작되는 과정을 목격했을 뿐만 아니라 〈나폴리 국립 고고학 박물관〉이 건립되는 과정에서 로마의 파르네세 왕궁에 소장되어 있던 주요 유적들이 나폴리로 옮겨 가는 과정도 관찰하였다. 이렇듯 그는 고대의 남아 있는 건축과 조각품의 예술적 경관을 통해 역사적 영광을 직접 관찰해 나감으로써 이탈리아라는 지역 속에서 살아가고 일하는 사람들을 명시적으로 읽고 잠재의식적으로 이해하였다. 남겨져 있는 경관만큼 그 지역에 대한 틀림없고 자연스러운 증거물은 없다고 하는데(Duncan 1992, 81), 그는 이 놀라운 경험을 상세히 기록하였다.

둘째로 그는 '르네상스 건축'의 아름다움을 이탈리아 북부의 도시인 비첸차(Vicenza)와 아시시(Assisi)를 통해 더욱 깊이 체감하였다. 비첸차는 이탈리아의 대표 건축가인 안드레아 팔라디오(Andrea Palladio, 1508~1580)의 고향으로, 이곳에서 괴테는 팔라디오의 〈올림피코 극장〉, 〈로톤다 저택〉 등을 마주하였다. 특히 그는 로톤다(Rotonda)에 대해 "로톤다라 불리는 훌륭한 건축물을 찾아갔다. 사각형 건물인데, 위에서 조명이 되는 둥근 홀을 속에 품고 있다. 네 방향에서 모두, 넓은 계단을 통해 위로 올라갈 수가 있고, 위로 올라가면 네 군데에 모두 코린트 기둥 여섯 개가 떠받치는 현관홀이 서 있다. 아마도 건축술이 이보다 더 큰 사치를 누린 적이 없으리라. 계단과 현관홀이 차지한 공간이 집 자체의 공간보다 훨씬 더 크다"(Goethe 저, 안인희 역 2016, 90-91)라고 표현하고 있다. 이후에 방문한 베니스에서도 팔라디오의 〈카리타 수도원〉, 〈일 레덴토레 교회〉 등을 보면서 고대와 르네상스 건축의 연계성을 깊이 있게 연구하였다. 이처럼 팔라디오의 건축물들은 고전주의의 우아함과 품위를 보여 줌으로써 괴테에게 적잖은 감동을 주었던 것으로 파악된다. 한편 아시시의 〈미네르바 신전(현 산타 마리아 소프라 미네르바 교회)〉에 대해서는 "보라, 극히 찬양할 만한 작품이 내 눈 앞에 서 있다. 내가 본 최초로 완벽한 고대의 기념비였다"(Goethe 저, 안인희 역 2016, 190)라고 칭하였다. 이렇게 그는 르네상스의 건축물들을 보며 고전적 미의 이상을 확인하였다.

마지막으로 '르네상스 전성기의 회화'를 통해 그의 예술적 측면을 해석할 수 있다. 전성기 르네상스 회화와 관련된 묘사 중에서도 괴테가 가장 집중한 부분은 공간상 로마이며, 예술가로는 미켈란젤로 부오나로티(Michelangelo Buonar-roti, 1475~1564)와 라파엘로 산치오(Raffaello Sanzio, 1483~1520)다. 그는 "시스티나 예배당을 보지 않고는 한 인간이 무엇을 할 수 있는가에 대한 개념을 가질 수가 없습니다"(Goethe 저, 안인희 역 2016, 629)라며 인간의 능력이 어디까지인지 알고 싶다면 로마에 있는 그들의 작품을 봐야 한다고 주장하였다. 특히 미켈란젤로의 〈최후의 심판〉을 보고 그는 "나로선 그저 경탄할 수밖에 없었다. 이 대가의 내적인 확신과 남성다움, 그의 위대함은 모든 표현을 넘어선다"(Goethe 저, 안인희 역 2016, 232), "나는 미켈란젤로에게 너무나 홀려 있어서, 심지어 자연에 대한 관심마저 잃어버렸다"(Goethe 저, 안인희 역 2016, 241)라고 기술하며 르네상스 회화에 대한 감동이 절정에 이르렀다. 또한 라파엘로의 〈성 체칠리아〉를 보던 날, "하늘이 내린 천재성의 빛을 받아 피라미드의 정점에 마지막 돌을 올려놓은 사람이 라파엘로"(Goethe 저, 안인희 역 2016, 168)라고 칭하며 그의 구도 감각에 대해 감탄하였다(그림 3).

이처럼 이탈리아 체류가 괴테의 예술적 삶에 끼친 영향은 지대하다. "여기서

그림 3. 미켈란젤로의 〈최후의 심판〉(좌), 라파엘로의 〈성 체칠리아〉(우)

매우 행복해요. 밤늦게까지 종일 스케치하고 그리고, 색칠하고 붙이고, 손작업과 예술을 그야말로 전문적으로 행하지요"(Goethe 저, 안인희 역 2016, 653)라는 그의 글은 이를 반영하고 있다. 그러므로 『이탈리아 여행』은 단순한 18세기의 교양여행 문화로 국한되는 게 아니라 이탈리아의 르네상스로 이어지는 문화사의 맥락에서 재구성될 수 있다는 측면에서 예술적 가치와 의미도 적지 않다.

### 3) 고전주의 예술 문학으로 바라본 해석

총 3부로 구성된 만큼 『이탈리아 여행』은 옛 기록을 다시 수집하고 편집하는 과정과 작품에 할애한 시간이 적지 않았다. 이러한 긴 시간은 지난 세월의 기쁨과 감동을 재정리하여 풍경과 유적과 사람을 생동감 있게 그려 낼 수 있는 자양분이 되었다. 결국 이는 괴테가 인간과 자연을 포함한 세계를 고찰하는 인지방법의 큰 변화를 경험할 수 있는 계기가 되었고, 그가 얻은 이 새로운 인식방법은 그의 문학에도 큰 영향을 미친 것으로 보인다.

괴테는 여행기는 1부에서 기록 중심의 형태를 취하다가 2부와 3부로 갈수록 저자의 편집과 성찰적 수정 및 보완이 증가하는 구성의 형태로 바뀐다. 이러한 구성은 고전주의적 이념으로의 발전을 다루고 있다는 점에서 『이탈리아 여행』

을 통해 괴테 자신의 '문학적 성숙과 새로운 도약의 계기'를 가질 수 있도록 하였을 뿐만 아니라 '독일문학과 문화의 고전주의 르네상스'를 이루게 하였다는 평가를 받는다(조우호 2015, 130). 그리고 그가 표현한 문학적인 미(美)는 상상력, 창의성, 표현력, 사실적 재현을 통하여 지역·장소·공간에 대한 지식과 사고를 심화시켜 주었다. 따라서 이 작품은 단순한 기행문으로서가 아닌 작가의 아이디어와 감정과 과학적 통찰이 교차된 편지와 보고를 포괄적으로 묶은 차별화된 작품이라는 점에서 그 문학적 가치가 크다.

무엇보다도 고전주의 예술 문학의 측면에서 괴테의 『이탈리아 여행』은 첫째 고대문화의 유적이 풍부하고 기후가 온화한 남유럽의 나라 이탈리아로 많은 유럽인을 안내하는 자료로 활용되었다는 점, 둘째 18~19세기 여행문학의 대표 저서로서 이후의 많은 여행기의 모범이 되었다는 점, 셋째 여행문학의 유형과 서술전략 관점에서 볼 때 여행체험이라는 현실과 그것의 문학화 사이에 발생하는 차이를 잘 보여 주는 이중 문학화의 전형이라는 점, 마지막으로 자기성찰적인 여행소설의 특징을 선취함으로써 여행문학 장르의 관습을 해체시킨 모델을 시대에 앞서 보여 주는 선례가 된다는 점 등은 주목할 만한 특징으로 볼 수 있다(신혜양 2016, 113).

한편 시인이자 과학자의 눈으로 진지하게 사물을 대하고 거기에서 파생되는 감정을 솔직히 털어놓는 작가의 텍스트는 괴테의 정신적 변화와 성숙과정을 살펴볼 수 있다는 점에서 재평가된다. 즉 인간으로서, 학자로서, 그리고 예술가로서 새로운 세계와 만나 새로운 자연, 새로운 문화, 새로운 인간상을 천착(穿鑿)해 감으로써 자신의 생각과 삶을 확산하고 고양시켜 나가는 모습을 텍스트를 통해 확인할 수 있는 것이다.

따라서 많은 연구들은 무엇보다 이 작품이 단순한 흥미 위주의 여행기가 아닌 대(大)시인이 겪은 삶의 일대기적 전환의 체험 기록으로 볼 수 있다는 점에서 더 큰 의미를 지닐 수 있다고 말한다(배정석 1984, 24; 임종대 2001, 152; 정서웅 2000, 17; 조우호 2015, 130). 이것이 바로 그가 '독일 문화 속에 이탈리아의 신화를 창조한 사람(Schöpfer des Mythos Italiens in der deutschen Kultur)'이라는 찬사를
받는 이유일 것이다.[3]

## 4.『이탈리아 여행』의 구성 체계와 주요 내용
   : 지리적 텍스트 분석

   이렇듯 기존의 연구에서 괴테의『이탈리아 여행』은 관광, 예술, 문학 중심으
로 해석되어 왔다. 본고는 더 나아가 괴테가 지닌 지리학, 식물학, 지질학, 광물
학 등의 해박한 지식과 관심이 그가 경험한 자연현상이나 인문적 관찰을 통해
보다 세밀하고 전문적으로 기술되었음을 인지하고, 계통적 주제에 따른 내용
분류, 그리고 주요 도시와 지역에 대한 내용 조사라는 2가지 방향으로 지리적
인 텍스트 분석을 수행하였다. 이들 분석은 지리적 텍스트를 자연 및 인문이라
는 두 가지 주제로 분류하고, 또한 괴테의 여행기에서 언급된 지명의 분포도와
그 경관을 제시함으로써 보다 지리학적인 관점으로 실시되었다.

### 1) 계통적 주제에 따른 내용 분석

   『이탈리아 여행』에서 지리적으로 기술된 내용들이 상당히 많음에도 불구하
고 이에 관한 연구는 거의 찾아볼 수 없었다. 이에 이 글에서는 지리적 텍스트
분석의 첫 번째 단계로 다음을 수행하였다. 즉 텍스트의 지리적 내용을 보다 체
계적으로 분석하기 위해 하나의 주제로 구성된 일련의 연속된 문장군, 또는 문
단을 '계통적 주제'에 따라 분류하였다(정희선 외 2016; 이지나·정희선 2017). 기행
문 속의 모든 텍스트가 분류 체계의 주제에 부합되지 않는 부분도 있었으나 내

---

3. 1978년 12월 12일 자로 독일 신문인 『프랑크푸르터 알게마이네 차이퉁(Frankfurter Allgemeine
   Zeitung)』에 실린 브리기테 모어(Brigitte Mohr)의 기사를 인용하였다.

용상 문맥을 최대한 고려하여 분류하였다. 괴테의『이탈리아 여행』에서 총 925 건의 지리적 내용이 추출되었으며, 이 중 ① 자연에 관한 지리적 텍스트는 310 건으로 33.51%, ② 인문에 대한 지리적 텍스트는 615건으로 66.48%의 비율을 차지하고 있다(표 2).

먼저 '자연에 관한 지리적 텍스트'는 크게 '자연경관과 자연지리'로 나누어볼 수 있다. 자연경관에 대해서 괴테는 주로 스케치와 감성적인 기술을 통해 묘사 해 내고 있으며, 자연지리에 관해서는 그가 이미 보유하고 있던 지리학, 기상 학, 지질학, 지형학, 광물학, 식물학에 관한 지식을 관찰과 수집을 통해 다시 한 번 확인하는 작업을 거치고 있다(그림 4). "지금까지 나는 장소에 대한 명료한 관점을 얻으려고 언제나 상상력과 감성을 억누르고, 지질학적·지형학적 눈길 을 지녀 왔다"(Goethe 저, 안인희 역 2016, 198)고 밝히고 있는 것처럼 자연에 대한 그의 지리적 기술은 답사와 관찰과정을 거쳐 상당히 객관적으로 기술되었다. 따라서 자연에 대한 지리적 텍스트만을 보았을 때 총 310건(100%) 중 날씨·기 상·기후는 64건(20.64%), 지질·지형이 62건(20%), 동·식물상이 49건(15.8%) 순 서로 빈도가 높게 나타났다. 즉 날씨·기상·기후, 지질·지형에 대한 언급이 특 히 많았다. 그렇지만 표 2에서 볼 수 있듯 괴테의『이탈리아 여행』은 상당히 방 대한 지리적 내용과 자료를 담고 있다. 따라서 본고에서는 이들 자연에 관한 지 리적 텍스트 중 가장 빈도가 높은 날씨·기상·기후에 보다 초점을 맞추어 진행 하였다.

괴테가『이탈리아 여행』을 작성했던 시기는 유럽의 기상학이 태동할 무렵 이었다(남운 2013, 278). 이 시기에 영향을 받은 그는『이탈리아 여행』에서 자연 에 근거한 유기적 세계관을 기상의 매개로 하여 다양하게 전개하였다. 여행을 시작한 첫날부터 괴테는 "안개 낀 고요한 아침. 저 하늘의 아래쪽 구름은 묵직 해도 위쪽 구름은 몽실몽실 가볍게 흘러간다. 좋은 징조!"(Goethe 저, 안인희 역 2016, 15)라는 표현으로 좋은 날씨와 기후에 대한 기대감을 표출하였다. 여행 초 반 지형 변화에 따라 급격하게 변하는 날씨를 체험한 괴테는 날씨·기상에 대

표 2. 『이탈리아 여행』의 계통적 주제에 따른 지리적 내용 분류

| 대분류 | 중분류 | 세분류 | 빈도 | % |
|---|---|---|---|---|
| 자연에 관한 지리적 텍스트 | 자연 경관 | 육지(산지경관, 지형경관, 평야경관) | 12 | 3.87 |
| | | 바다(하천경관, 해안경관) | 26 | 8.39 |
| | | 섬(도서경관) | 22 | 7.10 |
| | 자연 지리 | 위치 | 9 | 2.90 |
| | | 날씨·기상·기후 | 64 | 20.64 |
| | | 동·식물상 | 49 | 15.80 |
| | | 지질·지형 | 62 | 20.00 |
| | | 광물 | 40 | 12.90 |
| | | 하천 | 26 | 8.39 |
| 소계 | | | 310 (33.51) | 100 |
| 인문에 관한 지리적 텍스트 | 인문 경관 | 건조환경(건물·도로·교통), 도시경관, 주거경관, 촌락경관 | 62 | 10.08 |
| | 역사 | 역사 | 6 | 0.98 |
| | | 무형유산(의례), 유형유산(유물·유적) | 17 | 2.76 |
| | 인구 | 민족(신체특성, 민족성, 민족의 색채감) | 21 | 3.41 |
| | | 인구(규모, 구성, 분포) | 3 | 0.49 |
| | | 인물(교황, 왕족, 관리, 외교관, 학자, 예술가, 평민, 수도사, 거지) | 75 | 12.19 |
| | 정치·경제 | 지역구분(지명, 행정구역) | 77 | 12.52 |
| | | 농업(농작업, 임업, 축산, 특용작물) | 17 | 2.76 |
| | | 수산업(어업), 광공업 | 6 | 0.98 |
| | | 상업(무역, 상품), 도매 및 소매업 | 6 | 0.98 |
| | 사회·문화 | 언어(언어체계), 교육(교육수준) | 5 | 0.81 |
| | | 민속(종교, 생업, 의례 및 의식) | 24 | 3.90 |
| | | 의(관복, 예술가복, 평상복, 수도사복) | 10 | 1.63 |
| | | 식(주·부식, 기호식품) | 13 | 2.11 |
| | | 주(가옥, 숙소) | 16 | 2.60 |
| | 예술·문학 | 문학(고서, 괴테의 문학작품 구상) | 67 | 10.89 |
| | | 회화(그림), 조각, 건축(유적지) | 138 | 22.44 |
| | | 음악(공연, 연주회, 연극, 무도회) | 37 | 6.01 |
| | | 스포츠 경기와 축제(로마의 사육제) | 15 | 2.43 |
| 소계 | | | 615 (66.48) | 100 |
| 총계 | | | 925 (100) | |

주: 비율(%)은 소수점 두 자리로 반올림한 수치이다.

그림 4. 『이탈리아 여행』 속 자연경관. 괴테 作 〈포추올리에서 분출되고 있는 화산가스〉,
〈해안절벽 위로 쏟아져 내리는 돌멩이와 화산재〉, 〈줄기를 잘라 낸 카네이션〉
자료: Goethe 저, 안인희 역 2016, 315, 324, 615.

한 관심을 끊임없이 표현하였다. 그러면서 기상과 위도의 관계에 대한 새로운
인식 과정을 거친다. 그는 위도가 낮아질수록 날씨가 좋아질 거라 생각하고 북
쪽 독일의 기후와 남쪽 이탈리아의 기후를 자주 비교한다. "오늘 북위 49도에
서 이 글을 쓴다. 이 위도는 퍽 좋아 보인다"(Goethe 저, 안인희 역 2016, 20), "전체
적으로 과일은 북위 48도에서도 아직 썩 훌륭하지 못하다. 여기 사람들도 추위
와 습기 타령이다"(Goethe 저, 안인희 역 2016, 22), "내 여행이 북위 51도 아래서
나를 괴롭히던 온갖 고약한 날씨를 피해 도망친 것이라는 사실을 고백해야겠
다. … 위도 하나만이 아니라 산맥도 함께 날씨와 기상을 만들어 내는 법이고,
동에서 서로 나라들을 가로지르는 이 거대한 산맥은 특히 날씨를 만들어 낸다"
(Goethe 저, 안인희 역 2016, 32) 등의 기술은 이를 반영한다. 이처럼 괴테는 기상
변화를 세세히 관찰하고 그 원인을 추론해 나감으로써, 마침내 위도뿐 아니라
산맥도 날씨와 기후의 상태를 결정하는 중요한 요소라는 결론을 도출해 낸다.
또한 알프스 산악지대에서 자신이 경험하고 관찰한 기상상태에 대해 "산맥의
인력이 조금이라도 줄면 대기의 중력, 대기의 탄성이 줄어드는 결과를 빚는다.
… 산맥의 중력이 조금이라도 커지면, 즉 대기의 탄성이 다시 회복되면 두 가지
중요한 현상이 생긴다. 첫째는 산봉우리 주변으로 거대한 구름 덩어리들이 모
여들고, 산이 이 구름을 붙잡아 제 머리 위로 마치 또 하나의 봉우리가 있는 양
잡아 준 상태에서, 구름은 속에서 일어나는 전기력의 싸움에 따라 제각기 뇌우

나 안개나 비가 되어 내려온다. 둘째로는 탄성을 얻은 공기가 나머지 구름에 작용해서 수분을 빨아들이고 해체하여 없앨 수가 있다"(Goethe 저, 안인희 역 2016, 31)는 내용을 기술함으로써, 위도·고도·지형·습도·온도·바람·구름·강우량 등의 기상학적인 개념들을 통해 날씨를 설명하고 있다. 이를 통해 그는 지구의 외부에 나타나는 다양한 기상 상태와 변화가 지구의 내부운동과 밀접한 관계를 가진다는 논지, 더 나아가서는 유기적 자연관을 유지하였다. 이 외에도 날씨가 농사에 주는 영향, 즉 기후와 식물의 상관성에 대해서도 자주 언급하였다.

한편 기후에 따른 식물 변형에 대한 인식은 식물의 원형(die Urpflanze)을 찾을 수 있다는 생각으로 전환된다. "원형식물이란 게 있을 것이 분명하다. 그들이 하나의 모범에 따라 형성된 것이 아니라면, 이것 또는 저것이 식물이라는 사실을 우리가 무엇을 보고 안단 말인가?"(Goethe 저, 안인희 역 2016, 438-439)라는 텍스트는 괴테가 원형식물을 자연의 모든 현상에 내재하는 근원적인 것, 필연적인 것을 보여 주는 상징적 실체로서 살아 있는 모든 생명체에 적용될 수 있는 법칙으로 이해하고 있음을 알 수 있다. 또한 괴테는 식물과 햇빛 사이의 상관성에 대해서 큰 관심을 드러낸다. "씨앗이 영글기 시작할 때 그중 얼마나 많은 것이 낮에 처음으로 나오는지를 관찰하는 것이 내게는 중요했다"(Goethe 저, 안인희 역 2016, 613)라는 텍스트는 이를 보여 준다. 이러한 원형식물론적 사상은 이후 과거와 미래, 자연과 역사를 동시에 연계하는 유기체적 사상으로 발전하여 근대의 시기에서 현재적 위기를 치유하는 계기가 된다(배정희 2000, 27-28).

이와 같이 괴테의 자연에 대한 지리적 텍스트는 특히 날씨·기상에 대한 내용과 원형식물에 대한 내용으로 자연의 유기체적 사상과 함께 기반적 토대를 이루고 있다.

그다음으로 '인문에 관한 지리적 텍스트'는 '인문경관, 역사, 인구, 정치·경제, 사회·문화, 그리고 예술·문학' 등으로 구분해 볼 수 있다(예술·문학을 인문지리 텍스트로 볼 수 있을 것인가에 대한 의문이 있을 수 있으나 괴테의 여행기에서 표현된 예술과 문학은 지역성을 반영하는 작품들이자 경관이 될 수 있다는 점에서 인문에 관한 지리적 텍스트로 포함하였다). 인문지리 텍스트는 총 615건(100%) 가운데 회화·조각·건축이 138건(22.44%), 지역구분이 77건(12.52%), 인물이 75건(12.19%), 문학이 67건(10.89%), 그리고 인문경관이 62건(10.08%) 순서로 나타났다(표 2). 자연에 대한 관심은 자연스레 인문에 대한 지리적 기술과 예술적 표현으로 이어진다. 무엇보다 자연지리적 기술 중 날씨·기후에 대한 서술은 지형·토양·식물 등에 대한 관심을 거쳐 인간에 대한 이야기로 넘어가는 방식을 보이고 있다. 이러한 의미에서 본 논지에서는 자연과 인문을 하나의 상호관련성을 갖는 것으로 파악함으로써 '환경결정론적 사고'를 반영하는 것으로 해석하였다. 즉 자연과 인간과의 관계를 연구의 핵심테마로 설정하고 있는 지리학의 전통과 관련하여, 특히 『이탈리아 여행』의 날씨·기상·기후와 관련한 인문지리적 텍스트는 인간의 구조와 행동에 자연환경이 끼치는 영향이 크다고 보는 환경결정론으로 바라보았다. 따라서 『이탈리아 여행』의 날씨·기후 관련 인문지리적 텍스트는 다음과 같이 4가지로 분석되었다.

첫째, 여기에서 언급된 날씨·기후는 '인간의 행태에 영향을 미치는 것'으로서 여행의 내용에까지 큰 영향을 미치는 요소로 파악되고 있다. '날씨에 따라 옷차림에 변화가 주어진다, 좋은 날씨는 여행을 기분 좋게 하고 여행의 속도를 올려 주지만 반대로 나쁜 날씨는 여행 자체를 불편하게 만들고 여행 속도를 지체시킨다' 등의 내용이 전반적으로 언급된다. 특히 당시의 교통수단이 마차였고 도로의 상태가 비포장도로였음을 고려해 본다면, 날씨가 옷차림, 여행에 대한 기분, 그리고 여행 속도에 미치는 영향이 상당했을 것으로 추정된다. 또한 그가 나폴리와 시칠리아 해로를 건넌 체험은 해상에서의 기후 변화를 더욱 중대하게 느끼는 계기가 되고, 이에 영향을 받는 사람들의 묘사를 통해 여행 중 동행하는 인간 역시 중요한 변수로 작용한다는 점도 기술하고 있다(Goethe 저, 안인희 역 2016, 507–521). 그리고 로마의 여름 날씨에 대해 "낮의 더위가 너무 지독해서 저녁 무렵에는 잠이 들어 버렸거든요."(Goethe 저, 안인희 역 2016, 595)라며 "북유럽 방식의 부지런함(nordische Geschäftigkeit)을 어느 정도 소홀히 했습니다"(Goethe 저, 안인희 역 2016, 627)라고 고백한 점은 날씨에 영향을 받는 인간을 잘 묘사해 준다. 이러한 괴테의 텍스트를 종합해 본다면 그가 날씨를 인간의 행동 및 여행의 양상과 내용에 큰 영향을 주는 요소로 파악했음을 알 수 있다.

둘째, 여기에서 언급된 날씨·기후는 '인간의 외형과 건강에 관여(關與)하는 것'으로 묘사되고 있다. "이곳 사람들의 인상은 다음과 같다. 사람들은 씩씩하고 반듯해 보인다. 외모는 상당히 비슷하고 커다란 갈색 눈을 하고 있다. 여자들은 매우 아름다운 검은 눈썹을 지녔다. 그에 비해 남자들은 널찍한 금발 눈썹이다"(Goethe 저, 안인희 역 2016, 35), "브렌너 패스(브렌네르 길목)를 넘어 날이 밝자마자 사람들의 모습이 전혀 달라진 것을 보았다. 특히 여자들의 창백한 갈색 얼굴빛이 눈에 띄었다. 그들의 얼굴은 궁핍함을 드러냈고, 아이들도 가련한 꼴인데 남자들만 조금 나아 보였다. 하지만 기본 골격은 정상적으로 튼튼하다"(Goethe 저, 안인희 역 2016, 65), "도회지 여자들이 언제나 더 건강하게 보인다는 사실이 그들의 음식에 대한 내 의견을 뒷받침해 준다. 아름답고 통통한 소녀들의 얼굴, 그들의 튼튼함과 머리 크기에 비하면 몸이 약간 작은 편이지만 … 가르다 호수의 사람들은 갈색으로 그을렸고, 뺨에도 붉은 기가 전혀 없다. 이들은 건강하고 몹시 생기가 넘치며 유쾌한 인상이다"(Goethe 저, 안인희 역 2016, 66)에서 나타나듯 지역의 환경적 차이에 따른 사람(얼굴)의 생김새, 안색, 눈동자, 눈썹, 피부색, 체중, 신장, 표정 등을 언급하며 남녀의 차이와 건강 상태를 추측할 뿐만 아니라 걸음, 행동, 의복, 식사양식, 성격 등의 특징도 기술되고 있다.

셋째, 『이탈리아 여행』에서 기술된 날씨·기후는 '인간의 색상 감각과 취향에도 관계하는 것'으로 묘사된다. "나폴리에서 가장 큰 즐거움 하나는 사방에 나타나는 명랑함(eine ausgezeichnete Fröhlichkeit)이다. 다채로운 색깔의 꽃들과 과일들로 무장한 자연이 사람들에게 온갖 일과 활동을 가능한 한 밝은 색깔로 꾸미라고 초대하는 것만 같다"(Goethe 저, 안인희 역 2016, 547), "맑은 날씨, 특히 가을이면 색깔이 아주 풍부해서 어떤 묘사에서든 온갖 색깔을 동원해야 한다고 말이죠. … 북쪽에서는 생각하기도 어려운, 전체적으로 섬세한 단계를 이룬

광채이자 조화인 것이지요. 그곳에서는 모든 것이 단호하거나 아니면 흐릿하고, 다채롭거나 아니면 단조로울 뿐인데요"(Goethe 저, 안인희 역 2016, 706-707)라고 기술하며 독일과 이탈리아 사이의 상이한 색채 감각을 대조시키고 있다.

마지막으로, 『이탈리아 여행』에서 언급된 날씨·기후는 문화의 특성을 구성하는 요소로 '민족성을 형성하는 것'으로 해석되고 있다. "폴크만의 기행문은 쓸모가 많지만, 이따금 그 의견에서 벗어나지 않을 수 없다. 예를 들면 이 책에는 나폴리에서 3만~4만 명의 게으름뱅이를 볼 수 있다고 되어 있는데 … 하지만 나는 남부의 사정에 대해 약간의 지식을 얻자마자, 이것이 어쩌면 북부 유럽인의 관점일지도 모른다고 짐작하게 되었다. … 사방을 많이 살펴볼수록, 더욱 정확하게 관찰할수록 하층민이나 중류층, 아침이나 하루의 대부분 시간, 나이나 성별을 막론하고 게으름뱅이를 찾아볼 수가 없었다"(Goethe 저, 안인희 역 2016, 538-539)라며 춥고 음습한 겨울이 몇 달이나 지속되는 북쪽 유럽과 온화한 지중해성 기후가 지배적인 남쪽 유럽을 단순히 비교한다는 것은 문제가 있음을 지적한다. 이는 그가 여행을 통해 문화적 상대주의의 가치관을 가지게 되었음을 보여 준다. 이런 논거로 괴테는 지역마다 기후가 다르듯 사람과 문화의 차이도 다르게 나타난다고 해석하였다. 그리고 그 차이는 각자 상대적 가치를 지니고 있는 것이므로, 특정 지역의 지배적 가치관과 세계관에 의해 어느 한 지역을 비판하거나 폄하할 수 없는 것이라는 입장을 피력하고 있다.

이처럼 괴테의 날씨에 대한 자연적인 관심은 단순히 기후학적 현상 자체로만 바라보는 것에서 그치지 않았다. 다시 말해 기후가 행태와 문화와 밀접한 연관성을 가진다는 명제를 여행양상에 관계하는 것으로서, 인간의 외형과 건강에 관여하는 것으로서, 색채학과 관련한 것으로서, 그리고 기후와 민족성의 관계에 대한 편견을 깨뜨리는 문화적 상대주의와 관련된 것으로서 고찰하고 있다. 이는 결국 환경결정론이라는 기존 서구문명의 전형적인 인식을 이어 간 것이라고 볼 수 있다. 특히 르네상스 이후 합리적 사고의 부흥과 더불어 환경결정론이 부활했다는 근거를 든다면, 괴테의 여행기에서 많이 언급된 그리스·로마

문화 및 예술에 대한 동경과도 무관하지 않다.

그 외에도 자연에서 인간으로 이어지는 그의 관심은 인상적인 인문경관으로서 주로 건조환경이나 촌락경관을 중심으로 스케치하여 기록으로 남겨 놓고 있고(그림 5), 여행경로에 따른 지역구분 및 지명을 자세하게 설명하고 있으며, 정치·경제·사회·문화·예술 등을 일화나 체험을 통해 소개하고 있다. 여기에 고대의 역사적 예술작품에 대한 감상, 인간의 삶과 문화에 대한 묘사, 다른 화가들의 그림, 논문의 삽입과 함께 메모와 편지의 내용을 종합적으로 편집하여 텍스트화하고 있다.

한편, 별도의 장으로 구성된 '로마의 사육제(das Römische Karneval)'에 관한 그의 긴 텍스트는 1788년 바이마르로 돌아온 후부터 시작하여 1789년에 완성된 것으로, 이 부분에서는 그의 인문학적 기술이 자세히 드러나 있다. "로마의 사육제는 민중에게 베풀어지는 것이 아니라 민중이 스스로 주도하는 축제이다. ··· 신분의 높낮이에 대한 구분이 한순간 정지된 듯이 보인다. 모두들 서로 격려하고, 모두가 주어진 것을 쉽사리 받아들이고, 서로 간의 뻔뻔함과 자유가 그냥 좋은 기분 덕에 균형을 유지한다"(Goethe 저, 안인희 역 2016, 785)라는 문장으로 글의 서두가 시작된다. 이 장의 내용을 보면, 로마의 사육제 기간 동안 로마의 코르소 거리는 하나의 특별한 극장무대가 되는데, 일상에서도 연극적인 삶을 영위하는 로마인에게 사육제는 민중의 삶을 축제로 전환시킨 것이고, 또한 일상의 연장선상에서 이루어지는 도시 축제의 정점으로 볼 수 있다고 설명

그림 5. 『이탈리아 여행』 속 인문경관(건조환경 및 촌락). 괴테 作 〈우물가의 아낙들과 주변 풍경〉,
〈브렌너를 향하는 길목의 물방앗간과 농가〉, 〈로마의 카피톨리노 광장〉
자료: 안인희 역 2016, 95, 33, 597.

그림 6. 『이탈리아 여행』 속 인문경관(축제). 게오르크 쉬츠 作 〈로마의 사육제 I · Ⅳ · XⅢ〉
자료: 안인희 역 2016, 796, 800, 813.

하고 있다. 이뿐만 아니라 괴테는 로마의 사육제를 함께 경험한 게오르크 쉬츠 (Georg Schütz)의 동판화를 삽입함으로써 축제에 대한 설명을 보완하고 있다(그림 6). 이러한 로마에서의 문화적 체험은 단순한 여행기록으로서가 아니라 자신의 소망과 동경을 담아 여러 인문적 체험과 기술을 통하여 사실주의에 도달하려는 괴테의 형성과정을 단계적으로 보여 주는 것으로도 해석할 수 있다.

### 2) 주요 도시와 지역에 대한 내용 조사

지리적 분석의 두 번째 단계로, 괴테의 『이탈리아 여행』의 텍스트 중에서 소제목으로 등장한 이탈리아 도시 및 지역의 지명 분포를 조사하였다. 그 결과 표현된 지명들은 총 264건으로, '나폴리'가 전체 지명 가운데 53회(20.08%), 그다음으로 '로마'가 49회(18.60%)로 언급되었음을 알 수 있다(표 3). 이는 나폴리와 로마가 괴테에게 특히 인상 깊은 도시였음을 반영한다.

먼저 가장 많이 언급된 '나폴리(제2부에 해당되는 여행지)'에 대해 괴테는 다음과 같이 기술하고 있다. "아주 맑은 대기 속에서 나폴리에 가까이 다가갔는데, 이거야말로 다른 나라이다. 지붕이 평평한 건물들이 전혀 다른 날씨를 암시하고, 건물 안은 그다지 편하지 않을 것 같다. 햇빛이 비치는 한, 모든 일이 거리에서 이루어진다. 나폴리 사람들은 자신들이 낙원에 산다고 믿으며, 북쪽 나라

표 3. 『이탈리아 여행』에 나타난 지명의 빈도

| 순서 | 지명 | 빈도 | % | 순서 | 지명 | 빈도 | % | 순서 | 지명 | 빈도 | % |
|---|---|---|---|---|---|---|---|---|---|---|---|
| 1 | 카를로비바리 | 2 | 0.75 | 21 | 볼로냐(↓↑) | 5 | 1.90 | 41 | 카스텔베트라노 | 2 | 0.75 |
| 2 | 츠보타 | 2 | 0.75 | 22 | 로야노 | 2 | 0.75 | 42 | 시아카 | 2 | 0.75 |
| 3 | 헤프 | 2 | 0.75 | 23 | 지레도(↓↑) | 3 | 1.14 | 43 | 지르젠티 | 6 | 2.27 |
| 4 | 레겐스부르크 | 2 | 0.75 | 24 | 피렌체(↓↑) | 3 | 1.14 | 44 | 칼타니세타 | 3 | 1.14 |
| 5 | 뮌헨 | 2 | 0.75 | 25 | 아레초 | 1 | 0.37 | 45 | 카스트로조반니 | 2 | 0.75 |
| 6 | 미텐발트 | 3 | 1.14 | 26 | 페루자 | 3 | 1.14 | 46 | 카타니아 | 6 | 2.27 |
| 7 | 볼프라츠하우젠 | 2 | 0.75 | 27 | 아시시 | 1 | 0.37 | 47 | 타오르미나 | 3 | 1.14 |
| 8 | 베네딕트보이에른 | 2 | 0.75 | 28 | 폴리뇨 | 2 | 0.75 | 48 | 메시나 | 6 | 2.27 |
| 9 | 인스브루크 | 2 | 0.75 | 29 | 테르니 | 2 | 0.75 | 49 | 파에스툼 | 1 | 0.37 |
| 10 | 볼차노 | 2 | 0.75 | 30 | 치비타 카스텔라나 | 2 | 0.75 | 50 | 폼페이 | 1 | 0.37 |
| 11 | 트렌토 | 4 | 1.51 | 31 | 로마(↓↑) | 49 | 18.60 | 51 | 벨레트리 | 2 | 0.75 |
| 12 | 토르볼레 | 2 | 0.75 | 32 | 프라스카티 | 2 | 0.75 | 52 | 알비노 | 2 | 0.75 |
| 13 | 말체시네 | 1 | 0.37 | 33 | 벨레트리 | 2 | 0.75 | 53 | 카스텔 간돌포 | 3 | 1.14 |
| 14 | 베로나 | 8 | 3.03 | 34 | 폰디(↓↑) | 3 | 1.14 | 54 | 시에나 | 1 | 0.37 |
| 15 | 비첸차 | 4 | 1.51 | 35 | 산타가타 | 2 | 0.75 | 55 | 모데나 | 1 | 0.37 |
| 16 | 티에네 | 2 | 0.75 | 36 | 나폴리(↓↑) | 53 | 20.08 | 56 | 파르마 | 1 | 0.37 |
| 17 | 파도바 | 3 | 1.14 | 37 | 카세르타 | 4 | 1.51 | 57 | 피아첸차 | 1 | 0.37 |
| 18 | 베니스 | 6 | 2.27 | 38 | 팔레르모 | 22 | 8.34 | 58 | 밀라노 | 1 | 0.37 |
| 19 | 페라라 | 2 | 0.75 | 39 | 알카모 | 2 | 0.75 | | | | |
| 20 | 첸토 | 2 | 0.75 | 40 | 세제스타 | 2 | 0.75 | | 계 | 264 | 100 |

주: 위의 지명들은 괴테의 주요 이동경로 순서를 기본으로 하여 작성하였다. 괴테의 여행기에 등장하는 수많은 지명 중 소제목으로 작성된 지명만을 환산하였음을 밝힌다. 또한 주요 이동경로상 오는 길의 볼로냐·지레도·피렌체·로마·나폴리·폰디 등은 가는 길에도 중복적으로 언급되어, 본고는 편의상 이들의 지명 옆에 (↓↑)를 표기하여 오고 가는 길의 합산된 빈도로 산출하였으며, 비율(%)은 소수점 두 자리로 반올림한 수치이다.

들에 대해서는 매우 우울한 관점을 지닌다"(Goethe 저, 안인희 역 2016, 309), "누구나 원하는 것을 말하고 이야기하고 그림으로 그리지만, 여기서는 그 이상이다. 해변, 만, 바다의 품, 베수비오 화산, 도시, 교외지역, 성들과 즐거운 장소들! … 나는 나폴리에서 제정신을 잃은 모든 사람을 용서하거니와, 오늘 내가 처음으로 본 여러 대상들에 대해 지울 수 없는 인상을 간직하고 있던 내 아버지를 감동의 마음으로 기억했다"(Goethe 저, 안인희 역 2016, 312), "여기 사람들은 이렇게 말한다. Vedi Napoli e poi muori! 번역하자면 나폴리를 보고 나서 죽어라!" (Goethe 저, 안인희 역 2016, 318)라며 나폴리에 대한 벅찬 느낌을 표현하였다. 그의 이러한 느낌은 현재에 이르러서도 크게 다르지 않아 보인다(그림 7의 좌). 한편 나폴리 사람들에 대해서는 "아무 근심도 없이 오늘 일어난 일이 내일도 일어나려니 여기며 걱정 없이 살아가는 사람들. 순간의 만족, 소박한 즐거움, 지나가는 고통을 명랑하게 견디기! 고통 견디기의 훌륭한 예가 있다!"(Goethe 저, 안인희 역 2016, 336), "나는 이 민족에게서 부자가 되는 것이 아니라, 그냥 근심 없이 살기 위한 가장 생동하고 재치 있는 방식을 본다"(Goethe 저, 안인희 역 2016, 337), "로마에서는 공부를 하고 싶었다면 이곳에서는 그저 살고 싶을 뿐. 자신과 세상을 모두 잊는다. 삶을 즐기는 사람들하고만 교제하고 있으니 내게는 경이로운 감정이다"(Goethe 저, 안인희 역 2016, 350)라고 기술하고 있다. 이렇듯 괴테는 나폴리에 대해 주어진 자연과 현재의 시간에 만족하고 긍정적인 삶을 살아가는 사람들의 공간이라고 평하며 감탄하였다.

또한 괴테는 나폴리 중에서도 특히 베수비오 화산과 폼페이를 인상적으로 관찰하였다(그림 7의 중·우). 괴테는 베수비오 화산을 3번이나 방문했는데, 여기에서 표현된 다음과 같은 텍스트에서 그의 지리학, 지형학, 광물학적 관심을 살펴볼 수 있다. "우리는 자욱한 연기와 더불어 돌과 재를 내뿜은 원추형 산을 둘러싸고 계속 걸었다. 공간이 허용하는 한에서 적당한 거리를 유지하며 바라보니 그것은 정신을 드높이는 대단한 광경이다. 먼저 깊숙한 목구멍에서 강력한 굉음이 솟아 나오고, 이어서 재 구름에 둘러싸여 수천 개나 되는 크고 작은 돌들이 공중으로 솟구친다. 이들 대부분은 분화구 안으로 도로 떨어진다. 옆으로 밀려간 다른 돌들은 원추형의 바깥 면으로 떨어지면서 놀라운 굉음을 낸다. 가장 무거운 것들이 먼저 쿵 하고 떨어지면서 둔탁한 울림으로 원추형 측면을 따라 굴러 내려간다"(Goethe 저, 안인희 역 2016, 325-326), "우리는 무시무시한 화산의 목구멍 가장자리에 섰다. … 이런 자욱한 증기 틈새로 여기저기 암벽이 보였다"(Goethe 저, 안인희 역 2016, 327)라며 베수비오 화산의 모습과 상황에 대해 자세히 기록하고 있다. 또한 베수비오 화산의 영향을 받은 폼페이에 대해서는 다음과 같이 기술하고 있다. "폼페이는 그 비좁음과 작은 규모로 인해 모든 사람을 놀라움에 빠뜨린다. … 비좁은 도로들, 창문 없이 오로지 출입문과 회랑을 통해서만 빛을 얻는 작은 집들, 심지어 공공건물, 곧 성문 곁의 벤치, 신전 그리고 근처에 있는 별장조차도 건물이라기보다는 오히려 모형 또는 인형의 집 같다"(Goethe 저, 안인희 역 2016, 334), "세상에는 수많은 재앙이 있지만, 후세에 그렇게 큰 기쁨을 주는 재앙은 별로 없다. 나는 이보다 더 흥미로운 것을 쉽게 찾아내지 못하겠다. 집은 작고 좁아도, 집집마다 극히 사랑스러운 그림 장식이 되어 있다. 도시 성문은 특이한데, 바로 옆에 무덤들이 붙어 있다"(Goethe 저, 안인희 역 2016, 342-343) 등으로 표현하며, 자연이 준 화산의 실체를 실제로 경험하고 그로 인해 영향을 받은 도시를 돌아보며 해당 지역에 대한 묘사와 감정을 상세히 적어 놓고 있다. 당시 폼페이의 모습은 현재에도 확인해 볼 수 있다(사진 1). 결국 이들 지역에 대한 괴테의 자연 및 인문지리에 관한 텍스트는 18세기의

그림 7. 현재의 나폴리(좌), 폼페이 화석 유적(중),
『이탈리아 여행』 속 괴테 作 〈베수비오 화산의 폭발〉(우)
자료(우): 안인희 역 2016, 557.

눈으로 나폴리를 바라볼 수 있다는 점에서, 그리고 현재와 비교해 볼 수 있다는 점에 있어서도 의미가 크다.

두 번째로 빈도가 높은 도시는 '로마(제1부와 제3부에 해당되는 여행지)'인데, 로마는 지명의 빈도로는 나폴리 다음이지만 텍스트 분량으로만 본다면 가장 많은 부분을 차지한다. 그가 처음 로마에 도착한 것은 1786년 11월 1일인데, "그렇다, 나는 마침내 세계의 수도에 도착했다! … 베로나, 비첸차, 파도바, 베니스를 제대로 보았지만, 페라라, 첸토, 볼로냐를 후닥닥 봐 치우고, 피렌체는 거의 보지도 않았다. 로마로 향하는 열망이 그토록 컸는데, … 마치 일평생의 평화를 다 얻은 것만 같다. … 새로운 삶이 시작된다고 말할 수 있으리라"(Goethe 저, 안인희 역 2016, 204)라며 로마에서의 첫인상과 기대감을 표출한다. 그리고 로마에서의 여정을 즐기는 모습이 다음과 같이 기술되고 있다. "나는 고대 로마와 오늘날 로마의 지리를 익히고, 폐허와 건물들을 관찰하고, 이런저런 별장들을 방문하고, 가장 중요한 기념비들을 시간을 두고 천천히 살펴보고 있다. … 오로지 로마에서만 로마를 익힐 준비를 할 수 있는 법이니"(Goethe 저, 안인희 역 2016, 212), "세월의 흐름에 따라 근본부터 변해 버린 2000년 이상 된 도시를 바라보는 일, 그러면서도 동일한 토양, 동일한 산, 자주 동일한 기둥과 성벽들을 바라보고, 또한 사람들도 그 옛날의 특성들을 지니고 있음을 보는 일은, 운명의 거대한 해답을 알아내는 일이 될 것이다"(Goethe 저, 안인희 역 2016, 213)라며 로마를 기록하였다. "나는 여기서 두 번째 탄생을 맞고 있다. 내가 로마로 들어선 날

사진 1. 현재의 폼페이. 남아 있는 건축물(좌), 비좁은 골목(중), 그리고 그림 장식(우)

부터 진정한 재탄생이 시작된 것이다"(Goethe 저, 안인희 역 2016, 244)라는 표현으로 로마에 대한 감동을 나타내고 있다. 여기서 특히 괴테는 로마의 콜로세움에 대해 "콜로세움은 뛰어나게 아름다운 모습. … 달이 밝은 모습으로 높이 떠 있었다. 벽들과 구멍, 출입구들을 통해 연기가 차츰 빠져나가는데, 달빛에 연기는 안개처럼 보였다. 그 광경이 참으로 경이로웠다"(Goethe 저, 안인희 역 2016, 280-281)라며 그 아름다움을 서술하는 데에 많은 부분을 할애하였다. 그리고 현재에도 그 모습은 여전하다(사진 2).

이러한 로마의 첫인상과 여행에 대한 좋은 기억은 결국 괴테를 두 번째 로마 체류로 이끌었다. 괴테의 로마 유학기록에서는 이곳을 한층 더 특별히 표현하고 있다. "세상에 로마는 오직 하나뿐이니 나는 여기서 물 만난 고기가 되어 수은 표면 위의 작은 방울처럼 헤엄치고 있지요"(Goethe 저, 안인희 역 2016, 576), "나는 훨씬 더 가벼운 마음이고, 1년 전과는 거의 다른 사람이 된 것만 같아요. 내게 본질적이고도 가치가 있는 것들을 풍부하게 넘치도록 지니고 살고 있어요. 지난 몇 달 동안 비로소 이곳에서의 시간을 진짜로 즐겼어요"(Goethe 저, 안인희 역 2016, 626), "나는 평생 이 정도로 행복한 적이 없었다고 감히 말할 수 있어요."(Goethe 저, 안인희 역 2016, 646) 등의 텍스트를 통해 로마의 생활이 진정으로 즐거웠으며, 이곳에서 그가 마음의 치유를 얻었다는 것을 표현하고 있다.

그리고 많은 이들이 그랜드 투어의 최종목적지로서의 로마 체류를 결정하

사진 2. 현재의 로마, 그 안의 콜로세움

는 이유에 대해서는 다음과 같이 설명하고 있다. "로마 체류가 흥미로운 이유는 로마가 많은 것이 모이는 중심점이기 때문입니다"(Goethe 저, 안인희 역 2016, 650), "교양이 있는 여행자들은 이곳에 짧게 또는 오래 머물며 정말 많은 것을 얻었다고 이구동성으로 말한다"(Goethe 저, 안인희 역 2016, 656), "이 장소에는 긴 세월 최고 의미의 건물들이 있었거니와, 아직 남아 있는 강력한 토대 위에서, 탁월한 지식인들의 예술에 대한 사유가 나오고 또한 서술되었음을 생각해 보라"(Goethe 저, 안인희 역 2016, 665)라는 텍스트를 통해, 그랜드 투어의 목적지인 로마가 주는 의미와 중요성을 우회적으로 상기시키고 있다.

따라서 나폴리와 로마에 대한 특별한 관심과 느낌은 그 빈도수만큼이나 깊이 있는 서술로 표현되었음을 알 수 있다. 이러한 결과는 괴테가 이들 지역을 다른 지역보다 더 인상적으로 여행한 장소였다는 것을 증명한다. 이뿐만 아니라 괴테의 여행기는 그 자체로 지역의 중요성을 기술하는 것이 얼마나 중요한 일인지를 증거해 주는 자료가 되고 있다.


## 5. 나가며

우리는 이 공간에서, 모든 사람들이 괴테의 글에서 추구했던 것을 다른 방식으로 행하고 있다. 그리고 새로움과 놀라움에 가득한 시선으로 한 인생을 들여다보게 된다. 그러면서 우리는 다음을 느끼게 된다. 괴테, 그는 최상의, 최고의 인생을 살았다는 것을. —훔볼트(Goethe 1829, 595)

『이탈리아 여행』 서평에는 이와 같은 알렉산더 폰 훔볼트(Alexander von Humboldt, 1769~1859)[4]의 글이 실려 있다. 이는 괴테가 얼마나 대단한 사람인지,

---

4. 훔볼트는 괴테와 교류하며 그로부터 자연이 연결된 하나라는 자연관을 받아들여 이를 확장하고 구체화하였다. 훔볼트는 자연은 살아 있는 전체이며 생명체들은 그 속에서 서로 결합해 그물구조

그리고 그의 여행기가 얼마나 많은 사람들에게 영향을 주었는지를 예상하게 한다.

괴테의 『이탈리아 여행』은 1786년 9월 3일 바이마르에서 시작되어 카를로 비바리, 브렌네르, 베로나, 비첸차, 베니스, 로마, 나폴리, 시칠리아를 거쳐 다시 로마로 갔다가 1788년 6월 18일 바이마르로 되돌아오는 여정의 기록으로, 1829년 간행된 서양 기행문학의 대표작이다. 이 여행기를 통해 괴테는 자신이 겪은 정신적 위기를 극복하고 새로운 영감과 자아성찰의 기회를 얻게 되었다고 기록하고 있다. 그 스스로도 "깊은 체험을 통한 변화의 힘(die verwandelnde Kraft eines tiefen Erlebnisses)"이었다고 회상하고 있다(Goethe 1829, 578). 여기에서 그는 다양한 여행 체험을 바탕으로, 그가 지닌 지리학, 식물학, 광물학 등의 해박한 지식과 고대 건축 및 예술에 대한 관심과 경관을 흥미롭게 관찰하고 스케치하며 기록을 남겼다(사진 3).

이 글에서는 『이탈리아 여행』에 관해 기존에 이루어진 세 방향, 즉 그랜드 투어라는 관광적 해석, 회화·조각품·건축 등의 예술적 해석, 문학적 해석을 재정리하고, 이들을 수렴하는 차원에서 이 작품 속에 나타난 많은 지리적인 텍스트를 다음과 같이 분석하였다. 첫째, 『이탈리아 여행』의 지리적 텍스트를 계통적인 주제로 분류하였다. 그 결과 괴테의 『이탈리아 여행』에서 총 925건의 지리적 내용이 추출되었으며, 이 중 자연에 관한 지리적 텍스트는 310건으로 33.51%, 인문에 관한 지리적 텍스트는 615건으로 66.48%의 비율을 차지하였다. 상대적으로 자연보단 인문이 더 많은 비율을 차지하지만 그렇다고 어느 한 편으로 치중되어 있다고 단언하기는 어렵다. 앞뒤의 문맥 속에서 자연과 인문 간의 상호관련성(특히 기후·행태·문화 등의 유기적 연관성)의 가치가 드러나고 있

---

를 형성한다는 생각을 가졌고, 이러한 그의 사상은 『코스모스 Kosmos』(1845~1862)에 집약되었다. 그는 과학을 대중화시켰을 뿐만 아니라 다윈의 종의 기원에도 영향을 주었으며, 서구의 자연관을 바꾸는 데에도 크게 기여했다. 한편 남아메리카에 대한 그의 일생에 거친 답사와 방대한 기록은 남아메리카 해방운동에 사상적 씨앗을 제공하기도 하였다(권용우·안영진 2010).

사진 3. 프랑크푸르트의 괴테 하우스 내부. 괴테의 흉상이 있는 거실(좌)과 벽면에 걸려있는 그의 이탈리아 여행 스케치(우)

음을 알 수 있고, 이는 자연과 인문지리에 관한 그의 유기체적 사상 및 환경결정론을 반영하고 있기 때문이다.

둘째, 지리적 텍스트 분석으로 괴테의 『이탈리아 여행』의 텍스트 중에서 소제목으로 등장한 이탈리아 도시 및 지역의 지명 분포를 조사해 보았다. 그 결과 언급된 지명의 총 횟수는 264회로, '나폴리'가 전체 지명 가운데 53회(20.08%), 그다음으로 '로마'가 49회(18.60%)로 표현되었다. 또한 이들 지역과 관련된 다양한 텍스트를 통해 결국 나폴리와 로마가 괴테에게 유독 인상 깊은 장소였다는 것과 지역적 관심이 표출되었음을 관찰하였다. 그 외에 언급된 다양한 지역들은 여행한 지역들을 그 동선에 따라 지리적으로 기억해 내어 기술하고 그 경험과 깨달은 지식과 감정을 서술하는 그 자체로 중요한 여행 안내서이자 자료가 되었다는 점에서 또 다른 의미를 찾아볼 수 있다. 한편 로마가 18세기 당시 그랜드 투어의 최종목적지였음을 고려한다면, 괴테가 로마를 두 차례나 방문하여 지인들과 많은 교류를 나누었다는 점은 괴테의 이탈리아 여행이 로마를 최종목적지로 둔 그랜드 투어였다는 것을 알 수 있다.

이렇듯 두 가지의 지리적 텍스트 분석을 통해 괴테의 『이탈리아 여행』은 기존의 관광, 예술, 문학적 의미 외에도 지리적인 의미가 큰 비중을 차지하고 있음을 알 수 있다. 작품에서 등장하는 문학적·예술적인 상상력과 표현력, 그리고 자연지리적·인문지리적 기술에 기반한 사실적 재현은 지역, 장소, 공간에 대한 지식과 사고를 심화시켜 주고 있는데, 이러한 점은 『이탈리아 여행』이 가진 지리적 텍스트의 중요성을 반영하는 것으로 해석하였다.

참고로 필자는 독자의 이해를 돕기 위해 지리적 텍스트 분석 과정에서 『이탈리아 여행』에 수록되어 있는 괴테 및 게오르크 쉬츠의 그림 외에도, 이 작품에서 주요하게 소개된 지역인 나폴리와 로마에 대한 현재의 모습과 관련 사진을 추가적으로 삽입하였다. 그럼에도 불구하고 방대한 자료의 텍스트를 분석하는 과정에서 여행기가 갖는 다양한 특성의 범주와 영역의 구분을 지리적 텍스트로 추출해 내는 작업에는 다소 어려움이 있었다. 즉 괴테의 『이탈리아 여행』을 기존의 연구 영역에서 새롭게 지리적인 영역으로 텍스트를 구성해 나가는 과정에서 계통적 주제라는 기준을 따랐음에도 다소 명확하지 않음이 존재한다는 점, 그리고 번역문과 원문을 비교하며 분석하였음에도 주관적 해석과 담론으로 이루어진 방법론이 내재하고 있다는 점 등은 한계점으로 남는다. 한편, 괴테가 여행 중 새로운 동·식물을 발견하고 관련 정보들을 수집·서술하는 행위가 식민주의나 제국주의의 권력과는 무관한 행위였다고는 하나 현지의 입장에선 자발적으로 진행된 역사의 맥락을 근본적으로 제거하는 활동일 수도 있다는 점, 더 나아가 그의 의도치 않은 감정적 서사가 사람들 사이의 권력관계를 은폐하여 제국주의를 보조하는 새로운 이데올로기로 기능했음도 간과할 수는 없는데(Pratt 1992), 이에 대해서는 추후의 연구 과제로 남긴다.

· **참고문헌** ·

권용우·안영진, 2010, 지리학사, 한울.

김선형, 2003, "요한 볼프강 폰 괴테의 『이탈리아 기행』에 나타나는 예술론과 자연관: 요한 카스파 괴테의 『1740년의 이탈리아 기행(Viaggio per l'Italia)』과 비교하여," 헤세연구 9, 78-91.

김선형, 2007, "괴테의 미학적 체험 연구: 『이탈리아 기행』을 중심으로," 괴테연구 20, 5-28.

남운, 2013, "4부 독일문화: 괴테의 『이탈리아 여행』에 나타난 기상 관찰과 서술의 기능과 의미 분석," 독어교육 58(58), 277-300.

문수현, 2013, "서평: 설혜심, 『그랜드 투어』," 서양사론 117, 236-240.

박신자, 2011, "괴테의 그림묘사: 고전주의 미술관을 중심으로," 독일어문학 55, 49-72.

배정석, 1984, "괴테의 이탈리아 기행과 독일 고전주의," 괴테연구 1, 24-40.

배정희, 2000, "괴테의 『이탈리아 여행기』 - 고대사랑과 근대의식," 괴테연구 12, 21-39.

설혜심, 2007, "근대 초 유럽의 그랜드 투어," 서양미술사학회논문집 27(27), 116-131.

송종동·김경한, 2014, "그랜드 투어의 관광사적 의미 고찰," 관광레저연구 26(1), 95-114.

신혜양, 2016, "여행문학의 텍스트 전략 - 괴테의 이탈리아 여행의 이중 문학화," 인문과학 연구 34, 93-117.

오순희, 2006, "예술적 카논의 근대적 재구성: 괴테의 『이탈리아 여행기』에 나타난 서양미 술사," 괴테연구 19, 47-71.

요한 볼프강 폰 괴테 저, 박영구 역, 2006, 괴테의 그림과 글로 떠나는 이탈리아 여행 1·2(개정판), 생각의 나무(Goethe, J. W. v., 1829, *Italienische Reise*, München: Stiebner).

요한 볼프강 폰 괴테 저, 안인희 역, 2016, 이탈리아 여행, 지식향연(Goethe, J. W. v., 1829, *Italienische Reise*, München: Stiebner).

이영석, 2013, "서평: 문화의 창을 통해 사회를 읽는 방법 - 설혜심, 『그랜드 투어』," 영국 연구 30, 383-389.

이지나·정희선, 2017, "P. 로웰(P. Lowell)의 여행기에 나타난 개화기 조선에 대한 시선 과 표상: 『Chosön, The Land of the Morning Calm』을 중심으로," 문화역사지리 29(1), 21-41.

임종대, 2001, "체험문학으로서의 「로마비가」 (1) 괴테의 이탈리아 체험과 고전주의 시의 출발," 괴테연구 13, 129-153.

정서웅, 2000, "『이탈리아 기행』에 나타난 괴테의 세계관," 괴테연구 12, 1-10.

정희선·이명희·송현숙·김희순, 2016, "19세기 말 영국 외교관 칼스(W. R. Carles)가 수집 한 한반도 지역정보의 분석: 『조선풍물지(Life in Corea)』를 중심으로," 문화역사지 리 28(2), 34-50.

조우호, 2015, "괴테와 이탈리아 여행: 괴테의 이탈리아 여행을 둘러싼 담론 연구," 괴테연 구 28, 129-151.

지윤호, 2017, "괴테의 『이탈리아 기행』에 나타난 고전주의 문화관광의 미학적 해석과 인 문학적 담론," 관광레저연구 29(11), 257-271.

피에르 부르디외 저, 최종철 역, 1996, 구별짓기: 문화의 취향의 사회학, 새물결(Bourdieu,

P., 1979, *La Distinction: Critique Sociale du jugement*, Paris: Le Sens commun).

Black, J., 1992, *The Grand Tour in the Eighteenth Century*, Pheonix Mill: Sutton Publishing.

Duncan, J., 1992, "Re-presenting the landscape: problems of reading the intertextual," *Paysage e crise de la lisibilité*, eds., L. Mondada, F. Panese, and O. Söderstrom, Lausanne: Universite de Lausanne, Institute de Geographie, 81-93.

Goethe, J. W. v., 1829, *Italienische Reise*, München: Stiebner.

Hibbert, C., 1969, *The Grand Tour*, London: Weidenfeld and Nicolson.

Knox, P. L. and Marston, S. A., 2013, *Human geography: Places and Regions in Global Context*, 6th ed., London: Pearson Education.

Lassels, R., 1670, *The Voyage of Italy, or, A Compleat Journey through Italy*, Paris: Preface.

Pratt, M. L., 1992, *Imperial Eyes: Travel Writing and Transculturation*, London: Routledge.

Redford, B., 1996, *Venice and the Grand Tour*, New Haven: Yale University Press.

Richards, G., 1996, "Production and Consumption of European Cultural Tourism," *Annals of Tourism Research* 23(2), 261-283.

Shackleton, R., 1971, "The Grand Tour in the Eighteenth Century," *The modernity of the eighteenth century: Studies in Eighteenth-Century Culture*, ed., Louis T. Milic., Cleveland: Case Western Reserve University Press, 128.

Sterne, L., 1768, *A Sentimental journey through France and Italy*, Cambridge: Riverside Press.

Trease, G., 1967, *The Grand Tour*, Toronto: William Heinemann Ltd.

Winckelmann, J., 1764, *Geschichte der Kunst des Altertums*, Dresden: Walther.

프랑크푸르터 알게마이네 차이퉁(http://www.faz.net/aktuell/, 1978년 12월 12일 자 기사)

# 제8장

# 『비글호 항해기』: '지질학자' 찰스 다윈

## 1. 들어가며

19세기 이후 가장 뛰어난 박물학자의 여행기로서, 진화론의 단서가 되는 수많은 표본을 수집하고 아이디어를 발전시킨 위대한 탐험의 기록으로서 『비글호 항해기』의 가치는 이미 잘 알려져 있다. 20세기에 DNA를 비롯한 새로운 개념과 함께 진화생물학이 지속적으로 발전하면서 다윈 진화론의 세부적인 부분이 많이 수정되고 있음에도 불구하고, '신-인간-자연' 간의 관계를 근본적으로 재설정할 수 있는 과학적 초석을 제공한 다윈의 저작들은 그 빛이 점점 더 밝게 빛나고 있다. 이 글의 목적은 다윈의 진화론과 그의 저작에 대해 찬사를 추가하여 이미 전설이 되고 있는 다윈을 맹목적으로 추앙하는 것이라기보다, 『비글호 항해기』를 읽는 새로운 방법을 소개하는 것이다. 다윈의 진화이론에 대해, 비글호 항해에 대해 전반적인 내용을 소개하거나 알기 쉽게 요약하는 작업은 이전에도 많이 이루어져 왔다. 따라서, 여기서는 본인이 『비글호 항해기』를 읽으면서 갖게 된, 다소 주관적이지만 꼭 답이 있어야만 할 것 같은 몇 가지

질문에 대한 해답을 비전문가라 할 수 있는, 문화지리학자의 입장에서 찾아보려고 한다. 무엇보다도 가장 큰 궁금증은 다윈의 지질학과 진화생물학 간의 관계에 대한 것이다. 『비글호 항해기』 혹은 『종의 기원』도 마찬가지인데, 책 전체를 일독해 보면 다윈이 의외로 전문 지질학자로서의 대단한 경력을 갖고 있으며 젊은 시절에는 생물학보다 지질학분야에서 더 적극적으로 활동했다는 사실을 알 수 있다. 당시는 박물학의 시대이니 그럴 수 있지 않느냐고 쉽게 생각할 수 있지만, 19세기 초중반은 이미 자연과학을 두루 섭렵하는 박물학의 시대는 저물고 있는 시점이었고, 전문분야로서 지질학과 동물학, 식물학 등이 급속도로 발전하고 있었던 것을 감안할 필요가 있다.

중요한 것은 다윈의 지질학과 진화이론 각각에 대해서 정리한 자료는 충분히 찾을 수 있으나 다윈이 진화이론을 구체화하고 발전시키는 과정, 특히 초창기 아이디어를 형성해 나가는 비글호 항해의 과정에서 지질학적 사고가 어떤 역할을 했는지에 대해서 설명하는 글은 찾기 쉽지 않았다. 다윈은 장기간의 탐험에서 도착하는 거의 모든 지역에서 가장 먼저 지질특성에 대한 묘사와 분석으로부터 시작한다. 그리고 그것을 해당 지역의 식생의 특성과 연결시키는 데 주저함이 없었다. 즉, 표면적으로 볼 때 다윈은 일종의 지질결정론적인 사고를 강하게 갖고 있는 것을 짐작할 수 있으며 그 의미를 검토해 볼 것이다. 그다음으로는 상대적으로 작은 주제들로서, 진보적 지식인으로서의 다윈의 면모, 원주민과 문명화에 대한 그의 입장, 탐험과 과학답사의 계보 속에서 비글호 항해의 의미 등에 대해 약간씩 정리해 보려고 한다. 먼저 비글호 항해에 대해 간략히 개관한 다음에 다윈이 박물학, 특히 지질학과 생물학 분야에서 어떻게 전문 연구자로 성장해 나가는가 그리고 그 과정에서 비글호에 오르게 되는지부터 살펴보도록 하겠다.

찰스 다윈은 영국 해군의 전함이었던 '비글호'를 타고 1831년 12월부터 1836년 10월까지 약 5년에 걸쳐 세계를 일주하며, 지형과 지질, 광물, 생물, 해양의 다양한 요소들을 조사했다. 그는 항해기간 동안 방대한 노트를 작성했으며, 항해가 끝난 후에 이를 정리하여 항해기를 출간했다. 여전히 출간되지 않은 많은 비망록들의 일부가 다윈 사후에 공개되기도 했다. 다윈의 비글호 탑승과 관련하여 익히 알려진 이야기로는 그가 비글호의 정식 박물학자로 탑승한 것이 아니고 비공식 박물학자였기에 비용을 자가 부담했다는 것이 정설이지만, 이에 대해 다른 의견을 제시하는 논문이 출간되기도 했다. 즉, 그 시대에는 배에 승선하는 박물학자의 유형이 다양했으며, 굳이 다

사진 1. 찰스 다윈

윈을 비공식박물학자로 정의하는 것은 적절하지 않다는 주장이다(Wyhe 2013). 비글호는 영국을 출발하여 대서양의 요충지 케이프 데 베르데 제도에 정박함으로써 항해를 시작한다. 항해기의 목차를 보면 중간쯤에 위치한 티에라델푸에고와 마젤란 해협 부근이 원래 피츠로이 함장이 생각했던 가장 중요한 목적지였다. 당시는 파나마 운하 개통이전이어서 마젤란해협이 주요 항로였기에 더 자세히 해안선을 탐사할 필요가 있었다(Dawin 저, 장순근 역 2016, 역자서문) 항해 도중 주요 정박지를 보면 대서양을 가로지른 후 리우데자네이루를 거쳐 부에노스아이레스, 파타고니아, 포클랜드, 그리고 위에 언급한 마젤란 해협을 돌아서 칠레의 해안선을 타고 다시 북상하여 이윽고 '종의 기원'의 비밀을 풀 단서를 제공한 갈라파고스제도에 이른다. 이후 뉴질랜드와 오스트레일리아를 거쳐 영국으로 돌아오면서 긴 항해를 마무리했다(사진 1 참조).

## 2. 다윈의 젊은 시절: 지질학 입문과 비글호 승선

다윈은 1809년 2월 12일 영국 슈루즈베리(Shrewsbury)에서 태어났다. 할아버지 이래즈머스 다윈(Erasmus Darwin, 1731~1801)은 진보적인 지식인이었고 외할아버지 조시아 웨지우드는 기업가로서 동시에 둘 다 박물학자였다. 다윈은 2남 4녀 중 다섯째였다. 어린 시절부터 다윈은 기독교(성공회), 박물학, 반노예제 등 진보적이고 개혁적인 분위기 속에서 성장했다. 이러한 집안내력은 다윈의 장기간에 걸친 탐험과 연구의 방향에 지속적으로 영향을 미쳤다. 다윈은 사업가였던 아버지 로버트 다윈(Robert Darwin, 1766~1848)의 뜻에 따라 1825년에 에든버러 대학의 의학과에 진학하였으나 적성에 맞지 않아 결국은 1827년에 의대를 그만두었다. 마취학이 발달하지 않았던 때라 환자의 고통을 보는 것이 다윈에게는 힘들었다. 의사가 되어서 수술을 직접 해야 한다는 것에 대해 그는 큰 거부감을 갖게 되었다. 의대를 그만둔 이후에 다윈은 그의 아버지의 영향으로 성공회 신부가 되기로 결심하고 케임브리지 대학교 크라이스트 칼리지에 입학한다. 아버지의 영향에 대해서는 여러 가지 해석이 있지만 그는 신학대학에 진학한 이후에도 박물학에 대한 관심을 거두지 않고 지속적으로 다양한 분야에 걸쳐서 전문가를 만나 공부할 기회를 얻는다.

대표적으로 케임브리지에서 존 스티븐스 헨슬로우에게서 식물학을 배웠고, 헨슬로우를 통해 소개받은 애덤 세지윅(Adam Sedgwick, 1785~1873)에게서 지질학의 여러 지식을 흡수했다. 다윈의 사촌은 그를 헨슬로우의 식물학강의에 데려갔는데, 아직 30대 초반으로 젊었던 헨슬로우의 학문적인 열정과 깊이는 다윈에게 큰 영향을 미쳤다(Sagan and Druyan 저, 김동광 역 2008 참조). 헨슬로우는 학생들과 매주 자택을 개방하여 토론과 만찬을 즐기고는 했는데 다윈은 특히 그와 산책을 즐기면서 식물학뿐만 아니라 곤충학, 광물학, 지질학 등에 대해 많은 지식을 흡수했다. 다윈에게 로버트 피츠로이 함장이 비글호에 같이 승선할 박물학자를 찾는다는 소식을 알려 준 사람도 바로 그였다. 헨슬로우와의 교류를 통해 집안환경 덕분에 어린 시절부터 익숙해 있던 박물학에 대한 관심은 전문가적인 수준으로 발전했고, 이는 비글호 승선의 기회를 잡는 데 밑거름이 되었다.

또한 다윈의 지질학 지식은 세지윅교수를 만나면서 비약적으로 성장했는데, 특히 그가 항해 일 년 전인 1831년 세지윅교수와 함께 웨일즈지역에 지질답사를 갔던 사실은 잘 알려져 있다. 데스몬드와 무어(Desmond & Moore 1992, 96)는 두 사람의 지질답사를 다음과 같이 기록하고 있다.

"다윈은 세지윅과의 현장학습을 통해 책에서 배울 수 없는 깊이 있는 지질학을 공부할 수 있었다. 세지윅은 클리노미터를 휴대하고서 다윈의 측정이 정확한지를 확인했다. 일주일이 채 지나지 않아 다윈은 단층을 해석하고 관찰한 결과를 일반화할 수 있게 되었다. 그것은 지질학공부에서 최고의 특강이었다."
세지윅은 라이엘과 함께 당대의 지질학을 대표하는 양대산맥이었다. 현대지질학의 창시자로 간주되기도 한다. 당시 지식인들은 지질학에 대한 높은 관심을 가졌다. 1807년에 런던에서 지질학회가 만들어졌고, 대중들의 지질학에 대한 관심이 높아졌다. 1807년에는 윌리엄 맥클루어(William Maclure)는 미국 전체 주를 지질답사한 후에 1809년 최초의 미국 지질학지도를 제작했다. 19세기 지질학의 가장 큰 질문 중 하나는 지구의 나이에 관한 것이었고, 이는 다윈의 진화생물학과도 당연히 깊이 관련되어 있었다.

여하튼 다윈은 당대 지질학에 대해 깊이 성찰할 기회를 충분히 가졌고, 특히 당시로서는 새로운 주장이었으며 창조론과 상대적으로 거리가 멀었던 라이엘의 지질학에 더 큰 영향을 받았다. 이로써 『비글호 항해기』를 읽으면서 일반독자가 최초로 갖게 되는 의문—왜 그렇게 많은 부분을 지질설명에 할애하고 있는지—은 어느 정도 풀리게 된다. 그리고 다윈이 진화에 대한 사고를 더 깊이 발전시키는 데 라이엘의 지질학이 어떻게 영향을 미쳤는지는 나중에 다시 살펴보려 한다.

## 3. 항해에서 만난 원주민들

『비글호 항해기』에는 지질과 생물에 대한 묘사뿐만 아니라 당시 라틴아메리카와 대양의 섬에 살고 있는 다양한 원주민들, 그들의 공동체사회와 질서에 대한 의견들이 많은 분량을 차지하고 있어, 당시의 진보적 지식인으로서 그의 면모를 파악하는 데 도움을 준다. 첫째로, 그가 노예제도에 반대하는 등 구시대의 제도와 관행에 대해 명확한 반대의 입장을 지니고 있었다는 점은 확실하다. 예를 들면, 노예주가 노예의 부인과 아이를 각각 떼어내 경매하려는 것을 보고 충격을 받아 노예주를 비난하는 내용이 실려 있다(Dawin 저, 장순근 역 2016, 69). 또한 노예주에 대한 비난과 노예제도에 대한 비판적 생각과 함께, 노예적 삶이 얼마나 인간을 정신적으로 무기력하고 비참한 상태에 이르게 하는지에 대해 섬세하게 인지하여 기록하고 있다.

그러나, 문명과 야만의 대립지점에서 문명화의 미덕을 역설하는 데 그는 결코 주저하지 않는다. 그는 여행 중에 여러 차례 원주민들을 만나면서 다양한 경험을 했지만 티에라델푸에고(푸에고섬)의 원주민을 만났을 때 가장 놀라움을 느꼈던 것 같다. 그곳의 원주민들은 다양한 원주민 집단 중에서도 가장 야만상태에 가까운 사람들이었다. 그들의 야만적인 태도에 깊은 충격을 받았는지 그는 "나는 야만인과 문명인의 차이가 얼마나 큰지 실로 믿을 수 없었다. 인간에게는 발전할 수 있는 위대한 힘이 있지만, 그 차이는 야생동물과 길들인 동물의 차이보다도 더 크다"라고까지 언급하고 있다(Dawin 저, 장순근 역 2016, 350). 푸에고섬의 원주민에 대한 인상은 특히 대비되는 효과를 보여 주는데, 왜냐하면 당시 비글호에는 이전 항해 때 푸에고섬에서 영국으로 데려와서, 문명인으로 탈바꿈시킨 몇 명의 푸에고인들이 타고 있었기 때문이다. 그들은 이미 제미 버튼, 요크 민스터, 푸에지아 바스켓 등의 영어 이름을 갖고 있었으며 당연하게도 유창한 영어를 구사했다. 그들을 고향으로 돌려보내는 것이 피츠로이 함장의 항해목적이기도 했다. 책에 실린 삽화에서처럼 문명세계의 신사숙녀로 하등 손색이 없었던 그들과는 달리, 푸에고 원주민들에 대한 스케치를 통해 볼 때, 다윈이 그들을 얼마나 야만 상태에 머물러 있다고 느꼈는지를 알 수 있다. 다윈은 푸에고섬의 원주민들을 '런던 동물원의 오랑우탄'에 비유하며 우스꽝스러운 외모와 태도에 대해 거리낌 없이 느낀 대로 서술하고 있다. 이러한 점에서 진보적 유럽인으로서, 그리고 과학자로서 그가 가진 사회에 대한 담백한 태도의 미덕과 한계를 동시에 확인할 수 있다. 또한 역설적으로 푸에고섬 원주민들과 영국식교육을 받은 원주민들을 대하는 다윈의 태도가 천양지차인 것을 볼 때 그가 인종주의와는 거리가 먼 자유주의적 계몽주의자임을 알 수 있다.

즉, 그는 당연하게도 원주민들이 자연상태에 가까울수록, 문명의 혜택과 거리가 멀수록 안타까움을 느끼고 푸에고섬의 원주민들과는 달리 문명화된 원주민을 만날 때 안도감을 느끼는 듯한 모습을 보이고 있다. 비글호가 칠로에섬의 수도인 산카를로스 만에 정박했을 때 토박이 인디오 가족을 만났다. 다윈은 가족의 아버지가 요크 민스터(문명화시킨 푸에고원주민)처럼 생기고 아이들의 혈색이 좋아보인다고 말하면서 원주민들의 수준이 아직 낮긴 하지만 그들을 정복한 백인들의 문명상태로 올라가고 있다고 반가워한다.

이 같은 유럽인의 관점이라는 제약에도 불구하고, 여러 원주민사회를 방문하고 사람들을 만나는 과정에서 그는 비교적 담담하고 객관적인 시선으로 원주민들의 다양성을 세세하게 기록하고 있다. 즉, 위의 묘사된 칠로에섬의 원주민들이 민망할 정도로 겸손하거나 저자세였던 것에 비해 발디비아 야노스부족의 태도는 근엄하고 엄격하고 결단력이 있어 보이는 것으로 상당한 차이를 보인다고 묘사한다. 그리고 두 집단의 태도의 차이를 유럽통치자들에게 패배하고 가혹한 지배를 받았던 집단, 반대로 스페인군에 승리했던 기억을 가진 집단의 상반된 역사적 유산의 차이로 해석하고 있다. 이는 상당히 적절하고 날카로운 해석이라고 할 수 있다. 물론 항해 도중에 그가 만났던 문명화된 원주민의 다수는 전자에 가까웠다. 그리고 예외적으로 푸에고섬의 원주민들이 가지고 있는 야만상태에 대한 아쉬움과 함께 다윈의 의도와는 무관하게 그들이 여전

그림 1. 비글호의 항해도

히 갖고 있는 소박한 태도의 미덕이 전달될 만큼 세부적인 사실과 정보, 인상을 충실히 기록하고 있다. 즉, 그는 문명-야만의 이분법과 사회진보-문명화의 선형적인 근대적 사고로부터 자유롭지는 않지만, 동시에 원주민 내의 다양성과 차이, 개별원주민사회의 역사적인 문맥을 흥미롭게 전하고 있다.

다윈이 식민주의 특히, 유혈적이고 폭력적 지배방식에 의존하는 식민주의에 반대한 것은 의심의 여지가 없어 보인다. 아르헨티나의 로사스 장군이 바이아 블랑카 지역에서 저항하는 인디오들을 남녀노소 가릴 것 없이 학살하는 것에 대해, 인구재생산을 막기 위해 스무 살이 넘는 모든 여자를 죽이고, 또 이러한 학살을 "야만인을 상대하는 싸움이기에" 어쩔 수 없다고 스스로 정당화하는 기독교 문명국가의 식민주의에 대해 탄식한다(Dawin 저, 장순근 역 2016, 180-182). 그러나 다른 한편으로 앞서 서술한 것처럼 야만적인 상태의 원주민들에게 문명화된 관습을 전하는 것의 미덕에 대해 추호도 의심하지 않는 듯하다. 야만 상태에 그대로 놓여 있는 푸에고섬의 원주민은 연민의 대상이며, 기독교로 개종하고 유순해진 원주민들은 문명화의 방향으로 잘 나아가고 있다고 인식한다.

## 4. 다윈의 답사과학과 식민주의

또한 그는, 탐험 중에 방문했던 많은 도시 및 지역들과 그리고 그곳에서 만난 사람의 삶을 영국과 끊임없이 비교한다. 다윈은 리우데자네이루에서 묵었던 숙박업소에 대해 "그들의 집과 그곳에 사는 사람들은 매우 더럽다 … 영국의 아무리 가난한 오두막도 이보다 사는 게 불편하진 않을 것이다"라고 기록하고 있다. 매우 불친절한 숙소의 주인은 아마도 원주민은 아닐 것이기에 이는 원주민에 대한 그의 인식과는 또 다른 차원의 관점으로 영국의 제국주의·식민주의 정책에 대한 비판적 시각은 그다지 보이지 않는다. 예를 들면 열대와 온대의 경계선상에서 위치한 덕분에 물산이 풍부한 라플라타강을 거슬러 올라가면서, 독립했으나 독재자가 지배하는 파라과이를 부정적으로 언급하면서 아쉬움을 표한다. "만약 영국인 개척자들이 라플라타강을 처음 항해해 올라왔다면 이 강의 경관은 어떻게 달라졌을까! 그 안에는 얼마나 훌륭한 동네들이 건설되었을 것인가!"라고 말한다. 당시 라틴아메리카의 독립에 이른 정치적 혼란이 유럽(포르투갈과 스페인)의 식민지배의 유산임을 고려할 때, 이는 현대의 관점에서는 적절한 인식이라고 보기는 힘들다. 시대적 한계일 것이다. 그리고 후발주자로서의 영국이 두 나라가 독립할 때까지(파라과이는 1811년, 아르헨티나는 1816년 스페인으로부터 독립하였다) 스페인이 라틴아메리카에서 누리고 있던 모든 것에 대해 부러움과 아쉬움을 갖고 있었다는 점을 생각하면, 다윈의 입장과 영국의 정치가들의 입장 사이에 형성된 어떤 어렴풋한 공감대를 가정할 수도 있다. 다른 한편으로, 당시 세계 1등 시민으로서 영국인의 자연스러운 태도일 수 있다.

다윈에게 비글호항해는 사회적 활동(social affair)이며 문화적 실천(cultural

practice)이었다(Livingston 2003, 44). 리빙스턴(David Livingston)은 월리스의 예를 들어 과학자의 현장연구(field work)가 이미 형성되어 있는 식민주의적 사회경제적 관계 속으로 얼마나 깊숙이 들어가는 작업인가를 다음과 같이 강조했다. 19세기에 말레이군도에서 연구했던 알프레드 월리스의 경우, 장시간의 현장연구 끝에 다윈과 유사한 진화적 가설에 도달했는데, 그의 연구는 기존의 식민상업 네트워크, 정부관리, 의료종사자, 그리고 성직자에게 의존할 수밖에 없었다. 남아메리카에서의 훔볼트와 같이 월리스는 유럽식민주의자들이 직조한 사회경제적 상호변화의 체계에 의존했으며 그가 찾는 자료를 입수하기 위해 많은 지인들과 친분관계를 맺어야만 했다. 이러한 점에서 월리스의 현장과학은 필연적으로 사회적 활동이었다는 것이다. 같은 관점에서 다윈의 비글호 항해를 분석한다 할 때도 비슷한 결론에 도달할 수밖에 없을 것이다.

지리학사 연구자들이나 관심 있는 대중에게 훔볼트와 다윈과의 관계는 비교적 잘 알려져 있다. 다윈은 케임브리지 재학시절에 훔볼트의 남미답사기를 읽었는데, "훔볼트가 없었더라면 비글호를 타지도 않았을 것이고 『종의 기원』을 쓸 수 없었을 것이다"라고 말했다는 사실은 유명하다. 훔볼트는 다윈뿐만 아니라 당시의 박물학자들에게 영감을 불어넣은 대표적인 사람이며, 아마도 다윈의 진화론 이전에 기존지식을 종합하여 자연에 대한 개념화를 가장 발전시킨 박물학자라고 평가된다(Glacken 저, 심승희 외 역 2016, 84). 『비글호 항해기』에서도 훔볼트의 남미답사와 관련된 내용이 지속적으로 언급되고 있다. 다윈은 리우데자네이루 인근의 자연에서 열대지방의 대기를 묘사하면서, "얇은 수증기가 공기의 투명도를 변화시키지 않으면서도 그 색깔을 조화시키고 그 효과를 부드럽게 한다"는 훔볼트의 말을 그대로 인용하고 있다. 인용하고 있는 대목이 한편으로 과학의 영역이면서 다른 한편으로는 심미적 인식의 영역에 속하는 것이라 훔볼트를 인용하는 것이 더욱 적절해 보인다. 같은 페이지에서 그는 항해기의 다른 곳에서는 좀체 찾을 수 없는 낭만주의적 감상을 한껏 펼쳐 보인다. 500~600피트의 고도에서 아래를 내려다보면서 "리우데자네이루의 어디를 보아도 볼 수 있는 흔하지만 아름다운 풍경"을 묘사하면서, "그 형태와 색조의 장려함이 … 그 감정을 표현할 말을 찾지 못할 정도"라고 기술한다. 책 전체를 관통해서 대체로 객관적이고 건조한 기술이 대부분인 것을 고려하면 상당히 이례적인 문체라고 할 수 있다. 훔볼트의 낭만적이고 전체론적 자연관을 떠올리면 그에게서 받은 영향이라고 해석할 수 있다.

다윈과 훔볼트의 관계를 더 확장해 보면 그 이전으로 거슬러 올라가는 대항해 시대의 탐험과 답사의 계보 속에 놓여 있다. 이들 탐험가들의 연결고리의 개요는 권정화교수의 『지리사상사 강의노트』에서도 알기 쉽게 정리되어 있다. 다윈의 비글호 항해는 훔볼트의 남미답사(기)에게서 영향을 받았고, 훔볼트는 포르스터 부자—요한 라인홀트 포르스터(1729~1792)와 게오르크 포르스터(1754~1794)—의 세계여행, 그리고 게오르크와의 교류에 크게 영향을 받아 남미답사를 결심했다고 한다. 그리고 포르스터부자를 2번째 항해에서 레졸루션호에 동행시킨 영국의 탐험가 제임스 쿡(1728~1779)은 뉴질랜드와 오스트레일리아 해안을 최초로 자세히 탐험하고 기록함으로써 대항해 시대의 대미를 장식한 인물로 역설적으로 본격적인 식민주의와 제국주의시대의 문을 여는 데 크게 공헌했다.

제임스 쿡이 영국정부의 직접적인 후원을 받아서 탐험을 한 것과 비교하면, 훔볼트의 남미답사는 한층 독립적이었고 과학자로서 현장연구의 모델을 만들었다는 점에서 과학답사로서의 성격이 보다 분명해졌다고 할 수 있다. 다윈에게서는 이러한 경향이 더욱 뚜렷해져서 그가 비록 큰 틀에서 정치군사적 식민주의 네트워크 속에서 완전히 자유롭지 못하고, 또는 그 도움을 받아서 답사를 진행했을지라도 그의 전문과학자로서의 신념과 태도, 조사의 방법, 과학이론에 대한 기여의 지점은 더욱 뚜렷해졌다. 훔볼트의 남미답사와 그러한 답사과학에 대한 비판과 재비판에서 촉발된 과학여행자(scientific traveler)와 탁상박물학자(sedentary naturalist)간의 논쟁은 흥미롭다. 이는 프랑스의 해부학자 퀴비에가 훔볼트의 답사여행에 대해 비판적으로 코멘트한 것에서 시작되었는데,

퀴비에는 답사지의 관찰의 부분적인 사례들을 제시할 뿐이기에 불완전하다고 말했다(Livingston 2003, 40). 양자 간의 중요한 차이는 현장(wild nature)으로부터의 분리에 대한 평가인데, 역설적으로 이 점이 퀴비에의 주장에 따르면 탁상 박물학자의 신뢰성의 근거이면서 여행하는 과학자에게는 연구의 진정성을 위해 회피해야 하는 것이기도 했다(Livingston 2003, 41). 이는 훔볼트와 같은 현장 연구자(fieldworker) 모델의 새로운 출현에 대한 반작용으로 해석할 수 있으며, 그의 답사모델이 그만큼 새로운 패러다임을 제시한 것이었다는 의미이기도 하다. 이러한 논점은 다윈의 시대에 이르러 현장연구가 과학발전에 미치는 공헌을 누구나 인정하게 됨에 따라 자연스레 해소되었다고 볼 수 있다.

또한 프랑스의 과학자이자 철학자 브뤼노 라투르(Bruno Latour, 1947~)의 관점에 따르자면, 과학지식의 형성에 있어서 양자 간에 어느 것이 더 중요한가 하는 것은 사실상 무의미하다. 다윈이 5년의 항해 기간 동안 지속적으로 본국으로 보낸 다양한 표본들은 많은 과학자들의 연구를 위한 귀중한 자료가 되었다. 이는 라투르의 개념을 빌리면, 계산의 중심(centers of calculation) 즉, 런던과 같은 제국의 심장부에서 이루어지는 번역(translation), 달리 말하면 과학지식의 생산을 위한 기초자료로 세계 곳곳에서 수집되고, 만들어져 이동하는 불변의 가동물(immutable mobiles)로 해석될 수 있다(Latour 저, 황희숙 역 2016 참조). 즉, 연구실에 있는 책상물림 과학자의 분석작업과 과학여행자가 수집한 다양한 자료와 표본들은 행위자-네트워크 이론(ANT)의 관점에서 보자면, 이종적이고 복잡한 네트워크 속에서 다양한 행위자로 서로 연결되어 있다.

다윈은 훔볼트와 마찬가지로 항해 도중에 끊임없이 본국과 여러 방식으로 교류하면서, 항해를 마치고 돌아갈 즈음에는 이미 영국에서 유명인사가 되어 있었다. 19세기 중반은 소위 '서신공화국'의 시대로 편지를 통한 지식인들 간의 교류는 지식생산의 주요한 방식 중 하나였다. 비글호는 그에게 이동하는 작업실이자 연구실이었다. 그는 항해 5년 동안 다양한 표본들을 영국으로 보냈는데, 알코올에 보존한 표본이 1,529점, 껍질을 벗기거나 건조한 표본이 3,907점이었다(장순근 2000, 490). 항해하는 중에는 박제와 표본의 수집에 집중했기 때문이기도 했지만, 동물학이나 식물학의 전문분야로 들어가면 다윈보다 뛰어난 분석능력을 가진 학자들이 런던에서 그의 표본을 기다리고 있었기 때문이다. 이후에 기술할 핀치새의 사례에서도 알 수 있듯이 '(현장에서의) 다윈의 표본 수집→영국에서의 연구와 토론→다윈의 성찰과 종합'으로 이어지는 연결고리(네트워크)는 19세기에 새로운 과학지식이 어떻게 '로컬-지구적 스케일'의 조합을 통해 형성되었는가를 이해하는 데 도움을 준다. 그는 1839년 5월에『비글호 항해기』를 출간했으며, 1845년에 2판, 1860년에 3판을 출간했다. 현재 가장 많이 읽히는 것은 3판이라고 한다. 후반부의 항해기에서는 다윈이 가지고 온 표본을 통해 여러 학자들이 진행한 연구의 성과물을 담아냈을 것이라고 추정한다.

## 5. 지질학과 생물학: 진화론의 두 바퀴

이제 글의 앞부분에서 제기한 가장 중요한 질문에 대한 답을 찾을 차례이다. 다윈은 두 명의 대표적인 지질학자에게 직간접적으로 배운 탓에 지질학에서 전문가적인 지식을 갖게 되었으며, 탐험의 과정에서 동식물표본과 화석기록을 해석하면서 그의 이론을 정립해 나가는 데 있어서도 지질학 지식을 적극 활용하고자 했다.『비글호 항해기』에서도 지질학에 대한 그의 전문성과 애착은 잘 드러나고 있다.『비글호 항해기』의 역자인 장순근박사는 비글호 항해를 통해 다윈이 이룬 업적을 '산호초가 만들어지는 과정에 대한 설명', '진화에 대한 사고의 발전'과 함께 '지질시대에 대한 깊은 이해', 이렇게 3가지로 정리하였다 (Dawin 저, 장순근 역 2016, 23). 다윈은 지질시대가 성경에서 말하는 6,000년에서 1만년 정도보다 훨씬 길다는 것을 처음 알아냈다는 점에서 뛰어난 업적을 남겼다는 것이다. 그렇지만 그 시대에 근대지질학이 발전하면서 지구의 나이에 대한 논쟁이 치열했다는 것을 감안하면 이를 온전히 다윈의 공적으로만 돌리는 것은 다소 무리가 있다. 그가 창조론에 보다 가까운 세지윅 교수 등의 '격변설'로부터 멀어지면서 동시에 지질시대의 장구함에 대하여 현장연구를 통해 인식하게 된 것은 분명한 성과라 할 것이다. 파타고니아의 지질에 대한 그의 설명과 지질시대에 대한 추정에서 항해를 통한 아메리카대륙의 실제 지질에 대한 경험이 그의 이론화에 큰 영향을 미친 것을 알 수 있다.

> 파타고니아의 지질은 흥미롭다. 제3기층이 만에 둘러싸인 유럽과는 달리 수백 마일에 걸친 해안에 하나의 커다란 지층이 형성되어 있다. … 이 층은 해안을 따라 500마일이나 펼쳐진다. 어쩌면 훨씬 더 길게 계속될지도 모른다. 산훌리앙 포구에서는 그 두께가 800피트가 넘는다. 이 하얀 지층은 아마도 세계에서 가장 두꺼운 자갈층일 것이다. … 이 자갈을 다 모으면, 그 자갈에서 분명히 생긴 진흙을 빼고라도, 산처럼 쌓이고 큰 산맥을 이룰 것이다! 사막의 모래알처럼 무수한 이 자갈들이, 옛날 해안과 강둑에서 바위가 천천히 부서져 내린 다음, 그 조각들이 더 작아지면서 천천히 굴러 내리고 둥글게 되고 멀리 운반되어 만들어 졌다는 것을 생각하면, 절대로 필요한 그 기나긴 시간의 흐름에 정신이 아득해진다. 게다가 이 자갈은 모두 하얀 층이 퇴적된 이후에, 또 제3기의 조개껍데기가 들어 있는 지층보다 훨씬 이후에 운반되고 둥글게 되었을 것이다.(Dawin 저, 장순근 역 2016, 289-290)

대부분의 지역에서 그는 새로운 환경을 경험할 때 가장 먼저 지질적 특성을 파악하고 설명한다. 이는 아마도 생물지리적 특성에 지질환경이 크게 영향을 미쳤을 것이라는 추론 때문이 아닐까 한다. 예를 들면, '4장: 네그루강에서 바이아블랑카까지'는 1833년 7월 24일 비글호가 네그루강 하구에 도착하여 만나는 지질단면에 대한 묘사로부터 시작한다. 수직벽랑의 지질단면이 안데스산맥에서 굴러온 자갈층이라는 설명과 함께 건조하고 물이 귀하며 식물이 거의 없는 황량한 환경이라고 간략하게 묘사한다. 지질에 대한 설명과 식생에 대한 묘사가 자연스럽게 연결되는 방식이다.

다른 장에서도 유사한 설명방식을 계속 확인할 수 있다. '9장: 산타크루스강과 파타고니아와 포클랜드군도'에서는 "평원의 지질구조가 바뀌면서 풍경도 함께 바뀌었다"라고 설명한다. 현무암 절벽 사이에서 몇 가지의 식물을 찾아냈는데 이는 구멍이 많은 바위에 빗물이 고일 수 있었던 탓이라고 한다. "그 결과 화성암과 퇴적암이 만나는 선을 따라 (파타고니아에서는 대단히 드문) 작은 샘이 솟아났다. 샘 둘레에는 연두색 풀이 자라 있어 멀리서도 알아볼 수 있었다." (Dawin 저, 장순근 역 2016, 311) 여기서도 그가 지질환경과 식생의 특성을 인과적으로 연계하고자 하는 시도를 확인할 수 있다. 특히 특정 지역의 식물상을 이해하는 데 있어 지층에 대한 이해는 필수적이다. "식물상이 이렇게 변하는 것은 거대한 석회-점토질 지층이 시작되었음을 의미한다"(Dawin 저, 장순근 역 2016, 142) 파타고니아를 비롯하여 라틴아메리카 해안선에서 그가 발견한 지층에 대한 해석의 관점을 부여한 것은 지각운동이 매우 느리게 일어나고 있음을 주장하는 라이엘의 저서였다.

다윈이 비글호를 타고 항해하던 무렵은 지질학사에서 혁명적 전환이 일어나던 시기였다. 당대의 대표적인 지질학자 찰스 라이엘(Charles Lyell, 1797~1875)의 대표 저작 『지질학원리 Principles of Geology』 1·2·3권이 각각 1930년, 1931년, 1933년에 발간되었다. 다윈은 1831년 비글호 항해를 떠나기 전 선장 피츠로이(Robert FitzRoy, 1805~1865)로부터 라이엘의 『지질학원리』 1권을 선물 받았는데, 이후 2권도 읽으면서 5년간의 항해에서 이 책을 항상 곁에 두고 탐독했다. 다윈이 라이엘의 이론과 관점을 어느 정도까지 충실히 따랐는가에 대해서 추가적인 검토가 필요하다. 먼저 당시 지질학의 흐름을 개략적으로나마 파악할 필요가 있는데, 간단하게 정리하면, '점진적인' 지각운동을 지지하는 동일과정설(uniformitarianism)과 '(자연재난으로 인한) 급격한' 변화를 지지하는 격변설(catastrophism)이 대립하고 있었다. 18세기의 박물학자 뷔퐁(Georges-Louis

Leclerc, Comte de Buffon, 1707~1788)과 그 영향을 받은 철학자 헤르더는 일종의 격변설을 지지하는데, 지구의 초기 역사에서 재앙적 사건(화재, 홍수, 지진) 이후에 인간이 출현했다는 것이다(Glacken 저, 심승희 외 역 2016, 69). 18세기에 시작된 이 논쟁은 1830년에 라이엘이 『지질학 원리』를 출간하면서 동일과정설이 강화되었고, 다윈 또한 대체로 라이엘의 견해를 지지했을 뿐만 아니라 지질학의 점진적이고 장구한 변화에서 생물진화의 아이디어를 얻은 것으로 많은 이들이 생각한다. 다윈은 라이엘이 동일과정설에서 지질현상을 오랜 세월에 걸쳐 점진적으로 변화한 결과로서 생각한 것과 같이, 영원히 고정된 것처럼 보이는 생물의 종도 오랜 시간에 걸쳐 서서히 변화한다는 진화의 개념을 생각해 냈다는 것이다. 『종의 기원』에서 다윈은 "라이엘의 『지질학원리』를 읽고서도 과거의 시간대가 얼마나 무한했던 것인지 인정하지 않는 사람은 당장 이 책(종의 기원)을 덮어야 한다"고까지 말하고 있다(Dawin 저, 송철용 역 2011, 291). 그렇지만 다윈과 라이엘의 관계에 대해서 이렇게 긍정적으로 해석하지 않는 견해도 있어서 양자 간의 관계에 대한 결론을 내리는 것은 쉽지 않다.

그렇다면 비글호 항해는 다윈이 진화이론을 발전시켜 나가는 데 어떤 역할을 했을까? 다윈 스스로 시간이 흘러 『종의 기원』에서 항해의 의미를 다음과 같이 밝히고 있다. "나는 박물학자로서 비글호를 타고 항해하는 동안 남아메리카의 생물 분포와, 또 과거에 서식했던 생물과 현존하는 생물의 지질학적 관계에서 볼 수 있었던 모든 사실에 깊은 감명을 받았다. 이러한 사실은 … 참으로 신비스럽기 그지없는 종의 기원에 대해 조금의 빛을 비춰준 것 같은 느낌마저 든다(Dawin 저, 송철용 역 2011, 22). 즉, 비글호 항해가 진화론을 정초하는데 있어 결정적인 계기와 경험 및 자료들을 제공해 준 것은 확실하다. 그러나, 여행기로서의 『비글호 항해기』 속에서 이러한 측면은 온전하게 전달되지 않고 부분적으로 혹은 암시적으로만 파악할 수 있다. 그는 갈라파고스 제도에 도착해서 분화구와 용암이 흘러내린 흔적을 보면서 최근까지도 지질학적으로 대양이었을 것이라고 추정한다. 그리고 이를 생물의 진화(새로운 종의 출현)와 연결시킨다.

"그러므로 공간으로나 시간으로나 우리는 이 지구 위에 새로운 생물이 처음으로 나타났던 위대한 사실, 즉 신비스러운 일 가운데에서도 가장 신비스러운 일에 어느 정도 가까이 온 것으로 보인다"(Dawin 저, 장순근 역 2016, 629) 이렇듯 그에게 지질과정의 시작은 바로 생명의 진화를 의미했다.

명확한 근거를 찾는 것이 쉽지 않지만, 비글호 항해를 시작할 때만 하더라도 여전히 목회자가 되려는 계획을 포기하지 않았던 다윈은 여전히 진화에 대한 뚜렷한 인식이 없었다고 보아야 할 것 같다. 항해 전까지 사사했던 지질학자 세지윅처럼 오히려 창조론을 상당한 정도로 믿고 있었을 가능성 또한 충분하다. 이뿐만 아니라, 라이엘 역시 (노아의 방주와 같은) 전통적 형태의 종교적 격변설에 비판적이었으나, 진화론에 전적으로 동조적이었는가에 대해서는 의문이다. 후일 『종의 기원』을 출간한 이후에도, 인간 또한 진화의 산물이라는 다윈의 주장에 선뜻 동의하지 않았다. 조너선 와이너에 의하면, 라이엘은 지각운동에서는 끊임없는 창조와 파괴를 주장함으로써 종교적 해석에서 멀어졌지만, 종의 변이에 대해서 부정적이었고 종의 안정성을 신뢰하면서 진화의 사고를 받아들이지 않고 있었다는 것이다(Weiner 저, 양병찬 역 2017, 67). 그래서 다윈이 지질학과 고생물학에서 라이엘의 견해를 깊이 받아들였다면 지질학의 체계를 통해서 생물진화의 사고를 적절한 방향으로 발전시키기는 쉽지 않았을 것이다.

이로써 양·질적인 면에서 『비글호 항해기』의 상당한 비중을 차지하고 있는 지질묘사와 설명이 진화에 대한 그의 이론과 어떤 내적인 관계를 맺고 있는가는 상당히 애매하게 남겨져 있다. 이후 다윈은 『종의 기원』에서 지질학적 지식 혹은 관점에 대한 일종의 '변명'을 제시하면서, 지질학의 화석기록으로부터 진화이론을 직접적으로 도출하려는 시도는 적절하지 않다고 결론내리고 있는 듯하다. '9장: 지질학적 기록의 불완전함에 대하여'의 제목을 통해 뉘앙스는 이미 충분히 전달되고 있다.

다윈은 『종의 기원』에서 자연선택 이론의 자연스러운 귀결로서, 새로운 변종이 나타나면서 그 부모의 종류사이에 존재하는(존재했던) 무수한 중간적인 고리를 자연계에서 볼 수 없는 것이 타당한 결과라고 주장한다. 그러나, 자연선 택에 의해 사라진 중간적인 변종들이 왜 지질학적인 암층이나 지층 속에서 대량으로 발견되지 않는가라고 의문을 제기한다(Dawin 저, 송철용 역 2011, 289). 예를 들면, '왜 인간의 조상에서 인간으로 진화하는 오랜 과정이 그 사이의 많은 중간적인 변종과 함께 지층에서 순차적으로 발견되지 않는 것인가?'라는 질문이다. 이 질문은 어떤 점에서는 21세기에도 계속되고 있는 진화론과 창조론의 논쟁에서 창조론의 반론 근거 중 하나인 '중간화석'의 존재와도 관련된 듯 보인다. 진화론이 사실이라면 왜 중간단계의 화석이 충분히 발견되지 않는가라는 것이다. 이러한 의문 혹은 문제제기는, 지층이 장구한 시간의 흐름 동안 한 치의 오차 없이 규칙적으로 누적되는 연속적인 형태를 이루는 지각운동에 의해 형성되는 것이라면 상당히 설득력 있는 것이라 할 수 있다.

다윈은 스스로 제기한 문제에 대해 '지질학적 기록이 극도로 불완전하다'고 답하고 있다. 이는 창조론에 대한 재비판에도 활용될 수 있는 원론적으로 올바른 답변이다. 지각운동의 특성상, 지질학적 기록은 불완전할 수밖에 없고, 또한 중간단계의 화석이 생물종의 진화에서 일련의 연쇄적 과정을 선명하게 보여 줄 정도로 풍부하게 발견되기는 어렵다는 뜻이다. 다윈은 계속해서 지질학적 기록의 불완전함에 대해 구체적으로 해명하고 있는데, 이는 현 시점의 지질학에 대한 일반적 이해수준을 생각하면 너무도 당연한 언급이다. "지질학적 기록이 불완전한 것은 주로 앞에서 서술한 어느 것보다도 중요한 다른 원인, 즉 여러 개의 지층이 많은 세월의 경과로 서로 떨어져 있는 결과이다"(Dawin 저, 송철용 역 2011, 297) 사실상 이같은 화석기록의 불완전함에 대한 다윈의 견해는 찰스 라이엘의 견해를 받아들인 것이다. 지질학자 마틴 브레이저에 따르면, 다윈의 어정쩡한 결론은, 라이엘의 동일과정설-점진적 발전론의 핵심쟁점을 의도적으로 회피했다는 것이다(Brasier 저, 노승영 역, 2014 참조).

그리하여 『종의 기원』에서 다윈은 말레이 제도의 풍부한 생물상을 사례로, 생물종의 유해가, 융기와 침하, 퇴적 등 다양한 지각운동의 구체적 조건을 극복하여 온전하게 화석화되어 먼 미래까지 보전될 확률은 극히 낮다고 다시금 주장한다(Dawin 저, 송철용 역 2011, 307~308). 즉, 우리는 '과거와 현재의 모든 종이 하나의 긴 분지적 생명의 연쇄로 확실하게 이어지는 무수한 이행적 형태를 지층 속에서 발견하기를 기대해서는 안된다'는 것이다(Dawin 저, 송철용 역 2011, 308~ 309)

다윈의 생각과 현대의 일반인들이 대체로 갖고 있는 생각 사이에 공통적인 것은 진화가 아주 오랜 시간에 걸쳐 천천히 일어날 것이라는 점이고, 다윈은 진화의 시간을 지질학적 시간에 비유할 수 있다고 생각했다. 따라서 사람이 진화의 과정을 인지하지 못하는 것은 당연한 것이며, 다윈은 당연하게도 진화의 '순간'을 포착하기 위한 시도조차 하지 않았던 것이다. 지질학에 대한 다윈의 애착을 정당화하는 전제는 바로 이 지질학적 시간이 생물 진화에도 적용될 수 있다는 믿음 때문이었으며, 이는 라이엘의 견해, 당시 주류 지질학의 입장을 기본적으로 거스르지 않으려고 했기 때문이다.

그런데 최근의 일부 연구에 의하면, 남아메리카에서 다윈의 지질학적 탐구–조사의 상당 부분이 라이엘의 설명과 충돌한다는 의견이 있다. 가브리엘 고우(Gabriel Gohau)는 이런 점에서 다윈이 라이엘의 동일과정설과 훔볼트(Alexander Humboldt) 및 폰 부흐(Von Buch)의 격변설의 중간 지점에 놓여 있다고 주장한다. 고우에 따르면, 라틴아메리카에서 다윈의 지질학 답사는 1830년대의 지질학 논쟁에서 중요한 역할을 했다는 것이다. 고우는 특히 비글호 항해 중 코르디에라산맥의 답사에서 산맥형성과 관련하여 다윈이 라이엘과 다른 길을 택하고 있음을 주장한다. 코르디에라산맥은 주요 능선인 포르티요 능선(14,305피트)에서 발견된 조개화석을 근거로, 지극히 불안정한 지층(disordered layers of land)이 지각운동의 내적인 특성임을 암시한다. 『비글호 항해기』에서는 결론을 내리지 않고 산맥지질의 묘사에 그치고 있지만, 항해가 끝난 후 지질학회지에 기고한 논문에서 코르디에라산맥이 연속된 작은 운동들에 의해 형성되었다는 추론은 단지 이론적인 가정에 불과하며, 대륙을 융기시키는 하나의 추동력에 의해 산맥이 형성되었으며 부차적인 효과로서 산맥과 화산이 형성되었다고 주장한다. 이 점에서 그는 동일과정설보다는 폰 부흐와 훔볼트의 격변이론에 가깝다고 고우는 해석한다. 또한 과연 산맥의 형성이 라이엘의 이론만으로 설명될 수 있는가라고 의문을 제기한다.

## 6. 진화론에서 지리적 고립·이주의 의미와 중요성

진화론(혹은 진화생물학)에서 지리(학)의 역할은 무엇인가? 『비글호 항해기』에서보다 『종의 기원』에서 지리(학)의 중요성이 상대적으로 명확하게 나타난다. 갈라파고스 제도에서 앵무새나 거북 등 여러 고유종들이 지리적 공간의 차이에 따라 각 섬에서 각기 다른 방향으로 진화해 나간 것을 볼 때 우리는 지리적 고립, 이동을 막는 장벽, 이주가능성의 차이 등이 진화에 미치는 영향이 크다는 것을 확인할 수 있다. 다윈 이후 현재에 이르기까지 가장 잘 알려진 사례는 핀치새의 진화에 대한 것이다.

비글호가 갈라파고스 제도에 도달하면서 다윈의 생물학에 대한 관심과 관찰은 서서히 극적인 장면을 향해 고조되었다. 이 제도는 열 개의 작은 섬으로 이루어져 있으며, 아메리카 대륙에서 500~600미터 떨어져 있다. 화산섬으로 몇몇 섬의 한가운데에는 큰 분화구가 있다. 다윈은 갈라파고스 제도의 토착생물을 조사하면서, 다음과 같은 특징을 발견한다. 갈라파고스 제도의 특이한 식물군은 태평양의 섬들과는 대체로 무관하고 아메리카 서부지방의 특징과 유사하다는 것이다. 이 제도에서 꽃 피는 식물 185종이 확인되었는데 이 중 100종이 새로운 종(토착종)이라는 것이다(은화식물까지 포함한 225종 중에서 다윈은 193종을 영국으로 가지고 왔다). 그리고 대부분은 아메리카 서부의 식물군과 유연(類緣) 관계에 있다는 것이다. 그리고 그는 동물에 대해서도 마찬가지 결론을 내린다. "이 제도는 비록 태평양 한가운데 있지만 동물에 관한 한, 아메리카 대륙의 일부이다"(Dawin 저, 장순근 역 2016, 651).

즉, 갈라파고스 제도의 동식물이 아메리카 서부와 동일한 종이 지배적이라면, 혹은 반대로 유연관계 없이 현저하게 다른 종이라면 다윈의 관심은 크지 않았을 것이다. 따라서 다윈의 관심이 지리적 장벽 혹은 고립, 그리고 이동(migration)으로 향하는 것은 자연스럽다. 다윈은 질문한다. "만약 이 특징이(유연성) 단순히 아메리카에서 들어온 생물 때문이라면 놀랄 것이 없다. 그러나 우리는 육상동물의 거의 대부분과 꽃 피는 식물의 반 이상이 토착생물이라는 것을 알고 있다. 새로운 종인 새와 새로운 종인 곤충, 새로운 종인 식물로 둘러싸였으면서도 무수한 사소한 것들, 심지어 새의 음색이나 깃털까지도 파타고니아의 따뜻한 평원이나 북부칠레의 뜨겁고 건조한 사막이 연상되는 것이야말로 가장 큰 충격이다 …."(Dawin 저, 장순근 역 2016, 652)

그리고 다윈은 계속 질문한다. "왜 토착생물들은 대륙에 있는 생물들과 종과 수의 비율이 다른가? 왜 서로 다른 방식으로 행동하는가? 왜 아메리카에 있는 생물들처럼 창조되었는가?" 그리고 대서양의 케이프 데 베르데(카보베르데) 제도와 갈라파고스 제도가 지형 면에서 아메리카 서해안보다 훨씬 유사함에도 불구하고 두 제도의 토착생물의 특성이 완전히 다르다고 주장한다. 현대의 시점에서 생각해 보면 당연하게 받아들일 수 있는 현상에 대한 문제제기가 다윈에게는 중요했다. 지질중심의 환경결정론적 사고를 가졌던 (당대의 박물학자들과) 다윈에게는 진지한 질문이었다. '비슷한 지형과 지질에서 왜 전혀 다른 생물이…?'

그럼에도 불구하고, 이후 긴 세월의 추론과 이론화 작업에 근거를 제공한 표본의 수집과 직관적 관찰에서 다윈은 갈라파고스에서 충분히 날카로웠다. 그리하여 그는 갈라파고스 제도의 박물학에서 가장 뚜렷한 현상이 제도의 '섬마다 어느 정도 다른 생물이 산다는 사실'이라고 주장한다. 그리고 주민들은 각 생물종의 들의 차이들을 쉽게 구분할 수 있어서 예를 들면 어떤 거북이 어느 섬에 서식하는 종인지 쉽게 알 수 있다는 것이다. 이처럼 토종들 간의 차이는 식물에서도 뚜렷하게 나타나며, 이같은 차이의 원인을 지리적 분리 혹은 고립 때문이라고 결론짓는다. 물리적인 거리, 강한 해류와 바람으로 인해 물에 떠서 혹은 바람에 날려서 이동하는 것도 쉽지 않다. 그리하여 다윈은 "이 작고 메마른 바위로 된 섬에서 볼 수 있는 어마어마한 창조력(Dawin 저, 장순근 역 2016, 657)"에 감탄한다. 종분화에서 지리(적 분리)의 중요성에 대해, 『비글호 항해기』에서는 이 정도로 언급한 채 명확한 결론을 제시하지는 않지만, 이후에 세상에 알려진 항해 당시 작성했던 많은 노트 속에는 위와 같은 지리적 장벽이 종의 분화로 이어졌다고 진화적 중요성을 명확히 강조하고 있다(Lieberman 2012, 521-522).

그렇다면 종의 진화에서 지리(학)적 중요성은 『종의 기원』에서는 어떻게 다루어지고 있을까? 저서의 11장과 12장 모두 지리적 분포를 다루고 있는데, 11장에서는 보다 일반론적인 서술에 초점을 두고 있다. 서두에서 생물종의 지리적 분포에 있어서 특징적 사실들을 몇가지로 요약하고 있다. 첫째, 여러 지역에 사는 생물종 사이의 유사성과 부동성을 기후나 기타 물리적(자연적) 조건으로는 설명하기 어렵다는 것이다. 둘째, 자유로운 이주를 막는 장애물이 생물들 간의 차이를 만드는 데 중요하다는 것이다. 이는 특히, 신세계와 구세계 육서생물들 간의 차이를 설명하기 위해 필요하다. 셋째, 같은 대륙이나 바다의 생물들은 다르더라도 유연관계에 있다는 것이다. 이 셋 중에서도 첫째 물리적 조건의 중요성에 대한 기각이 가장 의미있다.

"아메리카 연안에서 떨어진 여러 섬들을 보면, 지질학적 구조에서는 크게 다른데도 그곳에 살고 있는 생물은 모두 특유한 종일 수는 있지만 본질적으로 모두 아메리카형이다". 다윈은, 물리적인 조건과는 관계없이 작용하는 생물 간의 깊은 유기적인 유대에 주목했으며, 이 유대는 바로 유전이라고 단언한다(Dawin 저, 송철용 역 2011, 351).

지리적 장벽의 중요성은 장소를 고립시킴으로써 생물이 자연선택을 통해 완만하게 변화하는 것을 가능케 하는 조건으로 간주된다. 다윈에게 가장 중요한 것은 "생물과 생물의 관계"이다. "이주도 격리도 그 자체로는 아무런 영향을 주지 않는다. 이 원칙은 단지 생물을 새로운 상호관계 아래 둠으로써 그리고 …
주위의 물리적 조건에 대한 새로운 관계에 둠으로써만 작용한다". 지리적·지
질적 요소 즉, 갈라파고스 제도와 대륙 간 수심이 깊어서 양쪽 포유류의 이동이
힘들었을 것이라는 추론에서 지리적 특성은 단지 경쟁과 자연선택의 조건으로
만 해석된다.

그에 의하면 같은 속의 수많은 종은 현재는 아주 멀리 떨어져 살고 있다 할지
라도 동일한 조상에서 유래한 것이 확실하며, 이주해 왔다는 것이다. 다윈은 자
신의 이러한 견해가 월리스의 견해-'모든 종은 그것과 비슷한 기존의 종과 시
간적으로나 공간적으로 일치하여 생성된 것이다'-와 크게 다르지 않음을 또한
강조하고 있다(Dawin 저, 송철용 역 2011, 355). 결국 그는 이동가능성(이동능력)이
높은 종(예: 박쥐)이 그렇지 않은 종(예: 대형포유류)과 달리 대양도에서도 서식한
다고 주장한다. 대륙과 대양도 간의 수심이 얕은 곳에서는 양쪽의 포유류가 거
의 동일하다. 그러나 갈라파고스 등의 대양도의 경우에는 과거에 이어져 있었
다기보다 수송(혹은 이동)이 중요한 역할을 했다고 본다.

다윈은 다음과 같이 말한다. "같은 지질학적 성질과 같은 높이와 기후를 가진
수많은 섬에서 많은 이주자들이 … 서로 다른 것으로 변화했다는 사실이 어떻
게 가능할지 의심스럽다. 나는 오랫동안 이 의문을 커다란 숙제로 생각해 왔다.
그러나, 그것은 주로 그 고장의 물리적 조건이 그곳에 사는 생물에게 가장 중
요하다고 생각하는 뿌리 깊은 오해에서 출발하고 있다 …"(Dawin 저, 송철용 역
2011, 394). 이는 『비글호 항해기』에서 갈라파고스 제도와 케이프베르데 제도를
비교하면서 제기한 의문에 대해 스스로 제시한 답변이기도 하다. 그것은 단지
오해였다.

이 대목은 다윈이 『비글호 항해기』에서 왜 그렇게 지질에 대한 설명에 분량
을 할애했는지 이유를 깨닫게 해 준다. 말하자면, 항해하는 기간에 다윈은 그러
한 '오해'에서 자유롭지 못했던 것이다. 『비글호 항해기』에서 그는 지역을 답사
할 때마다 지질환경의 특성을 서술하고 그곳에 서식하는 생물과의 인과관계를

암시하는 방식으로 서술했다. 일종의 환경결정론적인 방식을 자연스럽게 체득했던 것이다. 그러나, 그는 (화석기록의 불완전함으로 인해) 지질학적 특성과 진화의 과정 사이에 더 구체적이고 내적인 상호관계를 찾는 데 성공하지 못했고, 결국은 항해기 속에서 함축했던 '지질학적' 환경결정론을 폐기하고, '자연선택과 경쟁'으로 급격하게 선회했다.

간단히 말하자면 물리적 조건보다 다른 생물과의 '경쟁'이 더 중요하다는 것이다. 그런데 이 지점에서 단순한 질문을 한 번 던져 볼 수 있다. (지질과 기후 등의) 물리적 조건과 경쟁이 서로 대립하는 것인가? 혹은 이렇게 질문할 수도 있다. 결국 갈라파고스 제도에서 각 섬마다 서로 다른 새로운 종의 출현은 지리적 요소의 중요성, 나아가 섬마다 다른 자연환경들 간의 차이가 중요함을 의미하는 것 아닌가? 그리하여 다윈은 생물의 지리적 분포의 중요성 즉, 지리적 장벽이 종분화를 만들어 내는 데 큰 역할을 한다는 함축을 다소 약화시키는 듯한 결론으로 마무리한다. 즉, 널리 분포한다는 것은 단지 장벽을 넘어설 능력을 갖추기만 한 것이 아니라 멀리 떨어진 곳에서 낯선 이웃과의 생존경쟁에서 승리를 거둘 수 있는 훨씬 더 중요한 능력을 포함하기 때문이다(Dawin 저, 송철용 역 2011, 398). 그리하여 『비글호 항해기』에서는 마치 중요한 요소일 수 있는 것처럼 다루어진 생물의 '지리적' 분포는 『종의 기원』에 이르러 하나의 조건으로 격하되었다.

지리학자 리버맨(Bruce Lieberman)은 진화에서 지리적 요소의 중요성에 대한 다윈의 다소 애매한 진술에 대해, 『비글호 항해기』와는 달리 『종의 기원』에서 지리적 종분화보다 지역내 종분화(sympatric speciation)를 중시하고, 이는 기후 변화나 지질학적 요인보다는 종내 경쟁(primary competition)를 중시하게 되었음을 의미한다고 비판적 관점을 제시했다. 그에 따르면 다윈 이후 무시된 지리적 종분화는 20세기 중반에 복권되었고 현재는 현세·고생물학 연구에서 지리적 종분화가 당연한 것으로 받아들여지고 있다(Lieberman 2012, 522).

리버맨은 대진화(macroevolution)의 생물학적·비생물학적 요인을 나누면서,

주요요인으로 경쟁보다는 기후학·지질학적 요인이 중요하다고 주장한다. 그는 진화에서 생물지리학적인 요인이 극히 중요한 역할을 했으며, 이는 월리스와 다윈의 연구에서 이미 확인되었다는 것이다. 즉, 앞서 살폈듯이 다윈은 지리적 차이에 따른 종의 분화(species differentiation)가 어떻게 진화적 차이로 연결되는지에 초점을 두었으며, 생물지리적 패턴과 화석기록의 패턴을 확인하면서 진화가 발생했음을 확신했다(Lieberman 2012, 521). 그러나, 다윈은 항해 도중에 그리고 『비글호 항해기』를 서술할 당시에는 갈라파고스 제도의 고유종들을 보면서 진화의 '장면'을 포착하는 데까지 나아가지는 못했다. 후대의 학자들이 어떻게 다윈의 진화론을 한층 발전시켰는지를 핀치새의 비밀을 통해 보다 자세히 살펴보자.

## 7. '핀치의 부리': 자연선택과 진화의 속도

갈라파고스에 서식하는 새들은 『비글호 항해기』에서 극도로 유순한 것으로 묘사되고 있다(Darwin 저, 장순근 역, 2016, 657-659). 사람이 근처에 다가갈 낌새만 있어도 후드득 날아가 버리는 새의 습성에 익숙한 우리로서는 거의 상상하기 힘들 정도로 사람을 무서워하지 않는 것이다. 총 끝으로 매를 밀어서 나뭇가지에서 떨어뜨리는 것이 가능할 정도로 새들은 경계심이 없었다. 흉내지빠귀가 주전자 위에 앉은 채로 물을 따라 마시는 것도 가능했고, 한 사람이 한 자리에서 비둘기를 60~70마리 잡는 것도 가능했다고 한다. 이 같은 갈라파고스 새의 유순성이 의미하는 바는 무엇일까? 다윈은 『비글호 항해기』에서 다음과 같이 '잠정적' 결론을 내린다. 첫째, 새들이 사람에게 야성을 보이는 것은 사람에게 저항하는 특별한 본능으로 다른 위험인자에서 기인하는 보통의 조심 정도와는 관계가 없다. 둘째, 새들이 많이 죽을 때라도 새들의 야성은 짧은 시간 내에 새 한 마리 한 마리가 습득하는 것이 아니라, 세대를 거치면서 부모에게 물

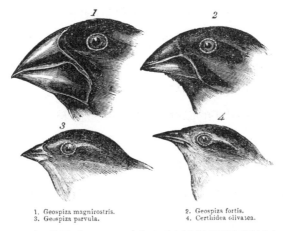

1. Geospiza magnirostris.
3. Geospiza parvula.
2. Geospiza fortis.
4. Certhidea olivacea.

그림 2. 존 굴드(John Gould)가 1845년에 분류한 핀치새의 부리

려받는다. 다윈이 직접 관찰했을 뿐만 아니라 문헌연구를 통해서 (핀치새를 포함한) 라틴아메리카 새들의 이같은 특성은 쉽게 사라지지 않았다는 점을 강조한다. 사람을 경계하는 습성과 태도조차도 바뀌는데 몇 세대, 심지어 몇 백 년이 걸리는 오랜 시간이 필요한 것이다. 놀라운 사실은 피터와 로즈메리 그랜트 부부가 진화의 순간을 실제로 포착하기 위해 갈라파고스 제도로 들어간 20세기 후반에도 새들은 여전히 겁 없이 사람에게 다가왔다는 점이다. "핀치는 우리보다 매와 올빼미를 더 무서워해. 우리가 새들을 향해 걸어가도 꿈쩍도 하지 않고 하던 일을 계속 하지. 그러나 올빼미 한 마리가 가까이 날아오면, 새들은 선인장 속으로 얼른 몸을 숨겨…"(Weiner 저, 양병찬 역 2017, 95). 어이없을 정도로 경계심 없는 갈라파고스의 새들 중에는 진화의 비밀을 풀어내는 데 결정적 역할을 한 13종의 핀치새도 포함되어 있었다.

1973년 그랜트부부는 진화의 실제 증거를 찾기 위해 갈라파고스의 섬 중에서도 작은 외딴 섬 대프니메이저섬으로 들어갔다. 그곳의 모든 핀치새를 잡아서 몸과 부리의 크기를 측정했다. 그리고 오랜 세월에 걸쳐 자연조건변화에 따른 핀치의 생사와 부리의 크기변화를 기록했다. 마침내 2009년 그랜트부부는

새로운 핀치새 종의 출현을 확인했다. 진화가 급속히 이루어진다는 사실을 입증한 것이다. 그러나, 후대의 학자들이 실증해 낸 핀치새의 변이와 종의 분화가능성에 대해 다윈은 인지하지 못했다. 항해중은 물론이고 『종의 기원』을 서술할 시점에도 자연선택에 의한 새로운 종의 출현에 대해 사실상 가설적으로만 제시했을 뿐이었다. 갈라파고스에서 섬에 따라 종분화가 실제로 일어났다는 것의 단초는 다윈도 이미 제시했다. 그곳 주민들이 갈라파고스 거북이 어느 섬에 왔는지 구별할 수 있다고 언급하는 시점에서 그는 이미 각 섬의 핀치새 표본을 뒤섞어 놓고 후회하던 참이었다. 다윈은 초기에 수집한 핀치의 표본들을 한 가방에 보관하고 서식지도 표기하지 않았다. 그는 나중에 "자연조건이 서로 비슷비슷한 갈라파고스의 섬들에 각각 다른 세입자들이 거주할 거라고는 생각하지 못했다"라고 이유를 말했다(Weiner 저, 양병찬 역 2017, 62). 차이를 뒤늦게 깨닫긴 했지만, 그는 더 이상 나아가지는 못했다. 그랬다면 아마도 그랜트 부부가 20세기 후반에 실험한 것처럼 하는 것이 불가능하지는 않았을 것이다. 그랜트 부부의 실험은 20세기의 첨단의 과학장비를 필요로 하는 것이 아니었다.

조너선 와이너(Jonathan Weiner)는 이 같은 다윈의 '실수'를 다소 과격하게 해석한다. 다윈의 핀치새의 변이가능성을 인지하지 못했던 것은 그가 완전한 진화론자가 아니고 창조론의 성향이 여전히 남아 있었기 때문이라는 것이다(Weiner 저, 양병찬 역 2017, 62). 동시에 와이너는 근대과학의 출발점이라고 인식되는 린네(Carolus Linnaeus)의 분류법조차도 진화적 연결망의 표현이 아니라 창조의 정교함을 표현하기 위해 자연에 질서를 부여한 작업이라고 설명한다. 린네는 변하지 않는 진정한 종과 덧없이 변화하는 변종 사이에 형이상학적 차이를 부여한 것이다. 그래서, 핀치새를 한 가방에 넣어 버린 것은 실수가 아니라 이 같은 형이상학적, 비진화적 사고의 흔적 때문이었다는 것이다(Weiner 저, 양병찬 역 2017, 68). 다윈이 항해를 마치고 돌아와 쓴 최초의 논문은 진화이론이 아니라 지질학에 대한 것이었다. 그는 항해에서 돌아오자마자 찰스 라이엘을 만났고 환대에 고무된 다윈은 1837년 1월 지질학회지에 남미대륙이 서서히 융기하고 있다는 논문을 발표했다. 정작 다윈의 표본을 제대로 해석해 준 사람은 그의 표본을 검토하기 시작한 런던의 동물학자였다. 다윈은 그가 가지고 돌아온 수많은 박제와 표본들을 아낌없이 런던 동물학회에 기증했는데, 그 혜택을 입은 동물학자 존 굴드는 다윈이 변종에 불과하다고 생각했던 핀치새들이 사실은 12개의 새로운 종이라는 주장을 발표했다. 이후에 다윈은 굴드에게서 직접 이에 대한 설명을 들었으며, 시간이 지난 후 이윽고 갈라파고스의 종들이 분기하여 새로운 종을 만들었다는 데 동의했다.

다윈이 핀치새(혹은 어떤 종류의 새들)의 종분화과정을 실험을 통해 관찰해 볼 생각을 하지 못했던 가장 근본적인 이유는 무엇일까? 가장 근본적인 이유는 그 과정이 어차피 너무나 느린 과정이어서 사람들이 일상적 시간은 물론이고 역사시간대에서조차 진화과정을 확인하는 것이 불가능하다고 생각했기 때문일 것이다. 그리고 이렇게 판단하게 된 이론적인 출발점은 앞서 살펴본 대로 라이엘의 동일과정설 지질학원리였으며, 실증적인 근거는 다름아닌 화석기록이었다. 화석기록을 통해서 나타난 진화의 시간은 너무나 느리게 흘러가는 것이어서 진화학자 홀데인(J.B.S. Haldane)이 설정한 진화적 시간의 기준이 되는 1다윈(darwin)은 백만 년의 시간에 1%가 변화하는 것을 의미한다. 만약 이 속도가 자연선택에 의한 진화의 속도라면 사람이 인지하는 것은 애초에 불가능할 것이다. 다윈뿐만 아니라 다윈 이후에 대부분의 생물학자들이 진화의 속도에 대해 이렇게 생각한 것이다. 그러나, 그랜트부부가 갈라파고스 제도에서 실험한 다윈핀치의 진화속도는 경우에 따라 무려 25,000darwin에 달했다(Weiner 저, 양병찬 역 2017, 203). 진화생물학자들의 예측이 완전히 빗나간 것이다. 한 해의 가뭄과, 또 다른 한 해의 홍수를 경험하면서 살아남은 핀치의 부리 크기의 평균치는 경쟁과 경쟁을 제약하는 자연조건하에서 매해 현저하게 변동한다.

그랜트부부의 실험은 다윈의 진화개념을 한층 더 발전시켰다. 와이너의 말처럼 "우리 주변의 모든 종들이 고정된 것이 아니라, 마치 신경이 곤두선 것처럼 예민하게 움직인다"라고 생각하는 것은 진화에 대한 완전히 새로운 관점이다. 화석기록에 나타난 변화의 간극은 총량의 평균치일 뿐 라이엘이 기대하고 믿었던 '종의 안정성'은 허상의 개념임이 확인되었다.

## 8. 나가며

다윈의 진화이론을 완결적이고, 불변의 진리를 담고 있는 경전으로 받아들이는 것이 아니라 끊임없는 재해석을 통해 지속적으로 발전하고 진화하는 이론으로 이해할 필요가 있다. 이러한 점에서 『비글호 항해기』의 의미를 되새기는 것은 과학사에서 다윈의 업적을 현재 시점에서 살아 숨 쉬는 것으로 만드는 작업이다. 구체적으로, 지리학자는 『종의 기원』에서 다윈이 종분화의 지리적 측면에 대해 얼마나 크게 가치를 부여했는지를 훈고학적으로 확인하고 그것을 수동적으로 받아들이기보다, 새로운 해석과 관점을 통해서 종의 분화 및 새로운 종의 출현에서 지리적 조건의 의미를 더 부각시키고 잘 설명하기 위해 노력할 필요가 있다. 비글호 항해 없이, 5년에 걸친 생물지리적 답사와 고찰 없이 다윈의 진화론은 완성될 수 없었다. 그리고, 『비글호 항해기』도 『종의 기원』도 수차례에 걸쳐 수정·보완되었다. 만약 다윈이 살아 있다면 아마도 이 작업을 계속했을 것이다. 진화이론의 '진화', 현재도 진행 중인 이 방대한 역사적 과학 네트워크에 지리학자들이 더 적극적으로 참여할 필요가 있다.

글을 쓰는 방식에 오해가 있을 수 있기에 덧붙이자면 이 글은 당연하게도 다윈의 진화론에 대해 비판하려는 입장이 아니다. 물론 다윈이 저작들에서 했던 많은 주장들이 현대생물학의 발전과 함께 각론에서 수정되었지만 그것이 다윈의 이론이 기본적으로 잘못 되었다는 것은 아닐 것이다. 저명한 진화생물학자 최재천교수는 『핀치의 부리』의 역서 소개글에서 만약 다윈이 살아 돌아온다면 가장 만나고 싶어 할 현대 진화생물학자는 주저없이 피터와 로즈메리 그랜트 부부일 것이라고 확신했다. 왜냐하면, 그랜트부부는 다윈의 진화론이 '옳았다고' 최초로 입증한 이들이기 때문이다. 다윈이 학문적인 확신과 인간적인 주저함 속에서 내놓은 이론적 구성인 『종의 기원』에 대해 스스로 일말의 불안감이 있었다면 그것은 아마도 다윈스스로 진화의 순간을 목격하지 못했기 때문일 것이다. 그랜트부부는 바로 그 일을 해낸 사람들이다. 그래서 다윈탄생 200주년과 종의기원 출간 150주년이었던 2009년을 1년 앞두고 그들 부부가 영예로운 다윈–월리스 메달을 받은 것은 어쩌면 당연한 것이다.

그랜트부부는 다윈의 진화론을 한층 '진화'시킨 것이다. 그럼에도 불구하고, 다윈의 진화이론을 완전히 결함이 없는, 닫히고 고정된 지식체계로 받아들인다면, 이 글은 여전히 잘못 읽힐 수 있다. 『종의 기원』은 출간 이후 150년 이상을 끊임없이 숱한 논쟁의 한가운데 있어 왔고 그 상당 부분은 진화이론을 부정하는 쪽이 아니라, 다윈의 문제의식을 발전시키는 것이었다. 그리하여 다윈의 저작과 진화이론을 가능하면 개방적인 네트워크 속에 위치시킬 필요가 있다. 다윈 개인으로서도 진화이론은 어느 날 갑자기 그가 문득 깨달은 아이디어를 거침없이 써내려간 그런 것이 아니다. 비글호 항해 이후 수십 년을 성찰한 흔적이며, 항해에서 가져온 표본과 자료들이 학계에서 회람을 통해 토론이 이루어지고 다윈이 다시 종합하는 과정의 결과물이었다. 더 큰 축으로는 훔볼트와 포르스터로 거슬러 올라가는 탐험과 답사과학의 발전 속에 다윈의 진화이론은 놓여 있다. 이것을 네트워크이든, 내러티브이든 간에 다윈의 진화이론은 그 이전으로도, 또 그 이후로도 현재에 이르기까지 계속 되는 장대한 이야기 속에 유동적으로 존재한다. 『비글호 항해기』는 아직 끝나지 않은 이야기의 초반부 어느 지점에서 결코 대체할 수 없는 귀한 역할을 하고 있다. 그리고, 이 책은 지리학자의 더 많은 관심과 사랑을 받을 자격이 있다.

# 참고문헌

권정화, 2005, 지리사상사 강의노트, 한울.

글래컨 저, 심승희·진종헌·최병두·추선영·허남혁 역, 2016, 로도스섬 해변의 흔적: 고대에서 18세기말까지 서구사상에 나타난 자연과 문화 4, 나남(Clarence James Glacken, 1967, *Traces on the Rhodian Shore: Nature and culture in Western Thought from Ancient Times to the End of Eighteenth Century*, University of California.)

다윈 저, 송철용 역, 2011, 종의 기원, 동서문화사(Charles R. Darwin, 1859, *The Origin of Species by Means of Natural Selection, or the Preservation of Favoured Races in the Struggle for Life*).

다윈 저, 장순근 역, 2016, 비글호 항해기, 리젬(Charles R. Darwin, 1840, *The Voyage of the Beagle*).

라투르 저, 황희숙 역, 2016, 젊은 과학의 전선: 테크노사이언스와 행위자-연결망의 구축, 아카넷(Latour, B., 1988, *Science in Action: How to Follow Scientists and Engineers through Society*, Harvard University Press).

박성관, 2001, "비근대의 지질학: 찰스 다윈의 『종의 기원』," 문학과 경계 1(2), 445-457.

브레이저 저, 노승영 역, 2014, 다윈의 잃어버린 세계: 캄브리아기 폭발의 비밀을 찾아서, 반니(Brasier, M., 2010, *Darwin's Lost World: The hidden history of animal life*, Oxford University Press).

앤 드루얀·칼 세이건 저, 김동광 역, 2017, 잊혀진 조상의 그림자: 인류의 본질과 기원에 대하여, 사이언스북스(Carl Sagan and Ann Druyan, 1993, *Shodows of Forgotten Ancestors*, Ballantine Books)

와이너 저, 양병찬 역, 2017, 핀치의 부리, 동아시아(Jonathan Weiner, 1994, *The Beak of the Finch*, Vintage).

장순근, 1999, "『비글호 항해기』에 나타난 찰스 다윈의 지질학적 업적," 지질학회지 35(2), 167-177.

장순근, 2000, "찰스 다윈의 『비글호 항해기』와 지구과학," *Journal of Korean Earth Science Society* 21(4), 488-501.

Desmond, A. and Moore, J., 1992, *Darwin*, Penguin Books.

Geikie, A., 2014, *Charles Darwin as geologist*, Leopold Classic Library.

Gohau, G., 2010, "Darwin the geologist: Between Lyell and von Buch," *C. R. Biologies* 333, 95-98.

Gohau, G., 2014, "Darwin and the geological controversies over the steady-state worldview in the 1830s," *Endeavour* 38(3-4), 190-196.

Lieberman, B.S., 2012, "The Geography of Evolution and the Evolution of Geography," *Evo Edu Outreach* 5, 521-525.

Livingston, D., 2003, *Putting Science in its Place: Geographies of Scientific Knowledge*, The University of Chicago Press, Chicago and London.

Wyhe, J., 2013, ""My appointment received the sanction of the Admiralty": Why Charles Darwin really was the naturalist on HMS Beagle", *Studies in History and Philosophy of Biological and Biomedical Sciences* 44, 316-326.

# 이사벨라 버드 비숍의 열대 여행기에 나타난 제국주의적 시선과 여성 여행자로서의 정체성[1]

## 1. 들어가며

이 글에서는 1883년 출간된 『이사벨라 버드 비숍의 황금반도 *The Golden Chersonese and the Way Thither*』(Bishop[2] 저, 유병선 역 2017)(이하 『황금반도』로 지칭함)에 나타난 이사벨라 버드 비숍(Isabella Bird Bishop, 1831~1904)의 여정과 지리적 묘사의 특징을 분석함으로써, 19세기 후반 외부 세계에 알려지지 않았던 말레이반도(Malay Peninsula)와 그 주변 열대지역이 영국 빅토리아 시대 여성 여행가의 시선을 통해 어떻게 표상화되었는지 살펴보고자 하였다. 특히 여성의 참정권도 인정되지 않던 19세기 후반, 세계 각지를 방문했던 비숍의 시선 속에 제국주의·식민주의의 요소가 인종, 젠더, 계급, 권력 등의 복잡한 구조와 상호

---

1. 이 글은 2018년 『대한지리학회지』 제53권 제1호에 게재된 필자의 논문을 수정한 것이다.
2. 비숍이 황금반도를 여행할 당시는 결혼 전이었기 때문에 '버드(Bird)'로 지칭해야 하나 본고에서 분석 텍스트로 삼은 역서 제목에 비숍으로 명기되어 있으며 국내에서 버드 대신 비숍으로 널리 알려 있다는 점에서 비숍으로 지칭하였다.

작용하면서 어떻게 텍스트에 투영되었는지, 나아가 미지의 세계에 대한 여성으로서의 독특한 시선이 여행 내러티브에 내재되어 있는지를 알아보고자 하였다.

'황금반도(Golden Chersonese)'는 고대 그리스와 로마의 지리학자들이 말레이반도에 붙인 지명으로 알려져 있는데, 인도차이나반도에서 보르네오해와 안다만해를 사이에 두고 남쪽으로 돌출한 좁고 긴 반도를 말한다. 고대 그리스의 지리학자이며 천문학자였던 클라우디오스 프톨레마이오스(Klaúdios Ptolemaîos)의 『지리학 입문 Geōgraphikē Hyphēgēsis』에는 황금반도의 좌표와 주요 도시의 지명·위치 등이 언급되어 있다고 알려져 있다(Wheatley 1955). 황금반도라는 지명은 마치 이곳에서 금의 생산량이 많을 것이라는 선입견을 갖게 할 수도 있으나 주지하다시피 말레이반도는 주요 주석 산지로서 금의 생산량은 상대적으로 많지 않은 편이고, 19세기 말 세계 곳곳을 탐험한 여행가이며 여성으로서는 최초로 영국 왕립지리학회 회원이었던 비숍의 여행기 제목을 통해 널리 알려졌다.

비숍은 1878년 12월 24일 총 7개월에 걸친 일본 열도 답사를 끝내고 싱가포르를 거쳐 귀국하던 중, 예정에 없던 말레이반도로의 여행을 결정하고 이후 2개월간 광저우, 홍콩, 사이공, 그리고 말레이 술탄 왕국이었던 느그리슴빌란(Negeri Sembilan), 슬랑오르(Selangor), 페락(Perak) 등지를 답사하였다. 여행 도중 스코틀랜드에 있는 여동생 헨리에타 아멜리아 버드(Henrietta Amelia Bird, 1834~1880)에게 여행지의 인상을 편지로 써 보냈고, 1883년 이 편지들을 엮어 『황금반도와 그쪽으로 가는 길 The Golden Chersonese and the Way Thither』[3]이라는 제목의 단행본으로 출간하였다.

이 책은 비숍이 1856년부터 1899년까지 출간한 총 10권의 여행기 가운데 5번째에 해당하는 것으로, 비숍 자신이 여행지의 인상을 '머릿속에서 그려 볼 수

---

3. 이는 영문 원본의 제목이고 국내에서 발간된 역서의 제목은 『이사벨라 버드 비숍의 황금반도』이다.

있도록' 묘사하였다고 강조할 정도로 매우 사실적인 기술이 특징적이다(Royal Geographical Society with IBH; Bishop 저, 유병선 역 2017, 8). 따라서 19세기 후반 당시에는 외부 세계에 잘 알려져 있지 않았던 말레이반도와 그 주변의 해협식 민지(Straits Settlements)에 대한 영국의 통치상황뿐만 아니라 영국인 여행자의 눈으로 목격한 다문화 사회에서 각 민족별 삶의 모습과 열대밀림의 생태계, 그리고 여행 중 전개된 에피소드 등을 직접 목도하듯 생생하게 확인할 수 있다.

책의 출간 후 다수의 서평이 발표되었고 비숍의 미지 탐험에 대한 열정과 탁월한 필력에 대한 호평이 잇달았다(The Academy 1883; The Spectator 1883). 다만 『황금반도』 출간 2년 후 말레이반도에 관한 또 다른 책이 발표되었는데, 이 책은 말레이반도에서 영국의 식민지 경영과 열대의 삶을 부정적으로 묘사한 것이었다. 랑앗(Langat)의 지방행정관이며 치안판사였던 제임스 이네스(James Innes)의 배우자로서 1876년부터 5년간 슬랑오르와 페락에서 체류했었던 에밀리 이네스(Emily Innes, 1843~1927)는 『도금이 벗겨진 황금반도 The Chersonese with Gilding off』라는 제목의 책에서 식민지에서의 삶, 그리고 남편 제임스와 식민 관료들 간의 갈등을 중심으로 황금반도에 관해 기술하였다(Innes 1885, 2; Doran 1998, 175). 에밀리 이네스는 비숍의 탐험과 뛰어난 필치를 칭찬하면서도 열대밀림이 비숍의 책에 묘사된 바와 달리 인간 거주에 적합하지 않은, "끔찍한 곳"이라고 언급하였다(Kaye 저, 류제선 역 2008, 282). 그녀는 자신이 관료의 아내로서 식민 행정부의 일부이면서도 어떠한 권한도 없었고 여성이었던 탓에 말레이인들에게 독립적인 권위와 위상을 인정받지 못했지만 비숍은 영국 식민 당국의 주선으로 관료들과 동행했기 때문에 여행지에서 정중한 대접을 받았으며 이로 인해 식민지에서의 삶을 왜곡하여 묘사하였다고 주장하였다.

국내에서 비숍은 19세기 말 한반도 여행기 『조선과 그 이웃 나라들 Korea and Her Neighbors』로 잘 알려져 있다. 1894년 제물포를 통해 입국한 후 총 4회에 걸쳐 조선을 여행하며 서울, 남한강 유역, 고양, 개성, 평양, 덕천, 금강산, 원산 등지와 블라디보스토크, 그리고 만주의 조선인 이주지역을 돌아보았다. 1898년 출간된 조선 여행기가 널리 소개되면서 비숍은 '19세기 서양인의 눈에 비친 조선'이라는 주제와 관련하여 국내에서 많이 언급된 인물 가운데 하나로 손꼽힌다. 역사학, 문화인류학, 문학, 한국학 등의 분야에서 이루어진 비숍의 조선 여행기에 대한 연구들은 대부분 그의 시선에 제국주의적 가치관과 '자아와 타자,' '서양과 동양'으로 구분된 오리엔탈리즘이 내재되어 있음을 비판하였다. 나아가 비숍은 조선의 문명화·근대화 방안을 서술하면서 일본의 식민주의적 개입의 정당성을 암시하였다는 점에서 비난받았고(김희영 2007; 2008; 홍준화 2014), 조선인뿐만 아니라 일본인·중국인도 서양인과 동등한 관점으로 바라보지 않았다는 문제점 역시 지적되었다(Dittrich 2013, 25−26).

이렇듯 국내에서 동아시아 국가들에 대한 비숍의 제국주의적 시선에 많은 비판이 제기되었지만 동아시아 이외의 지역에 대한 서술에서 비숍이 어떤 관점과 태도를 보였는지는 거의 언급되지 않았다. 그런 점에서 그의 제국주의적 시선이 동아시아에 한정된 것인지 확인해 볼 필요성이 제기된다. 특히 『황금반도』에 묘사된 홍콩, 광저우, 싱가포르, 말레이반도의 술탄왕국은 19세기 말 영국의 식민지였다는 점에서, 이 책을 통해 영국의 제국주의 팽창 시대의 맥락 속에서 비숍의 시선을 바라볼 기회를 얻을 수 있다.

한편 빅토리아 시대의 페미니즘에 관한 연구들이 제시한 바와 같이 19세기 유럽의 제국주의 담론은 근본적으로 남성 중심적이지만 영국 여성들도 식민지에서 '본국의 제국주의 정책과 여론 형성에 다양한 방법으로 관여했다'는 주장은 검토해 볼 만한다(이성숙 2005, 228). 제국주의 시대에 전개된 페미니즘에 대한 연구들은 본국에서 '젠더 차별'로 불이익을 당했던 영국 여성들이 식민지에서는 글쓰기, 그림 그리기, 교육 등을 통해 친제국주의 태도를 드러냈다는 점을 지적하고 있다(이성숙 2005, 228). 여성의 평등권을 얻기 위한 투쟁에 앞장섰다고 말할 수 없으나 비숍은 빅토리아 시대 폐쇄적이었던 영국 학계에서 여성 차별을 극복한 지식인으로 평가되어 왔다. 무엇보다도 1892~1893년 비숍과 22명의 여성들이 영국 왕립지리학회에 입회할 때 남성 회원들의 반대에 직면하였고 결국 입회가 허용되면서 남성 중심의 학회에서 여성 지식인의 위상을 고양시키는 데 이바지하였다는 점이 부각되었다(Middleton 1973; Bell and McEwan 1996). 그런 점에서 19세기 말 영국의 동남아시아 해협 식민지에서 이루어진 비숍의 여정 중 젠더, 권력, 계급, 인종 등의 복잡한 요소들이 상호작용하는 과정에서 제국주의적 관점이 어떻게 표출되었는지 살펴볼 필요가 있다.

비숍의 말레이반도와 그 주변 식민지에 대한 여행기는 1883년 런던의 존 머레이(John Murray) 출판사에서 출간되었는데, 이 글에서는 기본적으로 2017년 국내에서 발간된 유병선의 번역서를 분석 텍스트로 삼았다. 원문(Bird 1883)은 구체적인 문장·문맥의 표현과 어감 등을 확인할 필요가 있을 경우에 한하여 참조하였다. 번역서에는 동남아시아사를 전공한 역자의 1차적 검증을 통해 작성된 상세한 역주가 포함되어 있어 생경한 지명과 인물, 지역의 역사문화적 배경 등에 대한 자세한 설명을 참조할 수 있다. 이 글에서는 먼저 1878~1879년 비숍의 여정을 중심으로 『황금반도』의 내용 구성을 검토한 후 비숍의 시선을 통해 표상화된 식민통치와 열대에서의 삶의 모습을 살펴보았다. 이와 함께 빅토리아 시대 여성 여행가로서 보여 준 여행 담론의 특징도 알아보았다.

## 2. 비숍의 여정과 『황금반도』의 구성

『황금반도』는 비숍이 동생 헨리에타에게 보낸 총 23편의 편지와 방문지의 지리적 특성을 소개하는 4편의 설명문으로 구성되어 있다. 각 장의 분량은 원문을 기준으로 최소 4페이지(Letter 19)에서 최대 62페이지(Letter 20)에 이르기까지 일정하지 않다. 분량이 긴 편지는 20번째 편지처럼 한 지역에서 수차례에 걸쳐 이어 쓴 글을 엮은 것이다.

표 1과 같이 편지의 작성일, 작성지, 그리고 글의 주제를 살펴보면, 서간문 형식이지만, 첫째, 이동경로, 이동수단, 동반자, 방문지·체류지 등의 여행정보,

표 1. 「황금반도」의 구성과 세부 주제

| 장의 제목 | 작성일 | 작성지 | 주제* |
|---|---|---|---|
| 서론 – 황금반도에 관한 브리핑 | – | – | 황금반도-말라카 정부-해협식민지-반도의 땅-계절풍-미지의 땅-개절풍-반도의 산물-거대한 흡혈귀-짐승과 파충류-해충과 이중 풀과 물의 세들-말레이 이인의 역사-원시 부족과 문명인-가파로족-사망족과 오랑우탄-지준족의 특징-바바와 신규-말레이인의 얼굴-언어와 문화-말레이 사인 음악-말레이 정부-"아는 게 없다" |
| 편지 1 | 1878. 12. 24. | 일본 요코하마에서 홍콩 증기선 '불기호' | 증기선 불기호-어둠 속의 항해-홍콩의 첫인상-불타는 홍콩-이재민의 무표정-화재 재발-옹조리든 활력 |
| 편지 2 | 1878. 12. 29. | 빅토리아 주교궁 | 상쾌한 날씨-둘에 갇힌 열병 세존-'피진' 잉글리시-홍콩항-홍콩의 번영-남타는 범죄집단-주우를 둘러보라! |
| 편지 3 | 1878. 12. 30. | 미국 선적 증기기 여객선 '긴키앙호' | 증기선 긴키앙호-광자우의 첫인상-사면 섬-광자우의 영아-만주인의 도시-배수구와 바리케이드-광자우의 밤-그림 같은 도시-섬득한 선물-동양의 매력-재판정 |
| 편지 4 | 1879. 1. 6. | 광자우, B. C. 헨리 목사의 집 | 죽음도 불사하는 믿음-'서양 귀신'-정교와 보득-중국인의 사찰들-물 위에 떠 있는 광자우-아오에서의 점심-삿과 색-평범한 실망-거리의 풍경과 소리-거리의 이상-음식과 식당-훈레-사원과 예배-전족 |
| 편지 5 | 1879. 1. 10. | 홍콩 | 난하이현 감옥-칼을 쓰는 형벌-범죄와 버장함-생일 전시-수감자의 사망물-진안함과 사악함-지연 이민의 현관 |
| 편지 6 | 1879. 1. | 중국 해상 증기선 '신도호' | 메콩강-사이공의 이양-프랑스 식민지의 대도시-사이공에서의 유럽인의 일상-인도차이나의 중국인-마을-초콰인에서 '에프터는 티'-베트남인의 의복-베트남인의 강-위의 삶-물과 물을 오가며 사는 사람들-성공하지 못한 식민지-교자기-기독교를 박해한 세 황제-사이공 |
| 편지 7 | 1879. 1. 19. | 싱가포르 | 열대의 이름다움-싱가포르의 한대-적도 위의 대도시-이미 없는 존재들-싱가포르의 성장-장세청부제-대화의 소재-반짝거리는 '8만의 홍콩'-다중언어사회-평범한 사람들-아시아의 신비-그림 같은 동양-싱가포르의 변화 |
| 편지 8 | 1879. 1. 20. | 말라카, 증기선 '레인보우호' | 세인트 엔드루 성당-싱가포르감의 전경-중국인의 식민지-말라카의 첫인상-말라카로 가는 도시 |
| 편지 9 | 1879. 1. 21.~23. | 말라카, 스타다이스 | 말라카 총독-단란한 가정-낡은 스타다이스-장엄한 건축물-끝없는 낮잠-열대의 큰 중국인 기옥-중국인의 부와 지배력-이면 장세청부제-말라카의 정글-이슬람의 정글-말라카의 묘지-말라카의 촌락-말레이인의 특성-복장과 장식-종교적 언고함과 메카 순례-말레이의 물소 |

*주: 비숍이 명기한 각 편지의 세부 주제이다(Bishop 저, 유몽선 역 2017).

| 장의 제목 | 작성일 | 작성지 | 주제* |
|---|---|---|---|
| 편지 10 | 1879. 1.23. | 말라카, 스타디이스 | 중서에 머물러 있는 말라카-흠금이 이야기-중국인의 축제-흠금과 보석-광채의 무게-세례명이-시에드 암둘라흐만-슐탄-행패한 도시-프란치스코 하비에르-쇠뿔도 단김에-여행 계획 |
| 승에이우종에 관하여 | — | — | 말레이반도의 수수께끼-승에이 우종-말레이흐만-승에이 우종의 재정수입-풍경과 선물-세토운 다투 클라나-이종 지배 |
| 편지 11 | 1879. 1.24. | 말레이반도, 승에이 우종 다투 클라나의 영지, 습판 경찬서(로 보채나강과 링기강이 합류하는 지점에서) | 맹그로브 습지-정글에 사는 사람들-습판 경찬서-익어 시낭-링기강-침물한 표정의 군중-파드리망 파시 르메서의 교주-엄청난 장애 |
| 편지 12 | 1879. 1.26. | 승에이 우종, 스름반 영국 주재 관자 | 한 위대한 예언자의 무덤-종신랑-병약한 여행자-우리의 작은 배-정금의 밤-정글이 밤-한밤의 경이-1월의 폐럭 정글-정금의 천진함-역동과 고요-물편한 밤-어수한 식사-반딧 씻기-첨단한 실망감-라사의 경찬서 |
| 편지 13 | 1879. 1.30. | 승에이 우종 주재관자 | 문명의 부속물-집사 바부-캠틴 머레이의 성서-구현된 정부-중국이 주석 광산-중국의 도박장-카피탄 차이나-춘절 축제-황폐함-불편-스름반 감우-플랜테이션 힐-거대한 모닝불-케미의 세계-개미의 장례-플랜테이션 힐의 밤-도이드의 파상-중국인의 용종 원레의 왕자의 궁-다투 반디르의 가소-거대한 유혹-카로-주모식 금 |
| 슬랑오르에 관하여 | — | — | 슬랑오르-슬랑오르의 역광-천연자원-슬랑오르의 무법 상태-영국의 슬랑오르 개입-희망적 전망 |
| 편지 14 | 1879. 2.1. | 편지 14-1 말라카, 증기선 '레인보우호' / 편지 14-2 슐탄의 요트 '슬랑오르의 랑아낭' | 편지 14-1 증기선 레이보우호-말라카의 황혼-밤바다-클랑의 주재관자-인간의 '천적'-클랑의 쇠테-탁월한 중국인의 지도자 암아로-장대한 중국식 이와트-'이틀이 코기리'의 행패-"귀브라다! 코브라다!" / 편지 14-2 요트 위에서 본 말라카 해현-엄대하 쿤-러자자 무디-흐랑이 무디-흐랑부..."이 크리스, 사람 먹었어"-슐탄궁-국가아원회-슐탄의 수행원들-'흐렘의 빛-슐탄의 선물 |
| 편지 15 | 1879. 2.7. | 클랑의 주재관자 | 외쿤모기-성기선 근중들-어떤 하지의 운명-말레이의 관습-맹세와 가짓말-가짜 경보 |
| 편지 16 | 1879. 2.7.~8. | 증기 보트 '암둘사맛호' 슬랑오르의 바던남강 | 요트 여행-슬랑오르의 파괴-개통 위의 생물들-장독-누후된 지역-끝내주는' 이침-부랑지들-치안 책임자 |

| 장의 제목 | 작성일 | 작성지 | 주제* |
|---|---|---|---|
| 편지 17 | 1879.2.9.~10. | 페낭, 훌랄룸푸르, 조지타운 | 딩딩 제도-망고르섬의 비극-열대의 일출-로런스 총독의 이임-일시병-클링 미인-집꾼과 답변-조지타운 운하 시장-중국인의 얼퉈별장-페낭의 선물-후추 농사 |
| 페락에 관하여 | - | - | 페락의 경계와 하천-주석 광산-과일과 아채-사탕야자-페락의 교역-커피의 미래-희망적 전망-중국인의 근면-라룻의 중국인 분쟁-팡쿄르 조약-'작은 전쟁'-페락의 안정-주재관과 부주재관 |
| 편지 18 | 1879.2.11. | 라룻의 영국 주재관저 | 프로빈스 웨즐리-물소-천진한 밤-페락의 관리들-우중충한 습지-길들여진 코끼리-건강든 표현별-타이핑의 주재관 사무소-술탄 압둘라의 어린 왕자들-중국인의 주석 광산촌-무장 경찰-악어와 희생자-스완번 소령-라룻에서의 만찬-아침의 친가 |
| 편지 19 | - | 라룻의 부주재관저 | 라룻의 중국인-별레잡이동물-중국인의 한마-시크교도 미인 |
| 편지 20-1,2,3 | 1879.2.16. | 쿠알라 캉사르의 주재관저 | 편지 20-1 새로운 환경 동반시키는 정글-여름, 여름, 여름 그리고 여름-신경조-검붉 마음의 연못 호수-코끼리의 주어읊-말레이인 마후트-새로운 정험-가축-말레이인의 한마-땅 위의 거머리-두려운 증거-웅-첫 코끼리 타기와 그 경험-쿠알라 캉사르 / 편지 20-2 여리동정-기이한 민간-마야후무드의 에불리스-재미의 채웅-마야후무드의 익살-시적인 얼대의 삶-춘타의 임상-이슬람 사인의 관리들-어떤 이슬람의 장례식-술단의 코끼리-패러강에서의 수영-검풍 규토리마-해저와 소굴-라차 드리스 / 편지 20-3 유쾌한 환영식-통렬한 검욕 영국인 주재관-일상의 방문자들-라차 드리스-솔 취한 유인원-검풍식-검풍식 피로연-말레이인 아이들-라차 마다 유스프-쏠쏠한 장례식-매혹작인 친교-코코넛 따는 연종이-쿠푸르목도리랑-어떤 페인-코롬소의 뿔-코기리 김들이기-이슬람의 영향-상어해지는 인종 |
| 편지 21 | 1879.2.20. | 쿠알라 캉사르 | 말레이반도의 내륙-말레이의 하수아버드-배농사-우울한 풍경-사악한 주술-경보-위기의 기능성-인내와 천곤-사새들이 수다 |
| 편지 22 | 1879.2.21. | 타이핑의 부주재관저 | 유쾌한 조링발 타기-이침의 천가-부짓 버러팻 험로-또 다시 '가'시의 세계로-익렁-말레이의 귀신 이야기-이뭌 광란-이뭌 광란자의 접주-이뭌의 기관-페락 정글의 공터-제무노례처-많야서 세 노예의 운명-이슬람의 기도-거머리 길든 삶-말레이 숙달-민신 |
| 편지 23 | 1879.2.24.~25. | 페낭섬의 피다, 배석판사 우즈의 자택 증기선 '말와호' - 스리랑카 행 | 살인 갱단-말레이인의 별명 불이기-나해뱀은 이기-홍콩반도를 떠나며 |

둘째, 지역의 자연환경, 역사, 경관, 민족 등에 대한 지리적 정보, 셋째, 영국 식민 관료들의 통치 방식, 현지인과 백인 간의 갈등 등에 관한 식민지 통치 정보가 생생하게 기술되어 있다. 비숍 자신이 경험하고 목격한 바를 실제 전개된 에피소드로 연결시켜 내러티브를 구성하였기 때문에 여행에 직접 참여한 듯 로컬의 장소감을 생동감 있게 전달 받을 수 있다.

이에 비해 황금반도의 지리적 개관인 '서론'과 편지들 사이에 포함된, 19세기 말 영국의 보호령이었던 숭에이 우종(Sungei Ujoing), 슬랑오르(Selangor), 페락(Perak)에 대한 소개문은 자연 및 인문 지리에 대한 설명으로 이루어져 있다(그림 1). 이 장들은 백과사전과 같은 설명문 형식을 띠며, 상대적으로 건조한 문체로 해당 지역의 기후, 지형, 동·식물, 역사, 제도와 전통, 주민 등을 소개하고 있다(표 1).

『황금반도』의 서문에서 비숍은 여행지에서 부친 편지들을 일부 보완하고 오류를 수정하였으나 가능한 원문 그대로 포함시켰다고 언급하였다. 또한 각 지

그림 1. 19세기 말 말레이반도의 술탄왕국
주: 밑줄 친 지명이 말레이 술탄왕국을 나타내며 보르네오섬의 술탄왕국은 본 지도에 포함하지 않았다.

역의 자연·인문 환경의 특성을 소개하는 글은 식민 관료들이 작성한 각종 보고서와 공식 문서를 참고하였다고 밝히고 있다. 지리적 개관에 해당하는 지역 소개문을 작성할 때는, 지도제작자이며 슬랑오르의 공공사업 감독관이었던 도미닉 데일리(Dominic Daly, 1843~1889)의 "말레이반도의 술탄국에 관한 조사와 탐사 Surveys and Explorations in the Native States of the Malayan Peninsula, 1875–1882"와 왕립아시아학회 해협지부 회보에 실린 해협식민지 식민부 차관 프랭크 스웨트넘(Frank Swettenham, 1850~1946)이 작성한 말레이 술탄왕국에 대한 보고서, 그리고 해협식민지 법무장관 피터 맥스웰(Peter Maxwell, 1843~1878)의 『영국의 말레이 정복사 The English conquest in the Malayan Archipelago』, 동인도회사의 군인이자 탐험가였던 토머스 뉴볼드(Thomas Newbold, 1807~1850)의 『말라카해협의 영국 식민지에 관한 정치적·통계적 고찰 Political and Statistical Account of the British Settlements in the Straits of Malacca, viz. Pinang, Malacca, and Singapore, with a History of the Malayan States on the Peninsula of Malacca, Vol. II』을 참조하였다고 기록하였다(Bishop 저, 유병선 역 2017, 393, 395, 421).

특히 비숍이 "말레이 술탄국들에 관한 식민지 정부의 외교 자료를 독파해야 했기에 잠시도 쉴 틈이 없었다"(Bishop 저, 유병선 역 2017, 306)라고 기술할 정도로 영국 정부의 식민지 조사 자료를 여행 중 꼼꼼히 읽고 확인하였으며 이 자료들이 『황금반도』의 근간이 되었다는 점은 주목할 필요가 있다. 이와 함께 비숍이 이동 시 고위 관료들의 인도와 호위를 제공받으며 관저에서 체류하였다는 사실 역시 비숍의 시선 자체에 영국 식민정부의 통치관이 그대로 투영되어 있었음을 더욱 부각시킨다. 이네스(Innes 1885)가 언급했던 바처럼 비숍은 현지인과의 대화나 교류에서, 독립된 여행가라기보다는 동행한 본국 출신의 백인 남성 식민관료들과 거의 동등한 지위와 권위를 가진 공식적 빈객으로서 대우받았다. 물론 『황금반도』에 기술된 내용을 모두 제국주의와 식민주의의 시선으로 일반화시킬 수는 없으나 식민정부의 관점과 시선이 『황금반도』에 상당히 반영되었다는 점은 분명하다.

책에 기술된 여정에 의하면, 비숍은 1878년 12월 24일 일본 요코하마항에서 증기선 '볼가호'를 타고 홍콩으로 들어가 답사한 후 광저우에서 다시 홍콩으로, 그리고 사이공, 싱가포르, 말라카, 다음으로는 말레이반도의 숭에이 우종, 슬 랑오르의 클랑(Kelang), 페낭(Penang), 페락의 라룻(Larut)·쿠알라 캉사르(Kuala Kangsar)·타이핑(Taiping), 페낭(Penang)으로 이동하였고, 1879년 2월 25일 페낭 에서 스리랑카 콜롬보(Colombo)로 이동하기 위해 벵골만으로 향하는 증기선 '말와호'에 탑승하는 것으로 여행기는 마무리된다(표 1). 방문지가 말레이반도 의 서안(西岸)뿐이고 동부와 내륙지대에 대한 기술이 포함되지 않았기 때문에 '황금반도'라는 책 제목에 문제가 있을 수 있음을 비숍 자신이 머리말에서 밝히 고 있다. 총 23편의 편지 가운데 편지 1~7은 홍콩, 광저우, 사이공, 싱가포르에 대해, 편지 8~23은 말레이반도에 대해 기술한 것이다.

각 편지의 하위 주제를 살펴보면, 방문지의 경관, 역사적 배경, 제도와 관습, 식생, 영국의 식민통치 방식 등에 이르기까지 매우 광범위하다. 이 내용들은 말 레이인 마을을 직접 방문하여 현지인의 가정을 엿보고 경험한 바와 같이 비숍 이 직접 답사를 통해 얻은 정보, 현지 식민관료들로부터 수집한 정보, 식민정부 보고서로부터 얻은 정보, 특기(特記)하지 않은 정보원[4]으로부터 얻은 정보 등에 의거한 것이다. "1881년에 실시된 싱가포르 인구센서스는 이 섬이 지닌 중요 성을 한눈에 보여 준다. 이 센서스의 조사원 434명 가운데 유럽인은 단 7명이 다! 이 인구센서스에 따르면, 싱가포르섬의 주택은 2만 462채, 총 인구는 13만 9,208명이다. 전체 인구에서 남성이 10만 5,423명이고 여성은 3만 3,785명에 불과하다"(Bishop 저, 유병선 역 2017, 409, 411)에서와 같이 가능한 한 영국의 해협 식민지 인구센서스나 식민지 보고서의 구체적인 통계치를 인용하여 자료의 신

---

4. "나는 프랑스 식민지 코친차이나를 부러워하지는 않는다. 나의 세 명의 정보원에 따르면, 유럽인은 이곳의 기후에 결코 적응할 수 없으며, 백인 아이들 대부분은 태어나 얼마 살지 못하고 죽는다고 했다"(Bishop 저, 유병선 역 2017, 124)에서와 같이 명기하지 않은 정보원으로부터 도움을 얻었 음을 밝히고 있다.

뢰성을 나타내고자 하였다.

방문지에 대한 소개에서 가장 두드러진 것은 열대우림의 경관 묘사인데, 다양한 수종의 특징을 상세하게 묘사함으로써 비숍 자신의 풍부한 지식을 드러낼 뿐만 아니라 기술 내용이 정확하다는 점을 과시하고자 하였다. 가령 쿠알라 캉사르의 주재관저에 체류하며 관찰한 식생에 대해 "오늘 하루 내가 본 것만 해도 교목과 관목을 합쳐 나무 126종, 덩굴식물 53종, 착생식물 17종, 양치류 28종에 달한다"(Bishop 저, 유병선 역 2017, 313)라고 쓴 것처럼 식물 종에 대한 상세한 지식을 갖추고 있으며 자신이 직접 꼼꼼하게 관찰하고 기록하였음을 강조하였다. 또한 말라카의 열대림에 대한 묘사와 같이 화려한 문학적 수사를 곁들였는데 상세한 열대림에 대한 묘사는 일종의 열대의 이국적 경관과 지역성을 설명하는 기제(mechanism)로 작용했다고 할 정도로 단순한 경관 묘사 이상의 의미를 전달한다(그림 2).

비숍의 여행 기록은 19세기 말 제국주의·식민주의 맥락 안에서 말레이반도

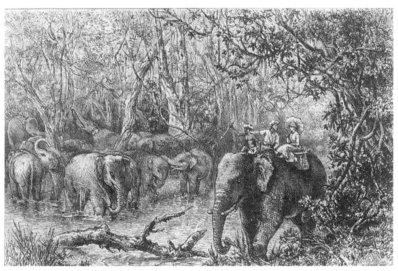

그림 2. 『황금반도』의 삽화: 이사벨라 비숍이 페락에서 코끼리를 타고 이동하는 모습
자료: Bird, I., 1883, iii(Internet Archive)

의 말레이인, 중국인, 유럽인, 인도인 등의 다양한 삶의 방식을 설명하고 이해하고자 기술한 지리지인 동시에 문화기술지(ethnography)의 성격을 띠며, 열대밀림에 대한 문학적 수사의 미학이 드러나는 뛰어난 글쓰기의 본보기를 보여준다. 그러나 이 책에 제국주의적 태도와 시선이 반영되어 있다는 점은 분명하며 독자들에게도 제국주의 관점에서 현시한 영국의 해협식민지에 대한 인식을 재생산하는 데 기여했다고 할 수 있다. 다음 절에서는 그 구체적인 사례를 살펴본다.

## 3. 제국주의 시선과 분열

비숍은 대부분의 여정에서 영국 관료들로부터 초대장이나 소개장을 받고 지역정보를 얻어 여행하였다. 영국 관료들이 안전과 길 안내 등을 제공했기 때문에 방문 장소에는 식민관료의 현장 순시처럼 수형 시설, 재판정, 사형장, 의료시설, 주재관 사무소, 경찰서, 주석 광산촌 등 공공기관과 공공시설이 포함되어 있다. 이와 같은 방문 장소들은 비숍의 문화적 호기심을 충족시켜 주는 곳이기도 했으나 비공식적 순시와 같은 성격을 띠고 있어 이 장소들에 대한 묘사는 영국 식민통치관의 시찰 보고서 같은 문체와 내용을 나타내기도 한다. 예를 들면, 숭에이 우종에서 말라카 치안 책임자(헌병 지휘관) 헤이워드(Hayward)와 함께 중국인 도박장과 법원을 방문하면서 "나와 헤이워드는 통역자와 함께 분위기나 살필 요량으로 중국인 도박장 중 한 곳을 찾았다"(Bishop 저, 유병선 역 2017, 210)라고 밝힌 것처럼 실지(實地)의 사정을 의도적으로 살피고자 했던 것을 알 수 있다.

영국이 식민지를 확보하는 방법과 과정도 일련의 에피소드를 통해 잘 드러난다. 그 대표적인 예로 숭에이 우종의 링기강(Linggi River)에서 말레이인 뱃사공들이 야간에 물살이 빠른 상류로 이동하는 것을 꺼리자 말라카 치안 책임자

그림 3. 『황금반도』의 삽화: 적도 정글의 하천
자료: A Celebration of Women Writers, Digital Library of University of Pennsylvania; Bishop 저, 유병선 역, 2017, 239.

헤이워드가 이 문제를 손쉽게 해결한 방법을 묘사한 부분이 있다. 헤이워드가 링기강 상류로 이동하는 것을 거부한 뱃사공 가운데 한 명에게 다른 뱃사공들과 상의해 보라고 하였고 이로 인해 뱃사공들 사이에 갈등이 빚어지자 말레이인 순경을 보내 뱃사공들이 스스로 보트를 젓게 했다는 이야기가 상세히 기술되어 있다(그림 3). 역자 유병선은 영국이 헤이워드와 같은 방식으로 말레이반도의 술탄국들 간의 갈등을 조장한 후 문제를 해결한다는 명분으로 이 지역을 보호령으로 만들었으며, 더 나아가 반도 전체를 자국 식민지로 만들었음을 지적하였다(Bishop 저, 유병선 역 2017, 187, 450).

말레이반도에서 영국의 식민지배가 공식화된 것은 페락주의 술탄과 영국이 팡코르 협약(Pangkor Treaty)을 맺은 1874년이었는데, 영국은 이 협약에 종교와 관습에 관한 사항을 제외하고 본국에서 파견한 주재관(Resident)의 조언을 얻게 하는 간접지배 방식을 명시하였다(소병국 2003, 115). 그러나 조약과 달리 영국은 술탄국에 대한 지배를 점차 강화시켜 갔다. 비숍이 말레이반도를 방문했던 1879년은 바로 영국이 술탄국에서 세력을 강화시키고 있던 때였는데 이를 촉발시킨 것은 비숍의 방문 4년 전 해협식민지 초대 주재관 버치(James Wheeler Woodford Birch, 1826~1875)가 영제국의 내정개입에 반발하는 말레이 술탄들에 의해 살해된 사건이었다.

비숍이 영국의 식민통치를 묘사한 텍스트에는 대체로 본국의 통치 방향과 지침에 동의하면서도 현지인들이 겪는 고초에 동정과 연민을 표하고, 식민통치의 문제점을 지적하기도 하는 비일관적 태도가 곳곳에 나타난다. 그러나 영국의 식민통치 자체를 부정하거나 영국인의 철수를 주장하는 것은 아니었다. 비숍은 "말레이인이 페락의 주재관 버치를 암살하자, 영국이 '작은 전쟁'을 통해 가혹하게 응징"한 바 있다면서 자신의 의견으로는 지역의 언어와 정치사회적 사정을 이해하지 못한 "어설픈 조언이나 의욕만 앞선 계획"이 문제를 일으키므로 이를 시정할 필요가 있고 내정 개입이 해결되지 않으면 식민지와 영국 모두에 피해를 가져올 것이라고 기술하였다(Bishop 저, 유병선 역 2017, 232, 290). 비숍은 이렇게 식민통치 방식과 관련된 문제점과 본국에서 파견된 관료 및 말레이 술탄들의 역량과 과오를 예리하게 포착하여 기술하였으나 이는 근본적으로 영국의 통치를 용이하게 하고 국익을 증대시키기 위한 방안의 일부로 제안된 것들이라 할 수 있다.

다른 한편으로 비숍은 열악한 수형 시설에 수감되어 있는 죄수, 마땅한 치료제가 없어 고통을 겪고 있는 환자, 부당한 대우를 받고 있는 노예 등에 대해 측은함과 동정심을 드러내었다. 자신의 감정을 스스럼없이 표현함으로써 인간적인 면모를 드러내고 있는 구절은 여러 편지에서 확인된다. 또한 말레이인의 예절바름과 정중함, 그리고 '높은 문명의 수준'을 극찬하면서도 말레이 토착민과 영국인 간의 상호 시선에서 나타나는 불신의 문제를 공유하고 있었고 이로부터 벗어날 수 없었다. "중국인은 우리 백인을 오랑캐라거나 서양 귀신[양귀자(洋鬼子)]이라 부르는 못된 습성이 있다"(Bishop 저, 유병선 역 2017, 53-54)에서처럼 비숍은 중국인의 백인에 대한 시선에 대해서도 불편함을 드러내었다. 또한 "말레이인은 독실하면서도, 상당 부분 무지하고 광적인 이슬람이다. 내가 확신하는 바 매우 신뢰받는 영국인이라고 해도 말레이인으로부터 "이슬람을 믿지 않는 개"라는 평가를 약간 면한 정도에 지나지 않는다"와 같이 비숍 자신이 전해들은 표현을 그대로 인용하였다(Bishop 저, 유병선 역 2017, 157). 특히 "말레이인은 토착 군주들에게 착취당하는 것보다 영국의 지배 아래에서 세금이 공평하게 부과되고, 안전이 보장되는 것을 선호할 가능성이 크다. 그러나 영국인은 그들을 이해하지 못하며, 그들도 영국인을 이해하지 못한다. 어쩌다 이슬람을 믿게 된 이곳에서 말레이인이 영국에 우호적이라는 사실만으로 말레이인을 향한 영국인의 경멸과 혐오의 깊은 골이 메워질 수는 없다"라며 지배자와 피지배자 간의 깊은 상호 불신과 심리적 간극을 기술하였다(Bishop 저, 유병선 역 2017, 158).

말레이인과 영국인 간의 상호 불신은 인종, 종교, 관습, 전통, 제도 등에 대한 무지와 편견, 그리고 오해에서 유발된 것일 뿐만 아니라 말레이반도에서 포르투갈, 네덜란드, 영국으로 이어진 식민지 지배의 역사에서 비롯된 것이었다. 주목해 볼 부분은 현지인에 대한 부정적 이미지화가 영국으로 하여금 적극적인 세력 확장과 개입을 가져 올 수 있었다는 점이다. 『황금반도』에서 공식적인 제국의 입장을 반복하고 있는 듯한 표현들을 확인해 보면, "주재관의 보고서는 토지 문제에서 말레이의 관습법과 영국의 개입을 둘러싼 갈등 등 영국과 말레이 수장의 '이중 통치' 방식에 따른 끔찍한 곤경을 생생하게 보여 준다. 하지만 독립을 유지하려는 숭에이 우종 등 다른 영국의 보호령은 영국의 군사적 우위를 충분히 알고 있는 상황이어서 안전과 정의를 보장해 주는 지금의 주재관 제도를 파기하려 하지는 않을 것으로 보인다"와 같이 '안전과 정의'를 보장하고 있다는 식민정부의 입장을 그대로 기술하였다(Bishop 저, 유병선 역 2017, 177).

비숍은 이렇게 영국의 식민통치와 군대의 주둔에 따른 '안전'을 특히 강조하였다. 페낭의 조지타운(George Town)에서도 중국인, 버마인, 자바인, 아랍인, 말레이인, 시크교도, 마드라스인, 클링인, 출리아, 파시교도 등의 다인종 사회를 이루고 있는 것에 대해 "페낭의 아시아계 이주민들은 영국의 지배 아래 생명과 재산을 확실하게 보장받으며, 영국의 식민지 법정에서 공정한 재판을 받는다는 것을 확신하고 있다는 뜻이다. 아울러 이들 아시아계 이주민들에게 '영국 군대의 북소리'와 영국 함대는, 영국에서 효율적인 경찰이 상징하는 것과 마찬가지로 안전을 보장하는 것"으로 받아들여지고 있다고 기술하였다(Bishop 저, 유병선 역 2017, 274-275). 비숍은 영국인이 말레이인에게 위해를 당했을 경우 위해자를 처형하고 말레이인 마을을 불태우는 등 과도한 보복을 가하는 문제를 언급하기도 하였으나 영국의 식민통치가 진정한 '안전'과 '정의' 구현을 위해 필요한 것으로 믿고 있었음을 텍스트 곳곳에서 드러내었다.

식민통치에 대한 영국의 국가적 자부심 역시 그대로 투영되어 말레이반도를 먼저 통치했던 네덜란드와 포르투갈에 대한 강한 부정적 묘사도 나타난다. "나는 해적 같은 포르투갈인과 떠돌이 장사치 같은 네덜란드인이 모두 물러나게 된 것을 말라카는 다행으로 여겨야 한다고 생각한다. 영국은 말라카를 1795년에 점유하였다가 1818년 네덜란드에 되돌려줬다. 1824년 영국-네덜란드 조약을 통해 영국은 수마트라의 영국 식민지 벤쿨렌(Bencoolen)을 네덜란드에 내주는 대신 말라카를 얻었다"(Bishop 저, 유병선 역 2017, 168-169)라며 유럽 국가들 간 식민지 점령 경쟁을 언급하고 영국의 우월성을 직접적으로 피력하였다.

또한 영국의 '역할분리 통치전략 정책'에 따른 민족 간 분열은 특히 말레이반도의 주요 광물 자원인 주석 광산 개발에서 가장 두드러졌다(임은진 2016). 영국이 인도에서 말레이반도로 식민통치를 확장하게 만들었던 이유 가운데 하나인 주석에 대한 묘사는 광산의 분포, 광석의 매장량과 채굴 방법, 중국인 광산 노동자 실태 등을 포함한다. 이 가운데 주석을 채굴하는 데 중요한 역할을 수행한 중국인에 대해서는 여러 측면에서 그 가치와 효용성, 문제점을 언급하였다. "1828년 중국인 노동자들은 말레이인에 의해 대량 학살되는 비극을 겪기도 했지만 지금은 영국의 보호 아래 그럴 걱정을 덜었다"며 영국이 안전과 질서, 정의를 위해 개입하였다는 점을 강조하고자 하였다(Bishop 저, 유병선 역 2017, 206).

실제 주석을 놓고 말레이인, 중국인, 영국인 간의 갈등은 텍스트에 기술된 것보다 훨씬 심각했고 장기간 지속되었다(소병국 2003). 비숍은 주석에 대한 네덜란드와 영국의 식민지 쟁탈 과정, 주석 광산 개발권을 놓고 벌어진 중국인 간의 유혈 사태, 그리고 말레이 술탄의 개입에 의한 내전 등을 상세하게 기술하며 자원이 외세 개입의 원인임을 그대로 보여 주었으나 자국의 자원 수탈의 문제점은 직접적으로 비판하지 않았다.

## 4. 여성 여행자로서의 정체성과 글쓰기

박지향(2000)은 여성과 남성이 쓴 여행기 속 담론에 차이가 있다는 주장은 문제가 있다고 지적하였다. 일반적으로 남성과 여성 간 차이로 언급되는 것을 크게 5가지로 정리하면 다음과 같다. 첫째, 남성이 식민주의적 이데올로기를 중심 주제로 두고 여행지를 잠재적 식민통치의 공간으로 기술하는 경향, 둘째, 남성이 자신을 '국민'이나 '인종'을 대표하는 것으로 묘사하는 경향, 셋째, 남성이 자신이 처한 어려운 형편·처지, 또는 자신에 대한 부정적 이미지를 형성할 수 있는 사실이나 관점을 서술하지 않는 경향, 넷째, 여성이 두려움·혐오감 등 자신의 감정을 솔직하게 드러내는 경향, 다섯째, 여성이 지역주민의 용모·의상 등을 상세히 묘사하는 경향 등이다(박지향 2000, 152-153).

그러나 여행기에 표출된 남성과 여성의 관점과 기술 방식의 차이가 젠더에 따른 가치관과 정체성으로부터 특수하게 유래했다고 해석하기보다는 오히려 역사적 시대의 정치적, 사회적, 문화적 특성과 긴밀하게 연결되어 있다고 해석해야 할 필요성이 강조된다(Clark 1999, 22-23; 박지향 2000, 159에서 재인용). 이미 감상적 표상이나 정서적 체험의 강조가 여성의 텍스트에만 나타나는 특징이 아니라는 사실들이 제시된 바 있다(박지향 2000, 157). 여행가의 시선이나 글쓰기 특성이 성별로 동일하거나 일관된 것이 아니라는 것은 앞서 언급한 이네스

(Innes 1885)의 『도금이 벗겨진 황금반도』를 통해서도 잘 드러난다. 같은 지역, 같은 대상에 대해서도 사회문화적 위치성·정체성에 따라 서로 다른 태도와 관점을 보일 수 있는 것이다.

그러므로 비숍이 성차별과 백인우월주의, 제국주의가 특징적이었던 빅토리아 시대의 인물이라는 점을 고려하여 그가 고된 여행을 하는 과정에서 인종, 계급, 젠더에 따른 정체성을 어떻게 표출하였는지, 그리고 이들 각 요소가 어떠한 갈등을 일으켰는지 주목해 볼 필요가 있다. 비숍은 종종 안전의 문제를 걱정하기도 하였으나 여행 과정에서 여성으로서의 나약함을 드러내거나 여성이라는 점에서 특별한 대우를 요구하지 않았다. 오히려 신체와 정신의 강인함을 드러내는 상황들을 다수 묘사하였다. 이를테면 비숍은 말라카 증기선 '레인보우호'의 탑승객 가운데 유일한 백인 여성이었을 때나 숭에이 우종의 정글 속 링기강에서 뜨거운 열기와 급류, 그리고 떠내려 오는 거대한 통나무를 피하며 46.7km의 물길을 이동하면서도 동승자들과 달리 태평한 모습을 보였음을 사실적으로 기술하였다. 비숍은 자신이 여행을 통해 갖은 고초를 겪었기 때문에 덤덤해졌다고 표현하며 섬약한 여성의 모습을 내비치지 않았다(Bishop 저, 유병선 역 2017, 190).

그러나 이슬람 사회를 여행하면서 백인 여성으로서의 정체성으로 갈등을 겪었던 경우는 여러 곳에서 확인해 볼 수 있다. 예를 들어 비숍은 종교, 젠더, 권력의 요소들이 서로 충돌하는 상황으로서, 네덜란드 말라카 총독 집무실이자 관저였던 스타더이스(Stadthuys)에서 체류하는 동안 일어난 에피소드를 다음과 같이 기술하였다.

내가 미처 잠자리를 벗어나기도 전에 네 인종(말레이인, 중국인, 포르투갈인, 마드라스 출신의 인도인)의 남자 시종이 내 방을 찾은 것이다! 여느 중국인 노동자들처럼 갈색의 무명 셔츠와 바지를 입고 내 방에 수시로 드나드는 중국인 시종은 시중드는 솜씨가 형편없는 것도 모자라 나를 아주 성가시게 한다. 내 방문이 제대로 잠기지 않는 탓도 있겠지만, 그는 내가 잠옷 바람으로 글을 쓰는 아침에 소리도 없이 들어와서는 침대를 정리하고 모기를 잡는다. 그리고는 옷장에서 가운을 하나하나 가리키며 나를 빤히 쳐다본다. 내가 눈짓으로 어느 하나를 고르면 그것을 집어 들고 가져온다. 내가 문을 가리키며 "나가!"라고 큰 소리를 지른다고 해도 그를 쫓아낼 수 없다.(Bishop 저, 유병선 역 2017, 169)

말레이인 남성으로부터 시중을 받는 것은 인종, 종교, 계급, 젠더의 요소들 간 마찰을 발생시키는 것이었다. 식민지 본국에서 파견된 총독의 정식 초청을 받은 방문객이었던 비숍의 경우, 이슬람 사회에서 총독과 동등한 지위와 백인이라는 인종적 특권이 여성으로서의 취약함을 상쇄시켰다고 할 수 있다. 다인종 사회에서 백인의 우월성, 특히 식민제국 출신의 백인으로서의 지위 역시 중요하게 작용하였다고 해석할 수도 있으나 이네스(Innes 1885)가 영국 출신의 백인 여성이었지만 공식 직함이 없었던 탓에 현지인들 사이에서 겪었던 고충들을 고려해 볼 때 더 중요하게 작용한 것은 총독의 공식적 빈객이었다는 점을 알 수 있다.

또한 비숍이 여성으로서 겪은 여러 가지 에피소드에는 로컬에서의 여성의 낮은 지위나 부정적 인식이 포함되어 있다. "우리 배가 도착하자 지붕을 씌운 부두에는 한 무리의 이슬람이 운집했다. … 그들은 얼굴을 베일로 가리지 않은 백인 여성들을 조용히 지켜볼 뿐이었지만 필경 우리를 인정하지 않는다는 것을 표정에서 알 수 있었다"(Bishop 저, 유병선 역 2017, 183-184), 또는 "여자들을 위해서 일하지는 않을 것"(Bishop 저, 유병선 역 2017, 185)이라고 단언한 말레이 순경에 대한 묘사와 같이 서로 다른 종교, 젠더, 계급에서 나타나는 복잡한 상하 관계가 전개되었던 것이다. 이슬람 사회에서 여성이 베일(말레이어로 투둥)을 쓰지 않는다거나 남성이 여성에게 복종하는 것 등은 인정될 수 없었던 것으로서 종교적 관습과 규율이 인종과 계급이라는 요소와 충돌하는 경우였다. 비숍은 자신이 '상호 응시(reciprocal gazing)'의 대상이 되거나 계급적 특권이 작용하지 않는 모순적 상황들을 직면하기도 하였으나 대부분 이와 같은 문제들을 크게 괘념치 않았고, 심각한 상황은 말라카 치안 책임자와 같은 백인 남성 관료들의 문제 해결로 마무리되었다(박지향 2000, 149).

비숍은 영국인 남성 관료들의 호기로움과 의례적 대화를 비판적으로 묘사하기도 하였으나 여성의 동등한 권리나 성차별에 대한 부당성 등을 강조하지 않았다. 이는 비숍이 식민관료인 백인 남성들과의 동등한 지위를 상정하고 있었으며 단기 여행자로서 관찰자의 입장에 있었기 때문이라고 할 수 있다. 또한 개인이나 집단의 상이한 관점과 정서가 충돌하는 상황에 직접적으로 관여하지 않으려 했을 수도 있다. 분명한 것은 비숍이 자신의 정신적 강인함으로 여행 중에 조우한 다양한 문제들을 해결하려고 노력하면서도 식민관료들의 호위와 안내를 기꺼이 따랐다는 점이다.

한편 『황금반도』에 나타난 열대우림의 수종과 경관에 대한 섬세한 묘사를 이국에 대한 환상을 불러일으키는 여성적 글쓰기 방식이라기보다는 유럽 제국들의 근대 과학적 지식의 힘과 위상의 과시라는 측면에서 바라볼 필요가 있다. 비숍의 언어를 통한 식생 경관의 이미지화는 탁월했다. 페락강변(Perak River)을 따라 열대 숲을 탐험하면서 그녀는 다음과 같이 기술하였다.

이따금씩 거대한 나무들이 쓰러지면서 생긴 밀림 속의 공터가 있는데, 거기로 찬란한 열대의 햇빛이 폭포처럼 쏟아졌다. 거대한 꽃나무 위로, 난초의 순백색 꽃잎 위로 리아나 덩굴의 노란색 꽃 무더기 위로 쏟아지는 그 햇빛 속에서 태양새의 깃은 무지갯빛으로 빛났다.(Bishop 저, 유병선 역 2017, 332)

또한 쿠알라 캉사르에서 타이핑으로 오는 여정에서도 식생 경관에 대한 유려한 묘사를 보여 주었다.

거대한 나무고사리, 기품 있는 와링한나무의 가지 위에 뿌리를 내린 여린 풀

고사리, 빵나무의 볼품없는 줄기를 아름답게 장식하는 실고사리, 그리고 생강과 참마 등 덩굴식물과 착생식물의 잎 위에도 햇살이 깃든다. 키 큰 나무의 꼭대기까지 타고 오르는 거대한 리아나 덩굴은 오렌지색과 분홍색의 꽃과 열매로 거대한 꽃줄을 연출하며, 나무들 사이를 가로질러 숲을 그물처럼 엮는다. 부처손, 린드사야(Lindsayas), 좀처녀이끼, 트리코마네스 라디칸스(trichomanes radicans) 등 양치류와 구분이 어려운 이끼류가 녹색의 깃꼴 잎으로 바위를 장식한다.(Bishop 저, 유병선 역 2017, 374)

이렇게 비숍은 자연 경관의 순수함과 미적 가치를 찬양하였고 각종 식물 종의 학명과 생태에 대한 지식에 의거해 열대우림을 묘사하였으나, 19세기 당시 생태적 지식의 한계이면서도 외부자로서의 관점에서 나타나는 한계를 보여 주기도 했다. 말라카를 떠나 로보체나강(Loboh-Chena River)과 링기강이 합류하는 지점에서 관찰한 맹그로브 숲에 대한 묘사가 그 대표적인 예라 할 수 있다.

우리 배가 정박한 곳은 코코스야자나무와 바나나, 관목들이 밀림을 이룬 작은 섬의 곶이었다. 곶 양쪽의 개천을 따라 맹그로브가 무성했다. 맹그로브 숲을 이렇게 가까이 보기는 이번이 처음이다. 말레이어로 망이-망이(mangi-mangi)인 맹그로브나무(학명 Rhizophera mangil)의 겉모습은 전혀 아름답지 않다. 맹그로브 숲은 조수에 따라 바닷물이 드나드는 해안에 수 킬로미터에 걸쳐 빽빽하게 두꺼운 띠를 이룬다. … 맹그로브 나무의 열매는 가지에 매달려 있는 상태에서 뿌리가 씨껍질을 뚫고 빠르게 아래로 자라난다. 그 열매가 아래로 떨어지면, 곧바로 개흙 속으로 뿌리를 뻗게 된다. 목재로서는 아무 쓸모도 없는 맹그로브의 번식을 위해 자연은 너무 많은 수고를 하고 있는 셈이다. 그런데 괴이쩍게도 맹그로브 나무의 열매는 달고 맛있다. 과즙은 술을 담글 수도 있다. 그러나 내게 맹그로브 숲은 그저 사악한 불가사의에 지나지 않는다.(Bishop 저, 유병선 역 2017, 178)

역자 유병선이 지적하였듯이, 비숍은 맹그로브가 연안 환경에서 침식을 막고, 생물 다양성을 유지하며, 지역민에게 임산물과 해산물을 제공하는 등의 중요한 가치를 알고 있지 못했음이 드러난다(Bishop 저, 유병선 역 2017, 415; 한국환경산업기술원 2015). 오늘날과 같이 지속가능한 지역개발에서 맹그로브가 나타내는 중요성을 인식하지 못한 것이 당연한 것일 수 있으나 지역민의 입장에서 맹그로브가 어떤 역할과 의미를 갖는지에 대해서는 확인하지 않았음을 나타낸다.

그러나 식물 종에 대한 일종의 강박적 묘사는 근본적으로 과학적 지식의 힘과 우월성을 나타내는 것일 수 있는데 16~19세기 유럽에서 식물 종을 명명하고 전 지구적 식물 분포도를 제작하는 일은 "상업적으로 가치 있는 원료, 시장, 그리고 식민지화할 땅에 대한 탐구"와 직결되는 것이었다(Pratt 저, 김남혁 역 2015, 65; 원정현 2014, 248). 즉 린네(Linné)의 분류체계는 유럽인이 식민지 영토의 자원을 이해하고 전유하는 데 효율적으로 이용되었고, 지구상의 생명체들은 유럽인이 만든 지구적 질서, 즉 '보편적 분류체계'에 꿰맞춰져야 했다(원정현 2014, 248). 비숍의 열대 식물에 대한 관찰과 묘사는 이러한 유럽의 근대 제국주의와 식물분류학의 배경하에서 이해할 수 있다. 나아가 비숍의 묘사는 자신이 방문한 곳의 이국적 풍경과 지역성을 지시하는 문학적 장치(mechanism) 같은 역할도 수행하였는데, "하늘하늘한 기생꽃과, 뾰족하게 진홍색을 내미는 이끼와 보일 듯 말 듯 피어 은은하게 향을 흩날리는 앵초와, 자줏빛 황무지에 무더기로 피는 헤더가 정말 사무치게 그리워진다. 집에 있는 너(여동생 헨리에타)를 떠올리게 하는 소박하고 향긋하고 수수한 모든 꽃들이 말이다!"와 같이 스코틀랜드의 식생 경관을 들어 고향에 대한 향수를 표하기도 하였다(Bishop 저, 유병선 2017, 365).

따라서 이슬람 사회에서의 여성의 지위, 또는 백인 남성 관료들과의 사이에서 나타나는 성차별적인 요소들에 대한 비판이 언급되지는 않았으나 1880년대 영국에서 여성이 미지의 세계를 탐험하고 풍부한 지식과 식견을 통해 전문적인 여행기를 기술했다는 점에서 비숍의 여행기는 여성에 대한 사회적 인식을 바꿔 놓는 데 일조했다고 할 수 있다. 비숍의 여행 내러티브에서 나타나는 특성들은 여성이라는 정체성에서 유래한 특수한 것이라기보다는 오히려 역사적 특수성과 보다 더 관련되어 있다고 해석하는 것이 적절할 것이다(박지향 2000; Mills 2010).

## 5. 나가며

이 글에서는, 1878년 12월 말에서 1879년 2월 말까지 2개월간 말레이반도와 주변 열대지역을 여행하고 저술한 이사벨라 버드 비숍의 『황금반도』에 나타난 비숍의 여정과 글의 주제를 살펴보았다. 또한 텍스트에 반영된 제국주의의 요소와 이슬람 사회에서의 여성 여행자이며 식민통치국 출신의 백인으로서 겪은 정체성의 충돌을 검토하였다. 일반적으로 여행기는 저자가 경험을 통해 포착한 장소성·지역성을 내러티브를 통해 전달하는 문학 장르이지만 특정 시대, 특정 지역의 자연과 인문 환경 정보를 풍부하게 담고 있다는 점에서 지지(地誌)의 성격을 띠는 경우가 많다. 『황금반도』에 기술된 비숍의 여행 기록은 19세기 말 영국의 제국주의가 확대되던 시기에 말레이반도의 술탄 왕국과 그 주변 열대지역의 자연지리와 인문지리 정보를 기술한 지역조사서 또는 문화기술지의 성격을 띤다.

비숍의 여행기에 나타난 특징들을 요약하면, 첫째, 비숍 자신의 지리학·역사학·식물학 등의 지식을 활용하여 가능한 한 과학적이고 학문적인 서술의 성격을 나타내고자 하였다. 직접 관찰한 바나 현지 식민관료들이나 정보원으로부터 전해 들은 정보에 의거하고 식민정부의 공식 보고서를 인용하여 기술함으로써 서신의 내용이 정확하고 신뢰할 수 있다는 점을 강조하고자 하였다. 화려한 문학적 수사로서 환상적이고 이국적인 경관의 미학을 보여 준 열대밀림에 대한 묘사, 특히 린네의 분류체계에 따른 식물 종에 대한 묘사는, 근대 유럽의 과학적 지식의 우월성과 힘을 나타내고 그 상업적 가치를 암시하는 것이었다. 다른 한편으로 이와 같은 서술의 특징은 암묵적으로는 로컬 문명의 수준을 저평가하게 만드는 것이었다.

둘째, 비숍은 식민지배자와 피지배자와의 관계를 바라보는 관찰자였으나 모국인 식민통치국의 입장을 벗어난 객관적 태도를 유지하지 못하였으며, 남성적 식민주의 담론을 『황금반도』에 그대로 투영시켰다고 할 수 있다. 말레이반도와 그 주변 식민지에서 비숍은 동행했던 식민제국인 본국 출신의 백인 남성 식민관료들과 동등한 지위를 가진 공식적 빈객으로서의 위치성을 더 중요하게 여겼고 이와 같은 요소가 현지인들과의 교류에서 중요하게 작용하였다. 간혹 이슬람 사회에서 여성으로서 겪은 차별과 문제점은 총독과 같은 위상과 권위, 즉 인종과 계급에 따른 특권을 통해 해결되었으며 현지인들과의 교류에서는 위계적 관계가 형성되었다. 텍스트 곳곳에 현지인에 대한 동정심과 측은함에 대한 서술이 나타나기도 하지만 지정학적 관점에서 식민정부의 역할과 자원 개발의 가치를 논하는 등 제국주의적 관점의 논의가 상당 부분을 차지한다.

그러나 이와 같은 비숍의 태도와 글쓰기 방식에서 나타난 제국주의적 요소들을 비판적으로만 바라볼 수는 없다. 그 이유는 전술하였듯이 비숍이 가부장제와 백인 우월주의, 제국주의가 특징적이었던 빅토리아 시대의 인물이었으며, 비숍의 여행 내러티브에 나타난 비일관적 태도와 기술은 여행자이며 관찰자로서의 위치성에 따른 모순에 기인하는 것으로 보아야 하기 때문이다. 비숍은 눈앞에 펼쳐진 식민 통치나 제도의 부조리나 불합리성을 경시할 수 없었을 것이다. 물론 식민통치 방식에 대한 비판은 자국의 이익을 위한 것이었다.

다만 제국주의 담론을 그대로 수용하고 여성으로서의 나약함 대신 신체와 정신의 강건함을 보여 준 것은 오히려 여성으로서의 주변적 지위와 한계를 극복하기 위한 실천으로도 해석할 수 있다. 빅토리아 시대 가부장적 사회에서 참정권이 없던 여성들의 위상을 고려해 볼 때 비숍이 본국에서 고정된 젠더 역할을 뛰어넘었으며 여성에 대한 편견을 일소하는 데 기여한 것은 분명하다. 중요한 것은 비숍이 여성 여행가를 대표한다거나 전형적이라고 할 수 없으며 한 개인에게 여성성만을 기대하는 것은 적절하지 않다는 것이다. 그런 점에서 동일한 시기, 동일한 장소를 다룬 여행기 담론에 인종, 젠더, 계급 등의 요소가 어떻게 작동하였는지 구체적인 텍스트 비교를 통해 분석해 보지 못한 것이 이 글의 한계로, 추후 이에 대한 연구가 필요할 것으로 보인다.

· **참고문헌** ·

김희영, 2007, "오리엔탈리즘과 19세기 말 서양인의 조선 인식: 이사벨라 버드 비숍의 『조선과 그 이웃나라들』을 중심으로," 경주사학 26, 165-181.
김희영, 2008, "제국주의 여성 비숍의 여행기에 나타난 조선 여성의 표상," 동학연구 24, 145-163.
메리 루이스 프랫 저, 김남혁 역, 2015, 제국의 시선: 여행기와 문화횡단, 현실문화연구 (Pratt, M. L., *Imperial Eyes: Travel Writing and Transculturation*, New York: Routledge).
박송희, 2013, "비숍의 조선과 중국 여성인식에 대한 고찰: 『조선과 그 이웃나라들』과 『양자강을 가로질러 중국을 보다』를 중심으로," 인문학연구 23, 261-290.
박지향, 2000, "여행기에 나타난 식민주의 담론의 남성성과 여성성," 영국연구 4, 145-160.
소병국, 2003, "식민지 시기 말레이 술탄의 위상과 역할," 동남아시아연구 13(2), 113-149.
원정현, 2014, "린네 분류체계의 성립과 확산: 지역에서 보편, 보편에서 지역으로," 서양사연구 50, 243-276.
이블린 케이 저, 류제선 역, 2008, 이사벨라 버드: 19세기 여성 여행가, 세계를 향한 금지된 열정을 품다, 바움(Kaye, E., 1999, *Amazing Traveler Isabella Bird: The Biography of a Victorian Adventurer*, Boulder, CO.: Blue Panda Publications).
이사벨라 L. 버드 비숍 저, 유병선 역, 2017, 이사벨라 버드 비숍의 황금반도, 경북대학교출판부(Bird, I. L., 1883, *The Golden Chersonese and the Way Thither*, New York: G. P. Putnam's Sons).

이성숙, 2005, "오리엔탈리즘과 영국 페미니즘: 조세핀 버틀러의 인도캠페인을 중심으로," 담론201 7(2), 226-250.

이용재, 2012, "이사벨라 버드 비숍(Isabella Bird Bishop)의 중국여행기와 제국주의적 글쓰기," 중국어문논역총간 30, 353-388.

임은진, 2016, "국제적 인구 이동에 따른 말레이시아의 다문화사회 형성과 지역성," 한국도시지리학회지 19(2), 91-103.

한국환경산업기술원, 2015, "해외보고서 요약: UNEP – 맹그로브의 중요성 – 맹그로브 보존 및 관리 행동 촉구".

홍준화, 2014, "이사벨라 버드 비숍의 對韓政治觀: 『한국과 그 이웃나라들』을 중심으로," 韓國人物史硏究 21, 425-445.

I. B. 비숍 저, 신복룡 역, 2000, 조선과 그 이웃 나라들, 집문당(Bishop, I., 1897, *Korea and her neighbors: A narrative of travel, with an account of the recent vicissitudes and present position of the country*, New York: Revell).

Bell, M. and McEwan, C., 1996, "The Admission of Women Fellows to the Royal Geographical Society, 1892-1914: the Controversy and the Outcome," *The Geographical Journal* 162(3), 295-312.

Bird, I. L., 1883, *The Golden Chersonese and The Way Thither*, New York: G. P. Putnam's Sons. https://archive.org/stream/goldenchersones02birdgoog#page/n24/mode/2up

Cherry, D., 2000, *Beyond the Frame: Feminism and Visual Culture, Britain 1850-1900*, London: Routledge.

Chubbuck, K., ed., 2002, *Letters to Henrietta*, Boston, MA.: North Eastern University Press.

Clark, S., ed., 1999, *Travel Writing and Empire: Postcolonial Theory in Transit*, London: Zed Books.

Dittrich, K., 2013, "The Western Leaven has Fallen: the British Lady Traveller Isabella Bird as a Thinker on Globalization in East Asia," *Homo Migrans* 8, 21-47.

Doran, C., 1998, "Golden Marvels and Gilded Monsters: two women's accounts of colonial Malaya," *Asian Studies Review* 22(2), 175-192.

Fletcher, I. C., ed., 2000, *Women's Suffrage in the British Empire*, London: Routledge.

Innes, E., 1885, *The Chersonese with the Guilding off*, vol. 1 and 2, London: Richard Bentley and Son.

Middleton, D., 1973, "Some Victorian Lady Travellers," *The Geographical Journal* 139(1), 65-75.

Mills, S., 1992, "Negotiating Discourses of Femininity," *Journal of Gender Studies* 1(3), 271-285.

Osman, S. A., 2017, "Letitia E. Landon and Isabella Bird: Female Perspectives of Asia in the Victorian Text," *Southeast Asian Review of English* 52(1), 85-98.

The Academy, 1883, The Golden Chersonese and the Way Thither (Book Review), June 2, 1883.

The Spectator, 1883, "The Golden Chersonese and the Way Thither," (Book Review), July 14, 1883.

Wheatley, P., 1955, "The Golden Chersonese," *Transactions and Papers(Institute of British Geographers)* 21, 61-78.

A Celebration of Women Writers, Digital Library of University of Pennsylvania(http://digital.library.upenn.edu/women/bird/chersonese/chersonese.html)

Internet Archive, The Golden Chersonese and the Way Thither(https://archive.org/stream/goldenchersones02birdgoog#page/n10/mode/2up).

Royal Geographical Society with IBH, *Fact Sheet - Biography of Isabella Bird Bishop* (https://www.rgs.org/NR/rdonlyres/1E293436-3F54-460B-9020-C92F04DB48D1/0/F3FactsheetBiographyofIsabellaBirdBishop.pdf)

# 제10장

# 『티베트 원정기』의 지리들
## : '유명'과 '무명'의 지리들 사이에서[1]

## 1. 들어가며

지난 2017년 11월 15일, 경북 포항시에서는 규모 5.4의 지진이 발생했다. 기상청과 언론들은 이 지진이 기존에 알려지지 않은 '무명(無名)' 단층에서 발생했음을 앞다퉈 보도하였다(서울신문, 2017.11.15.; 문화일보, 2017.11.17.). '이름 없음(namelessness)'이 동반하는 심리적 두려움과 불안은 확산되어 갔고, 무명의 두려움을 떨쳐 내기 위해 전문가들의 탐사와 조사의 발길이 분주해졌다.

지난 100여 년 전, 무명의 공포와 불안을 불식시키기 위해, 그리고 '무명'과 '미지(未知)'에 대한 호기심을 충족시키기 위해 또 하나의 어린 '관심'과 '발길'이 부산하였다. 스웨덴 출신의 지리학자이자 탐험가인 스벤 안데르스 헤딘(Sven Anders Hedin, 1865~1952)은 당시까지 서양인들에 의해 미지와 무명의 장소로 남아 있던 중앙아시아를 네 차례 탐험하였다. 그중 1896년에서 1908년까지 티

---

1. 이 글은 2018년 「대한지리학회지」 제53권 제5호에 게재된 논문을 수정한 것이다.

베트(Tibet)에서 진행되었던 세 차례의 탐험 경험과 기록을 엮어 『티베트 원정기 A Conquest of Tibet』(1934)를 발간하였다.

20세기 초반까지 스웨덴은 다른 유럽 제국들과는 달리 해외에 단 하나의 식민지도 없었으며,[2] 노르웨이와 핀란드의 독립, 그리고 미국 및 캐나다로의 이민 등으로 인해 총체적인 국가적 위기를 맞고 있었다(Foret 1997, 53). 더구나 당시 서구 열강들이 수행한 제국주의(imperialism)와 식민주의(colonialism)의 열풍은 스웨덴의 국가주의적 시선을 중앙아시아와 시베리아, 그리고 중국으로 향하게 하였다. 그사이 스웨덴 차르 정권(Tsarist government)에 봉사하는 일단의 선교사들과 공적 업무를 부여받은 탐험가들이 중앙아시아를 향해 발길을 돌렸고, 그 발길에 헤딘의 걸음 또한 함께 하였다.

중국 노자(老子)의 『도덕경 道德經』 제1장은 "무명은 천지의 시작이고, 유명은 만물의 어머니다(無名天地之始, 有名萬物之母)"라는 문구로 시작된다. 천지 자연은 '무명(the namelessness)'으로부터 비롯된다. '이름이 없다'라는 것은 인간에 의해 언어(language)로 포착되기 이전의 순수한 자연 상태를 말한다. 무명은 때로 '죽음(the death)'과 동일시된다. 죽음을 통해 처음의 자연 상태로 돌아갈 수 있기 때문이다. '삶(the life)'은 '유명'의 상황이다. 모든 만물은 '유명(the named)'이라는 어미(mother)를 통해 이 세상에 태어나고, '삶'을 부여받는다.

그런데 유명과 삶은 앎과 '지식(knowledge)'과 동일시될 수 있다. 음성 및 문자 언어에 의해 정신적이고 물질적인 형상과 형태가 만들어지고 이를 통해 감각적이고 이성적인 앎과 지식이 드러나기 때문이다. 이런 맥락에서 무명과 죽음은 '모름(unknowingness, unawareness)'의 상태이다. 죽음과 그 죽음의 이후는

---

2. 서구 열강들의 식민지 개척 초기인 1636년 3월 스웨덴 제국(Swedish Empire)은 현재 미국 동부의 델라웨어강 하구 일대에 뉘아 스베리예(Nya Sverige, 뉴 스웨덴), 그리고 1650년 현재 서아프리카 기니만의 가나 지역에 스벤스카 굴드쿠스텐(Svenska Guldkusten, 스웨덴인의 황금해안) 등의 식민지들을 개척하였다. 그러나 이 식민지들은 각각 1655년 네덜란드와 1663년 덴마크에게 빼앗기게 되었고, 이후 스벤스카 굴드쿠스텐은 다시 영국의 식민지가 되어 영국식 지명인 브리티시 골드코스트(British Gold Coast)로 개명되었다(Wikipedia, https://en.wikipedia.org/wiki/Swedish_overseas_colonies).

모르기 때문이며, 이것이 앎과 지식의 영역 너머에 있기 때문이다.

그러나 인간은 '무명', '죽음', '모름'의 '상상'들과 '바깥'들을 끊임없이 '유명', '삶', '앎'의 '형상'들과 '안쪽'으로 끌어들이려는 호기심을 지니고 있다. 무명, 죽음, 모름을 알고자 하는 인간의 호기심과 궁금증은 서방 세계에서 다양한 존재론(ontology)과 인식론(epistemology), 방법론(methodology)을 만들어 냈고, 동방에서는 독특한 명분론(名分論, justification)을 구상하게 하였다. 일례로 중국 북송의 정치가인 사마광(司馬光, 1019~1086)은 "예(禮, cosmos)라는 것은 나누는 것[分]보다 중요한 것이 없고, 나누는 것은 이름[名]보다 큰 것이 없다(溫公曰 天子之職, 莫大於禮, 禮莫大於分, 分莫大於名)"(『통감절요 通鑑節要』卷1 周紀 威烈王 戊寅 23年條 溫公 按說)라고 말하였다.[3]

요컨대 그의 명분론은 '무명', '죽음', '모름'의 것들을 '유명', '삶', '앎'의 영역으로 포섭하여 그것들을 나누고 갈라 나름의 이름을 부여하는 행위, 즉 그것들에 질서와 가치를 부여하는 인식론이자 방법론이다. 이때 '무명', '죽음', '모름' 쪽에 있는 정신적이고 물질적인 것들은 보통 혼돈(chaos)과 무질서, '낯선 것', '두려움과 불안', '나쁜 것'으로 규정되어, 하루빨리 질서(cosmos)가 지워지고, '친숙하고', '안정된', '좋은' '유명', '삶', '앎'의 영역으로 포함시켜 가시화되어야 한다고 믿어진다. 그래서 지금까지 지리적 실체들(geographical features) 또한 '유명의 지리들(the named geographies)'과 '무명의 지리들(the nameless geographies)'로 양분되었고, 궁극적으로는 무명의 지리들 또한 언젠가는 '유명', '삶', '앎'의 안쪽으로 인식되어 이름 지어지고, 자아(self)의 삶 속에서 친숙하게 살아지고 알아져야 한다고 강요되어 왔다.

인식 가능하고 친숙한, 그래서 안전한 '유명'의 지리들을 구축하기 위해 인간

---

3. 그가 말한 사물과 대상을 '이름'하여 지칭한다는 것은 세상을 나누어 각각의 분한(分限)에 알맞은 위치와 영역을 가르고, 이 갈라진 사물의 위치와 영역으로 인해 예와 질서가 우주적인 보편성을 얻을 수 있다는 의미일 것이다. 이로써 획득된 보편성은 유교적 질서를 추구하는 통치자의 위정 행위에 일정한 합리성과 정당성을 부여해 준다(김순배 2013, 6).

의 사유와 행위는 계몽주의(enlightenment)와 백과전서파(encyclopédiste), 『산림경제 山林經濟』(洪萬選, 1643~1715), 『임원경제지 林園經濟志』(徐有榘, 1764~1845) 등을 낳았고, 지난 18세기 이래로는 특별히 공간적 지명 관리 체제를 만들어 왔다. 이를 통해 지리적 공간을 질서화하는 주요한 전략이 되어 왔으며, 이는 통치 지식(governmental knowledges)의 생산과 긴밀하게 연결되어 있다. 통치적 합리성, 인구의 관리, 그리고 계산 가능한 공간(calculable spaces)이 구축되어 온 역사 지리를 분석하려는 연구들의 대부분은 미셸 푸코(Michel Foucault 1991)가 언급한 통치성, 혹은 통치적 합리성, 특히 인구에 대한 통치 지식의 형성에 중요한 역할을 해 온 통계학(statistics)에 주목해 왔다.

통치성이란 '인간 행위를 이끌어 가는 어떤 종류의 합리성'이라 할 수 있는데, 푸코는 주로 근대에 나타난 국가와 국가 행정이 드러낸 통치 방식들에 주목하였다. 즉 그는 어떻게 권력이 지식의 생산을 가능케 하면서 정치 기술의 조합을 통해 작동하는지를 분석하였다. 최근 통치성을 연구해 온 지리학자들은 인구조사(census)의 역사, 지도화, 그리고 지리적 공간의 분할에 초점을 두어 왔다. 여기에서 지명 명명, 통치 확인 시스템, 그리고 계산 가능한 공간에 대한 관심이 강조되었고, 이는 지리위치 관리(geolocational regime) 체제의 한 요소를 구성하면서 통치 기관이 쉽게 세금을 부과하거나 치안을 담당할 수 있게 하였다 (김순배 2012, 49-50).

결국 헤딘이 티베트를 탐험하면서 명명한 많은 숫자 지명(numerical place names)들과 측량으로 만든 지도들은 궁극적으로 미지의 불안한 공간을 읽을 수 있고 계산 가능하고 통치 가능한 지리들(legible, calculable, and govern-able geographies)과 지오코드화된 세계(geocoding world)로 만들기 위한 기초적인 통합적 전략으로 이해할 수 있다(Rose-Redwood 2008a; 2008b; 2012; Rose-Redwood and Kadonaga 2016).

이와 같이 '무명', '죽음', '모름'의 것들을 '유명', '삶', '앎'이라는 인식의 영역으로 옮기는 과정에서 모든 유명의 언어와 형상과 형태는 권력(power), 그 자체이다. 모든 언어와 형상 자체는 자극적이다. 왜냐하면 다른 존재, 타자(other)의 행동과 생각을 의도하든 의도치 않든 일정한 방향으로 유도하고 변화시키기 때문이다. 본 글에서 다룬 헤딘의 여행기(travel writing, 혹은 원정기) 또한 19~20세기 탐험과 여행을 통한 지식의 생산(the production of knowledge), 여행과 권력 사이의 관계에 대한 역사 유물론적(historical materialism) 접근, 그리고 제국주의와 식민주의에 의한 재현의 정치(the politics of representation)를 드러내는 여행기의 재상상(re-imagining)과 재제시(re-presenting)의 효과 속에서도 분석될 수 있다(Duncan and Gregory 2009; Park 2001, 483에서 재인용).

하지만 헤딘이 정치적으로 민주주의를 반대하고 군주제를 지지했던 모나키스트(monarchist)였을지라도(Wikipedia, https://en.wikipedia.org/wiki/Sven_Hedin), 순수한 탐험가이자 모험가로서 그가 수행한 과학적 탐험 조사 과정은 당시 서구 열강들의 제국주의적 침탈과 식민지 착취의 시선으로만 재단될 수 없다. 여행기 곳곳에서 발견할 수 있는 헤딘의 지적 호기심과 티베트의 자연환경과 사람들에 대한 경외심과 인정, 관심과 존중의 태도는 제국주의적 영토 확장과 수탈의 혐의에서 그를 자유롭게 하고 있다(경향신문, 2008.04.11.; 연합뉴스, 2006.05.09.). 이것이 당대 다른 여행기와는 달리 헤딘의 여행기를 일방적인 제국주의의 시선으로만 집중할 수 없게 만드는 하나의 이유이다.

지금까지 지리학자이자 탐험가로서의 헤딘, 그리고 그가 저술한 보고서 성격의 단행본과 여행기를 학술적으로 다룬 연구는 그가 성취한 방대한 탐험 성과에 비해 그리 많지 않다. 그 이유는 본론에서 언급되겠지만, 제1·2차 세계대전 당시 아돌프 히틀러(Adolf Hitler, 1889~1945)의 국가주의(nationalism)에 대한 그의 관심과 친나치적 행동(conservative and pro-Nazi German view)이 중앙아시아 및 중국 일대에 대한 그의 탐험의 학술적 의의와 성과가 공개적으로 연구되기 어려운 배경으로 작용했기 때문이다.

그 결과 헤딘과 그의 탐험에 대한 학술적 연구는 국내 선행 연구에서도 아직까지 부분적이고 산발적으로 이루어져 왔다. 즉 중국 신장웨이우얼자치구(新

疆維吾爾自治區)의 타림분지(塔里木盆地)에 있는 로프노르(Lop Nor) 호수의 위치와 성격에 대한 지리학적 연구에 그의 조사 결과가 부분적으로 언급되거나(이강원 2003, 706-707), 한국 중앙아시아학의 연원을 조사하면서 1908년 우리나라에 방문한 헤딘이 내륙아시아에 대해 행한 두 차례의 강연이 소개되었다(권영필 2015, 2-3). 또한 중앙아시아의 고고미술사 연구와 관련하여, 시라스 조신(白須淨眞 2015, 96-106)은 '스벤 헤딘의 티베트 잠입', 그리고 '헤딘, 티베트 시가체에서의 체류'라는 제목의 장에서 헤딘의 티베트 탐험 과정에서 당시 승려이자 탐험가였던 일본인 오타니 고즈이(大谷光瑞, 1876~1948)와의 교류와 협력 과정을 비교적 자세히 분석하였다.[4] 한편 2000년대 들어서 본 연구의 주요 대본이 되어 준 한국어 번역서 2권이 윤준·이현숙(2006; 2010)에 의해 번역되었다.

이상의 무명과 유명의 지리들, 그리고 헤딘의 탐험에 대한 이해에 기초하여, 본 글은 헤딘의 여행기에 숨어 있는 '무명'의 지리들을 정복하고 축출하여 '유명'의 지리들을 구축하려 했던 탐험가로서의 호기심과 제국주의적 시선 및 권력을 드러내어 비판적으로 분석하고, 나아가 헤딘이 경험한 티베트 자연과 사람들의 삶과 죽음에 관한 유명과 무명의 지리들을 소개하려는 목적을 지닌다. 연구의 방법은 1934년 미국 뉴욕에서 영문으로 출간된 *A Conquest of Tibet*를 윤준과 이현숙이 공동 번역한 『티베트 원정기』(2006)를 분석의 주요 대본으로 삼아, 실내 문헌조사를 주로 실시하였다. 본문에서의 국문 인용은 이 번역본에 의존하였고, 번역본에 누락된 영어식 원어와 각종 지도 및 스케치 자료들은 1934년의 영문 대본에서 참고하였다. 한편 헤딘의 자전적 내용 및 연보 등에 대해서는 옥스퍼드대학교 출판부(Oxford University Press)에서 1991년에 영문으로 간행한 *My Life as an Explorer*를 윤준과 이현숙이 번역한 『마지막 탐험가』

---

4. 오타니 고즈이는 현재 국립중앙박물관 중앙아시아실 오타니 컬렉션에 보관되고 있는 유물들을 수집한 장본인이다. 영국 유학파 출신인 그는 앞서 설명했던 1908년 헤딘의 대한제국 방문과 순종 알현을 당시 초대 통감이던 이토 히로부미와 함께 주선한 인물이기도 하다(조선비즈, 2016.03.19.).

(2010)를 활용하였다.

연구 목적을 실현하기 위해 본 연구는 헤딘의 원정기 속에 숨어 있는 인간 본연의 호기심과 제국주의적 성격을 다룬 '유명의 욕망으로서의 지리와 탐험', 그리고 헤딘이 명명하고 작성한 지명과 지도들의 권력관계를 포착하고 티베트 사람들의 삶과 죽음에 관한 유명과 무명의 지리들을 소개한 '유명의 지리들에 정복된 무명의 지리들'로 구성되었다. 먼저 '유명의 욕망으로서의 지리와 탐험'의 장에서는 헤딘의 일대기와 본 여행기를 간략히 소개하고 그 속에 담긴 '유명', '삶', '앎', '권력관계', 그리고 '통치성'의 일면을 분석하였다. '유명의 지리들에 정복된 무명의 지리들'에서는 헤딘이 명명하고 제작한 '유명'의 지명들과 지도들에 함의된 권력관계와 통치성을 구체적으로 분석한 후, 당시 티베트의 자연환경, 그리고 티베트 사람들의 삶과 죽음의 문화와 관련된 유명과 무명의 지리들을 살펴보았다.

궁극적으로 필자는 삼데푹(Samde-puk) 석굴에서 수행하는 무명의 라마 린포체를 바라보던 헤딘의 공감과 이해를 통해, 티베트 사람들이 추구한 '무명', '죽음', '모름'에 대한 긍정과 존중의 삶을 부각시키고, 나아가 '무명'과 '유명' 사이의 공존과 화해, 그리고 죽음을 삶의 구속에서 해방시켜야 함을 강조하였다.


## 2. 유명의 욕망으로서의 지리와 탐험
  : 호기심과 제국주의적 미메시스

### 1) 베가호를 바라보는 어린 시선

헤딘은 스베리예(Sverige, 스웨덴 이름), 현재 칼 구스타브 16세(Carl XVI Gustaf)가 통치하는 스웨덴 왕국의 수도인 스톡홀름에서 1865년에 태어났다. 자서전에서 밝혔듯이, 그는 이미 12살이라는 어린 나이에 자신의 천직을 알게 되었고, 탐험가로서의 삶의 목표가 분명했다(Hedin 저, 윤준·이현숙 역 2010, 15). 당시 그는 『모히칸 족의 최후 *The Last of the Mohicans*』를 쓴 미국 소설가 제임스 페니모어 쿠퍼(James Fenimore Cooper), 『80일간의 세계일주 *Around the World in Einght Days*』를 쓴 공상과학 소설의 선구자 쥘 베른(Jules Verne), 영국 선교사이자 남아프리카 탐험가인 데이비드 리빙스턴(David Livingstone), 미국의 정치가이자 과학자·저술가인 벤저민 프랭클린(Benjamin Franklin, 1706~1790), 그리고 스웨덴의 인류학자이자 지질학자·탐험가인 닐스 노르덴셸드(Nils Norden-skjöld, 1832~1901) 등 미지의 세계에 대한 모험과 탐험에 깊은 애착과 동경심을 가지고 있었다.

특히 그의 나이 15살이었던 1880년 4월 24일 밤, 2년 전인 1878년 6월 북동항로를 개척하기 위해 스톡홀름을 떠났던 노르덴셸드의 베가호(The Vega)가 북극과 아시아, 유럽의 남안을 돌아 성공리에 스톡홀름 항구로 다시 돌아오는 개선 순간이 그를 탐험가로 만든 결정적 사건이었다.

가족과 함께 나는 남쪽 언덕에서 이런 도시의 모습을 즐겁게 바라보았다. 나는 엄청나게 흥분해 있었다. 평생 그날을 잊지 못할 것이다. 그리고 바로 그날 탐험가로서의 내 삶이 결정되었다. 부두와 거리, 창문과 지붕 곳곳에서 열광적인 환호가 우레같이 울려 퍼졌다. 그때 이런 생각이 들었다. '나도 저렇게 고국으로 돌아오고 싶다.'(Hedin 저, 윤준·이현숙 역 2010, 17)

그때 이후, 그는 북극 원정에 관한 모든 정보를 섭렵해 갔으나, 20살이던 1885년, 재학 중인 고등학교 교장으로부터 카스피해 연안에 있는 지금의 아제르바이잔 바쿠에서의 가정교사 취업을 제의받게 된다. 그는 이를 아시아의 문턱까지 긴 여행을 할 수 있는 더없이 좋은 기회로 여기고 흔쾌히 수락하였다. 이 결정은 그가 평생 중앙아시아와 중국, 특히 당시 서구 유럽에 미지의 장소로 남아 있던 티베트를 탐험하게 되는 계기가 되었다.

1년간 바쿠에서 가정교사를 하면서 그는 주변의 페르시아(현 이란)와 메소포타미아(현 이라크) 지방을 여행하였다. 1890년 4월에는 스웨덴 국왕이 페르시아에 사절단을 파견할 때 통역으로 따라갔다. 그해 6월에 사절단은 돌아왔지만 헤딘은 남아서 페르시아의 엘부르즈산을 등정한 다음 호라산과 서투르키스탄 일대를 둘러보고 코칸트와 오시를 거쳐 12월 중순에 카슈가르에 도착하였다. 여기서 톈산 산맥을 넘고 이식쿨 호수(Lake Issyk Kul)를 지나 러시아를 거쳐 1891년 봄 스웨덴으로 돌아왔다. 그 후 이 여행을 토대로 『페르시아, 메소포타미아, 캅카스 지방 *Through Persia, Mesopotamia, and Cancasus*』이라는 제목의 첫 여행기를 1887년에 발간하였다(Hedin 저, 윤준·이현숙 역 2010, 741).

특히 이식쿨 호수 연안에 있는 카라콜(Karakol)에서 3년 전 사망한 러시아의 중앙아시아 탐험가였던 니콜라이 프르제발스키(Nikolai Przhevalsky)의 묘소를 방문하게 된다. 독일의 리히트호펜과 로프노르 호수의 위치를 두고 논쟁을 벌이기도 했던 프르제발스키는 당시 중앙아시아, 특히 중국령 내륙아시아인 신장 지역이 제국주의 열강들의 각축장이 되었을 때, 이 일대를 탐험 및 조사했던 저명한 지리학자이자 탐험가였다. 1939년에는 그의 탐험 업적을 기념하기 위해 카라콜이 그의 이름을 딴 프르제발스크(Przhevalsk)로 개명되었고, 1991년 소련 해체와 함께 다시 카라콜로 변경되었다(이강원 2003, 704-705). 헤딘은 1889년에 이 아시아 내륙을 탐사한 러시아 탐험가의 여행기를 축약하고 번역한 책을 발간하기도 하였다(Hedin 저, 윤준·이현숙 역 2010, 741).

스웨덴으로 돌아온 그는 26살이던 1891년 독일 베를린대학교(현 베를린 훔볼트대학교)에서 실크로드(SilkRoad, Seidenstraße)의 최초 명명자이자 당대 저명한 지리학자였던 페르디난트 폰 리히트호펜(Ferdinand von Richthofen)으로부터 지리학과 지질학을 비롯하여 생물학, 소묘(스케치), 언어 등 탐험에 필수적인 기본 지식과 기술을 배우게 된다. 그러나 시간을 두고 지리학적 이론과 방법론을 체계적으로 수학하길 권유했던 리히트호펜의 제안을 거절하고, 지난 여행에서 체험한 동방(Orient)의 웅장한 자연과 사막의 고요함, 긴 여행의 고독을 갈망하며 안락의자에 앉아 연구하는 지리학자(armchair scholar)의 길을 포기했다. 그의 마음속에는 아시아에 마지막 남은 신비의 땅이자 유럽 세계에 전혀 알려지지 않았던 '무명'의 지역을 하루빨리 지도화하여 '유명'의 세계로 옮겨 놓으려는 마음으로 가득했다. 1892년, 그는 페르시아의 다마반드산에 관한 28쪽 분량의 논문으로 독일 할레대학교로부터 철학박사 학위를 서둘러 받고 진정한 탐험가로서의 길을 찾아 네 차례의 중앙아시아 탐험을 본격적으로 시작하게 된다.

그의 일생에 있어 티베트와 중국 북서부 지역을 포함한 중앙아시아 탐험은

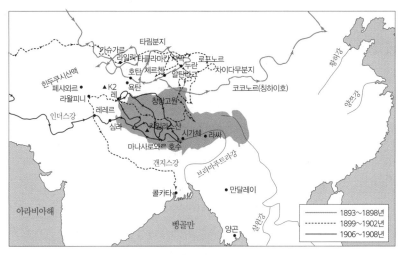

그림 1. 헤딘의 제1~3차 티베트 탐험 경로
자료: Hedin 저, 윤준·이현숙 역 2006.

그림 2. 헤딘이 그린 티베트 위치 지도
자료: Hedin 저, 윤준·이현숙 역 2010, 398.

크게 네 차례로 구분된다(그림 1, 그림 2). 제1차 중앙아시아 탐험(1893~1898년, 28~33세)의 경로는 '스웨덴-타슈켄트-파미르고원-카슈가르-호탄-타클라마 칸 사막-콘추강-로프노르-호탄-북부 티베트고원-시닝-베이징-스톡홀름', 제2차 중앙아시아 탐험(1899~1902년, 34~37세)의 경로는 '스웨덴-러시아-타 림분지-카슈가르-얀기케르-체르첸-얀기케르-로프노르 사막-누란 유적- **동부 티베트고원-티베트 창탕고원**(관원 제지)-카슈미르-레-파미르-카슈가 르-러시아-스톡홀름', 제3차 중앙아시아 탐험(1906~1908년, 41~43세)의 경로 는 '카슈미르-레-**티베트 창탕고원**(관원 제지)-**시가체·타시룸포 사원**(판첸 라 마 접견)-**인더스 상류**-탕크세-**트랜스히말라야산맥-인더스강·브라마푸트라 강 수원**-인도 북부 시무라', 마지막으로 제4차 중앙아시아 탐험(1927~1935년, 62~70세)에서는 '중국 베이징-바오터우-고비 사막-로프노르-우루무치-베 를린-우루무치-베이징-미국 보스턴-후허하오터-고비 사막-우루무치-카 슈가르-로프노르-우루무치-시안-난징-스웨덴'의 경로를 탐사하였다.

이 중 본 여행기에 실린 티베트 탐험은 제1~3차 기간에 이루어졌으며, 여행 기의 1~3장은 제1차 기간(1896년, 31세)에 북부 티베트고원을 서쪽에서 동쪽으 로 횡단한 여정을, 4~7장은 제2차 기간(1900~1901년, 35~36세)에 남부 티베트 를 거쳐 라싸 직전에 관원으로부터 진입을 제지당한 뒤 중부의 호수 지역을 거 쳐 인도로 돌아가는 여정을, 마지막으로 8~16장은 제3차 기간(1906~1908년, 41~43세)에 타시룸포를 방문하고 트랜스히말라야산맥의 산악 지대를 거쳐 인 도로 돌아가는 여정을 담고 있다(Hedin 저, 윤준·이현숙 역 2006, 15).

네 차례의 탐험 기간 사이에는, 제1차 탐험 기간을 마치고 귀국하여 스웨덴 국왕 오스카 2세(King Oscar II)로부터 기사 작위를 받고, 탐험 성과를 『중앙아 시아와 티베트』(2권)와 여러 권의 학술 저작들로 정리하였으며, 영국 왕립 지리 학회로부터 빅토리아 메달을 받았다. 제2차 탐험을 마친 1908년 11월, 그의 나 이 43세에는 일본 동경지학협회(東京地學協會)의 초청으로 앞서 언급한 승려이 자 탐험가인 오타니 고즈이를 만났다. 그리고, 그해 12월에는 이토 히로부미의 초청으로 대한제국의 마지막 황제 순종(純宗, 1874~1926, 재위 1907~1910)을 알현하고 대중 강연을 한 후 1909년 1월 대한제국 황실로부터 '훈일등 팔괘대수장'이라는 훈장을 받았다.[5] 당시 헤딘의 강연은 우리나라에 중앙아시아와 실크로드의 탐험 및 연구의 역사를 소개한 최초의 사례로 판단되며, 헤딘 연구가인 스웨덴의 로젠(S. Rosén)은 "내륙아시아에 대한 헤딘의 강연은 한국에서 이 지역을 직접 방문한 사람의 강연으로는 최초였다"고 언급하였다(Hedin 저, 윤준·이현숙 역 2006, 742; 권영필 2015, 2-3).

그러나 제3차와 제4차 탐험의 사이인 1914~1915년(49~50세)에는 제1차 세계대전이 발발하였고 이때 헤딘은 서부전선과 동부전선에서 친독일 르포를 발표하였다. 이를 이유로 영국 왕립지리학회와 제정 러시아 지리학회로부터 제명을 당하였다. 또한 제4차 탐험은 독일과 중국 정부의 지원을 받아 수행된 것이었고, 1936년(71세)에는 독일을 여러 차례 방문하면서 나치 지도자들과 교분을 쌓았으며, 베를린 올림픽 개막식에서는 연설을 하기도 하였다. 제2차 세계대전 중인 1939~1943년, 그의 나이 74~78세 사이에는 독일에 대한 '사적인' 외교업무들과 친나치 기고 및 저작 발간 활동에 종사하기도 하였다(Hedin 저, 윤준·이현숙 역 2006, 743).

---

5. 헤딘은 1908년 11월 8일부터 30일간 일본에 머물면서 중앙아시아에 대한 많은 강연을 한 후, 그해 12월 13일에 조선에 도착하였다. 12월 19일 서울의 종로 YMCA 강당에서의 강연에는 2천여 명이 운집하였고 이 강연에 대해 《대한매일신보》는 '탐험 연설'이라는 제하에 "서양의 유명한 세계 탐험가 헤딘 박사가 금일 하오 4시 반에 종로 청년회관에서 28년 경력을 연설한다더라"고 보도하였다. 발표의 세부 내용은 정확히 알 수 없으나, 1908년까지의 중앙아시아와 티베트에 대한 세 차례에 걸친 탐사를 소개했을 것으로 추측된다(권영필 2015, 2-3). 그런데 헤딘의 방문에 앞서 우리나라에 티베트의 자연과 문화를 소개한 자료가 있어 주목된다. 즉 1899년 9월 28일 목요일 《독립신문》의 '논설'에는 서장(西藏)으로 표현된 티베트의 자연환경(고원 지형의 설산 등)과 특이한 풍속(일처이부제, 활불 등) 등을 소개하고 있다. 사실 헤딘이 1907년 2월에 시가체의 타시룸포에서 만난 판첸 라마 6세(그는 타시 라마 혹은 판첸 린포체로 부름)의 전생 활불인 판첸 라마 3세를 연암 박지원(1737~1805)은 1780년 8월에 청나라 열하(熱河)에 있던 타시룸포(일명 수미복수지묘)에서 만났다. 그는 판첸 라마를 '서번(西番) 오사장(烏斯藏)의 대보법왕(大寶法王)'으로 설명하면서 '반선액이덕니(班禪額爾德尼)'라고 지칭하였다. 당시 판첸 라마와의 만남과 서번(티베트)에 대한 설명이 그의 기행문인 「열하일기」의 권6 태학유관록, 권15 황교문답, 권17 반선시말, 권19 찰십륜포(타시룸포의 음차 표기)에 나와 있다(한국고전종합DB, http://db.itkc.or.kr/dir/node).

한편 그의 친독일, 친나치 성향을 불가피한 학문적 인연 및 국제 정치적 선택의 결과로 보는 견해가 있다. 즉 그의 독일 유학의 경험뿐만 아니라 당시 스웨덴이 우려했던 러시아 세력의 확장을 독일이 견제해 주기를 희망했다는 지정학적 이유가 그것이다. 또한 그는 독일 나치당이 표방했던 국가 사회주의에 대해 비판적인 입장을 견지하였고, 당시 강제 추방된 유태인과 노르웨이인들에 대한 구명 활동이 조명받기도 하였다.

사진 1. 헤딘과 캐러밴 일행들(1908년경)

나치 정권에 협력했다는 씻을 수 없는 오명이 그의 거대한 학술적 탐험 성과를 지울 수 없다. 유년 시절부터 탐험가로서의 기본 소양을 쌓은 헤딘의 치밀하고 객관적인 관찰에 바탕을 둔 그의 여행기들은 자칫 주관적이고 자의적인 기술과 해석이 초래하는 비과학적인 왜곡의 위험을 극복하고 있다. 여행기와 자서전에서 스스로 자부하고 있듯이, 미지와 무명의 티베트 전역을 횡단하며 당시 지도상의 공백지를 탐사하여 지도화하고 스케치로 기록한 것, 히말라야가 하나의 연속된 산맥임을 인식한 최초의 유럽인이며 트랜스히말라야산맥을 히말라야산맥과 평행을 이루는 독자적인 산맥으로 확정한 것, 인더스강과 브라마푸트라강(얄룽창포강 하류 명칭)의 수원(水源)을 발견한 것, 그리고 마나사로와르 호수 및 락샤스탈 호수와 인도 수틀레지강의 유역 관계를 해명한 것 등의 지리학적 성과는 다른 어떤 탐험가도 이룩하지 못한 독보적인 것이며, 생사를 넘나드는 티베트의 엄혹한 자연환경을 헤치고 남긴 기록들은 유명의 지리들을 구축하고자 하는 인간 정신의 위대한 승리라고 평가되기도 한다(Hedin 저, 윤준·이현숙 역 2006, 16)(사진 1).[6]

---

6. 그의 탐사 성과의 공로는 당시 학술적으로 인정받아 옥스퍼드대학교(1909), 케임브리지대학교

이 밖에도 인류 탐험의 역사에서 그가 보유한 최초의 기록들로는 다음과 같은 사실들이 있다: 이강원(2003, 722)이 건조 지형학의 백룡퇴(白龍堆)라 설명한 풍식 지형인 야르당(Yardang, 雅丹)을 1903년에 서구에 최초로 소개함, 영국식 인명(George Everest, 1830~1843년 인도제국의 인도 측량국장을 역임한 영국인)을 딴 지명인 에베레스트를 본래의 티베트 이름인 초몰랑마(Chomo Lungma, 珠穆朗瑪)로 개명하려는 노력(숫자 지명 Peak 15→Everest Mt.→초몰랑마), 자신의 인명을 딴 산맥 이름을 정중히 거절하고 트랜스히말라야산맥으로 명명함, 고대도시 누란 유적 발견, 1899년 누란 유적에서 최초로 목간(木簡) 발견, 전통적으로 황하의 발원지로 알려졌던 로프노르 호수의 발견과 이동설 규명 등.[7]

특히 헤딘이 작성한 측량 지도들은 당시 러시아, 영국, 중국 등 열강들의 영토 확장을 위한 전쟁에 이용되었으며, 2002년 아프가니스탄을 침공한 미군의 군사 지도가 그의 지도를 토대로 작성되기도 하였다. 100여 년 전, 그의 의도와는 무관하게 그의 순수하고 학술적인 호기심을 충족하기 위해 만든 지도들과 스케치들, 즉 그가 형태와 형상으로 구축한 모든 유명의 지리들을 따라서 열강의 권력들이 티베트로 몰려왔고, 지금은 2006년 개통한 칭짱철도(靑藏鐵道)를 타고 중국인들과 외국인들이 라싸로 몰려들고 있다(경향신문, 2008.04.11.).

헤딘이 잠들어 있는 스톡홀름 시내의 아돌프프레더릭 교회(Adolf Frederick

---

(1909), 하이델베르크대학교(1928), 웁살라대학교(1935), 뮌헨대학교(1943) 등 스웨덴을 비롯하여 영국과 독일의 여러 대학들로부터 명예 박사학위(Honorary Doctorate)를 받았다. 또한 그가 생산한 다양한 탐사 결과물들, 예를 들어, 약 30,000페이지에 달하는 저작물, 약 2,500점의 스케치, 수채화, 필름, 사진들, 약 80,000점에 이르는 서간물(편지), 그리고 티베트·몽골·신장 지역에서 수집한 약 8,000점에 이르는 유물들이 스웨덴 스톡홀름 국가기록원의 민족학박물관(Ethnographic Museum)과 1952년에 설립된 스벤 헤딘 재단(The Sven Hedin Foundation) 등에 보관되어 있다.

7. 헤딘이 이룩한 학술적 탐험의 성과들은 후대에 그의 이름을 딴 다양한 학술 명칭과 인공 지명을 남기기도 하였다: 빙하 이름 Sven Hedin Glacier; 달 분화구 Hedin; 종자 식물종 Gentiana hedini; 딱정벌레 Longitarsus hedini와 Coleoptera hedini; 나비 Fumea hedini Caradja; 거미 Dictyna hedini; 화석상의 발굴 포유류 Tsaidamotherium hedini; 화석상의 파충류 Lystrosaurus hedini; 도로 및 광장 이름 Hedinsgatan 등.

Church)에는 1959년에 설치된 기념 명판이 걸려 있다. 그 명판에는 "아시아의 광대한 미지의 땅이 그의 세계였다 – 스웨덴은 여전히 그의 고향으로 남아 있다"라는 문구가 새겨져 있다. 그의 몸은 사라져 스웨덴에 묻혀 있고, '유명'에 대한 그의 욕망은 여전히 미지의 땅을 향하고 있다.

## 2) 시선 끝에 매달린 유명의 욕망들

서론에서 언급했듯이 헤딘을 포함한 모든 인간은 무명, 죽음, 모름의 상상들과 바깥들을 끊임없이 유명, 삶, 앎의 형상들과 안쪽으로 끌어들이려는 본능적인 호기심을 가지고 있다. 무명, 죽음, 모름을 알고자 하는 그의 호기심과 궁금증은 서방 세계에서 극단적인 형태로서 제국주의라는 존재론과 인식론, 방법론을 만들어 냈다. 이 제국주의는 시간을 초월하여 근본적으로는 유사하게 동방만의 독특한 명분론을 낳았다. 헤딘의 명분론 또한 무명, 죽음, 모름의 것들을 유명, 삶, 앎의 영역으로 포섭하여 그것들을 나누고 갈라 나름의 이름을 부여하는 행위, 즉 그것들에 질서와 가치를 부여하는 인식론이자 방법론이다.

이때 무명, 죽음, 모름 쪽에 있는 것들은 보통 혼돈과 무질서, 낯선 것, 두려움과 불안, 나쁜 것으로 규정되어, 하루빨리 질서 지워지고, 친숙하고, 안전한, 좋은, 유명, 삶, 앎의 영역으로 포함시켜 가시화되어야 한다고 여겨졌다. 그래서 무명의 지리들 또한 언젠가는 유명의 지리들 안쪽으로 인식되어 이름 지어지고, 자아의 삶 속에서 친숙하게 살아지고 파악되어야 한다고 강요받아 왔다.

지난 시대 인간은 인식 가능하고 친숙한 유명의 지리들을 구축하면서 그 안에 또다시 제국주의와 식민주의, 그리고 오리엔탈리즘처럼 자아(self)와 타자(other)를 구분해 왔다. 이 세상의 사람들을 다시 나누어 남성과 여성, 유럽 근대 경관을 구축한 백인 남성 주체와 유색인 남성, 나아가 백인우월주의와 유럽 및 서구 중심주의(이종찬 2016) 등을 차별적으로 만들어 냈다. 더구나 그것은 지금 모든 곳에서 일상 수준의 몸 차별, 성차별, 계급 차별, 문화 차별, 학력 차별, 지역 차별들로 여전히 인간 본연의 기질지성(氣質之性)으로 경험되고 있다.

특별히 본 연구에서 다루고 있는 유럽인들의 여행기와 답사기 또한 18세기 이래 20세기 초반까지 유명의 지리들을 배타적으로 생산해 낸 제국주의를 확대 재생산하는 데 기여해 왔다. 비유럽 지역을 여행한 유럽인들이 남긴 여행 책자들은 본국의 유럽인들을 위한 제국의 질서를 만들었고, 그 결과 제국의 질서 속에 본국의 유럽인들을 위한 자리를 제공하면서 다시 제국의 확장을 의미 있게 해 주었다. 또한 여행기는 제국의 많은 시민들이 제국의 확장을 열망하도록 만들었고 세계의 먼 지역들을 소유하고 명명(naming)할 권리와 함께 그것들에 대해 잘 알고 있다는 감각을 심어 주었다. 이 악순환의 과정은 여행기들로 하여금 호기심, 모험심, 흥분, 심지어 유럽의 팽창주의에 대한 뜨거운 도덕적 품성을 자극하기도 하였다. 요컨대 당시 여행기들은 제국의 내부 주체(domestic subject)를 생산하는 주요 장치들이었던 셈이다(Pratt 저, 김남혁 역 2015, 23-24).

헤딘의 삶과 그의 여행기 또한 그의 의지와는 상관없이 제국주의적 심성과 권력, 그리고 유명의 욕망들을 아비투스(habitus)로 닮아 왔고 모방(mimesis)해 온 것이 사실이다(사진 2). 이어 소개할 사례들은 헤딘의 몸과 『티베트 원정기』라는 여행기에 배어 있는 제국주의적 혹은 아비투스의 차별들과 유명의 욕망들을 간추려 제시한 것들이다.

사진 2. 라싸로 진입하기 위해 몽골인으로 변장한 헤딘(가운데 인물)

제1차 티베트 원정 때인 1896년 여름, 헤딘은 타클라마칸 사막 남서쪽에 위치한 오아시스 도시 호탄(和闐)에서 스스로 '금단의 나라'라고 칭했던 티베트 원정의 첫 번째 도전을 준비하였다. 그때 그는 "도움이 필요할 때면 나는 종에 달린 끈을 당기기만 하면 되었다"(21)[8]라고 말하였다. 원정기에서 그의 생각과 행동에 배어 있는 '지배자'로서의 거드름과 제국주의적인 인종 및 계급 차별적 인식을 간혹 발견할 수 있다. 이것은 역사상 모든 위대한 사상가나 위인들이 스스로 개혁하지 못한, 태생적이고 시대적인 한계 중 하나이다.

또한 당시 유럽 지리학계에 잘 알려지지 않은 지도상의 최대 공백지를 지리적으로 정복한다는 자부심과 함께 '강제초' 남쪽에 발을 디딘 최초의 백인, 혹은 인더스강의 수원지를 찾은 최초의 백인이라는 것을 스스럼없이 기록하였다.

(1907년 1월 12일경) 그는(티베트 관료 흘라예 체링) 적어도 보이기는 하는 달 표면보다도 유럽의 지리학계에 덜 알려진 공백지를 곧장 가로질러 금단의 나라를 직선으로 통과하라고 명령한 것이다. 일찍이 강제초 남쪽 지역을 본 백인은 단 한 명도 없었다. … (1907년 1월 13일경) 이제 나는 아시아 지도상의 최대 공백지이자 지구상의 최대 공백지 중 하나를 지리적으로 정복할 수 있게 된 것이다.(221)

우리는 이제 인더스강(Indus River, Senge Zanbu) 연안에 도착했고, 말을 탄 채 매우 위험하고 좁다란 길로 나아갔다. 히말라야산맥은 우리 뒤에 펼쳐졌다. … 이번에는 따뜻한 산들바람이 산들을 어루만지고, 하얗게 거품을 내뿜는 세찬 개울들은 산허리에서 굴러떨어져 인더스강으로 흘러들어 갔다. 나는 이 거대한 강의 행로를 동경하며 바라보았고, 행운의 여신이 호의를 베풀어 내 천막을 저 위쪽 강의 수원 옆에 세워 주지 않을까 궁금했다. 백인 중에서 그

---

8. 이후 본문에서 『티베트 원정기』(Hedin 저, 윤준·이현숙 역 2006)의 내용 일부를 직접 인용할 때는 인용문과 인용 부호 다음에 해당 페이지 번호만을 괄호 안에 제시하였다. 또한 인용문 안에 있는 괄호들은 필자에 의해 필요한 정보를 추가한 주석들임을 밝힌다.

곳에 가본 사람은 아직까지 없었다.(181)

티베트 탐사 과정에서 그는 "나는 티베트가 인간이 조사하고 지식을 얻을 목적으로 정복하기에는 지상에서 가장 힘든 나라 중 하나라는 사실을 깨달았다"(72)라고 표현하면서 제국주의적 정복 의지를 드러내거나, "잠시 후 체르노프가 내 천막 안을 들여다보며 속삭였다. '곰입니다!' 나는 즉각 명령을 내렸다. '개들을 묶어라! 곰의 뼈와 가죽은 연구용으로 보존해야 한다.' 코사크인들이 총에 장전을 하고서 곰 쪽으로 살금살금 기어갔다"(92)라는 기록에서는 계몽주의적인 세계관과 경험론적 과학관을 수행하면서 세상의 모든 것을 샅샅이 파헤쳐 알아내려는 지식에 대한 무한한 신뢰의 모습을 보여 주기도 하였다.

나는 새로운 제국들을 정복하기 위해 원정에 나선 티무르(1336~1405, 티무르 제국을 세운 몽골의 정복자)가 된 기분이었다.(23)

(트랜스히말라야산맥을 정복하고 이름을 명명한 후인 1907년 1월 18일경) 티베트인 외에 어느 누구도 이곳에 와 본 적이 없었다. 이곳은 내 땅이었고, 나는 이곳을 정복한 것이다. 저녁 늦게 달빛 속에서 꿈꾸며 잠든 내 왕국을 둘러보려고 천막 밖으로 걸어 나왔다.(226-227)

이와 같이 헤딘이 보여 준 미지의 세계와 자연에 대한 제국주의적 정복 욕망 그리고 의지들은 단순히 문학적인 표현을 넘어, 그의 지리적 탐험과 정복을 '내 땅'과 '내 왕국'을 소유하게 됐다는 극단적인 표현을 쓰게 하였다.

(1906년 12월 25일경) 우리의 성탄절 캠프는 둠복초라는 작은 호수 연안에 세워졌다. ··· 나는 상상 속에서 멀리서 울려 퍼지는 교회 종소리와 스웨덴의 숲에서 썰매 방울이 딸랑거리는 소리를 들었다. ··· 마지막 촛불이 꺼지기 전에 나는 이날 읽어야 할 하루분의 성서 구절을 읽었다.(212)

(1907년 1월 18일경) 어느 날 우리는 샴 계곡에 도착하여 갈라진 바위틈에서 자라는 향나무들을 보았다. 나는 향나무 가지로 천막을 장식했는데, 그 향기는 내게 스웨덴 숲을 떠올리게 했다.(228)

카일라스산, 즉 티베트인들의 '성스러운 얼음산'인 캉 린포체는 거대한 수정 또는 교황의 주교관을 닮은 형태로, 칼렙의 동북쪽에서 볼 수 있다. 순례자들은 티베트 전역에서 찾아와 이 산 주위를 돌아다니며 동서남북 기슭에 자리 잡은 네 사원에서 참배 의식을 행한다. 산의 둘레는 약 39km이다. 어떤 이들은 사보일배(四步一拜)하면서 몸으로 거리를 재기도 한다. … 한 연로한 순례자가 두 바윗덩어리 사이에 죽은 채 누워 있었다. … 수척하고 가련한 모습이었다. 그의 영혼은 옛 거주지를 떠나 윤회의 어두운 길에서 새로운 모험을 시작한 것이다. … 젊은 라마승 두 명은 39km나 되는 거리를 오체투지(五體投地)하며 나아갔다. 그들 중 한 명은 토굴 속에서 영원히 칩거하기로 결심한 듯했다. 그들의 믿음은 경탄할 정도였다. … 성서에는 이렇게 적혀 있다. "우리의 장엄한 도시 시온을 바라보라. 너희들의 눈은 예루살렘을 보게 되리라".(312-314)

(1907년 1월 18일경) 바위 부스러기들과 자갈들을 밟고 가는 힘겨운 행군 끝에 해발 5,430m의 타 고개에 올라섰다. 동남쪽으로 장대하고 위압적인 파노라마가 펼쳐졌다. … 그것은 지구상의 가장 높은 산계인 히말라야 산계로서 티베트의 추운 겨울과 인도의 영원한 여름을 갈라놓는다. 그런 경관 앞에서 우리는 외경심을 가지고 침묵 속으로, 그리고 우리 인간이 아주 하찮은 존재라는 느낌 속으로 빠져들게 된다.(228)

그러나 티베트 원정이 진행되면서 헤딘은 고향 스웨덴에 대한 향수병을 드러내거나 독실한 기독교인으로서 매일 밤 성서 읽기와 같은 아비투스를 실천하였다. 또한 티베트의 거대하고 혹독한 자연과 오체투지로 순례하는 사람들의 깊은 믿음을 목도하면서 때로는 기독교의 시온과 예루살렘을 연상하거나,

자연에 대한 외경심과 인간의 왜소함을 느껴 갔다. 점차 그는 지적 호기심과 제국주의적 모방과 욕망을 반추하고, 순수하고 신실한 티베트의 자연과 사람들의 무명의 무위(無爲) 그리고 미개한 듯 보이는 그들의 높은 정신과 영혼에 눈을 떠 가고 있었다.

## 3. 유명의 지리들에 정복된 무명의 지리들
: 지명과 지도, 그리고 티베트

### 1) 읽기, 계산, 통제 가능한 유명의 지리와 지명 만들기

남의 나라나 이민족 따위를 정벌하여 복종시킨다는 사전적 의미를 가진 '정복(征服, conquest)'이란 개념은 결국 무명, 죽음, 모름의 것들을 유명, 삶, 앎의 영역으로 포섭하여 그것들을 나누고 갈라 나름의 이름을 부여하는 행위이자 그것들에 질서와 가치를 부여하는 행위, 즉 인식 가능하고 통제 가능한 것으로 만드는 인간 행위와 다르지 않다.[9] 이 과정에서 공간과 장소의 이름인 지명(place name, toponym, geographical name)은 특정한 사회적 주체와 집단들이 그들이 소유한 이데올로기와 정체성, 그리고 권력관계를 시각적이고 청각적으로 형태화하고 형상화하는 중요한 유명 지리 구축의 도구이자 정치적 장치로 작용한다. 특히 제국의 확장과 식민지 건설 과정에서 지명 명명과 개명(renaming)

---

9. 이런 이유로 "이름을 얻으면 형상을 얻을 수 있다"(張載, 「正蒙」, 天道篇)라거나, "이름 없는 존재자는 말할 수 없다", "하늘에 이름을 쓰고, 서로에게 이름을 부여한다"라는 말이 있었다. 즉 이름(name)이 없는, 로고스(logos)가 없는 존재자들(고대 로마의 평민들)은 말할 자격이 주어지지 않았고, 이름과 로고스의 소지 여부에 따라 감각적인 것의 나눔이 분리된다(Rancière 저, 진태원 역 2015, 54-57). 존재에 이름을 부여할 때만이 진정한 존재자가 되고, 스스로 자신과 외부에 형상과 형태로서 작용할 수 있다. 달리 말해 스스로 이름을 가지고 있고, 명명 행위를 한다는 것은 바로 하나의 '주체', 곧 르네 데카르트(René Descartes, 1596~1650)가 추구한, 모든 걸 의심하는 근대적 '주체'가 된다는 것을 의미한다.

의 행위는 식민지 원주민들의 땅을 유럽인들의 전유물로 재구성하기도 하고 유럽인들이 원주민의 땅을 '텅 빈 것(empty)'으로 묘사할 수 있도록 기여했다. 이런 의미에서 장소에 이름을 붙인다는 것(naming place)은 정치적인 속성을 가지고 있다(Glennie 2000, 584-585).

일례로 지명 명명을 통해 제국주의의 일체감을 형성시킨 사례가 있다. 지난 식민지 개척 시기, 서론에서 언급했던 영국 선교사이자 남아프리카 탐험가인 데이비드 리빙스턴(1813~1873)의 이름을 따서 '리빙스턴(Livingstone)'이란 식민지 취락을 명명하는 행위는 결국 영국이란 제국이 제국의 주체들에게 세계를 의미 있게 만드는 하나의 방법이자 제국의 삶을 일상적인 것으로 만드는 방법이 되었다(Pratt 저, 김남혁 역 2015, 21). 요컨대 이름을 붙이는 행위(naming)는 당시 제국주의 확장의 중요한 도구이자 서구의 지식을 확장시키는 촉매제 역할을 하였고, 궁극적으로는 어떻게 근대 지식이 여행기와 그 안의 지명을 통해 구성되며, 나아가 지식 권력으로 작동하였는가를 고찰할 수 있게 한다.

미지의 무명의 공간을 유명, 삶, 앎의 장소로 시각화하여 읽을 수 있고, 계산 가능하고, 그리하여 통제 가능한 곳으로 만드는 또 하나의 방법은 지도화(mapping)이다. 지도는 한 번도 가 보지 않은 낯선 곳을 찾는 여행자와 다른 외부자들에게 그곳을 친숙한 장소로 이해하게 만드는 가장 좋은 수단이다. 그러므로 모국어나 익숙한 방식으로 기입된 친숙한 지명들을 기입하여 '좋은' 지도를 만들려는 인간의 모든 유명의 행위는 개인 수준으로부터 우주 수준에 이르기까지 걸쳐 있다. 지명의 명명 행위와 같이 지도화의 과정 또한 본질적으로 정치적 텍스트로 이용될 수 있으며, 우리는 권력의 도구로서의 지도를 상정할 수 있다(Toal 2001, 481).

본 원정기에는 헤딘이 수행한 미지의 무명의 공간을 유명, 삶, 앎이라는 인식 가능한 장소로 바꾸려는 유명에 대한 욕망들, 곧 스케치와 기록하기, 그리고 지명 명명과 지도화 과정의 모습들을 쉽게 찾아볼 수 있다.

우리는 질링초 연안을 따라 앞으로 나아가며 위풍당당한 어느 산의 입구를 통과했다. 작은 고개의 초입에서부터 수정처럼 맑은 암청색 물이 가득 찬 호수가 남쪽을 향해 펼쳐진 것을 보았는데, 그것은 황량하지만 그림같이 아름다운 산들로 둘러싸여 있었다. 비구름으로 그늘진 어두운 협만들 그리고 가파른 절벽들을 둑으로 삼은 작고 황량한 바위투성이 섬들의 장엄한 전망이 사방에 펼쳐졌다.(163)

헤딘이 통과한 '어느 산', '암청색 물이 가득 찬 호수'는 헤딘과 외부인에게 하나의 미지의 산과 호수이고 불안과 불편함을 동반하는 통제 불가능한 산이자 호수이다. 계몽주의적이고 제국주의적인 유명의 영역은 인간 본연의 호기심에 편승하여 이 무명의 산과 호수를 하루빨리 친숙하고 편안한, 인식 가능한 곳으로 바꾸고 정복하도록 재촉한다. 헤딘 또한 미지의 공간에 지명을 부여하여 지도에 그려 넣으려는 유명과 앎의 유혹과 욕망 속에서 티베트를 횡단하였다.

나는 지구상의 가장 높고 광대한 산악 지대에서 어느 부분이 서구인들에 의해 전혀 탐사되지 않고 남아 있는지 알고 있었다. 가장 최근의 티베트 지도들에도 북부, 남부, 중부의 '미탐사 지역'이라고 표시된 커다란 공백지가 여전히 보인다. 브라마푸트라 지방의 북쪽에 있는 16만 8,350km²의 남부 지역이 가장 넓고, 규모 면에서 이 지역을 능가하는 것은 오직 남·북극과 아라비아 내륙뿐이었다. 나는 이 미지의 광대한 지역들을 횡단하여 지도상의 공백지를 산과 강, 호수로 채워 넣고 싶었고, 마케도니아인인 알렉산드로스 대왕이 2,300년 전에 발견했다고 믿었던 인더스강의 수원에 서게 될 최초의 백인이 되고픈 야망을 품고 있었다. 또한 나는 티베트의 최고위 성직자 타시 라마가 거주하는 사원 성채인 타시룸포(시가체, 현 르카쩨)를 통과하는 것을 꿈꿨다.(179)

표본 수집, 기상 관찰, 스케치, 지명 만들기, 지도 그리기, 그리고 기록하기와 일기 쓰기 등과 같은 헤딘이 원정기에서 보여 준 광적일 정도의 유명을 향한 행위들은 스쳐 간 곳의 모든 것을 샅샅이 빨아들이는 '진공청소기'와 같은 모습이었다.

나는 지도를 그리고, 스케치를 하고, 바위와 식물 표본을 수집하고, 기상 관찰을 하는 일에 계속 몰두하느라고 카라반 뒤에서 말을 타고 갔다. … 이슬람 바이가 불가에 앉아 저녁 식사를 준비하는 동안, 나는 일기에 그날의 행군에 관한 내용을 기록했다.(25)

밤에는 늑대들 때문에 불침번을 섰다. 노새는 말보다 추위를 더 많이 탔다. (1906년) 10월 7일 밤 기온이 영하 24℃로 내려갔는데, 노새 몇 마리가 내 천막 입구에 자리를 잡았다. 노새들은 천막이 추위를 막아 줄 피난처가 될 것을 알고 있었다. 한 번은 말 세 마리가 없어져 롭상이 혼자 도보로 그들을 찾아 나섰다. 사흘이 지났는데도 그는 돌아오지 않았다. 나는 그가 늑대들에게 잡혀 먹혔을까봐 걱정했는데, 저녁 무렵 그가 말 두 마리를 이끌고 돌아왔다. … 마른 야크 똥을 주워 불을 피웠다. 손이 따뜻해지면서 나는 기록하고 스케치하는 일에 몰두했다.(194-195)

그런데 까마귀들이 유난히 많았다. 그들은 우리 천막 주위에 검은 옷을 입은 간수마냥 앉아 동물들이 굶어 죽기만을 기다렸다. 본부 캠프에서의 마지막 날은 무척 분주했다. 나는 물건들을 어디서 찾을 수 있는지, 비상시에 내 도구들과 일기들을 어떻게 숨겨야 할지 정확하게 알고 싶어 짐 싸는 것을 직접 감독했다.(10) … 만일 어떤 불운이 우리에게 닥칠 경우, 캠프 대원들은 지체 없이 고향으로 돌아가도록 했다. 내 지도들과 기록들은 스톡홀름으로 보내질 것이었다.(111) … 천막 입구에 앉아 밤의 목소리에 귀를 기울였다. 몇 번의 시도 끝에 마침내 등잔의 경유(스테아린) 양초 토막에 불을 붙여 일기를 썼다.(118)

모든 것을 기록으로 남기려는 헤딘의 노력은 티베트의 지리적 공백지에 대한 정복과 탐험, 그리고 이들을 지도에 담으려는 욕망으로 귀결되었다. 미지의 땅을 탐사하면서 지리적 공백지를 줄여 가는 것이 그에게는 가장 위대한 지리학적 발견으로 여겨졌고(Hedin 저, 윤준·이현숙 역 2006, 343-347), 결국 이러한 욕망은 타시룸포에서 지리학적 문제를 고민하거나(Hedin 저, 윤준·이현숙 역 2006, 218), 유럽인으로서는 최초로 인더스강과 얄룽창포강(브라마푸트라강)의 발원지인 쿠비강그리산맥 기슭을 탐험하고(Hedin 저, 윤준·이현숙 역 2006, 233, 300), 랑모베르틱 고개와 수룽게 고개를 통한 7~8번째 트랜스히말라야산맥 종단과 아시아 최대의 공백지 탐험을 마무리하는 모습으로(Hedin 저, 윤준·이현숙 역 2006, 358-360) 원정기 곳곳에 등장한다. 그러나 그 욕망의 끝은 "아직 앙덴 고개와 체티라첸 고개 사이에는 3,480km의 공백지, 11만 6,550km²에 이르는 완벽한 미지의 땅이 남아 있었다"(317)라거나, "아시아 지도상에 마지막까지 남은 가장 큰 땅덩어리의 정복을 시도해 보지도 않은 채 고국으로 돌아갈 수는 없었다"(318)라는 또 다른 욕망으로 이어지곤 하였다.

특히 헤딘의 지리적 탐사의 과정에서 나타난 무명의 영역에 대한 지도화와 지명화의 노력은 가끔 초인적인 모습을 보이기도 하였다. 즉 이동하는 말 위에서 도로 지도를 작성하거나(Hedin 저, 윤준·이현숙 역 2006, 203)(사진 3), 강제초 남쪽의 커다란 지도 공백지를 아쉬워하면서 미지 세계에 대한 탐사와 지도 만

사진 3. 지도 제작을 위해 측량하는 헤딘

들기의 열망을 보여 준 모습, 그리고 도로 지도 등을 그리면서 티베트에 남은 공백지를 지워야 한다는 사명감을 되새기기도 하였다(Hedin 저, 윤준·이현숙 역 2006, 230, 340).

그러나 이 세상 어떤 지도도 연이은 스물세 개의 호수를 표시하고 있지 않았고, 운 좋게도 나는 그들을 발견하여 아시아 지도에 기입할 수 있었다. 나는 그 호수들의 이름을 지을 수 있는 발견자의 특권을 포기하고, 로마 숫자로 간단하게 그것들을 표시했다. 북부 티베트 전역을 가로지르는 그 길고 거대한 계곡은 배수구가 없는 일련의 분지들로 나뉘어 있고, 각 분지에는 대개 염수(鹽水)로 가득 찬 호수가 하나씩 있었다. 비록 가장 깊게 지반이 침하된 곳에 있었지만, 그 호수들은 모두 몽블랑산 정상보다 더 높은 곳에 위치한 것이다. 14번 호수의 고도는 5,090m였다.(31-32)

이곳 해발 5,120m 고지에 우리는 불운이 잇따른 44번 캠프를 차렸다. 몽블랑산 정상에 에펠탑 첨단부만큼의 높이를 더한 높다란 곳에 자리 잡은 것이다(108) … 우리가 있는 곳은 카라코람산맥으로, 남쪽으로는 히말라야산맥이, 북쪽으로는 중국령 투르키스탄과의 경계 장벽 역할을 하는 쿤룬산맥이 보였다. 황량한 티베트는 동남동 방향에 펼쳐져 있었다. 이 경이로운 경관은 으스스한 눈보라 때문에 순식간에 지워졌고, 그 사이 카라반의 길고 어둑한 행렬은 티베트고원으로 나아갔다. … 지리학적 명칭이 전혀 없어서 앞으로는 숫자로 야영지를 표시할 생각이다(185) … 웰비 대위가 1896년에 발견한 어느 커다란 호수의 서쪽 연안에서 며칠간 야영했다. … 며칠 뒤 염도가 무척 높은 한 호수의 서쪽 연안에서 야영했는데, 이 호수 역시 수심을 재야 했다.(191)

또한 지리적 사물을 지도에 표시하기 위해서는 반드시 다른 지역과 구별되는 지명 명명이 수반되어야 한다. 헤딘은 원정기 곳곳에 지도에 담을 지명 만들기의 욕망을 드러내었고, 읽고 계산하고 통제 가능한 지명 명명을 염두에 두고

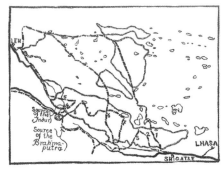

그림 3. 트랜스히말라야산맥의 횡단과 공
백으로 남은 티베트 지역

주: 1~8번까지의 숫자는 헤딘이 트랜스히
말라야산맥을 횡단한 횟수이자 지점을 표시
한 것이다. 지도상의 공백지는 1906년까지
탐사하지 못한 미지의 지역을 나타낸다.

자료: Hedin 저, 윤준·이현숙 역 2010, 711.

있었다.[10] 특히 헤딘이 무의식적으로 가지고 있던 지명 명명권에 대한 특권적
의식과 로마 숫자로 표시된 호수 등 같은 숫자 지명화 사례들(14번 호수, 8~283번
캠프 등)이 원정기 곳곳에 나타나고 있다(그림 3).[11]

10. 그가 히말라야산맥의 북쪽에서 평행하게 분포하는 산맥에 '트랜스히말라야산맥
(Transhimalayas Ranges)'이라는 이름을 명명하는 과정에서 당시 지명 명명에 대한 그의 겸손
한 자세와 읽기, 계산, 통제 가능한 지명 명명이라는 제국주의적 지명 명명의 일면을 엿볼 수 있다:
"귀국 후, 내가 얄룽창포강 북부의 산계에 부여한 명칭은 영국 일부 지리학자들의 반대에 부딪혔
다. 알렉산더 커닝엄 경이 1850년대에 북서부 히말라야 산계의 산맥 중 하나를 지칭하기 위해 이
미 그 명칭을 사용했다는 게 이유였다. 인도에서는 이 산계에 내 이름을 붙이자는 제안이 나오기
도 했는데, 내가 그 영예를 사양했다. … 아시아 지리의 가장 탁월한 전문가 중의 한 사람인 케들스
턴 후작 커즌 경(George Nathaniel Curzon, 1859~1925)은 … "이 산맥을 현장에서 실제로 확
인하고, 일부가 아닌 전체의 광대한 지역을 지도상에 기입하는 일은 다름 아닌 헤딘 박사에게 남겨
졌다. … 어떤 새롭고 중요한 지리학적 발견물의 명칭을 정하는 데 반드시 고려해야 할 것으로 여
겨지는 사항 네 가지만 말하고 싶다. ① 가능하다면 주 발견자가 그 명칭을 부여해야 한다. ② 발음
또는 표기가 불가능하거나, 지나치게 난해하거나 모호한 명칭이어서는 안 된다. ③ 가능하다면 어
떤 기술적 가치를 지니고 있는 명칭이어야 한다. ④ 지리학적 명명법의 일반적 규범을 위반하는 명
칭이어서는 안 된다. '트랜스히말라야'라는 명칭은 이 모든 이점을 갖추고 있고 … 내 생각에, 헤딘
박사가 정한 명칭 외에 다른 명칭을 사용하려는 어떤 시도도 실패로 끝나고 말 것이다"(Hedin 저,
윤준·이현숙 역 2010, 722-723). 한편 헤딘은 현지 유목민 안내로 지도 위에 지명을 기입하려는
노력을 보여 주었다(Hedin 저, 윤준·이현숙 역 2006, 206). 현지 주민을 대동치 않은 탐사에는 탐
사 주체의 '엉뚱한' 지명이 명명될 가능성이 있으며, 이 새로운 제국주의적 지명은 식민지 독립
후 옛 이름을 회복하려는 원주민들과 지명 분쟁 및 갈등을 야기할 수 있다. 일례로, 식민지 개척 초
기에 호주에서는 대부분 백인들에 의해 영어식 지명 명명이 다수 이루어졌고, 원주민인 애보리진
(Aborigin)의 지명은 배제되거나 공식적인 기록과 기억에서 지워졌다. 이로 인하여 현재까지도 호
주의 백인들과 그들의 정책들은 애보리진과 불편한 관계를 맺고 있다.
11. 숫자 이름은 미지의, 우주의 광대한 은하계와 행성들에게도 명명되기도 하지만, 화학 원소 기호

## 2) 티베트의 삶과 죽음의 지리들, 그리고 공존

티베트(Tibet)라는 이름을 떠올릴 때면 세계에서 가장 높은 산지들이 분포하는 티베트고원(Tibet Plateau, 西藏高原, 靑藏高原)이 으레 생각난다. 티베트고원은 약 1000만 년 전에 융기한 고원으로 '세계의 지붕'이라 불린다. 평균 해발고도 약 4,000m인 이곳은 지구상에서 가장 높은 고원 지대이자, 아시아 대륙의 주요 하천들이 여기에서 발원한다. 우리가 흔히 알고 있는 티베트는 티베트고원의 중심을 이루는 중국 남서부의 티베트족(藏族, Tibetan)자치구, 즉 시짱자치구(西藏自治區)를 말하며, 주도는 달라이 라마가 거주하던 포탈라궁이 위치한 라싸이며, 제2의 도시는 판첸 라마가 거주하는 타시룸포가 위치한 르카쩌(원정기에 등장하는 시가체, 이후 시가체)이다. 그러나 헤딘의 원정기와 본 연구에서 다룬 티베트의 공간적 범위는 시짱자치구의 북동쪽에 인접한 칭하이성(靑海省)을 포함한다.[12]

---

처럼 아주 미세한 영역에도 명명될 수 있다. 일례로 주기율표(Periodic Table)에 새로 발견된 화학 원소 기호가 '113→nihonium(Nh)', '115→moscovium(Mc)', '117→tennessine(Ts)' 등과 같이, '무명'의 원소가 인간에 의해 '유명'의 영역으로 옮겨지면서 처음에 '113'이라는 인식 가능하고 통제 가능한 숫자 이름을 가지고 있다가, 이후 'nihonium(Nh)'이라는 일본인 발견자의 국적 이름으로 다시 개명되기도 한다(BBC News, June 8, 2016., "Names proposed for new chemical elements"). 즉 발견 초기, 화학 원소에 대한 관리 차원에서 간편한 숫자 이름이 쓰이다가 공식 인증 절차를 밟은 후, 하나의 고유한 이름을 획득하였고, 이윽고 하나의 세계 내 존재가 된 것이다. 이때 해당 화학 원소의 발견자와 관련된 기성의 이데올로기와 정체성 같은 인간–공간 관계를 반영하기 위해서 기존의 특정한 나라 이름, 도시 이름, 주 이름이 활용되기도 한다.

12. 티베트는 중국 중심부와 연결된 칭짱철도(靑藏鐵道)가 2006년 개통되면서 한족(漢族)의 유입 인구가 크게 증가하고 있다(네이버 지식백과, https://terms.naver.com). 이 과정에서 중국 정부는 티베트 주요 도시에 분포하는 도로명 및 인공 지명들을 북경로, 상해로, 산동로, 강소로, 길림로 등과 같이 중국의 주요 도시나 지역 이름을 빌려 명명하였다. 1950년 중국 공산당의 티베트 무력 침공 이후, 중국 정부는 그들에게 미지와 무명의 공간이었던 티베트(식민지)를 그들에게 익숙하고 친숙한 지명들로 채워 가면서 유명과 지식의 영역을 확장해 갔고, 이때 중국식 지명들은 티베트라는 낯선 공간을 개척하고 통치하는 하나의 영역적 기표(territorial signifier)로 작동한다. 현재 라싸에 있는 포탈라궁(布达拉宫)의 공식 주소는 다음과 같다: 中國 西藏自治区 拉萨市 城关区 北京中路 35号(35 Beijing Middle Rd, Cheng-guan Qu, Lasa Shi, Xizang Zizhiqu, China)(Google Maps, https://maps.google.com). 결국 포탈라궁은 중국의 수도인 베이징(北京) 한가운데에 위치하게 되었고, 중국 사람들에게 친숙한 그들의 유명의 영역과 심상 지도(mental map) 안으로 기

세상에서 가장 높은 곳, 그래서 주변의 모든 물이 시작되는 곳, 하늘과 가장 가까운 곳, 그래서 고갯마루에 올라 사방을 굽어 조망할 수 있는 곳, 그곳이 티베트이다. 가장 높이 솟아 하늘과 맞닿아 있기 때문에 인간의 거주환경으로는 매우 부적합하고, 헤딘도 원정기 곳곳에서 호소했듯이 거대한 설산과 깊은 계곡에서 만나는 살인적인 겨울 추위와 눈보라는 자연에 대한 경외감과 함께 인간 육신의 왜소함을 경험하게 한다. 역설적이게도 이러한 티베트의 혹독한 자연환경은 티베트 사람들로 하여금 생사여탈권을 쥔 절대적인 신과 같은 존재로 인식되었고, 거대한 자연 앞에서 인간의 초라한 육신을 인정하고 가까운 하늘로 무한히 고양하는 정신과 영혼을 꿈꾸게 하였다.

티베트인들은 평지로 내려오면 살지 못한다는 야크(yak)라는 소와 같이 티베트의 고고한 자연환경에 순응하여, 유명의 지리들을 갈망하기보다는 무명의 것들을 동경하고 긍정하며 그들의 오랜 전통과 문화를 이어 오고 있다.[13] 심산유곡으로 숨어 들어간 은자(隱者, hermit)와 자연인들처럼 저 아래 평지의 사람

---

입되었다.

13. 한편 티베트의 특수한 사회·문화 공간의 성격을 자연지리적 특수성에서 찾는 연구들이 있다. 즉 문순철(1998, 215)은 티베트의 특수성과 민감성을 이 지역이 갖는 '이심성'과 '차별성'으로 설명하였다. 이심성이란 지리적 입지의 원격성을 말하고 차별성은 그에 따른 사회 공간적 특이성을 뜻하는데, 이러한 지리적 이심성과 원격성이 티베트의 사회 공간적인 특이성의 원인으로 작용한다고 분석했다. 또한 티베트가 가지는 지리적 특징 중의 하나인 '외형적 고립'이 강조되기도 한다. 고대로부터 티베트는 외부와 공간적으로 폐쇄성을 유지했고, 이러한 격절과 고립이라는 지형적 특징이 티베트의 문화적 고유성을 확보할 수 있는 공간적 조건을 제공했다는 것이다. 특히 티베트에서 나타나는 건조한 고원성 기후는 화학적 풍화를 제한하고 토양 속의 미생물이 적어 유기물질의 분해가 느리다는 점에 주목하여, 이러한 건조한 환경이 유산과 유물의 보존성과 영속성을 보장하면서 모든 것을 원형 그대로 보존할 수 있게 했다는 것이다. 결국 이 지역의 문화에서 보이는 강인한 전통성은 고원의 기후가 선사하는 원형 보존성과 결코 무관하지 않다고 강조되기도 하였다(심혁주 2015a, 289-293). 이와 더불어 19~20세기 당시, 청나라의 보호국이었던 티베트가 서구 열강들의 식민지 쟁탈전에서 비켜 있었던 이유를 티베트의 험악한 자연환경에서 유추할 수 있다. 즉 세계 최대의 험준한 고원 및 산악 지형과 삭막한 지리 환경은 열강들에게 기술적 의미의 자원이 부족한 곳이자 인간이 정주할 수 없는 안외쿠메네(Anökumene)로 인식하게 하였고, 이러한 열악한 자연과 부족한 자원이 당시 제국주의에 의해 식민지 점령과 자원 침탈을 경쟁적으로 이루어지지 않게 한 하나의 이유로 작용했을 것이다. 그러나 과학 기술과 교통, 정보 통신이 급성장한 지금은 사정이 달라졌다.

들이 만든 유명의, 고도의 물질문명과 숨 막힐 듯 촘촘한 사회 조직과 관계들을 그저 관조(觀照)하듯 굽어 내려다보고 있다.[14] 21세기 자본주의 시장경제 질서 속에 살아가고 있는 우리들의 신경이 곤두선 눈으로는 수십, 수백 km를 스스로 몸을 혹사시키며 오체투지(五體投地)로 순례하는 사람들과 '죽음'은 없고 다만 육체가 사라질 뿐이라며 육신의 죽음을 자초하며 세상과 단절된 석굴로 들어가는 라마승, 혹은 죽은 시신을 독수리가 먹기 좋게 잘게 토막 내어 자연에 보시(布施)하는 티베트의 천장(天葬)이란 장례 풍습, 그리고 1년에 한 번 늦여름 목욕절(갈마시지)에만 몸을 씻어 얼굴이 새까맣게 변한 천막 속 한 여인이 두 세 명의 남편들과 가족을 이루며 사는 모습 등은 끔찍하고 비정상적인 것으로 보일 뿐이다.

유사한 문화권에 사는 동방의 사람들조차도 쉽게 이해되지 않는 티베트의 생경한 모습들을 보면서, 100여 년 전, 이방인이자 외부인으로서의 유럽인인 헤딘이 그보다 더 강한 충격을 받았을 것이라고 상상하는 것은 그리 어려운 일이 아니다. 당시 헤딘이 경험한 티베트 자연에 대한 육체적 충격보다 티베트 사람들의 무명의 모습들을 만나며 받았을 문화적, 정신적 충격이 더 컸을 것이다. 여행이 혹은 원정이 끝나갈 즈음, 그 충격을 딛고 그는 티베트의 자연과 사람들에게 서서히 무명의 마음을 열어 가고 있었다.[15]

저 아래 낮은 곳에 사는 우리들이 유명, 삶, 앎을 욕망하며 몸을 꼿꼿이 치켜 세울 때, 가장 높은 곳에서 가장 몸을 낮춘 티베트 사람들은 오히려 우리가 쫓

---

14. 심혁주(2015b, 185)는 인간의 '보다'라는 행위를 두 가지로 나누어 제시하였다. 즉 시각적인 현상으로 본다는 의미인 '간(看)'이나 '시(視)'와 함께, 내면으로 바라본다는 의미를 지닌 '관(觀)'을 구분하였다. 특히 이 문장에서의 '관조'는 '지혜로 모든 사물의 참모습과 영원히 변하지 않는 진리를 비추어 보다'라는 불교적인 의미도 담고 있다.

15. '무명'의 지리들을 바라보는 헤딘의 긍정적 변화의 일단을 오스트리아의 탐험가이자 등산가인 하인리히 하러(Heinrich Harrer, 1912~2006)의 말에서도 찾아볼 수 있다. 1944년부터 1951년까지의 7년 동안 티베트에 머물며 경험한 일을 바탕으로 「티베트에서의 7년 Seven Years in Tibet」이란 책을 쓴 하러는 역설적이게도 "나는 문명을 뒤로할 때, 안전하다고 느낀다"라고 말하였다(오마이뉴스, 2006.01.10.).

아내 버린 무명, 죽음, 모름의 것들을 긍정하고 그것들과 공존하며 살아가고 있었다. 여행하면서 헤딘이 관찰하고 기록한 티베트의 자연, 그리고 유명의 삶(역사와 생활 문화)과 무명의 죽음(종교와 죽음 문화), 그것들의 지리를 좇아가 보자.

헤딘도 말했듯이, 지구에서 가장 높은 곳, 티베트의 겨울과 인도의 여름을 갈라놓는 거대한 히말라야와 트랜스히말라야산맥을 바라보면서 자연에 대한 경외감과 인간 몸의 초라함을 느낄 수 있다. 헤딘은 "나는 새로운 원정들과 기이한 모험들을 꿈꾸고 있었다. 내 삶은 멋진 것이었지만, 아직 끝난 것은 아니었다. 이곳은 신비와 수수께끼로 가득 찬 나라 티베트다!"(170)라고 표현했지만, 외부자들, 특히 서구인들의 티베트, 특히 라싸로의 진입 시도가 이미 9번이 있었다고 그는 기록하였다(Hedin 저, 윤준·이현숙 역 2006, 111-112).[16]

18세기 중반 이후 티베트인들은 외부인, 특히 백인들이 자신들의 영역으로 들어오는 것을 경계하였다. 그래서 "당시는 영국인들이 인도를 점령하기 전이었고, 러시아인들의 태평양 진출에 관해 이야기한 어떤 몽골인 순례자도 없었다. 뒷날 티베트인들은 히말라야산맥과 쿤룬산맥 사이에 위치한 자신들의 천

---

16. 서구인들의 티베트 라싸로의 진입 시도를 그는 다음과 같이 기록하였다: "우리는 대자연이 우리가 가는 길에 놓아둔 온갖 장애물들에 이를 악물고 맞설 준비가 되어 있었다. 지리적 목표들 외에도, 나는 라마교의 가장 성스러운 도시인 라싸로의 진입을 시도하기로 결심했다. ⑤ 두 명의 담대한 성 나사로회 신부들인 위크와 가베가 변장하고 그 도시에 들어가는 데 성공한 1846년 이래 어떤 유럽인도 그곳의 사원을 본 적이 없었다. … 프랑스 나사로회 신부들인 위크와 가베가 라싸에서 두 달을 보낸 이래 54년(현재 1900년으로부터)의 세월이 흘렀다. ⑥ 러시아인인 프르제발스키와 코슬로프의 시도는 수포로 돌아갔다. ⑦ 프랑스인인 봉바로와 오를레앙 공(公) 앙리, 뒤트뢰유 드 랭과 그레나르는 그들의 발자취를 따랐고, ⑧ 미국인 W. W. 록힐은 탁발승으로 변장한 채, 몽골 순례자들이 다니는 널찍한 대로에서 두 번이나 자신의 운을 시험했다. 반면 ⑨ 영국인 바우어와 리틀데일은 변장하지 않은 채 라싸를 목적지로 삼았다. 이들은 모두 퇴짜를 맞았다. … 그것은 정치적 편법 때문이었다. ① 유럽인 최초로 예수회 소속 독일인 선교사 그루버와 벨기에인 신부 도르비유가 1661년 라싸에 도착했을 때, 그들은 어떤 정치적 불안감도 불러일으키지 않았다. ② 18세기 전반에 카푸친회 수사들은 몇십 년 동안 라싸에 상주하며 선교부를 유지했고, 오늘날까지도 '오, 하느님. 찬미 받으소서'라는 문구가 새겨진 그들의 종이 티베트 최대 사원 중 한 곳에 매달려 있다. ③ 1715년 예수회 신부 이폴리토 데시데리가 달라이 라마의 도시에 들어갔는데, 그의 기록은 당시까지 가장 뛰어난 것이었다. ④ 20년 후에는(1735년) 네덜란드인 반 데어 푸테가 이 도시를 방문했는데, 그는 자신의 기록들이 황당무계한 듯하여 후세에 거짓말쟁이로 기억되고 싶지 않아, 죽기 몇 년 전에 그 기록들을 전부 불태워 버렸다(111-112)."

연 요새가 결국 무장한 백인들에게 포위될 것임을 깨닫기 시작했다 … '그러므로 우리는 우리의 황금과 우리의 성역을 염탐하며 음모를 꾸미는 모든 백인들에게 문을 열어 주지 않겠노라.'(112)라고 경계의 눈초리로 외부인의 침입을 경계하고 있었다. 티베트인들은 러시아의 침략을 의심하고 있었고, 급기야 1903년과 1904년에는 영국 인도 총독이 티베트 라싸를 무력 침공하였다(Hedin 저, 윤준·이현숙 역 2006, 111–112, 148–180).[17]

당시 티베트는 청나라의 보호국으로 라싸에 상주하는 청나라에서 파견된 '암반'이라는 관료를 통해 통제되고 있었다. 1924년에는 라싸(달라이 라마 거주)와 타시룸포(판첸 라마, 즉 타시 라마 거주) 간의 종교적·정치적 갈등으로 타시 라마는 중국 북경으로 망명하였다(Hedin 저, 윤준·이현숙 역 2006, 230, 271). 이후 달라이 라마 14세는 1959년 중국 공산당과의 협력을 거부하고 인도로 망명하여 현재에 이르고 있다. 격랑의 근·현대 시기에 티베트가 경험한 외부인들의 침략과 점령의 역사는 수천 년 동안 지켜 온 티베트 사람들의 전통문화에 현재 적지 않은 변질을 초래하고 있다. 그래서 100여 년 전, 헤딘이 경험하고 기록한 티베트 사람들의 생활과 종교 문화는 더 소중하게 여겨진다.

티베트 사람들의 의식주와 관련된 생활문화, 즉 그들이 유지해 온 유명, 삶, 앎의 영역은 헤딘의 원정기 기록 곳곳에 남아 있다(사진 4). 그는 당시 북부 티베트 창탕에 거주하는 창파 사람들(北方人)의 외모를 다음과 같이 관찰하여 전하고 있다.

---

17. "2년 뒤(1903년) 인도 총독이 라싸로 군대를 보냈을 때, 캄바 봄보는 영국인들의 침공이 내 여행과 어떤 연관이 있는지 궁금해 했을지도 모르겠다(148). … 캄바 봄보는 영국군이 1903년에 티베트를 침공했을 때 간체 시 방어전에서 용맹을 떨쳤고 영국군의 공습 때 전사한 것으로 보도되었다(174). … 내가 대략 정한 진로로는 그 세 공백지를 횡단하지 않고서는 다시 라마의 성스러운 사원 도시에 이를 수 없다. 1904년 영허즈번드가 지휘하는 영국 침략군이 라싸로 무력 침공해 들어가 4,000명의 티베트인들을 무참히 살육했을 때, 달라이 라마는 우르가와 북경으로 도피했다. 타시 라마는 이제 티베트의 최고위 인물이다. 나는 그만이 나를 위해 문호를 개방할 권력이 있다는, 거의 미신에 가까운 확신을 품고 있었다(179–180)."

사진 4. 1938년 티베트인의 모습(좌), 시가체의 타시룸포 사원(우)

(1906년 11월 12일경) 기름때 묻고 누덕누덕한 모피 웃옷을 걸치고, 지저분하고 닳아빠진 생가죽 신발을 신고, 바지도 입지 않은 이 누추한 황야의 기사들이 우리 야영지로 와서 단번에 희망의 불씨를 살려 놓았다. 그들은 헐렁한 웃옷 안에 온갖 물건들, 말린 고기 조각들, 짬파를 먹고 차를 마실 때 쓰는 목제 사발들을 가지고 다녔다. 허리띠에 매달린 담배쌈지, 파이프, 부시, 자루 달린 송곳 바늘들과 칼들은 그들이 걸음을 옮길 때마다 리듬에 맞춰 달랑거렸다. 새까맣고 결이 거친 머리칼은 타래를 이뤄 기름때 묻은 웃옷 깃 주위로 늘어뜨려져 있었고, 이 원시림에 서식하는 이(虱, 슬, louse)들은 평생 한 번도 빗에 붙잡힐 위험이 없었다. 짧은 총과 두 갈래의 받침대는 가죽끈에 매달려 어깨 너머로 걸쳐져 있고, 허리띠에는 날이 넓은 칼이 달려 있었다. 이들이 탄 토실토실하고 털이 긴 작은 말들의 눈은 생기로 반짝거렸다. 그들은 자신들을 '창파', 즉 북방인(北方人)이라고 부른다. 북부 티베트의 창탕이라는 황량한 지역에서 겨울을 나며 사냥으로 생계를 유지한다. 젖소에게서 우유, 버터, 치즈, 크림을, 덩치 큰 사냥감에게는 고기, 살가죽, 모피를 얻는다. 그들은 딱딱하고 마르고 오래된 생고기를 좋아하며, 모피 웃옷 안쪽의 널찍한 곳에서 새까만 나무막대 같은, 야크나 야생 나귀의 갈빗대를 꺼내어 칼집에 든 나이프로 깎아먹는 모습도 종종 볼 수 있다.(203-205)

또한 그는 혀를 내밀며 오른손을 이마 위에 대는 티베트인의 전통 인사법에 적잖이 놀라워했고(Hedin 저, 윤준·이현숙 역 2006, 152, 202)(사진 5), 지금은 많이 사라진 티베트인들의 일처이부제(一妻二夫制) 전통을 기록하기도 하였다. 한편 높은 산을 넘어 자유로이 이동하는 새를 동경한 것인지 티베트인들의 기러기 숭배 모습을 유심히 관찰하기도 하였고, 일식이 발생했을 때 헤딘은 일식 관찰에 정신이 없었지만 티베트인들은 천막 구석에 들어가 기도하는 모습도 전해 주어 서방의 과학적 정복자와 동방의 자연적 정주자

사진 5. 혀를 내밀고 인사하는 티베트 인사법

사이의 자연 현상을 바라보는 시선과 인식의 차이를 극명하게 보여 주었다.

(1906년 11월 10일) 11월 10일, 툰둡은 사냥 원정에서 돌아와 서쪽 계곡에서 검은색 천막 하나를 발견했다고 보고했다. 좀 더 면밀히 살펴보고 알아낸 바로는 그 천막에는 한 여자가 살고 있고, 그녀의 남편은 둘인데 둘 다 사냥을 나가 천막에 없다고 했다. 그들은 우리에게 팔만 한 야크나 말, 식량이 전혀 없었다.(201)

(1906년 10월 20일경) 하루 동안의 짧은 행군 끝에 우리는 꽁꽁 얼어붙은 작은 호수에 이르렀다. 저녁 늦게 한 떼의 기러기들이 더 따뜻한 지역으로 날아가고 있었다. … 티베트의 어느 곳을 횡단하든 매년 봄과 가을에는 기러기들을 볼 수 있다. … 티베트인들은 기러기에 대해 감동적일 정도의 경의를 표하는데, 이 공중의 날개 달린 유목민들이 일부일처제를 행하고 있어서 그런 것은 결코 아니다. 어떤 티베트인이라도 기러기를 해치기보다는 차라리 굶어 죽는 쪽을 택할 것이다.(198-199)

(1907년 1월 14일경) 나는 서서 일식을 관찰했었는데, 태양의 좁은 가장자리만 이 남아 매우 눈에 띄는 황혼이 만들어졌다. … 티베트인들과 라다크인들은 그들의 천막에 틀어박혀 기도를 웅얼거렸다. 서서히 광휘 속에서 태양이 다시 제 모습을 드러냈다. … 그(흘라예 체링)가 대답했다. "때때로 태양을 가리는 것은 커다란 하늘의 개라오. 하지만 나와 내 라마승이 제단 앞에서 기도문을 외웠소. 그랬더니 개는 사라졌소."(222)

헤딘은 우리나라의 서낭당에 있는 돌무더기와 유사한 라체(몽골의 오보)와 그 위 '옴 마니 팟메 훔(Ohm Mani Padme Hum)'이라는 여섯 자의 진언(眞言)이 새겨진 돌들을 소개하거나, 티베트의 장례 문화인 천장(天葬)으로 알려진 조장(鳥葬) 풍습을 기록하였고, 지금 장전불교(藏傳佛敎)로 알려진 티베트의 라마불교(라마교)에 대해서도 자세한 기록을 남겼다. 이렇게 헤딘은 그의 원정기에서 7세기 중엽 불교가 인도로부터 전래되기 전부터 존재했던 샤머니즘과 자연정령을 숭배하는 티베트의 토착신앙, 곧 본교(本敎)의 흔적들을 전해 주었고, 이들 본교 및 라마불교와 밀접하게 관련된 독특한 죽음 문화와 정신 문화 같은 무명, 죽음, 모름의 영역과 연관된 티베트의 종교 문화를 기록으로 남겨 주었다.

다음 고개에서는 반가운 광경이 우리를 맞았다. 다름 아니라 사람 손으로 쌓은 돌무더기였다! 그것은 그 자체로는 특별히 주목할 만한 것이 아니었고, 고개 등성이에 세워진 원추형의 작은 돌 둔덕에 불과했다. 그러나 도대체 누가, 무엇 때문에 바로 이 지점에 애써 돌들을 쌓아 올리는 수고를 한 것일까?(43) … 분명 돌무더기는 산과 고개의 정령들을 달래려고 만든 것이다. 야생 야크들의 왕국을 뚫고 지나가며 사냥감을 찾기 위해 이 고개를 거쳐 간 사냥꾼은 누구나 땅에서 돌 하나를 집어 돌무더기 위에 얹었다. 이 제의적 행위는 이 고개를 지나가는 동안의 안전한 여정과 그 너머에서의 성공적인 사냥을 바라며 정령들에게 올리는 기도를 상징했다.(44) … 어느 날인가 우리는 주목할 만한 한 '오보(몽골인들이 그들의 제사용 돌무더기를 이르는 말)'를 지나갔다. 그것은 길이 120~150cm쯤 되는 50여 개의 얇은 널빤지 모양의 녹색 점판암들로 이루어졌는데, 끝부분에 잇대어 포개진 채 덮개가 씌워져 있었다. 각각의 점판암에는 티베트어로 성스러운 여섯 글자가 더할 나위 없이 정성스럽게 새겨져 있었다. '옴 마니 팟메 훔.' 오, 연꽃 속의 보석이여, 아멘! 이 말은 '구원은 오직 참된 믿음에서만 가능하다'라는 뜻이다.(45-46) … 일행은 아시아의 내부로 좀 더 깊숙이 나아갔다. 해발 5,360m인 창 고개의 꼭대기에는 향 토막들이 꽂힌 돌무더기가 세워져 있었는데, 바람에 찢긴 누덕누덕한 깃발들(룽따와 다르촉)로 뒤덮여 있었다. 영양과 야크의 두개골들이 돌무더기를 장식하고 있었다. 우박 폭풍이 백골(白骨)의 이마를 두들길 때면, 죽은 동물들의 흐느낌과 신음 소리가 환청으로 또렷하게 들리는 듯했다.(184)

(1906년 11월 12일경) 어느 날 죽음은 천막 입구에 서서 안을 들여다볼 것이다. 천막 바깥에서는 폭풍이 포효하고, 난로에서는 불이 타오르고, 영원히 계속되는 '옴 마니 팟메 훔'이라는 기도만이 침묵을 깨뜨린다. 죽어 가는 사람은 자신의 고단하고 기쁨 없는 긴 삶을 돌아본다. 그는 엄청난 미지의 세계를 향한 음울한 방랑길로 영혼을 인도하기 위해 자신의 죽음을 기다리고 있는 악령들을 두려워한다. … 허리는 굽고 얼굴은 주름졌으며 백발이 성성한 늙은 사냥꾼은 자신의 인생 항로를 마친다. 그가 매일 삶을 영위하던 사냥터는 그의 등 뒤로 사라지고, 그는 미지의 어둠 속으로 첫발을 내딛는다. 가장 가까운 친척이 그의 시신을 산으로 운반하고, 이곳에서 그는 벌거벗겨지고 얼어붙은 채 늑대와 육식을 하는 새들의 먹이로 눕혀진다. 살아생전에 안주하던 곳도 없고, 죽어서 무덤도 없다. 그의 손자 손녀들은 시신이 놓인 곳도 알지 못한다.(207-208)

이것이 내가 라마교라 불리는 북방 불교와 접하게 된 첫 번째 경험이다.[18] 이

---

18. 티베트불교는 아미타불의 화신인 타시 라마(판첸 라마)가 있는 시가체(정신적 수도), 그리고 관세음보살의 화신인 달라이 라마가 있는 라싸(물질적 수도)라는 두 개의 종교적 공간을 가지고 있다:

종교는 아시아 내륙의 광대한 지역, 특히 티베트와 몽골 지역에서 크게 세력을 떨치고 있었다. 라마교의 가르침에 따르면, 모든 산과 고개, 계곡, 강, 호수, 그리고 자연의 모든 물상에는 정령이 깃들어 있으며, 이 정령들은 자신들이 요구하는 숭배와 경외심을 보여 주지 않는 인간들에게 분노의 약병을 쏟아 붓는다고 한다. 돌무더기에 돌을 얹는 데 실패하면 불운을 겪게 된다.(44–45)

헤딘은 라마승들의 극단적인 수행 방법에서 큰 문화적, 정신적 충격을 받게 된다. 즉 제1차 탐험 때인 1896년 겨울, 코코노르(青海湖)의 호수 한가운데에 있는 세상과 완전히 단절된 돌투성이 섬에서 두세 명의 라마승들이 속세를 버리고 명상과 기도를 통해 스스로의 구원을 확신하고 윤회를 면제받으며, 열반에서의 큰 안식에 이르는 길을 단축하고자 하는 모습을 경험한 것이다(Hedin 저, 윤준·이현숙 역 2006, 64). 특히 제3차 탐험 때인 1907년, 링가 사원과 페

그림 4. 밀폐된 석굴 속에서 수행하는 라마승

수 사원 근처에 있는 삼데푹 석굴에서 수행하던 어느 이름 없는 라마 린포체의 수행에 매료되었다(그림 4).[19]

---

① 阿彌陀佛의 화신=외파메=無量光佛=타시 라마=판첸 린포체(존귀한 현자)=판첸 복도=판첸 에르데니=첸레지의 영적 아버지=法王=라마교 세계의 최고 존재 [시가체(日喀则市, 西藏自治区; Xigaze, Tibet), 정신적 수도) / ② 觀世音菩薩의 화신=달라이 라마=첸레지(중생을 고통과 윤회에서 구제해 부처가 되게 함) [라싸(拉萨市, 西藏自治区; Lhasa, Tibet), 물질적·현실적 수도]. 그런데 라마불교에서는 달라이 라마보다 타시 라마가 더 성스러운 존재로 여겨진다(Hedin 저, 윤준·이현숙 역 2006, 267–269).

19. 그는 자서전에서 다음과 같이 기록하였다: "라마 린포체의 육신의 삶은 수십 년간 지속되고, 그의 고통은 죽음이 그를 해방시킬 때가지 계속된다. 죽음에 대한 그의 갈망은 꺼질 줄 모른다. 나는 라마 린포체에게 완전히 매료되었다. 그 후 오랫동안 나는 밤마다 그를 떠올리고는 했다."(Hedin 저, 윤준·이현숙 역 2010, 617).

많은 눈이 내리며 폭풍이 일던 어느 날, 대원 두 사람과 나는 링가 사원과 폐수 사원 위쪽의 계곡으로 말을 타고 들어가 가파른 절벽 기슭에 자리한 '삼데푹' 석굴에 가 보았다. … 석굴에는 문이나 창문이 전혀 없었다. … 이 석굴에서는 단 한 명의 라마승만 칩거하고 있었다. 그는 토굴 감옥에서 형기를 채우고 있는 것이 아니라, 자진해서 이 고독과 어둠 속으로 들어온 것이었다. … "그의 이름이 무엇인가요?" 내가 물었다. "이름이 없답니다. 사람들은 그를 성스러운 승려라는 뜻의 '라마 린포체'라고 부를 뿐입니다." "어디 출신인가요?" "러창주의 고르 태생이랍니다." "일가친척이 있나요?" "잘 모르겠습니다. 가장 가까운 인척도 그가 이곳에 있는 줄 모른답니다." … "앞으로 이곳에서 얼마나 더 머물 건가요?" "죽을 때까지요." … "(그는) 살아서 석굴을 떠나지 않겠노라고 성스러운 서원을 했답니다." "매일 짬파 한 사발을, 그리고 가끔 약간의 버터를 도랑을 통해 그에게 밀어 넣어 줍니다. 만일 6일 동안 그것에 손을 대지 않으면 그가 죽은 걸로 간주하고 문을 부수고 석굴 안으로 들어갑니다." … "석굴에서 12년을 보낸 한 라마승은 3년 전에 죽었고, 15년 전에는 스무 살때 어둠 속으로 들어간 라마승이 이곳에서 40년을 살았지요." … 그는 자신의 무덤을 지켜 줄 산들을 다시는 못 볼 거라는 사실을 잘 알고 있었다. 그는 자신이 석굴 속에서 모든 이들에게 잊힌 채 죽게 될 거라는 점도 알고 있었다. … 그는 홀로 남겨지고 갇힌 채 울려 퍼지는 자신의 목소리만 들을 뿐이다. 경문을 외도 듣는 이가 없고, 아무리 소리쳐도 대답하는 이가 없다. 그를 산채로 묻은 도반들에게 그는 이미 죽은 사람이다.(292-293)

삼데푹 석굴로 자진하여 유폐된 이 라마승은 무명을 갈망했다. 무명은 천지의 시작(天地之始) 지점으로 돌아가는 것이며, 죽음을 통해 영원한 삶을 연장하려 하였다. 이름도 없고, 다만 '러창주의 고르 태생'이라는 지명만이 그의 이승에서의 소속을 알게 해 준다. 자신의 고향 이름마저도 생사의 수수께끼를 푸는데는 거추장스러운 존재일 뿐이다. 삼데푹 석굴로 찾아온 오랜 친구인 죽음, 죽음으로 윤회의 사슬에서 벗어나 영원한 행복의 빛으로 나아간 무명의 은자를 목도하면서 헤딘은 유명과 무명이라는 이분법과 이항 대립을 의심했을지 모른다. 그는 아마 죽음(무명)을 삶(유명)의 구속으로부터 해방시켜야 함을 고민하거나, 육신의 연장을 갈망하는 현대인의 삶과 육신에 대한 욕구 속에 죽음이 곧 영원히 사는 하나의 방법임을 거부하는 현시대의 부조리가 담겨 있음을 깨달았을지 모른다. 특히 근대 이후, 유명이라는 삶과 육신의 가치만을 추구하는 과학과 의학의 발달이 죽음과 죽음의 지리들을 부정적인 것으로 만들어 왔다.[20]

헤딘은 삼데푹 석굴의 라마승을 보면서 움직임 속에 고요함이 있고 고요함 속에 움직임이 있는 것(動中靜, 靜中動)과 음기 속에 양기가 있고 양기 속에 음기가 있는 것(陰中陽, 陽中陰)임을, 그리하여 삶 속에 죽음이 있고 죽음 속에 삶이 있는 경지를 보았을 것이다. 결국 현실 세계에서 진정한 생명 존중을 실현하고 인류세(anthropocene)에 대한 반성과 지구적 규모의 환경 문제를 해결하는 바른 길은 비대해진 유명의 삶과 메말라 버린 무명의 죽음을 조화롭게 공생시키는 것이다.[21] 곧 형태와 욕망으로서의 삶을 죽여야, 해체해야, 한 알의 밀알이 썩어야 다른 (죽음의) 생명이 시작될 수 있을 것이다.

---

20. 이와 관련하여 최근 죽음에 관한 지리학적 연구(서일웅·박경환 2014a, 426-431; 2014b)가 주목된다. 그들은 죽음에 관한 지리학적 연구를 두 가지로 나누어 분석하였다: ① 죽음의 지리(necrogeography) - 1990년대 이전, 죽음경관(물질경관)의 물질적 형태, 입지, 공간 활용 등을 연구함, ② 죽음경관(deathscapes) - 1990년대 무렵 이후, 죽음경관(물질경관) 이면의 권력관계와 사회적 구성에 관해 연구함. 여기에서 그들은 근대 이후 '죽은 자'의 사체에 대한 부정적인 시선의 확대와 위생 관념의 강화, 국가의 '산 자'와 '삶'의 영역만을 위한 토지 관리 정책 등을 언급하였다. 그 과정에서 한국의 죽음경관(매장 억제와 화장 장려)을 둘러싼 배제의 담론(여의도 담론, 불법·호화·무연고묘지 담론)과 포섭의 담론(통일신라 담론, 선진국 담론, 님비 담론)을 구분하였다. 한편 죽음에 관한 철학적, 문화적 담론이 죽음 자체를 어떻게 이데올로기적으로 전유하고 있는가, 나아가 죽음이 어떠한 논리를 통해 '삶'의 영역으로 포섭되는가를 추적하려는 연구가 있다(정진배 2018).
21. "인심은 위태롭고 도심은 은미하니 오직 정밀하고 한결같이 하여 진실로 그 중(中)을 잡아라(人心惟危, 道心惟微, 惟精惟一, 允執厥中)"(『書傳』 卷2 虞書 大禹謨, 247)라는 말과 같이, '무명', '죽음', '모름'의 것들과 '유명', '삶', '앎'의 영역을 조화롭게 하고 공존, 공생케 한다는 것은 극단으로 나누어진 둘 사이에서 중도(中道)와 중용(中庸)을 잡는 것이며, 궁극적으로는 모든 존재를 행복하게 만드는 일이다.

# 4. 나가며

지난 1997년, 미국 오클라호마대학(University of Oklahoma) 지리학과 소속의 필립 포레(Philippe Foret) 교수는 스웨덴 스톡홀름에 있는 국립 민족학 박물관의 방문학자 자격으로 히말라야(*Himalaya*)라는 저널에 다음과 같은 제목의 글을 발표하였다(Foret 1997, 53). "스웨덴(스웨덴인, 스웨덴식)의 티베트 정복: 스벤 헤딘의 백인 미답(白人 未踏) 지역에 대한 도덕적인 지도 그리기(The Swedish Conquest of Tibet: Sven Hedin's Moral Mapping of White Unexplored Patches)." 그 글의 내용은 차치하더라도, 제목을 구성하는 단어들에서 드러나는 제국주의적(스웨덴, 정복), 백인 중심적(백인 미답), 계몽주의적(도덕)인 유명, 앎, 지식의 욕망들을 읽을 수 있다. 그 욕망의 시간은 헤딘 사후 50여 년이 지난 20세기 후반까지 뻗어 있다.

우리가 지금 여기 존재하고 있는 공간과 시간은 '유명'이 만든 사물들과 현상들이 무명의 끝과 시작을 애써 배척하고 있는 모습들로 가득 차 있다. 이 상황에서 삼데쭉 석굴 속으로, 스스로, 죽음을 향해, 영원히 살기 위해 들어간 무명의 라마 린포체의 사례를 어떻게 이해해야 할까? 필자는 본 연구를 통해 무명의 하늘과 가장 가까운 곳에서 아직 유명의 낮은 곳에 물들지 않고 살아가는 티베트의 자연과 사람들을 보면서 헤딘이 느꼈을 몸과 마음의 충격들을 공감하고 이를 타인과 공유하고자 하였다. 궁극적으로 필자는 삼데쭉 석굴에서 수행하던 무명의 라마 린포체를 바라보던 헤딘의 공감과 이해를 통해, 티베트 사람들이 추구한 무명, 죽음, 모름에 대한 긍정과 인정의 삶을 부각시키고, 나아가 무명과 유명 사이의 공존과 화해, 그리고 죽음을 삶의 구속에서 해방시키려는 의지를 밝히고자 하였다.

이러한 문제의식으로부터 시작된 본 연구는 다음과 같은 결론들에 도달하였다. 첫째, '유명의 욕망으로서의 지리와 탐험'을 분석한 결과, 헤딘의 몸과 일대기, 그의 원정기 속에는 '유명'과 '지식'을 갈망하는 인간 본연의 호기심과 제국주의적 모방의 근성이 아비투스로 간직되어 있다. 둘째, '유명의 지리들에 정복된 무명의 지리들'을 살펴본 결과, 헤딘이 명명하고 작성한 유명과 앎을 추구하는 지명과 지도들에는 무명의 티베트 자연과 문화를 정복하여 통제 가능하게 만들려는 유명의 욕망, 권력관계, 통치성이 내재되어 있다. 셋째, 티베트의 거대하고 거친 자연환경은 그곳의 사람들을 유명과 삶 보다는 무명과 죽음을 긍정하게 만들었고, 궁극적으로는 삶과 죽음, 유명과 무명의 이항 대립을 허물어 양자 사이의 공존과 화해를 이끌도록 하였다.

결국 삶과 죽음의 형이상학적 이분법(dichotomy)과 이항 대립(binarity)을 타파하여 삶 속의 죽음, 죽음 속의 삶을 받아들이고, 삶과 죽음, 유명과 무명의 공존과 화해를 추구하려는 고민들은 자크 데리다(Jacques Derrida, 1930~2004)의 결정불가능성(undecidability)을 주목하게 한다(Collins 저, 이수명 역 2003, 20-28).[22] 한발 더 나아가 자크 랑시에르(Jacques Rancière, 1940~)는 정치 철학의 완성 단계를 제시하면서 역설적으로 정치가 종언되어야 진리의 공허함을 긍정하는 정치 철학이 완성된다고 말하였다(Rancière 저, 진태원 역 2015, 145-146). 이때 '정치'라는 개념을 '이름'과 '지명'으로 치환 가능하다면, 이름의 종언은 이름 철학의 완성이며, 지명의 종언은 지명 철학의 완성 단계이다. 곧 지명(이름)을 없애야 이항 대립의 벽이 허물어지고 이름에 대한 미망(迷妄)이, 그 허상(虛像)이 사라질 수 있다.[23]

---

22. 1920년대 후반 서구 대중문화로 유입된 '좀비(Zombie)'는 살아 있지만 죽어 있고, 죽어 있지만 살아있는 존재다. 산 자와 죽은 자가 확연히 구분되어 있는 문화에서 좀비는 그 중간의 자리에 놓이게 된다. 산 것도 죽은 것도 아닌, 이러한 결정불가능성은 철학의 전통적인 토대를 위협하고, 결정 가능한 범주들의 지배를 받는 세계 내에 우리가 살고 있다는 안도감을 깨뜨린다. '삶'과 '죽음'이라는 용어 또한 이항 대립을 형성하며, 하나의 의미는 나머지 말에 의존한다. 이러한 대립쌍들은 모두 양자 택일이라는 구별의 지배를 받으며, 견고하고 명확하고 영구적인 범주들을 정하면서 튼튼한 개념적 질서를 세우게 된다. 이러한 이항 대립은 세계의 대상, 사건, 관계를 분류하고 조직하며 결정을 가능하게 만든다. 나아가 철학, 이론, 과학뿐만 아니라 일상생활에서의 사고도 지배한다. 그런데 좀비같이 결정 불가능한 것은 대립적인 논리를 붕괴시키고, 대립의 원리 자체를 의문에 빠뜨리게 된다. 즉 분류의 질서가 무너지는 것을 보여 준다(Collins 저, 이수명 역 2003, 20-25).
23. 우리가 하늘(天圓의 太極 모양)과 땅(地方의 陰陽 모양), 그리고 무극(無極)과 무명(無名)(圓과

노자가 언급했듯이, 본래는 같았으나 세계에 나오면서 다른 이름을 가지게 된 '유명'과 '무명'이라는 대립적이면서 동시에 다소 추상적인 개념을 통해 헤딘의 여행기를 독해한다는 것에는 철학적이고 이론적인 한계가 있다. 특히 본 글은 역사지리적으로, 여행기의 구체적인 탐험 경로와 지명의 위치 고증에 소홀하였고, 당시 헤딘이 이룩한 탐험 성과들과 방대한 규모의 컬렉션을 비판적으로 분석하지 못하였다. 이러한 연구의 한계들은 후일의 과제로 남아 있다.

헤딘은 결혼을 하지 않은 독신남이었고 직계 자손이 아무도 남아 있지 않다. 어쩌면 그는 음식남녀(飲食男女)의 유명과 삶이 만든 인연과 윤회의 고리를 벗어나, 그가 만든 '기록'과 '기억'을 통해 영원히 죽지 않고 살게 된 둥글고(圓) 텅 빈(空) '무명'의 니르바나(Nirvana, 涅槃, 解脫)에, 혹은 현묘(玄妙)의 문에 이르렀을지 모를 일이다.

· 참고문헌 ·

書傳(庚辰新刊內閣藏板)(附諺解 一), 學民文化社 影印本(2008).
通鑑節要(己卯新刊春坊藏板)(天), 司馬光, 學民文化社 影印本(1999).
권영필, 2015, "한국 중앙아시아학의 연원," 중앙아시아연구 20(2), 1-16.
김순배, 2012, "비판적-정치적 지명 연구의 형성과 전개: 1990년대 이후 영미권 인문지리학계를 중심으로," 지명학 18, 27-73.
김순배, 2013, "한국 지명의 표준화 역사와 경향," 지명학 19, 5-70.
김용옥, 1999, 노자와 21세기(上), 통나무.
메리 루이스 프랫 저, 김남혁 역, 2015, 제국의 시선: 여행기와 문화횡단, 현실문화(Pratt, M.L., 2008, *Imperial Eyes: Travel Writing and Transculturation*, 2nd ed., New York and London: Routledge).
문순철, 1998, "티베트 자연·인문 환경의 지리적 특성," 동아연구 36, 247-275.

호 모양)이라는 존재 인식의 궁극적인 단계들을 설정했을 때, ① 땅 (지방의 음양 모양) (정체화←권력→ 이름) (인간의 시간과, 인간의 공간의 차별 속에서) ⇒ ② 하늘 (천원의 태극 모양) (주체화←자유→ 이름) [시간적 평등(하늘)과 공간적 평등(땅) 속에서] ⇒ ③ 무극·무명 (원·공 모양)의 경지로 나눌 수 있을 것이다.

서일웅·박경환, 2014a, 죽음경관의 배제와 포섭: 근대 한국의 제도적 담론의 개입에 대한 고찰, 한국지역지리학회지 20(4), 425-443.

서일웅·박경환, 2014b, 한국 근대 죽음경관에 대한 국가의 제도적 개입, 문화역사지리, 26(3), 92-115.

스벤 헤딘 저, 윤준·이현숙 역, 2006, 티베트 원정기, 학고재(Hedin, S., 1934, *A Conquest of Tibet*, New York: E.P. Dutton).

스벤 헤딘 저, 윤준·이현숙 역, 2010, 마지막 탐험가: 스벤 헤딘 자서전, 뜰(Hedin, S., 1991, *My Life as an Explorer*, Oxford: Oxford University Press).

시라스 조신, 2015, "세계사의 맥락에서 본 20세기 초 내륙아시아 조사 활동: 스벤 헤딘과 오타니 고즈이," 미술자료 87, 93-126.

심혁주, 2015a, "티베트 생사관의 형성 배경," 한림대학교 생사학연구소 편, 생과 사의 인문학, 도서출판 모시는사람들, 287-308.

심혁주, 2015b, 티베트의 죽음 이해, 도서출판 모시는사람들.

에드워드 사이드 저, 박홍규 역, 2015, 오리엔탈리즘, 교보문고(Said, E., 1978, *Orientalism*, New York: Patheon Books).

이강원, 2003, "로프노르 논쟁과 신장 생산건설병단: 중국 서북지역 사막화의 사회적 과정," 대한지리학회지 38(5), 701-724.

이종찬, 2016, "근대 서양사는 열대를 어떻게 은폐시켰는가," 서양사론 128, 64-93.

자크 랑시에르 저, 진태원 역, 2015, 불화: 정치와 철학, 도서출판 길(Rancière, J., 1995, *Disagreement: politics and philosophy*, trans. Rose, J., 1999, Minneapolis: University of Minnesota Press).

張載 저, 장윤수 역, 2002, 正蒙, 책세상.

제프 콜린스 저, 이수명 역, 2003, 데리다, 김영사(Collins, J. and Mayblin, B., 1996, *Introducing Derrida: A Graphic Guide*, London: Icon Books Ltd.).

Duncan, J. and Gregory, D., 2009, "travel writing, travelling theory," in *The Dictionary of Human Geography*, 5th ed., ed., D. Gregory, R. Johnston, G. Pratt, M. Watts and S. Whatmore, Oxford: Wiley-Blackwell, 774-775.

Foret, P., 1997, "The Swedish Conquest of Tibet: Sven Hedin's Moral Mapping of White Unexplored Patches," *Himalaya* 17(1), 53-54.

Glennie, P., 2000, "place names," in *The Dictionary of Human Geography*, 4th ed., ed., R. Johnston, D. Gregory, G. Pratt, and M. Watts, Oxford: Blackwell Publishers, 584-585.

Park, K., 2001, "(Book reviews) James Duncan and Derek Gregory (eds.) *Writes of Passage:*

Reading Travel Writing," *Social & Cultural Geography* 2(4), 483-486.

Rose-Redwood, R. and Kadonaga, L., 2016, "The Corner of Avenue A and Twenty-Third Street: Geographies of Street Numbering in the United States," *The Professional Geographer* 68(1), 39-52.

Rose-Redwood, R., 2008a, "From number to name: Symbolic capital, places of memory and the politics of street renaming in New York City," *Social & Cultural Geography* 9(4), 431-452.

Rose-Redwood, R., 2008b, "Sixth Avenue is now a memory: Regimes of spatial inscription and the performative limits of the official city-text," *Political Geography* 27(8), 875-894.

Rose-Redwood, R., 2012, "With Numbers in Place: Security, Territory, and the Production of Calculable Space," *Annals of the Association of American Geographers* 102(2), 295-319.

Toal, G., 2001, "(Book reviews) Jeremy Black *Maps and Politics*," *Social & Cultural Geography*, 2(4), 481-483.


경향신문, "스벤 헤딘의 티베트 지도와 칭짱철도"(2008.04.11.) (http://news.naver.com, 2017.11.13.)

네이버 지식백과, "실크로드 사전-헤딘, 독립신문(1899년 9월 28일 목요일), 티베트, 티베트족, 토번국," (https://terms.naver.com, 2017.08.23.)

문화일보, "포항 강진, 장사 단층 아닌 無名 단층서 발생"(2017.11.17.) (http://www.munhwa.com, 2017.12.01.)

서울방송, "SBS 스페셜 다큐 – 티베트 – (1부) 흔들리는 영혼, 라싸, (2부) 신으로 가는 길, 카일라스"(2006.10.15., 2006.10.22.) (https://www.youtube.com, 2017.11.26.)

서울신문, "포항 지진, 기존에 알려지지 않은 무명단층서 발생"(2017.11.15.) (http://www.seoul.co.kr, 2017.12.01.)

연합뉴스, "스웨덴 탐험가의 100년 전 티베트 원정"(2006.05.09.) (http://news.naver.com, 2017.12.02.)

조선비즈, "오타니 고즈이와 오타니 탐험대의 수집품"(2016.03.19.) (http://news.naver.com, 2017.11.13.)

오마이뉴스, "〈티벳에서의 7년〉이 내 삶을 바꿨다"(2006.01.10.) (https://news.v.daum.net, 2018.09.26.)

한국고전종합DB, "열하일기(熱河日記)" (http://db.itkc.or.kr/dir/node, 2018.07.04.)

한국연구재단, 사업공지, "정진배, 『중국사상과 죽음이데올로기』 저술출판지원사업 연구 계획서"(2018.05.09.) (http://www.nrf.re.kr, 2018.07.03.)

BBC News, "Names proposed for new chemical elements"(June 8, 2016) (http://www.bbc.com/news/science-environment-36485631, 2016.05.20.)

Google, "Sven Hedin" (https://www.google.co.kr, 2018.07.03.)

Google Maps, "Potala Palace (布达拉宫)" (https://www.google.com/maps, 2018.07.02.)

Sven Hedin Foundation, "The Geographer, The Photographer and Artist"(http://svenhedinfoundation.org, 2018.09.18.)

Wikipedia, "Sven Hedin, Swedish overseas colonies" (https://en.wikipedia.org, 2017.11.13.)

# 제11장

# 기차 밖 풍경, 기차 안 세상 그리고
# 제국의 시선을 넘어
## : 폴 써루의 『유라시아 횡단기행』 읽기

## 1. 들어가며: 기차를 타고 아시아로

기차 여행은 상상력을 자극하며, 보통은 이런저런 생각을 정리하고 글로 옮길 만한 고독을 선사한다. 아시아가 차창 밖에서 섬광처럼 지나가는 수평의 철도 여행, 그리고 추억과 언어의 세계를 사유하는 수직의 여행, 나의 여행은 씨줄과 날줄처럼 이렇게 두 방향으로 진행되었다.(Theroux 저, 이민아 역 2004, 267)

제2차 세계대전 이후 세계는 승전국인 미국과 소련을 중심으로 미국 중심의 자본주의 진영과 소련 중심의 사회주의 진영으로 재편되었고, 전면전 없이 긴장, 갈등, 체제의 경쟁이 계속되는 이른바 '냉전시대(Cold War)'가 시작되었다. 이러한 냉전 분위기는 1960년대 말부터 변화의 조짐을 보이며, 1969년 닉슨 독트린(Nixon Doctrine)[1]이 발표되고, 1972년 미국 대통령 리처드 닉슨(Richard Nixon)이 중국, 소련 등 공산권 국가를 연속적으로 방문하면서 긴장 완화의 분위기가 실현되었다.

이러한 분위기 속에 영국 런던에 거주하던 미국인 작가 폴 써루(Paul Ther-oux)는 1973년 그의 나이 33세에 "거부할 수 없는 공간 그 자체"(Theroux 저, 이민아 역 2004, 11)라고 여긴 기차를 타고 "여행기 독자였다가 여행기를 직접 쓰고 픈 열망"(Theroux 저, 이민아 역 2004, 463)을 품고 "지구 반대편이라는 사실만으로도 흐뭇한"(Theroux 저, 이민아 역 2004, 12) 아시아로 향했다.

> 매클루언의 말을 "여행 그 자체가 목적"이라고 고쳐 말했던 영국의 소설가 마이클 프레인의 심정이 그랬으리라. 그러나 나는 아시아를 택했고, 그곳이 지구 반대편이라는 사실만으로도 그저 흐뭇할 따름이었다. 아시아가 이제 저 창밖에 있다. 동쪽으로 가는 특급열차에 몸을 싣고서 나는, 기적을 울리며 지나온 많은 곳에서 그랬듯이 차내 풍경을 감상하면서 경이로움에 젖어들었다. 기차에서는 모든 것이 가능하다.(Theroux 저, 이민아 역 2004, 12)

이렇게 나오게 된 『폴 써루의 유라시아 횡단기행 The Great Railway Bazaar: By Train Through Asia』(『유라시아 횡단기행』)은 써루가 1973년 9월 영국 런던을 출발하여 기차를 타고 프랑스, 유고, 터키, 이란, 아프가니스탄, 파키스탄, 인도, 스리랑카, 버마, 타이, 말레이시아, 싱가포르, 베트남, 일본을 거쳐 러시아를 지나 1974년 1월 다시 런던으로 되돌아오는 대략 4개월에 걸친 여정의 기록이다.

여행기의 전반부는 미국의 물질문명과 소비자본주의에 반발하며 기존의 사회 통념이나 제도, 가치관을 부정하고 인간성 회복, 자연에의 귀의 등을 주장하며 자유로운 생활양식을 추구했던 '히피족(Hippie 또는 Hippy)'들이 1960~1970

---

1. 1969년 미국 대통령 닉슨이 발표한 아시아에 대한 새로운 외교정책으로, 미국은 베트남 전쟁의 개입 실패와 국제적 데탕트 무드에 따라 가능한 한 국제적 분쟁에 개입하지 않고, 핵 위협을 제외하고는 아시아 각국이 스스로 협력하여 내란이나 침공에서 자국을 방위하게 함으로써 미국이 아시아 각국에 보다 축소된 역할을 수행하려는 전략이다.(네이버 시사상식사전, https://terms.naver.com/entry.nhn?docId=928762&cid=43667&categoryId=43667, 2018.9.9.)

년대 여행했던 유럽과 아시아의 육로 여행로인 '히피트레일(Hippie Trail)'을 따라간 여정이다. 히피트레일은 1970년대 말 여행지역의 정치적 격변으로 쇠퇴하였지만, 오늘날 매스투어리즘(Mass Tourism, 대량관광 또는 패키지 관광)에 대한 대안관광이라 할 수 있는 배낭여행을 탄생시켰다. 후반부에서는 써루가 3년간 거주했던 싱가포르를 비롯하여 베트남 전쟁 등 격동의 시기를 겪은 장소를 방문하여 다른 관점과 다른 목소리들이 공존하고 부딪히는 모습을 나름대로 충실하게 보여 준다.

> 국가적 위기, 정치적 격변은 여행자에게 다시없는 기회이자 선물이다. 분란이 있을 때만큼 이방인에게 어떤 장소가 자신을 적나라하게 드러내는 때는 없다.(Theroux 저, 이용현 역 2015, 45)
> 사람들은 딴 나라에서 늘 똑같은 것만 보지는 않아요.(Theroux 저, 이민아 역 2004, 437)

『유라시아 횡단기행』은 1975년 간행 이후 150만 부 이상이 팔렸고, 당시 무명 소설가였던 써루는 세계적인 여행작가로 떠올랐다. 메리 루이스 프랫(Mary Louise Pratt)은 "써루의 글은 널리 읽히며 써루는 고전의 반열에 오른 작가"(Pratt 저, 김남혁 역 2015, 486)라고 하였으며, 무라카미 하루키(Murakami Haruki)는 "날카로운 관찰력과 신랄하고 유쾌한 문장으로 여행기에서 써루를 따를 이가 없다"(Theroux 저, 이용현 역 2015, 6)고 하였다. 현재까지 널리 읽히는 여행기의 베스트셀러로, 현대 기행문학의 고전으로 평가받고 있는 써루의 첫 여행기 『유라시아 횡단기행』에서 기찻길을 따라 재현되는 유라시아의 모습은 흥미진진하다.

메리 루이스 프랫의 '접촉지대(Contact Zone)' 개념은 써루가 여행했던 장소를 독자의 입장에서 성찰하게 만든다. 프랫에 의하면, 접촉지대는 "역사적으로 지리적으로 분리되어 있던 사람들이 함께 등장하는 시공간"이자 "여행하는 사람

과 여행되는 사람(travelees)이 비대칭적인 권력의 관계 속에서 함께 등장하고
서로 영향을 주고받는"(Pratt 저, 허남혁 역 2015, 35) 곳으로 "이종문화들이 만나고
부딪히고 서로 맞붙어 싸우는 사회적 공간"이다(Pratt 저, 허남혁 역 2015, 32). 그
리하여 프랫의 '제국의 시선(Imperial Eyes)'은 써루의 여행기를 읽는 하나의 비
판적 관점을 제공한다.

마르크스주의, 페미니즘, 포스트식민주의를 지지하는 프랫에 의하면, 유럽
인 여행가들은 "이들 역시 익숙하지 않은 지역에 있지만 자신들의 비전에 대한
권위를 주장"하고, "자신들이 지닌 대상에 대한 해석적 권력에는 한계와 관련
된 어떠한 감각도 존재하지 않으며"(Pratt 저, 허남혁 역 2015, 481), "자신들의 무지
에 대한 거북함을 거의 표현하지 않는다"(Pratt 저, 허남혁 역 2015, 516).

그러나 이러한 비판에도 불구하고 써루의 여행기를 '제국의 시선'으로만 단
순화하는 것은 다소 폄하한 측면이 있다. 『유라시아 횡단기행』에는 다양한 시
선이 혼재하며, 독자들로 하여금 상상력을 자극하고, 특정 장소와 지역에 대
한 기존의 상식과 대중관광의 상업화된 재현에 반대하는 '리얼한' 재현 덕분에
현대 기행 문학의 고전이라고 평가받는 측면이 있다. 더불어 교통수단으로서
의 의미를 넘어 기차를 "그 지방의 일부이며 일종의 장소"(Theroux 저, 이민아 역
2004, 70)로 여긴 써루의 경험은 지리적인 관점에서 주목해 볼 만하다.


## 2. 폴 써루의 생애와 『유라시아 횡단기행』의 구성

써루는 『산티아고 가는 길 *Roads to Santago*』의 저자 세스 노터봄(Cees Noot-
eboom), 『나를 부르는 숲 *A Walk in the Woods*』의 저자 빌 브라이슨(William
Bryson)과 더불어 현존하는 여행문학의 거장 중 한 명이다.[2] 써루는 1941년 미

---

2. 써루의 『유라시아 횡단기행』과 『중국기행』, 세스 노터봄의 『산티아고 가는 길』과 『이스파한에
   서의 하룻저녁』, 빌 브라이슨의 『나를 부르는 숲』과 『발칙한 유럽산책』 등은 전 세계의 어느 공

국 매사추세츠에서 태어나 메인 대학(University of Maine)과 매사추세츠 대학 (University of Massachusetts)에서 공부했다. 1963년부터 평화봉사단원으로 활동하며 아프리카 말라위의 학교에서 학생들을 가르쳤고, 독재에 항거하는 동료 교사의 망명을 돕다가 추방당한 후에는 우간다의 대학에서, 1969년부터 1971년까지는 싱가포르의 대학에서 학생들을 가르쳤다. 이 시기에 소설을 발표하면서 문단에 데뷔했고, 1972년 이후 17년간 영국에 거주하며 활발한 작품 활동을 했다.

1975년에 펴낸 첫 여행기 『유라시아 횡단기행』으로 세계적인 명성을 얻었으며, 30년 후인 2006년 이 여정을 다시 따라가 두 번째 여정을 담은 『동방의 별로 가는 유령 기차 Ghost Train to the Eastern Star』(2008)를 출판했다. 이 여행기 외에 『낡은 파타고니아 특급 The Old Patagonian Express』(1979), 『중국기행 Rid-

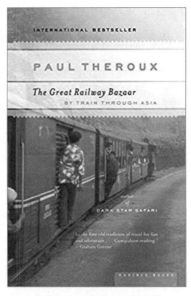

그림 1. 세계적인 베스트셀러인 『유라시아 횡단기행』의 표지

ing the Iron Rooster』(1988), 『아프리카 방랑 Dark Star Safari』(2002) 등 10여 권의 여행서를 펴냈다. 여행기 외에도 다수의 소설이 있으며, 2011년에는 50년간 세계를 여행하고 40여 년간 여행에 관한 글을 써 온 경험과 그동안 읽고 쓴 수많은 책에서 여행 문학의 정수를 모아 그의 여행철학을 담은 『여행자의 책 The Tao of Travel』을 발간하였다. 써루는 영국 왕립문학학회와 왕립지리학회의 연구원이기도 하며, 현재는 미국에 돌아와 글쓰기와 여행을 계속하고 있다.[3] 여행기 『중국 기행』(서계순 역 1998,

항 서점에서나 쉽게 발견할 수 있는 대표적인 여행기이다. [한겨레(http://www.hani.co.kr/arti/culture/book/486584.html 세계공항서점엔 꼭 이런 책들이 있다네, 2018.9.9.]

푸른솔), 『폴 써루의 유라시아 횡단기행』(이민아 역 2004, 궁리), 『아프리카 방랑』(강주현 역 2011, 작가정신), 수필 『여행자의 책』(이용현 역 2015, 책읽는수요일), 소설 『세상의 끝 World's end and other stories』(이미애 역 2017, 책읽는수요일) 등이 한국어로 번역되어 있다.

『유라시아 횡단기행』은 원제목 The Great Railway Bazaar에서 볼 수 있듯이 아시아라는 장소 이상으로 기차 여행에 큰 방점을 둔 여행기이다. 유럽과 아시아를 연결하는 무수히 많은 문학작품의 배경이 되었던, 유럽과 아시아를 연결하는 오리엔트 특급열차를 타고 아시아로 가는 전반부, 철도로 이동 가능한 아시아 곳곳을 여행하는 중반부, 아시아와 유럽을 연결하는 세계에서 가장 긴 철도인 시베리아 횡단열차를 타고 돌아오는 후반부로 구성되어 있다.

> 기차가 있는 곳이면 어디든 가고 싶다.(Theroux , 이민아 역 2004, 163)

써루에게 여행이란 곧 기차를 타고 가는 여행이라고 할 수 있다. 그리하여 『유라시아 횡단기행』에서의 여정은 철도를 따라가는 것이며, 차례 또한 〈표 1〉과 같이 그가 탔던 기차를 중심으로 구성되어 있다. 이란의 메셰드(Meshed)에서는 런던에서 7,000km가량 떨어진 메셰드 역을 끝으로 이란 철도의 동단 역과 카이베르(Khyber) 고개 완행열차가 서는 파키스탄의 작은 역 란디코탈(Landi Kotal) 사이에 단 한 뼘의 철로도 없는 나라 아프가니스탄이 자리 잡고 있는 것에 아쉬워했다(Theroux 저, 이민아 역 2004, 119). 인도에서는 현지인이 말리는 실론(Ceylon)행 열차를 탔고(Theroux 저, 이민아 역 2004, 237), 곡테익 협곡(Gokteik Gorge)을 가로지르는 기차를 타기 위해 버마로 갔고(Theroux 저, 이민아 역 2004, 287), 기차를 타기 위해 전쟁이 끝나지 않은 베트남에 갔다(Theroux 저, 이민아 역 2004, 379). 또한 시절이 좋았더라면 하노이까지 가서 기차로 베이징, 서울을 거

---

3. 출처: https://www.paultheroux.com/biography/index.html(2018.9.9)

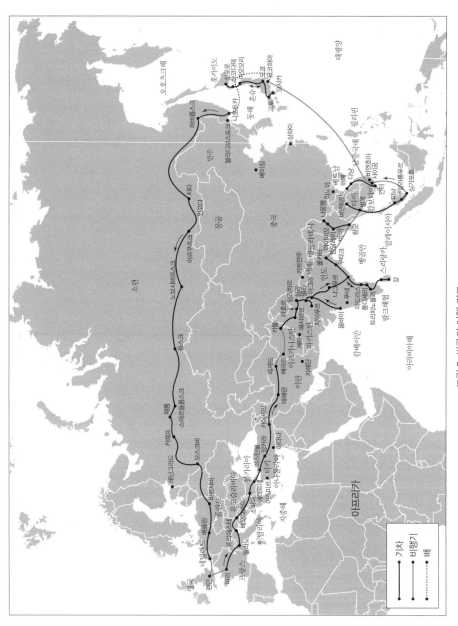

그림 2. 쎄루의 여행 경로
자료: Theroux 저, 이민아 역 2004

쳐 부산으로 가서 배를 타고 일본으로 가거나, 또는 하노이에서 런던까지 기차로 여행하고자 열망했다(Theroux 저, 이민아 역 2004, 417).

여행기는 기차에서 보고 듣고 이야기한 것에 많은 부분을 할애하고 있는데, 써루는 〈표 1〉에 제시한 기차에서의 주제어를 통해 단지 "운송 수단이 아니라 그 지방의 일부이며 일종의 장소"(Theroux 저, 이민아 역 2004, 70)로서의 기차를 재현한다.

표 1. 『유라시아 횡단기행』의 구성과 여행 당시의 세계적 흐름

| 시기 | 운송수단 | 나라(지역) | 핵심어(주제어) | 이 시기의 세계사 |
|---|---|---|---|---|
| 1973.9. ~ 1974.1. | 오리엔트 특급열차 The Direct-Orient Express | 프랑스(파리)-스위스(알프스산맥)-이탈리아(밀라노, 베니스, 트리에스테)-유고슬라비아(베오그라드)-불가리아(소피아)-터키(이스탄불) | 기차와 사람, 음식 | 1969.7. 닉슨 독트린 발표 1972.2. 미국-중국 정상 회담 1972.5. 닉슨 소련 방문 |
| | 반 호수 특급열차 The Lake Van Express | 터키(이스탄불, 앙카라, 카이세리, 반 호수) | 무스타파 케말아타튀르크[1], 야샤르 케말[2], 히피 | |
| | 테헤란 특급열차 The Teheran Express | 터키(반 호수)-이란(테헤란, 메셰드) | 이슬람교, 석유와 현대화 | |
| | 메셰드행 야간 우편열차 The Night Mail to Meshed | | | |
| | 비행기 | 아프가니스탄(헤라트, 카불) | 하시시 (인도 대마초) | |
| | 카이베르 고개 완행열차 The Khyber Pass Local | 파키스탄(란디코탈, 페샤와르) | 부족민, 파슈투니스탄 문제[3] | |
| | 라호레 연락역행 카이베르 우편열차 The Khyber Mail to Lahore Junction | 파키스탄(라호르) | 철길 옆 판자촌, (런던의) 인종차별, 라마단 | |
| | 변경 우편열차 The Frontier Mail | 인도(암리차르, 심라) | 시크교, 인도기차와 계급, 철도역, 히말라야, 파라마한사 요가난다[4] | |
| | 심라행 칼카 우편열차 The Kalka Mail for Simla | | | |

| 시기 | 운송수단 | 나라(지역) | 핵심어(주제어) | 이 시기의 세계사 |
|---|---|---|---|---|
| 1973.9. ~ 1974.1. | 뭄바이행 라즈다니 특급열차<br>The Rajdhani Express to Bombay | 인도(델리, 뭄바이, 자이푸르) | 인도적 계급, 순례단, 철로변 사람들, 일본인, 간디, 인구 과잉, 굶주림과 영양 결핍, 노숙자 | 1973<br>베트남 전쟁에서 미군 철수<br><br>1973.10.<br>제4차 중동전쟁<br><br>1973~1974<br>제1차 석유파동<br><br>1975.4.<br>베트남 전쟁 종결<br><br>1978<br>중국의 개혁 개방<br><br>1979<br>이란의 이슬람혁명<br>소련의 아프가니스탄 침공 |
| | 자이푸르발 델리 우편열차<br>The Delhi Mail from Jaipur | | | |
| | 대형 트렁크 특급열차<br>The Grand Trunk Express | 인도(델리, 마드라스, 라메스와람) | 타밀인, 힌두교, 승려 | |
| | 라메스와람행 완행열차<br>The Local to Rameswaram | | | |
| | 호우라 우편열차<br>The Howrah Mail | 인도(마드라스, 콜카타) | 힌두교와 샤트 축제, 인력거, 노숙자 | |
| | 만달레이 특급열차<br>The Mandalay Express | 버마[5](랑군, 만달레이, 마이미오) | 불교, 관료주의, 빨래, 곡테익 철교 | |
| | 마이미오행 완행열차<br>The Lacal to Maymyo | | | |
| | 라시오 우편열차<br>The Lashio Mail | | | |
| | 농카이발 야간열차<br>The Night Express from Nong Khai | 타이(방콕, 농카이)<br>말레이시아(버터워스) | 불교사원과 유곽, 관광객 | |
| | 버터워스행 국제 특급열차<br>The International Express to Butterworth | | | |
| | 쿠알라룸푸르행 황금화살호<br>The Golden Arrow to Kuala Lumpur | 말레이시아(쿠알라룸푸르) | 철도, 두리안, 가족계획 | |
| | 싱가포르행 북극성호<br>The North Star Night Express to Singapore | 싱가포르 | 타이푸삼 축제[6], 통제와 검열, 독재 정권 | |
| | 사이공-비엔호아 여객열차<br>The Saigon–Bien Hoa Passenger Train | 베트남(사이공, 비엔호아, 위에, 다낭) | 해변과 전쟁, 관광 산업, 판자촌, 베트콩, 미국인처럼 생긴 아이 | |
| | 위에-다낭 여객열차<br>The Hue–Danang Passenger Train | | | |
| | 아오모리행 하츠카리 특급열차<br>The Hatsukari Limited Express to Aomori | 일본(도쿄, 하코다테, 삿포로, 교토, 오사카) | 물가, 질서와 예절, 눈, 여행기와 장소, 문화의 퇴폐성과 첨단 기술의 결합 | |

| 시기 | 운송수단 | 나라(지역) | 핵심어(주제어) | 이 시기의 세계사 |
|---|---|---|---|---|
| 1973.9. ~ 1974.1. | 삿포로행 오조라 특급열차 The Ozora Limited Express to Sapporo | 일본(도쿄, 하코다테, 삿포로, 교토, 오사카) | 물가, 질서와 예절, 눈, 여행기와 장소, 문화의 퇴폐성과 첨단 기술의 결합 | |
| | 교토행 히카리 초특급열차 The Hikari Super Express to Kyoto | | | |
| | 오사카행 고다마열차 The Kodama to Osaka | | | |
| | 시베리아 횡단열차 The Trans-Siberian Express | 러시아(블라디보스톡, 스베르들롭스크, 모스크바) | 출산율 감소, 레닌, 모피모자, 눈, 타이가, 광대함, 고독과 술, 자본주의와 공산주의, 골디족, 시베리아, 볼가강 | |

주: 1) 무스타파 케말아타튀르크(Mustafa Kemal Ataturk 1881~1939) 또는 케말 파샤(Kemal Pasha): 터키 독립을 이끈 개혁가이자 터키공화국 초대 대통령
2) 야샤르 케말(Yasar Kemal 1923~2015): 전 세계적으로 인정받는 터키 리얼리즘 문학의 거장으로, 대표작 「의적 메메드 *Ince Memed*」(오은경 역, 2014)는 노벨 문학상 후보로도 올랐다.
3) 러시아와 아프가니스탄의 지원을 받는 무장 파탄인(Pathan, 파키스탄 서북부에 사는 아프간족)들의 몇몇 부족 마을은 파키스탄에서 분리하여 새 나라를 선포하고 말린 과일에서 나오는 수입을 통해 자주독립국이 되겠다고 위협하고 있다. 이 해방 전사들이 세계의 건포도와 말린 자두 시장에서 경쟁을 하겠다는 것이다(Theroux 저, 이민아 역 2004, 129).
4) 파라마한사 요가난다(Paramahansa Yogananda 1893~1952): 인도의 요가와 명상 수행 전통을 세계에 알린 안내자로, 그의 저서 「영혼의 자서전 *Autobioagraphy of a Yogi*」은 20세기 최고의 영적도서로 선정되었다.
5) 1989년 '버마(Burma)'에서 '미얀마(Myanmar)'로 명칭이 바뀌었다.
6) 말레이시아, 싱가포르 등에서 열리는 참회와 속죄의 고행을 체험하는 힌두교 축제

# 3. 기차 밖 풍경, 기차 안 세상

## 1) 기차 밖 풍경

기차를 타고 가는 여정은 여행이다. 그 밖의 탈것들, 특히 비행기를 타고 가는 과정은 그저 이동일 뿐이다.(Theroux 저, 이용현 역 2015, 54)

써루가 모든 것이 가능한 진정한 장소라고 여긴 기차도 이젠 속도의 시대로 접어들었다. 2004년 4월 1일 시속 330km를 주파하는 KTX(Korea Train Express 한국고속철도) 시대가 열렸으며, 빠른 속도와 수많은 터널로 인해 사람들은 더 이상 기차 밖 풍경에 심취하기 힘들어졌다. 기차는 목적지까지 교통체증 없이 빨리 도착하기 위한 운송수단이 되었고, 사람들은 외부와 단절된 공간에서 음악을 듣거나 책을 보거나 잠을 자게 되었다. 다만 기차 밖 풍경을 즐길 수 있는 낭만의 기차 여행은 정선아리랑열차, 남도해양열차, 서해금빛관광열차 등의 각종 관광열차를 등장시켰다.

『철도여행의 역사 Geschichte der Eisenbahnreise』를 통해 기차가 사람들의 여행방식을 어떻게 바꾸어 놓았는지를 분석한 볼프강 쉬벨부시(Wolfgang Schivelbusch)는 '총알의 발사'라는 상징적 비유로 철도여행[4]을 표현한다. 괴테의 이탈리아 여행과 같이 이전에 마차로 하던 여행은 여행객으로 하여금 밀도 있게 경험하고 외부 세계와 더 긴밀하게 연관을 맺도록 해 주었고, 여행객들 사이에 생생한 대화를 가능하게 해 주었다(Schivelbusch 저, 박진희 역 1999, 99). 그런데 열차는 총알과 같아서 여행은 풍광을 관통하여 발사된 어떤 것처럼 체험되고, 보고 듣는 것들을 지나쳐 버리게 하였다. 그리하여 특유의 매력과 개성을 지닌 지역들이 파노라마적 풍경으로 전락하면서 전통적인 여행 공간이었던 목적지들 사이의 공간은 사라지고 오로지 여행의 출발점과 도착점만이 남게 되었으며, 담소 대신 독서를 하는 개인적인 여행이 되어 버렸다(Schivelbusch 저, 박진희 역 1999, 54-92).

쉬벨부시의 기차여행에 대한 분석은 써루의 기차여행에서도 일부 공감이 되는 부분이 있다. 써루는 여행 내내 무엇보다 독서를 열심히 하며, 당시 세계에서 가장 빠른 500km를 3시간 만에 주파하는 일본의 히카리 초특급열차(도쿄-교토)를 타고, 그 속도감 때문에 거대 도시에 들어설 때면 느끼게 되는 공포감을

---

4. 1825년 9월 27일 영국의 스톡턴(Stockton)에서 달링턴(Darlington) 구간에 사람이 탈 수 있는 최초의 철도가 개설되었다.

느낄 겨를이 없었다고 토로하기도 한다(Theroux 저, 이민아 역 2004, 450).

끊임없는 이동이 나를 주위 환경에서 철저히 분리시켜 내가 그곳이 아닌 다른 곳에 있는 것만 같고 … 아오모리행 열차에서 이 나른한 무기력감이 나를 엄습했다. 내가 빠르고 단조로운 총알 기차에 말 없는 사람들 사이에 앉아 있다는 사실, 그 사람들이 말을 하더라도 전혀 알아들을 수 없다는 사실이 크게 작용했을 것이다.(Theroux 저, 이민아 역 2004, 430)

그럼에도 불구하고 기차야말로 "풍경과 경치를 감상하기에 적당한 속도"(Theroux 저, 이민아 역 2004, 137)라고 하였으니, 시대에 따른 상대적인 속도감의 차이(19세기에는 마차와 기차의 비교,[5] 20세기에는 기차와 비행기의 비교)가 여행자의 기차 밖 풍경에도 영향을 주었다고 할 수 있다. 그리하여 써루가 묘사한 기차 밖 풍경은 그의 관점에서 지역마다 특유의 매력과 개성을 보여 준다. 특히 인도와 파키스탄에서 관찰한 기차 밖 풍경은 주목할 만하다. 그는 일본의 기차와 비교하여 인도야말로 최고의 기차 밖 풍경을 선사한다고 평가하였다.

인도의 기차역은 시간을 죽이기에는 멋진 곳이며, 카스트, 좌석 등급, 성별로 칸칸이 구분된 인도 사회의 계급 전시장이다. 이등칸 여성 대합실, 하인 입구, 삼등칸 출구, 일등칸 화장실, 채식주의 식당, 비채식주의 식당, 퇴직자 휴게실, 수하물 임시 보관소, 그리고 청소부에서부터 역장까지 역내 직원들의 공간도 직급별로 세분하여 작은 팻말로 표시해놓았다(Theroux 저, 이민아 역 2004, 154).

아시아의 기차와 철도는 서구 제국주의와 식민주의 시대의 유산이다. 그럼에도 불구하고 인도뿐 아니라 아시아 다른 나라와 지역의 기차에서 유럽 식민

---

5. 영국에서 초기 열차의 평균 속도는 32~48km였는데, 이는 그때까지 우편 마차들이 도달할 수 있던 속도의 약 3배이다(Schivelbusch 저, 박진희 역 1999, 49).

주의의 유산인 계급 사회 문화가 내재되어 있음을 써루는 간과한다.

다음과 같은 장면에서 그가 경험한 파키스탄과 인도는 동양의 미지의 나라에 대한 낭만적이고 신비롭고 이국적인 이미지를 강조하기 위한 오리엔탈리즘적 묘사에서 다소 벗어나 있다.

가난한 사람들의 근면한 아침 풍경 … 희망으로 부푼 사람들처럼 바쁜 모습이지만 다 착각이다. 거주지의 위치가 그 진실을 폭로하고 있다. 이것은 가난의 극단, 철길 옆 판자촌이다.(Theroux 저, 이민아 역 2004, 139)

그가 목격한 인도 뭄바이(Mumbai) 등의 노숙자와 관련하여서는 세계 최대 쌀 생산국인 인도가 쌀을 수입하고, 굶주림과 노숙자가 즐비한 이 상황이 없어지지 않는 한 인도가 망하고 말 것(Theroux 저, 이민아 역 2004, 200-201)이라고 언급하고 있다. 이러한 견해에서 오래되고 다양한 인도의 역사적·문화적 맥락을 무시한 채 상황을 단순화하여 그의 비전을 제시하는 서구인의 오만함을 엿볼 수 있다. 이 지점은 프랫이 "이러한 리얼리티와 진정성이 역설적이게도 타자의 역사와 문화를 탈각시킨다"(Pratt 저, 김남혁 역 2015, 490)고 지적했던 부분과 상통한다. 사실 1896년에 마크 트웨인(Mark Twain)이, 1973년에 써루가(Theroux 저, 이민아 역 2004, 201), 1996년에 필자도 당황스러운 뭄바이의 수많은 노숙자를 보았으며, 그들이 지금도 존재하지만 인도는 최근 7%대 경제성장을 지속하며, 2018년 기준 GDP 규모 세계 7위, 구매력 세계 3위인 나라이다.

또한 기차의 창밖으로 지나는 경치에 대해 써루는 "어떻다 할 만한 것이 없었다. 풍경은 삭막하고 아무 변화가 없었다"(Theroux 저, 이민아 역 2004, 88)라고 묘사하기도 한다. 이러한 지점에 대해 프랫은 "서양 상품 문화의 대표적인 특징 중 하나가 차별화, 전문화, 세분화, 취향 관련 분야가 급증하는 것인데 여기서 차별화는 단지 부재하는 것이 아니라 부족한 것으로 보이며"(Pratt 저, 김남혁 역 2015, 484), 따라서 그곳에 '제국의 시선'으로 바라보는 써루의 취향 권력들이 효력을 발휘할 수 있는 것들이 없고, 그의 관점에서 "기차여행의 심미적인 규범들을 위반하고 있으며, 올바른 유형의 명소들을 제공하지 못하고 있다"고 비판한다(Pratt 저, 김남혁 역 2015, 486).

## 2) 기차 안 세상

기차만큼 자세한 관찰을 유발하는 운송수단은 없을 것이다.(Theroux 저, 이용현 역 2015, 66)

철도의 속도화 시대에 점차 전 세계의 기차가 획일화되어 가는 오늘날, 기차를 그 지방의 일부이자 장소로 보았던 써루의 기차 품평회 같은 묘사는 흥미롭다.

어느 나라를 가든 기차에는 그 나라 문화의 필수 장비가 갖춰져 있다. 타이의 기차에는 그 옆면에 윤을 낸 용이 새겨진 샤워 단지가 있다. 스리랑카 기차는 불교 승려들을 위해 좌석을 비워 놓으며, 인도 기차에는 채식주의 식당이 있고, 차량들은 6개의 등급으로 되어 있다. 이란의 기차에는 기도용 돗자리, 말레이시아의 기차에는 국수를 파는 매점이 있고, 베트남의 기차에는 방탄유리, 그리고 러시아 기차의 모든 차량에는 차를 끓이는 주전자 사모바르가 있다. 그 나라만의 기발한 시설과 승객들을 만나는 열차 안 풍경은 그 사회를 판박이한 모습이라 열차에 오르는 것만으로도 그 나라의 개성을 느낄 수 있다.(Theroux 저, 이민아 역 2004, 331)

써루의 여행기에서는 기차 안에서 만난 사람들과의 대화가 많은 부분을 차지하고 있다.

나는 기차에 올랐고, 거기에는 사람들이 있었다.(Theroux 저, 이민아 역 2004, 12)
기차 안에서 사람들과 나누었던 많은 다른 것들처럼, 나는 공유된 여정, 식당
차의 안락함, 다시는 서로 만날 수 없을 것이라는 확실한 인식으로부터 쉽게
솔직한 대화를 끌어냈다.(Theroux 저, 이용현 역 2004, 71)

오리엔트 특급열차에서 만난 영국인과 나누는 관광에 대한 대화에서는 오늘
날과 크게 다르지 않은 1970년대 대중관광의 모습을 엿볼 수 있다.

여행안내서나 들고 터덜터덜 걷는 일이라니… 교회와 박물관, 사원을 들락날
락거리는 관광객들의 지긋지긋한 행렬이란 ….(Theroux 저, 이민아 역 2004, 54)

터키의 기차 안에서 만난 히피들과의 대화, 현지인과 히피에 대해 나눈 대화
등을 통해 히피에 대한 인식을, 인도로 가는 기차에서 만난 영국에서 자란 인도
인과의 대화에서는 식민주의 유산과 성찰의 모습을 살펴볼 수 있다.

"왜 런던에 안 살죠?" "살고 싶으면 아저씨나 사세요. 인종차별주의자들. 열
살쯤이면 시작인데, 그러고는 이런 소리밖에 듣지 못해요. 아랍놈, 깜둥이…
그래도 거기에 대해 할 수 있는 게 아무것도 없어요. 학교 가면 정말로 끔찍
해요. … 여기에 와서 정말 좋아요…" 그는 자신이 인정하는 것 이상으로 영
국인이며, 그러나 말이 통하는 그 유일한 나라에서는 맘 편히 살 수 없는, 식
민지 시대가 낳은 또 한 명의 부적응아였다.(Theroux 저, 이민아 역 2004, 140-
141)

특히 써루가 일본의 기차에서 만난 미국인과 여행기에 관해 논쟁을 벌이는
대목은 흥미롭다. 그는 사람들이 같은 장소에서 늘 똑같은 것만 보지는 않으며,
또 때로는 끔찍한 곳을 매력적인 곳으로 만들 수 있다는 점에서 여행기가 의미

있다고 주장한다(Theroux 저, 이민아 역 2004, 436-438). 이 지점에서는 오늘날 배낭여행자들이 들고 다니는 여행안내서, 진정한 여행의 기록이라 여겨지는 여행기 속에 은연중 여행작가들이 여행지에 대해 심층적으로 만들어 내는 권력이 내재되어 있음을 알 수 있다.


## 4. 폴 써루가 여행했던 도시와 지역
## : 히피트레일을 따라가다

여행기란 무엇인가? 여행기란 특정의 장소에서 어떤 사람에게 발생한 일에 대한 이야기이다. … 최고의 여행기의 주제는 작가와 장소 사이의 갈등이다. (Theroux 저, 이용현 역 2015, 108)
원 거주자는 외지인이 보는 것을 거의 보지 못하며, 그들이 당연한 것으로 여기는 것을 언급하지 않는다. … 여행가들의 그러한 관찰은 심지어 오해와 왜곡일 때조차도 가치가 있다.(Theroux 저, 이용현 역 2015, 448)


1960년대 중반 이후부터 1970년대까지 아시아는 유럽인과 미국인에게 일종의 유행이었다. 1968년 비틀즈(The Beatles)가 인도를 다녀갔으며, 오스트레일리아 출신 작가이자 사회평론가였던 리처드 네빌(Richard Neville)[6]은 1965년 24살의 나이에 런던에 도착하여 히피족들이 여행했던 히피트레일을 여행하였다. 이를 바탕으로 1970년에 영국 출판사 Jonathan Cape에서 출간된 『*Play Power: Exploring the International Underground*』[7]라는 책은 이국적인 동

---

6. 오스트레일리아 출신 작가이자 사회평론가로, 반체제 풍자잡지 '*Oz*'의 공동 창간인 중 한명이다. 이 잡지는 1963년 시드니에서 첫 발행된 언더그라운드 대안잡지로 호주판 오리지널은 '풍자성 잡지'로, 영국판은 '환각적 히피문화'를 표방하며 1967년부터 1973년까지 발행되었다.
7. 이 책 부록으로 수록된 '1일 1달러'라는 여행에 관한 내용은 히피트레일에 관한 최초의 가이드 역할을 하였다.

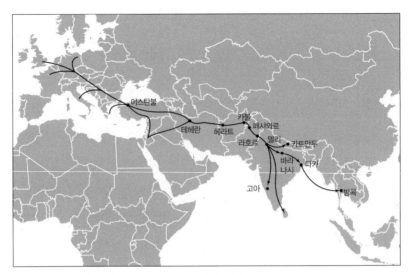

그림 3. 히피트레일

주 : 여정은 서부유럽의 런던, 코펜하겐, 서베를린, 파리, 암스테르담, 밀라노로부터 시작한다. 대부분의 여정은 이스탄불을 지나가며 이곳에서 루트가 나누어진다. 북쪽 루트는 테헤란, 헤라트, 칸다하르, 카불, 페샤와르, 라호르를 지나 인도, 네팔, 동남아시아로 간다. 대안 루트는 터키에서 시리아, 요르단, 이라크, 이란, 파키스탄을 지나간다. 모든 여행자들은 파키스탄 인도 경계를 지나가며, 보통 바라나시, 고아, 카트만두, 방콕 등이 종착지이다. 더 나아가 남부인도, 케랄라주의 카발람 해안, 스리랑카까지 간다. 히피트레일은 1979년 이란혁명, 소련의 아프가니스탄 침공 등의 정치적 변화로 육로여행이 불가능해지면서 쇠퇴하였지만, 오늘날 "진정한(authentic)" 여행의 경험을 추구하는 배낭여행은 이러한 히피트레일로부터 생겨났다.

자료 : 위키피디아 https://en.wikipedia.org/wiki/Hippie_trail 2018.9.9.

양이라는 오리엔탈리즘적 이미지와 낭만화된 동양적 삶의 방식을 보여줌으로써 서구(The West)의 자본주의적 삶을 거부했던 많은 젊은이들을 동양(The East)으로 유혹하였다. 이후 1973년 출간된 토니 휠러(Tony Wheeler)의 『론니플래닛 *Lonly Planet Across Asia on the Cheap*』[8]은 육로로 가는 히피트레일에 관한 인기 서적이 되었다. 히피트레일 여행자들은 여행자들이 어디를 가고, 무엇을 보고, 어떻게 입고, 누구와 소통할지에 대한 여행문화를 발달시킴으로써 매스 투어리즘에 대한 아시아로의 대안관광 문화에 큰 영향을 미쳤다. 개인적이고 신기

---

8. 이 책은 오늘날 전세계 여행 가이드 회사로 크게 성장한 '론리 플래닛(Lonely Planet)'의 시작이었다.

한 경험을 추구했던 히피트레일에 많은 여행자가 찾아왔고, 히피트레일은 점차 대중화·표준화되어 갔다(Sobocinska, Agnieszka 2014, 1-4).

이러한 분위기 속에 써루는 여행의 전반부에 1960~1970년대 주로 히피족[9]과 종종 다른 이들이 유럽과 아시아를 다녔던 육로여행로인 '히피트레일'을 따라갔다. 그는 터키에서 터키 가족과 3등칸의 창가 자리를 차지하기 위해 다투는 히피를 보았고, "방탕하고 품행 방종한 히피들"의 목적지와 여행계획에 관심을 보이며, 이들의 여행을 관찰한다. "히피들은 대부분 터키인들을 무시하고", "겹베일 쓴 터키 여자들의 휘둥그레진 눈빛을 받으며 침대에서 멋대로 사랑을 나눈다". "남루하고 마약에 찌든" "이들은 자기 아이들로부터, 자기 부모로부터 달아나" 대부분 "인도나 네팔"로 향하고 있었다(Theroux 저, 이민아 역 2004, 85-90). 그리고 터키 현지인의 말을 통해 히피를 다음과 같이 묘사한다.

나한테 히피들을 가리켜 망할 놈들이라고 말한 것은 터키인 사딕이었다. 저 놈들, 옷은 미개한 인도인들처럼 입지만 원래는 중산층 미국인이라고 사딕은 말했다. 저들은 박시시를 이해하지 못한다. 돈을 손아귀에 움켜쥐고는 음식과 친절을 찾아 헤매고 있으니…(Theroux 저, 이민아 역 2004, 103)

서구의 소비자본주의와 상업화된 문화에 대한 반발로 낭만적이고 이국적인

---

9. 미국의 1960~1970년대 상황을 살펴보면, 베트남 전쟁 발발과, 존 F. 케네디의 암살, 맬컴 엑스, 마틴 루서 킹 암살, 로스앤젤레스 흑인 폭동 등의 사건들이 일어났다. 이때 미국의 풍경은 사회에 대한 분노와 절망감을 불러일으키기에 충분했으며, 미국의 청년층은 당시 상황을 부정할 수밖에 없었고, 이는 1950년대에 완성된 현대 대중사회와 소비자본주의에 대한 반발이었다. 이들은 일반적으로 평화를 사랑하고 자연으로의 회귀를 외쳤고, 도덕보다는 자연스러운 감성, 이성보다는 자유로운 감성을 중시하고, 즐거움을 추구했다. 그리하여 히피는 '좌파 운동', '미국 시민권 운동'과 더불어 1960년대 미국의 대표적인 반문화 운동이라 할 수 있다. 이들은 긴 머리에 맨발이나 샌들을 신고 다녔으며, 다양한 색깔의 천으로 옷을 만들어 입었다. 또 마리화나나 LSD, 그 밖의 약물을 사용하여 자신들의 상징이나 사상을 구체화시켰다. 유명한 록 그룹 비틀즈는 노래로써 히피 운동의 확산을 도왔다.(https://www.theguardian.com/commentisfree/2007/aug/13/legacyofthehippietrail 2018.9.9.)

동양으로 향하는 히피트레일은 인도에서 절정에 이른다. 그러나 써루는 낭만적이고 이국적인 동양보다는 본인이 목격한 모습(예를 들면, 서구 식민주의의 유산일 수 있는 아시아의 현실인 가난의 극단, 철로변 노숙자들)을 나름대로 충실하게 묘사한다. 그리고 이 지점에서 여행하는 사람과 여행되는 사람은 완전히 분리된다.

> 진짜 인도를 이해하려면 시골 마을로 가야 한다고 인도사람들은 말한다. 하지만 엄밀하게 말하면 맞지 않는 얘기다. 인도 사람들이 시골 마을을 철도역 주변으로 옮겨 놓았기 때문이다. … 철도변 거주자들은 역을 점유하고 있지만 인도에 갓 들어온 사람들만이 이 사실을 알아본다.(Theroux 저, 이민아 역 2004, 161)
>
> 나는 열차 밖으로 나왔고, 역 승강장에는 이제는 익숙해진(그렇다고 겁이 덜 나는 것은 아니지만) 철로변 사람들이 있었다.(Theroux 저, 이민아 역 2004, 188)

다음과 같은 대화에서는 현지인의 입장에서 그 지역의 문화를 이해하고자 하는 모습을 엿볼 수 있다.

> 파르시들(이슬람의 종교 박해를 피해 인도로 건너간 페르시아 차라투스트라교의 후예들)이 시체를 대머리수리의 밥으로 놔두는 침묵의 탑은 실망스러웠다. 어쩌다가 이곳에 들른 관광객들에게는 엄숙한 잔학 행위의 인상을 줄지도 모르겠지만, 생태학적으로는 정당한 목적을 바탕으로 한 관습이다.(Theroux 저, 이민아 역 2004, 199)
>
> 한 사람이 점잖게 내가 숟가락을 쓴다고 비웃었다. 손으로 먹는 것하고 숟가락으로 먹는 것은 맛이 달라요. 숟가락으로 먹으면 금속 맛이 난다고나 할까.(Theroux 저, 이민아 역 2004, 214)

그리하여 써루의 여행기가 좀 더 교양 있는 독자들에게는 획일적인 대중관광과 다른 리얼하고 진정한 여행으로 이해되기도 한다.(Pratt 저, 김남혁 역 2015, 490)

또한 써루는 1960년대에 평화봉사단원으로 아프리카에서 활동하였으며, 1969년부터 1971년까지 3년간 싱가포르에 머물렀다. 서구인으로 이러한 지역에 살았던 경험이 그의 여행기가 좀 더 교양있는 독자들에게 "리얼하고 진정한 여행"의 기록으로 흥미를 사로잡았을 것이다. 다음과 같이 다른 여행자라면 경험하기 힘들었을 싱가포르 이면의 모습에 대해 풍부하고 상세히 묘사한 부분이 인상적이다.

싱가포르는 스스로를 아시아의 후방을 지키는 현대성의 섬나라라고 생각하며, 이 나라를 찾는 많은 이가 주크박스나 서류장처럼 생긴 신축 호텔이며 아파트 건물 따위를 사진으로 찍어댐으로써 그들의 생각을 추인해 준다. 억압적인 법제와 직업적 정보 제공자, 독재 정권, 그리고 정치범이 득시글거리는 감옥 등 싱가포르의 정치는 부룬디만큼이나 야만적이다. … 외국의 투자와 베트남 전쟁 덕에 부유해진 모래톱 … 외국인 관광객이 싱가포르를 찾아 싱가포르가 청결하고 질서 정연하다는 소문이 퍼지게 되면 미국 기업들이 싱가포르에 공장을 세우기를 원할 것이며 파업 모르는 싱가포르 사람들에게 일자리가 창출될 것이라는 기대 때문에 싱가포르 정부는 통제의 중요성을 강조한다.(Theroux 저, 이민아 역 2004, 373-375)

써루는 치열했던 베트남 전쟁에서 미군이 철수하고 정전 중이던 1973년의 베트남에 많은 지면을 할애했다. 미국과 일본 관광객을 유치하기 위한 관광 캠페인에 대해 열변을 토하는 현지인 관리와 끝나지 않은 전쟁에 염려하는 여행자, 기차 밖 눈부신 풍광과 기차 안 비참한 전쟁의 현실 등 현지인과 여행자인 써루의 다른 목소리들이 더욱 뚜렷하게 재현된다.

"베트남에는 없는 게 없죠." "하지만 관광객들이 총 맞을까 두려워할 수도 있을 것 같은데요" "비전투지역이죠. 걱정할 게 뭐 있다는 거요? 당신도 우리 나라를 여행하고 있지 않소" "네 그리고 걱정도 하고 있죠."(Theroux 저, 이민아 역 2004, 383)

열차에서 고개를 돌려 산을 바라보면 내가 베트남에 와 있다는 사실을 잊을 지경이지만, 현실은 훨씬 더 가깝고 잔인했다.(Theroux 저, 이민아 역 2004, 406)

써루는 베트남 전쟁에서 미군이 철수한 해인 1973년, 베트남 철도청장 전용 객차에 무료로 탑승하여 "아름다운 해변과 끔찍한 전쟁"이 양립하는 베트남을 여행한다. 그리고 미국인 써루는 "관광객에 대한 이러한 VIP 대접과 배려를 대단한 특권으로 여기는 것 자체가 미국식 사고방식"(Theroux 저, 이민아 역 2004, 387), "제국주의", "미군 혼혈 아기", "빈민가의 미군 탈영병", "미군들은 교양 없는 사람들"(Theroux 저, 이민아 역 2004, 389–416) 등을 언급하며 비판적인 관점에서 미국을 바라보지만, 한편으로는 미국으로부터 버림받은 받은 베트남의 비극에 대해 안타까워하는 모습에서, 이전에 프랫이 지적한 '제국의 시선'을 발견할 수 있다.

저 누렇게 폐허가 된 풍경, 헐벗은 나무 너머로 잿빛 지붕과 굴뚝이 들쭉날쭉 뒤섞인 비엔호아의 지평선이 나왔다. 분뇨 냄새가 심하게 났다. 판자촌으로 연결된 배수구를 통해 흘러나온 똥물이 철로 위까지 넘치고 있는 것이, 인도에서도 그렇게 심한 것은 본 적이 없었다. … 흔히들 미국을 보고 제국주의라고 한다. 그러나 정확하지 않은 지칭이다. 미국의 임무는 어디까지나 군사적인 것이었다. … 제아무리 최악질에 최단명한 제국주의라 할지라도 도시 계획과 유지 보수 사업에서만큼은 제 역량을 보여 주는 법이다. 법제도를 별 문제로 친다면 미덕이랄 게 없는 것이 제국주의지만 그러나 미군은 이 구역을 관리해 보겠다는 의지조차 없었다. … 미국은 베트남에 머물 생각이 없었다.

따라서 이 나라에는 아무런 전망이 없었다.(Theroux 저, 이민아 역 2004, 393-395)

미국이 버린 베트남은 관광산업의 측면에서만 살펴보더라도 2018년 현재 베트남을 찾는 외국인 관광객이 연평균 900만 명을 기록했으며,[10] "아름다운 해변과 끔찍한 전쟁"으로 묘사되었던 베트남의 다낭은 2017년 660만 명의 외국인 관광객이 방문한 관광휴양도시가 되었다.[11]

프랫은 써루의 여행기를 "포스트 식민주의 시대를 살아가는 대도시의 작가들인 이들의 충동은 자신이 본 대상을 비난하고, 하찮게 만들고, 자기 자신을 그 대상들과 완전히 분리하는 것이다. 그들이 애도하고 있는 것들의 대다수가 서양 때문에 생긴 종속국의 상처자국이다. 써루는 도시 경관을 추함, 그로테스크, 부패라는 특성 안에서 만들어 내지만, 시골의 풍경은 의미가 결핍된 상태로 그려낸다"(Pratt 저, 김남혁 역 2015, 482)고 비판한다. 『유라시아 횡단기행』의 일정 부분은 그렇고, 일정 부분은 그렇지 않다.

써루가 기차에서 만난 여행자 및 현지인들과 그 지역 또는 장소와 관련된 많은 주제에 대해 진지하게 이야기를 나누는 장면을 "역사적으로 지리적으로 분리되어 있던 사람들이 함께 등장하는 시공간"이자 "여행하는 사람과 여행되는 사람(travelees)이 함께 등장하고 서로 영향을 주고받는"(Pratt 저, 김남혁 역 2015, 35) 그리하여 "이종문화들이 만나고 부딪히고 서로 맞붙어 싸우는 사회적 공간"인 "접촉지대"의 산물이라는 관점에서 읽으면, 대부분의 지역에서 프랫이 지적한 '제국의 시선' 외에 여러 가지 복잡한 다양한 시선이 혼재함을 발견할 수 있다.

---

10. 글로벌이코노믹(http://news.g-enews.com) '호텔-비행기-여행가 급증, 베트남 관광산업 호황' 2018.9.9.)
11. 조선일보(http://news.chosun.com/ '외교부, 베트남 다낭 총영사관 개설 추진' 2018.9. 9.)

표 2. 폴 써루가 방문한 도시(지역)

| 순서 | 지명 | 써루의 관점 |
|---|---|---|
| 1 | 베니스<br>(이탈리아) | 이 도시는 이제 쇠약해졌고, 세월이라는 치명적인 독성에 시달리고 있다.(43) |
| 2 | 이스탄불<br>(터키) | 이곳이 반가운 마음으로 다시 찾고 싶은 도시라는 확신이 들어 몹시 흐뭇했다.(63) |
| 3 | 테헤란<br>(이란) | 이란은 유구한 역사를 간직한 나라로, 현대화의 섬광이 번뜩이는 구석구석에서 과거 전통의 흔적-기도하는 승무원, 초상화, 유목민의 야영지, 박시시(팁)를 빼면 세계 최고의 기차가 되었을-이 드러나는 곳이었다(99)<br>테헤란은 옛스러움은 간데없고 흥미로운 점도 거의 없는, 그냥 신흥 도시였다. 그 규모와 외견상의 새로움에도 불구하고 댈러스 같은 흉물스러운 시장가를 형성하고 있으며, 매혹적인 겉모습에 열기와 흙먼지, 플라스틱에 대한 심미안과 넘쳐나는 현금 등 석유로 떼돈을 번 텍사스시의 특성을 고스란히 간직하고 있었다. … 석유 때문에 테헤란은 외국인들의 도시가 되었다.(105~107) |
| 4 | 메셰드<br>(이란) | 이란 북동부의 메셰드는 신앙심 깊은 도시다. 따라서 메셰드행 야간 우편열차를 타는 사람들은 맹신도들이며, 기차 안 어디를 보아도 기도 자세로 천국에 가게 해달라는 기도문을 읊는 페르시아인들뿐이었다. |
| 5 | 아프가니<br>스탄 | 아프가니스탄은 미개했으며 사람들은 하시시를 사기 위해서 여기로 왔다. … 히피들조차 참을 수 없는 곳이라고 생각하기 시작했다. 음식에서는 콜레라 냄새가 나고 여행하기 불편하고 때로는 위험하며, 아프가니스탄 사람들은 게으르고 나태하고 폭력적이라고 ….(121) |
| 6 | 페샤와르<br>(파키스탄) | 페샤와르는 예쁜 도시였다. … 카불의 끔찍했던 경험을 보상하는 데는 그만인 곳이었다. … 앞으로 닥칠 아프가니스탄 전쟁에 대해서 파키스탄 사람들이 모여 이야기하는 것을 구경하는 것이 좋았다. 나는 저들이 저 야만적인 국가를 침공할 의사가 있기만 하다면 내가 열렬히 지지할 것이라고 말해 주고 싶었다.(133) |
| 7 | 라호레<br>(파키스탄) | 나는 익히 알고 있던 도시로 들어갔다. 내 기억 속의 전형적인 모습과 딱 맞아떨어졌다. 나는 내가 상상하던 인도 도시의 모습은 키플링의 글에서 온 것이었고, 키플링이 작가로서의 삶을 시작한 곳도 라호레였다. … 도시 안 요새와 이슬람 사원은 키플링이 말하는 산만한 이국풍을 그대로 간직하고 있었다.(142) |
| 8 | 아무르차르<br>(인도) | 철로변 거주자들은 역을 점유하고 있지만 인도에 갓 들어온 사람들만이 이 사실을 알아본다. 뭔가 잘못된 것이 아닌가 하고 생각하는 것은 눈으로 보이는 것을 무시하는 인도인의 관습을 알지 못하기 때문이다.(161) |
| 9 | 뭄바이<br>(인도) | 뭄바이는 오래되고 강렬하고 격앙된 거대 도시로서 필요 조건을 골고루 갖춘 곳으로, 그 거주자들에게 대단한 우월 의식을 고취하는, 그 대도시적 오만에 맞겨룰 상대라고는 콜카타밖에 없을 그런 도시이다.(198)<br>뭄바이의 노숙자들이 최근 현상이라고 여기는 경우가 더러 있으나 마크 트웨인도 이들을 보았다.(201) |
| 10 | 콜카타<br>(인도) | 성스런 패거리, 신성한 악취, 합법적 소음, 인도의 삶에선 모든 것이 부절제한 신성으로 느껴졌으며 정치판에서조차 의례의 분위기를 풍겼다. … 콜카타를 여행하는 사람들에게는 바로 이 모습이 맨처음 눈에 들어오고 또 가장 오래 기억에 남는다. 일사분란한 혼돈….(279) |

| 11 | 버마 | 버마는 관료주의가 지독한 사회주의 국가다. 그러나 그 관료주의는 본질적으로 불교이다.(294) |
|---|---|---|
| 12 | 방콕 (타이) | 미국이 베트남을 떠나고 모든 휴식과 오락 프로그램이 종료되었을 때 사람들은 방콕이 무너질 것이라고 생각했다. 불교사원과 유곽이 공존하는 이 앞뒤가 안 맞는 거대 도시 방콕은 관광객이 없으면 안 되는 곳이었다. … 방콕에서는 위반이 하나의 풍토다.(337~338) |
| 13 | 싱가포르 | 싱가포르는 썰물 때 면적이 646제곱킬로미터인 작은 섬나라로, 정부는 자못 웅장하게도 자국을 '공화국'이라 부르지만 모래톱에 지나지 않는 곳이다.(374) 억압적인 법제와 직업적 정보 제공자, 독재 정권, 그리고 정치범이 득실거리는 감옥 등 싱가포르의 정치는 부룬디만큼이나 야만적이다.(373) |
| 14 | 사이공 (베트남) | 사이공에는 바리케이드마다 철조망이 둘러쳐져 있었지만 전쟁으로 부서진 곳은 거의 없었다. 비엔호아에서는 폭격으로 인가라곤 남아 있지 않았다. 칸토는 곳곳에 매복지가 있고 부상병이 병원 가득 넘쳐났다.(396) |
| 15 | 위에, 다낭 (베트남) | 위에에서는 전쟁이 코와 눈으로 느껴졌다. 대부분의 집은 담이 총알 구멍으로 벌집이 되다시피 했다.(397) 런던을 떠난 이래로 내가 간 수많은 곳 중에서 가장 아름다운 곳이었다.(404) |
| 16 | 도쿄 (일본) | 도쿄의 질서는 분명 과도한 면이 있다. … 손님 한 사람 한 사람에게 일일이 허리 굽혀 인사하면서 '고맙습니다. 또 오십시오'하고 외치고, 아침에 다시 그 자리에 선다. … 여기는 예의바른 발명품으로 돌아가는 곳이다.(421~422) |
| 17 | 삿포로 (일본) | 일본사람들은 함께 행동한다. 그들은 스키철에 스키를 타고, 연날리기철에 연을 날리며, 그밖에 관습이 정해 놓은 시기에 배를 타고 공원을 산책한다.(439) |
| 18 | 러시아 | 나는 러시아의 광대함에 압도되었다. 이 풍경 속을 닷새 동안 달려왔는데 아직도 이 나라의 절반밖에 오지 않은 것이다. … 눈은 끝도 없이 이어졌고 … 그토록 눈부시게 빛나던 타이가를 제외하면 태양은 우리가 지나는 도시에 가려 잘 보이지 않았다.(511) |

자료: Theroux 저, 이민아 역 2004


# 5. 나가며: 여행기의 비판적 읽기

『유라시아 횡단기행』은 여행문학의 거장 폴 써루가 1975년 펴낸 그의 첫 여행기로, 현재까지 널리 읽히는 여행기의 베스트셀러이자, 현대 기행문학의 고전으로 평가받고 있다. 이 여행기는 다음과 같은 측면에서 의미있는 여행기 텍스트이다.

첫째, 지리교육적인 측면에서 기차라는 교통수단과 여행의 관계를 파악하고, 교통수단의 의미를 넘어 "그 지역의 일부이자 장소로서의 기차"를 고찰할 수 있는 의미있는 텍스트이다.

둘째, 써루가 기차 안에서 만난 여행자 및 현지인들과 나누는 대화는 '접촉지대'의 산물로 다양한 관점과 다양한 층위에서 여행하는 지역을 바라보고 해석하는 텍스트를 제공한다.

셋째, 써루가 재현한 비판적 히피트레일의 모습은 오늘날 추구하는 "여행자와 여행지 주민이 모두 행복한 여행"에 대해 성찰할 수 있는 기회를 제공한다.

넷째, 여행기 곳곳에서 등장하는 여행의 방식, 여행기에 관한 대화는 오늘날 여행지를 소개하는 '꽃보다 할배'와 같은 각종 TV프로그램과 여행기 등을 통해 구성되고 선택되는 여행하는 장소에 대해 비판적으로 바라볼 수 있는 가능성을 제공한다. 필자는 1996년 배낭을 매고 한손에는 『론니플래닛 인도』를 들고 첫 배낭여행에 나섰다. 아이러니하게도 그 당시 유행했던 각종 여행기를 통해 갖게 된 환상과 기대로 선택한 인도라는 여행지에서 『론니플래닛』이 친절하고 자세하게 알려 준 가야할 곳, 보아야 할 것, 먹어야 할 것, 머무를 곳, 피해야 할 곳 등을 철저하게 따라가며 '만들어진 여행자의 시선'으로 배낭여행의 자유로움을 만끽했다. 히피트레일에 힘입어 1970년대 탄생한 론니플래닛 시리즈는 여행자들의 끊임없는 정보 업데이트를 거듭하며 오늘날까지 이른바 '여행자의 시선'을 형성하며 큰 영향력을 발휘하고 있다.

가끔 써루의 솔직함이 서구인의 오만함으로 불편하게 다가오는 부분이 있지만, "여행이란 우리가 사는 장소를 바꿔 주는 것이 아니라 우리의 생각과 편견을 바꿔 주는 것이다"라는 아나톨 프랑스(Anatole France)의 말이나 "빅토리아역에서 도쿄 중앙역까지 차창 밖 풍경이 아무리 현란하게 바뀌어 왔다고 해도 자기 안에서 일어난 변화와는 비교할 바 못 된다"는 폴 써루(Theroux 저, 이민아역 2004, 464)의 말처럼 여행자의 경험을 담은 여행기를 통해 나와 타인에 대한, 우리가 사는 곳에 대한, 다른 장소에 대한 편견에 대해 다시 한 번 성찰해 보게된다. 또한 써루의 말대로 여행자들은 같은 장소에서 똑같은 것만 보지 않고,

현지인이 당연시 여기는 것을 새롭게 발견하고, 오해하고 왜곡하기도 한다. 그리하여 여행자의 눈으로 본 것을 기록하는 여행기의 비판적 읽기를 통해 우리의 편견, 완고함, 편협함에 치명타를 날릴 수 있지 않을까.

여행은 편견, 완고함, 편협함에 치명타를 날린다. 그래서 많은 사람들은 단지 이런 이유 때문에라도 여행이 몹시 필요하다. 인간과 사물에 대한 광범위하고 건전하여 너그러운 견해는 일생 동안 지구의 한 작은 구석에서 무기력하게 지내는 것만으로는 얻을 수 없다.-마크트웨인(Mark Twain), 『마크트웨인 여행기』(1869) - (Theroux 저, 이용현 역 2015, 38)

· 참고문헌 ·

메리 루이스 프랫 저, 김남혁 역 2015, 『제국의 시선』, 현실문화(Pratt, M.L., 2008, *Imperial Eyes: Travel Writing and Transculturation*, 2nd ed., New York and London: Routledge).

폴 써루 저, 이민아 역, 2004, 『폴 써루의 유라시아 횡단기행』, 궁리(Theroux, P., 1975, *The Great Railway Bazaar: By Train Through Asia*, Houghton Mifflin Harcourt).

폴 써루 저, 이용현 역, 2015, 『여행자의 책』, 책읽는수요일(Theroux, P., 2011, *The Tao of Travel: Enlightenments from Lives on the Road*, Houghton Mifflin Harcourt).

볼프강 쉬벨부시 저, 박진희 역 1999, 『철도여행의 역사』, 궁리(Schivelbusch, W., 1977, *Geschichte der Eisenbahnreise: zur Industrialisierung von Raum und Zeit im 19. Jahrhunder*, Hanser).

Duncan, J.S. and D. Gregory, 2009, "travel writing" in Gregory, D. et al. (eds.), in *The Dictionary of Human Geography*(5th), Wiley-Blackwell, pp.774-775.

Morin, K., 2006, "Travel Writing," in *Encyclopedia of Human Geography*, Warf, B., SAGE Inc., pp.503-504.

Paul Theroux, 1975, *The Great Railway Bazaar: By Train through Asia*, Houghton Mifflin Company: Boston·New York.

Phillips, R., 2009 "Travel and Travel-Writing," in *International Encyclopedia of Human Ge-*

ography, Kitchin, R. and N. Thrift et als (eds.), Oxford: Elsevier, pp.476-483.

Sobocinska, Agnieszka, 2014, Following the "Hippie Sahibs": Colonial cultures of travel and the Hippie Trail, *Journal of Colonialism & Colonial History; Baltimore* 15.

가디언(https://www.theguardian.com/commentisfree/2007/aug/13/legacyofthehippietrail 2018.9.9.)

인디펜던트(https://www.independent.co.uk/travel/europe/the-lonely-planet-journey-the-hippie-trail-6257275.html"The lonely planet journey: the Hippie trail", 2011.10.5.)

폴 써루 홈페이지(https://www.paultheroux.com)

한겨레(http://www.hani.co.kr/arti/culture/book/486584.html "세계공항서점엔 꼭 이런 책들이 있다네", 2011.7.10.)